DER EWIGE KREISLAUF DES WELTALLS

DER EWIGE KREISLAUF DES WELTALLS

NACH VORLESUNGEN ÜBER

PHYSIKALISCHE WELTANSCHAUUNGEN

AN DER K. TECHNISCHEN HOCHSCHULE BERLIN

VON

PROF. DR. LUDWIG ZEHNDER

MIT 214 ABBILDUNGEN UND EINER TAFEL

BRAUNSCHWEIG

DRUCK UND VERLAG VON FRIEDR. VIEWEG & SOHN

1914

ISBN 978-3-322-98021-2 ISBN 978-3-322-98648-1 (eBook)
DOI 10.1007/978-3-322-98648-1

Softcover reprint of the hardcover 1st edition 1914

VORWORT.

In meinen Vorlesungen von den Wintersemestern 1910/11 und 1911/12 stellte ich meine auf physikalischen Grundlagen aufgebaute Weltanschauung, die ich mir teilweise schon vor 30 Jahren[1]) gebildet hatte, die ich aber seither immer weiter ausgearbeitet und bis zu ihren äußersten Schlußfolgerungen entwickelt habe, den anderen bekannteren physikalischen Weltanschauungen gegenüber.

Zu meinen ursprünglichen Vorlesungen sind in diesem Buche neu die Abschnitte: „Die Lichtstrahlung", „Das Wesen der Kristallisationskraft", „Die Bewohnbarkeit der Welten", sowie manche Einschaltungen von weniger erheblichem Umfange hinzugekommen.

Das letzte Glied in der Kette der Schlußfolgerungen aus meiner Nebularhypothese bildet mein in den Jahren 1899—1901 in drei Bänden erschienenes Buch: „Die Entstehung des Lebens, aus mechanischen Grundlagen entwickelt". Ungünstigerweise fiel die Veröffentlichung dieses streng auf dem Atomismus fußenden Buches vor 15 Jahren gerade in die Zeit des Niederganges des Atomismus. Fast kein Physiker wollte mehr an den Atomismus glauben. Nun ist es aber, nach der Entdeckung des Radiums, in den letzten Jahren durch Versuche gelungen, die Heliumatome, die von radioaktiven Körpern ausgeschleudert werden, direkt zu zählen und damit dem Atomismus den endgültigen Sieg über alle nichtatomistischen Theorien zu sichern. So gewaltig war der Eindruck dieser Versuche auf alle Physiker, daß neuerdings viele von ihnen fast alles atomistisch zu deuten suchen, beispielsweise auch die Energie; manche sprechen sogar bereits von „Zeitatomen". Damit ist allerdings meines Erachtens weit über das Ziel hinausgegangen worden. Dagegen ist es

---

[1]) Die bezüglichen Literaturangaben befinden sich auf den Seiten 216, 230, 236.

sicher an der Zeit, den Atomismus folgerichtig in die Theorien der biologischen Vorgänge einzuführen, um damit neue Aufklärungen über die Lebenserscheinungen zu gewinnen.

Es ist bekannt, daß Eiweißmolekeln oft aus mehr als tausend Atomen aufgebaut sind. In meiner „Entstehung des Lebens“ habe ich gezeigt, daß von allen fast unendlich vielen Atomkombinationen solcher hochkomplizierter Molekeln aus etwa tausend Atomen diejenigen für die Biologie eine hervorragende Bedeutung haben, welche die Atome nicht in beliebigen rundlichen Klümpchen, sondern in angenähert prismatischen Formen von trapezförmigem Querschnitt enthalten. Solche Molekelformen müssen möglich sein, ebenso gut wie alle anderen Formen. Lagern sie sich aber kristallinisch, gleichorientiert aneinander, so entstehen aus ihnen vermöge ihrer trapezförmigen Querschnitte molekulare Röhrchen, ähnlich wie aus trapezförmigen Backsteinen kreisförmiges Mauerwerk aufgebaut wird. Ich habe ferner gezeigt, daß alle aus solchen molekularen Röhrchen, aus „Fistellen“ bestehenden Substanzen vermöge ihres Atomaufbaues von sich aus schon die wichtigsten biologischen Eigenschaften der größten Durchlässigkeit, der Quellbarkeit und der Kontraktilität besitzen. Die Fistellen sind also wie keine anderen Molekelkombinationen befähigt, die Bausteine der organischen Lebewelt zu bilden, die „Lebenselemente“, „Biophore“, „Biogene“ oder wie man sie sonst nennen mag. Nachdem nunmehr der Atomismus zum sicheren Bestand der Physik geworden ist, bildet wohl meine Fistellentheorie auch die sicherste physikalische Grundlage der Erklärung des Lebens, weil sie die wichtigsten Lebensvorgänge als selbstverständliche Funktionen der organischen Substanzen erkennen läßt.

Im vorliegenden Buche habe ich besonders die Entstehung aller großen und kleinen Weltkörper aus einer nebelartigen chaotischen Masse noch weiter als bisher vertieft und die Bedingungen für die Entstehung von Meteoritengebilden aller Art, von kompakten festen Weltkörpern und von gasförmigen Sonnen dargelegt. Es ist meines Erachtens ein Irrtum, zu glauben, sämtliche Sonnen seien in einem beständigen Abkühlungsvorgang begriffen; sie können im Gegenteil unter gewissen Bedingungen heißer werden und in Zukunft noch stärker strahlen als jetzt.

Hier setze ich eingehend die Gründe auseinander, wegen derer ich die Endlichkeit der Materie und die Existenz des Weltäthers für unerläßlich halte. Von dem Begründer der neuesten Relativitätstheorie wird bekanntlich das Vorhandensein des Äthers geleugnet, weil der berühmt gewordene Michelsonsche Interferenzversuch keine relative Bewegung zwischen Äther und Erdoberfläche erkennen ließ. Auch ich habe vor etwa 20 Jahren in Freiburg i. B. einen Interferenzversuch auf der Spitze eines Berges (des Roßkopfes) angestellt, um eine solche Relativbewegung von Äther und Erdoberfläche, wenn sie vorhanden wäre, nachzuweisen; es war aber nichts zu erkennen. Bei meinen eingehenden Erörterungen der Eigenschaften, die dem Weltäther in der unmittelbaren Umgebung großer Weltkörper zukommen müssen, ergibt sich nun aber von selbst, daß eine erhebliche Relativbewegung zwischen großem Weltkörper und Weltäther namentlich an der unmittelbaren Weltkörperoberfläche einfach unmöglich ist. Die Lichtgeschwindigkeit hat meines Erachtens auch nicht in der ganzen Welt denselben konstanten Wert, wie es für die Relativitätstheorie verlangt wird.

Nach meiner Vorstellung besteht die Welt, soweit sie substanzieller Natur ist, aus einer ungeheuer großen Ätherkugel, vielleicht in allen Richtungen Tausende von Malen größer als die Abstände der am weitesten von uns entfernten eben noch sichtbaren Sterne; weiter außen ist nur noch leerer Raum. In dieser Ätherkugel bewegen sich Milliarden von Sonnen, unzählige derselben von Planeten und Meteoritengebilden aller Art umkreist; außerdem finden sich überall zwischen den Sonnen noch Meteorite, kosmischer Staub, Molekeln und Atome in unermeßlicher Menge. Die Sonnen ziehen aber alle diese Massen allmählich zu sich herbei, sie ziehen sich selber gegenseitig an. Gegenwärtig strebt also das Weltall einem Zustand zu, in dem sich alle Materie in einen einzigen Zentralkörper zu vereinigen sucht.

Dem Strahlungsdruck lege ich nicht die große Bedeutung bei wie Arrhenius. Aus dem Strahlungsdruck kann zb. die lange Lebensdauer wolkenförmiger Protuberanzen erklärt werden. Würden aber, wie Arrhenius meint, seiner Theorie der „Panspermie" zufolge zahllose „Lebenskeime" durch den Strahlungsdruck von Weltkörper zu Weltkörper getragen, so müßten dieselben doch wohl beim Eindringen in die Atmosphären größerer Weltkörper glühend werden, ebenso wie die Sternschnuppen, vermöge ihrer gegenseitigen Relativbewegung. Dadurch würde aber alle in ihnen steckende Lebenskraft sogleich vernichtet.

Das Buch ist für Studierende aller Fakultäten bestimmt, weshalb von mathematischen Entwickelungen Abstand genommen wurde.

Die im Namen- und Sachregister enthaltenen Stichwörter ließ ich, wenn sie nicht sonst leicht auffindbar sind, im Text gesperrt drucken, ohne daß ihnen deswegen eine besondere Betonung beigelegt werden sollte.

Ich gebe mich der Hoffnung hin, daß die selbstverständliche Einfachheit meiner mechanischen und physikalischen Grundannahmen und der meines Erachtens folgerichtig durchgeführte Aufbau der Entwickelung des ganzen Weltalls manche Physiker, Astronomen, Biologen und Philosophen veranlassen mögen, in der von mir eingeschlagenen Richtung weiter zu forschen.

Berlin-Halensee, den 6. Juni 1914.

Zehnder.

INHALTSVERZEICHNIS.

Historische Einleitung.

Von den Weltanschauungen, die sich die verschiedensten Völker gebildet haben, wollen wir hier nur solche berücksichtigen, welche mechanische, physikalische und chemische Grundlagen haben. Wir wollen zeigen, wie die Welt nach diesen Anschauungen aufgebaut ist, in ihren kleinsten Teilchen und in ihrer ungeheuren Ausdehnung. Die Behandlung der übrigen Weltanschauungen, auch derer, die ausschließlich die selber ihrem Wesen nach noch völlig unaufgeklärte Elektrizität als Grundlage aller Vorgänge auffassen, sowie namentlich der rein philosophischen, die nicht auf naturwissenschaftlichen Grundlagen aufgebaut sind, will ich anderen überlassen. Eine reinliche Trennung dieser Grundlagen ist allerdings nicht immer möglich. Denn wenn wir zb. in mechanischer Beziehung mit der Erklärung verwickelter Verhältnisse durch einfachere, die ja doch wohl das Ziel einer solchen Weltanschauung ist, noch so weit vordringen, so bleibt doch immer noch mindestens eine unerklärliche Wirkung übrig: die Gravitation. Diese ist meines Erachtens aus Gründen, auf die ich erst im dritten Teil eingehen kann, eine unvermittelte Fernwirkung und läßt sich nie folgerichtig auf Nahwirkungen zurückführen. Wir müssen demnach annehmen, daß die Materie an sich mit einer unabänderlich wirksamen unvermittelten Fernwirkung verknüpft sei, auch in einem absolut leeren Raum. Aber Grundannahmen müssen schließlich in jeder Weltanschauung gemacht werden. Wenn man keine Gravitationskraft an sich gelten lassen will, die sich nicht durch Stoß, Druck usf. erklären läßt, so darf man wohl auch die Materie an sich, die Energie an sich nicht gelten lassen. Dann erscheint aber die Bildung einer allgemeinen physikalischen Weltanschauung überhaupt ausgeschlossen.

Unsere Kenntnisse, auch die Weltanschauungen, sind aus dem Osten zu unseren Völkern herübergekommen. So weit wir in der

Geschichte zurückblicken, haben unsere abendländischen Völker ihre Wissenschaft im Morgenlande geholt. Weil es nun belehrend erscheint, die Entstehung und Entwickelung der Weltanschauungen zu verfolgen, wollen wir zuerst einen geschichtlichen Überblick geben und dabei mit den Völkern des fernsten Ostens von Asien beginnen, ohne freilich dadurch den Anschein erwecken zu wollen, als wäre uns die erste Wissenschaft gerade von diesen östlichsten Völkern gebracht worden.

Von den alten Japanern wissen wir, daß sie einen Uräther als das Ursprüngliche annahmen, der aber materieller aufgefaßt wurde als die so überaus feine Substanz, die wir gegenwärtig als Weltäther oder Lichtäther bezeichnen. Im unermeßlichen Raum war zuerst nur eine gleichförmige Mischung dieses Uräthers vorhanden, in Eiform. Die Eiform wurde der Weltentstehung zugrunde gelegt, weil nach der japanischen Anschauung jedes höhere und niedere Lebewesen aus einem Ei hervorgegangen sein mußte. In dem Welt-Ei schied sich das Klare von dem Trüben; das Klare stieg empor, wurde zum Himmel, das Schwere, Trübe senkte sich ins Wasser und wurde zur Erde.

Eine ähnlich entwickelte Weltanschauung ist von den Chinesen nicht bekannt. Aber im Gebiet der Messungen und der Berechnungen standen die Chinesen schon auf einer hohen Stufe. Wurden doch die beiden chinesischen Astronomen Hi und Ho hingerichtet, weil sie von einer Sonnenfinsternis überrascht wurden, die sie vorauszusagen unterlassen hatten. Die hierbei üblichen religiösen Gebräuche waren unterblieben, und der Zorn der Götter mußte also besänftigt werden. Verschiedene Geschichtschreiber setzen diese Begebenheit etwa auf die Jahre 2159 bis 2128 v. Chr. fest. Also müssen schon damals Jahrhunderte oder Jahrtausende lang regelmäßige Beobachtungen vorgelegen haben, sonst hätte man nicht mit solcher Sicherheit auf richtige Voraussagungen von Sonnenfinsternissen rechnen können.

Aus ihren Aufzeichnungen haben Sternkundige der Inder geschlossen, daß im Jahre 3102 v. Chr. eine Konjunktion aller Planeten stattgefunden habe, daß sich also damals alle Planeten in derselben Gesichtslinie, von der Erde aus gesehen, befunden haben. Daß diese Konjunktion wirklich beobachtet worden sei, glaubt man allerdings um so weniger, als sie keine genaue sein konnte, wie spätere Berechnungen gezeigt haben; man nimmt vielmehr an, sie sei bloß aus den

Aufzeichnungen errechnet worden. Aber auch diese Möglichkeit läßt auf Jahrtausende lange Beobachtungen schließen. Bei den Indern sind ferner schon Anschauungen aufgetaucht, alle Körper seien aus kleinsten Teilchen aufgebaut, die alle unter sich gleiche Beschaffenheit besitzen, die aber für jede Substanz anders seien.

In keinem anderen Volk wurden aber so genaue Angaben über die Perioden der Finsternisse gemacht, zu jener Zeit wenigstens, wie bei den alten Babyloniern. Auch sie müssen also damals schon

Fig. 1. Chaldäische Vorstellung von der Welt. Nach Faucher-Gudin. (Aus Arrhenius, Werden der Welten II.)

Jahrtausende alte Beobachtungen regelmäßigster Folge vor sich gehabt haben. Deshalb wird vielfach angenommen, sie seien vielleicht die ersten genauen Beobachter des Sternenhimmels gewesen.

Die Chaldäer sind ziemlich gleichzeitig mit den Babyloniern in diesem Gebiete tätig gewesen. Die von den Chaldäern ausgebildete Weltanschauung wird durch das obenstehende Bild (Fig. 1) dargestellt. Die Welt steigt terrassenförmig nach der Mitte zu bis zum Weltberg Ararat empor, rings umgeben vom Ozean; außerhalb des Ozeans liegen die Wohnungen der Götter. Die Sonne beschreibt tagsüber ihren Bogen am Himmel, nachts kehrt sie in dem bei den Wohnungen der Götter angedeuteten engen Gang wieder zurück.

Die Chaldäer übertrafen ihre Vorgänger namentlich in der Genauigkeit ihrer astronomischen Bestimmungen. Es sind wohl die Jahreszeiten gewesen, die den ersten Anstoß zu genaueren Ermittelungen des Sonnenstandes gegeben haben. Auch die Sternstellungen sind namentlich von den Chaldäern genauer verfolgt worden. Ihre Priester beobachteten jede Nacht die Bewegungen und den Glanz der Sterne, notierten ihren Auf- und Untergang und ihren höchsten Stand auf Tontafeln, die in ihren Tempeln sorgfältig aufbewahrt wurden und zum Teil bis in unsere Zeit erhalten geblieben sind. Näher beisammenstehende Sterne wurden zu Sternbildern zusammengefaßt. Die Zone der Sternbilder, die von der Sonne bei ihrem Jahreslauf durchwandert werden, nannten sie Tierkreis (Zodiakus). Sie bestimmten die mittlere Länge des Tages, fanden die Periode eines Mondumlaufs 29,53 mal so lang und bildeten daraus den Monat zu 30 Tagen, aus 12 gleichen Monaten das Jahr zu 360 Tagen. Weil sich also die Sonne, die ja hinter den Sternen zurückbleibt, jeden Tag um $1/_{360}$ ihres ganzen Umlaufs, ihrer Kreisbahn am Sternenhimmel verschiebt, teilten die Chaldäer den Kreisumfang in 360 Teile. Diese Kreisteilung ist bis in unsere Zeit erhalten geblieben. Das Ergebnis ihrer genauen Messungen war, daß alle Fixsterne ihre regelmäßigen Bahnen am Himmel beschreiben, daß ferner die Sonne in 360, der Mond in 29,53 Tagen um einen vollen Umlauf hinter den Fixsternen zurückbleiben, daß aber die Planeten, die Wandelsterne, scheinbar unregelmäßig und willkürlich den Tierkreis durchziehen. Deshalb wurden die Planeten neben der Sonne und dem Mond wie göttliche Wesen behandelt und verehrt.

Durch ihre genauen Messungen wurden die Chaldäer in den Stand gesetzt, die Stellungen der Sonne, des Mondes und der Planeten vorauszusagen. So fanden sie beim Mondumlauf merkwürdige Regelmäßigkeiten. Nach 223 Mondperioden stand der Mond wieder fast genau gleich am Himmelszelt. Sie nannten diese Periode den Saroszyklus. War nun eine Sonnen- oder eine Mondfinsternis eingetroffen, so sagten die Chaldäer mit Hilfe dieser Periode eine ähnliche Sonnen- oder Mondfinsternis voraus. Da sie aber ihre Messungen, die Art, wie sie ihre Voraussagungen zustande brachten, im Volke nicht bekannt werden ließen, gewannen sie durch ihre Prophezeiungen ungeheures Ansehen und eine gewaltige Macht über ihre Völker.

Es war verhältnismäßig nicht schwer, bei genauer Betrachtung einer Sonnenfinsternis zu der Vorstellung zu gelangen, der Mond trete bei diesem Vorgang zwischen die Sonne und die Erde hinein. Ohne Zweifel haben aber die Chaldäer auch schon gewußt, daß während einer Mondfinsternis die Erde zwischen der Sonne und dem Mond steht, daß dann der Mond in den Erdschatten eintritt. Auch stellten schon sie sich die Erde und den Mond nicht als kreisförmige Scheiben, sondern als Kugeln vor. Doch machten sie ihre Errungenschaften nicht allgemein bekannt, so daß diese späterhin wieder neu erlangt werden mußten.

Die Chaldäer haben schon so genaue Messungen gemacht, daß sie wußten, in einem um so und so viel Stadien (bzw. Kilometer[1]) westlich gelegenen Orte gehe die Sonne so und so viele Stunden später auf. Diese Kenntnisse konnten sie nicht durch Uhren erlangt haben, die ja damals noch nicht bekannt waren, nicht einmal in einfachster Ausführung. Aber sie erlangten sie durch die genaue Beobachtung der Mondfinsternisse. Die Mondfinsternis ist eine objektive Erscheinung, man sieht sie auf der ganzen Erde, so weit sie überhaupt zu sehen ist, gleichzeitig. Ging nun zb. im Augenblick des Verschwindens einer Mondfinsternis an dem westlicher gelegenen Orte ein anderer Stern unter als an dem östlicher gelegenen Orte, so war nur noch nötig, den Zeitunterschied für den Untergang jener beiden Sterne an einem der beiden Orte zu bestimmen. Um die so bestimmte Zeit gehen Sonne, Mond und Sterne am westlicher gelegenen Orte später unter als am östlicheren Orte. Dabei entsprechen die 360 Grade einer vollständigen Umdrehung der Sonne um die Erde den 24 Stunden Zeitdifferenz eines vollständigen Tages; daher entfällt auf einen Grad Bogenunterschied über den Erdumfang hinweg der 360. Teil von 24 Stunden, also 4 Zeitminuten, auf 1 Minute Bogenunterschied 4 Sekunden Zeitunterschied. Somit kann aus jenem beobachteten Zeitunterschied der Mondfinsternis der Bogenunterschied beider Beobachtungsorte als Teil des ganzen Erdumfangs berechnet werden. In solcher Weise stellten die Chaldäer fest, ein Mann, der in der Stunde 30 Stadien (5 km) zurücklege, würde bei fortdauerndem Weitermarschieren in einem Jahr rund um die Erde herum kommen. Die

[1]) Ein Kilometer (km) ist etwa 6 Stadien gleich, nach denen die alten Griechen gemessen haben.

Umrechnung auf Kilometer ergibt für den Erdumfang 43200 km statt der wirklichen 40000 km, also einen für die damaligen Messungen nicht sehr großen Fehler.

Natürlich waren zu jenen Zeiten überhaupt noch keine genauen Meßinstrumente bekannt; das wichtigste Meßinstrument der Chaldäer war der Polos (Fig. 2), eine Art Sonnenuhr, nämlich eine Halbkugel, in deren Mitte ein Vertikalstab von der Länge des Radius r angebracht war. Die Kugel war in Kreise geteilt, hatte Marken für die Nord-Süd-Richtung, für den höchsten Sommer- und den tiefsten Winter-Sonnenstand und für die Tag- und Nachtgleiche sowie für die Weltachse. Es ist bemerkenswert, daß in mesopotamischen Ruinen Linsen aus Bergkristall gefunden worden sind, die auf größere optische Kenntnisse der Chaldäer schließen lassen. Man könnte daran denken, solche Linsen seien vielleicht im Zentrum des Polos drehbar angebracht gewesen, um Sonnen- und namentlich Sternbildchen hervorzubringen, deren Lage dann in diesem Instrument ausgemessen wurde. Vielleicht sind diese Linsen überdies zur Entzündung leicht brennbarer Gegenstände, zur Erzeugung des Feuers von den Priestern verwendet worden.

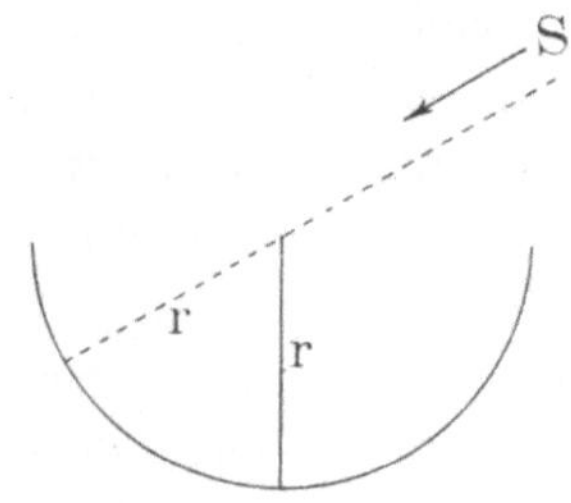

Fig. 2. Polos, eine Sonnenuhr der Chaldäer.

In Ägypten hatten zuerst die Priester des Sonnengottes Ra astronomische Messungen angestellt, deren Ergebnisse sie in ihren Tempeln aufbewahrten; später folgten ihnen die Priester der anderen Götter. Die Ägypter waren es, die zuerst das Jahr durch regelmäßige Einschaltung von fünf Extratagen korrigierten. Außerdem schalteten sie noch ab und zu einen besonderen Tag, einen Schalttag, ein, wenn die astronomischen Messungen nicht mehr genau genug mit den wirklichen Jahreszeiten übereinstimmten. Viel später, unter den Ptolemäern, immerhin lange vor Julius Cäsar, wurden die regelmäßigen Schaltjahre eingeführt, dh. es wurde jedes vierte Jahr noch ein Schalttag zugegeben.

Überaus merkwürdig sind die ägyptischen Pyramiden: ihre quadratischen Grundlinien zeigen genau von Ost nach West, von Süd nach Nord. Bei der großen Cheopspyramide beträgt der Fehler sogar nur $^1/_{750}$. Noch interessanter ist der lange schmale Gang, der vom Eingang in der Mitte der Nordseite der Cheopspyramide schräg abwärts ins Innere führt: seine Richtung ist genau parallel der Weltachse, dh. der Gang zeigt auf den Himmelspol, auf den Polarstern, der durch diesen Gang hindurch immerfort sichtbar bleibt. Es ist denkbar, daß die Kanten und Flächen der Pyramiden den ägyptischen Priestern zu astronomischen Beobachtungen gedient haben, indem sie über dieselben hinwegvisierten.

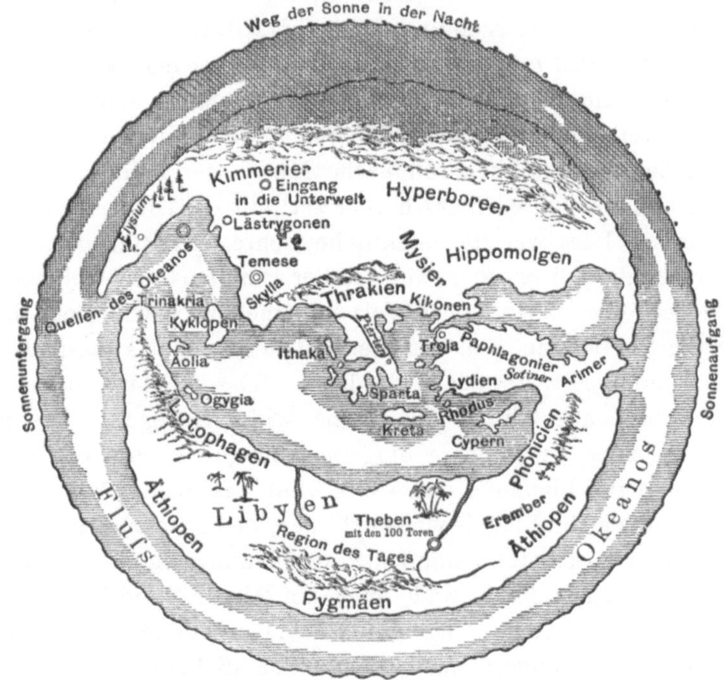

Fig. 3. Griechische Vorstellung von der Welt.

Die morgenländische Wissenschaft ist zuerst über Griechenland nach Europa gekommen; die lernbegierigen Griechen fuhren nach Ägypten, nach Alexandrien, um sich dort ihre Kenntnisse zu holen. Großes Aufsehen machte ungefähr 600 Jahre v. Chr. Thales dadurch, daß er eine Sonnenfinsternis voraussagte, die richtig eintrat. In guter Übereinstimmung mit unseren gegenwärtigen Anschauungen schloß Anaximander, daß sich aus einer unendlich ausgedehnten chaotischen Mischung von Elementen eine unendliche Zahl von

Weltkörpern entwickelt habe. Wie aber im alten Griechenland die Erde noch als flache Scheibe gedacht wurde, mag aus Fig. 3 hervorgehen. Man sieht, einen wie großen Teil der Welt Griechenland und das den Griechen am besten bekannte Mittelländische Meer ausmachen.

Etwa 500 Jahre v. Chr. kam von Pythagoras und seiner Schule die Lehre, alle Verhältnisse in der Welt seien durch Zahlen ausdrückbar, wie bei den Tönen. Überall herrsche eine vollkommene Gesetzmäßigkeit, eine vollendete Harmonie. Alle Himmelskörper befinden sich auf reinen durchsichtigen Kristallsphären, und diese rotieren jeden Tag einmal um die Erde als Mittelpunkt der Welt. Die Sonne, der Mond, die damals bekannten fünf Planeten und die Fixsterne haben jeweils ihre besondere Sphäre, und das Gleiten dieser Sphären aneinander erzeuge die himmlische Musik der Sphären, die freilich für menschliche Ohren nicht hörbar sei; nur die Unsterblichen könnten sie hören. Dies war die öffentliche Lehre des Pythagoras, aber in seiner Schule soll er oder sein Schüler Philolaus auch folgende Hypothese vertreten haben: Die Welt sei eine unendlich große Kugel, in ihrer Mitte befinde sich das Zentralfeuer, für uns unsichtbar, weil es auf der Rückseite der Erde liege. Der Abglanz dieses Zentralfeuers werde aber durch die Sonne widergespiegelt. Die Erde sei eine von einer Atmosphäre umgebene Kugel, ebenso die Sonne, der Mond und die Planeten, und sie sowohl wie auch alle Fixsterne, die sich auf einer Hohlkugelsphäre befinden, bewegen sich um das Zentralfeuer. Von Heraklit stammt die Anschauung, nichts sei vollkommen unveränderlich, überall finde man ein Werden und Vergehen, sogar auch bei den Welten. Ungefähr 450 v. Chr. stellte Empedokles den Satz auf, es sei unmöglich, daß etwas aus nichts entstehe, und ebenso könne keine Materie vernichtet werden, dh. also den Satz von der Erhaltung der Materie. Alle Dinge seien aus vier Elementen, aus Erde, Wasser, Luft und Feuer zusammengesetzt; bei einer scheinbaren Vernichtung von Materie werde nur das Verhältnis der Mischung dieser Elemente geändert.

Überaus heftig wurden Anaxagoras und später Demokrit wegen ihrer materialistischen Weltanschauungen angefeindet. Anaxagoras glaubte gleichfalls an die ewige Dauer des Weltalls. Er behauptete aber, die Sonne sei eine glühende Eisenkugel, ebenso die anderen Sterne; durch die Reibung am Äther seien sie glühend geworden.

Dies verletzte jedoch den religiösen Sinn der Athener; denn die Sonne und die Sterne hielten sie für göttliche Wesen, die sie verehrten, nicht für Eisenkugeln. Daher warfen sie Anaxagoras als Gotteslästerer ins Gefängnis und verurteilten ihn zum Tode. Nur mit Mühe und Not gelang es seinem berühmten Schüler Perikles, ihn durch seinen Einfluß vom Tode zu erretten. Anderen Philosophen der damaligen Zeit ging es allerdings auch nicht besser in dem Athen, das doch nicht nur durch seine Kunst, sondern auch durch seine Pflege der Wissenschaft berühmt war: Sokrates mußte wegen seiner philosophischen Anschauungen den Giftbecher trinken; Plato ging wegen solcher Anfeindungen nach Italien, wo er erst die pythagoräischen Lehren kennen lernte; Aristoteles wurde zum Tode verurteilt, rettete sich aber und starb in der Verbannung; Diagoras wurde gleichfalls aufs heftigste verfolgt.

Auch für den Aufbau der Körper hatte schon Anaxagoras Vorstellungen, die unseren modernen Anschauungen nahekommen. Er glaubte, alle Stoffe seien aus kleinsten Teilchen, aus Samenteilchen, Homoiomerien, aufgebaut. Diese Teilchen seien alle gleich groß, und sie gleichen den Körpern, die sie bilden. Es kann dies wohl als eine Vorahnung unserer Molekeln bezeichnet werden. Dagegen machte Leukippos die andere Anschauung geltend, die kleinsten Teilchen seien bei allen Körpern in ihrer Beschaffenheit gleich, nur ihre Massen und Formen seien für die verschiedenen Körper verschieden, und sie seien nicht weiter teilbar. Diese Teilchen sind also nahezu das, was wir heutzutage Atome nennen.

Der hervorragendste Materialist der alten Griechen war aber zweifellos Demokrit, der etwa 400 v. Chr. lebte; er ist als der wesentlichste Begründer unseres Atomismus aufzufassen. Nach ihm sind die einzelnen Atome durch einen leeren Raum voneinander getrennt. Unendlich ist die Zahl der Atome, unendlich verschieden aber auch ihre Form und Schwere. Die feinsten Atome sind kugelförmig, aus ihnen ist die Seele gebildet; deshalb ist die Seele so alles durchdringend und so beweglich. Alle Atome sind immer in Bewegung begriffen, hin und her, sie stoßen dabei immer wieder zusammen; sie sind ewig und unzerstörbar. „Stoß[1]) und Druck sind die Kräfte,

[1]) Nach unseren heutigen Anschauungen kommt in der Tat dem Stoß, der kinetischen Gastheorie zufolge, die größte Bedeutung zu.

Lösung und Verbindung zusammen mit Bewegung sind die Vorgänge. Nicht Zweck noch Zufall sind vorhanden, einzig Grund und Notwendigkeit herrschen." Alle Körper sind nach Demokrit Atom-Aggregate, sie sind Mischungen aller möglichen Atome, auch der feinsten derselben; deshalb sind alle Körper belebt, nur die einen mehr, die anderen weniger, viele Körper haben sehr wenige von den feinsten Atomen. Die Atome des Demokrit haben Rauheiten, Zacken, Ärmchen, aus denen sich der Zusammenhalt der Körper erklärt. Überall, im kleinen wie im großen, wirken nur unveränderliche Naturgesetze. Der Sonne schreibt Demokrit eine ungeheure Größe zu, und die Milchstraße besteht aus zahllosen sonnenähnlichen Sternen. Die Zahl der Welten ist unendlich groß, alle Weltkörper sind immerwährenden langsamen Veränderungen unterworfen, mit zeitweiligem Untergang und nachheriger Wiedergeburt.

Leider sind nur sehr wenige Überlieferungen von Demokrit erhalten geblieben, fast alle seine Schriften sind verloren gegangen. Nur dadurch, daß seine zahlreichen Gegner seine Lehren anfochten und sie bei dieser Gelegenheit erwähnten, sind sie uns bekannt geworden. Als seine hauptsächlichsten Gegner sind zu nennen: Sokrates, Plato, Aristoteles. Plato bekämpfte ihn so heftig, daß er sogar seine 72 Schriften verbrennen wollte; er selber hatte dagegen wenig klare naturwissenschaftliche Vorstellungen. Von seinen Nachfolgern suchten die Scholastiker alles zu beweisen, ohne etwas davon zu wissen, ohne irgend welche experimentelle oder astronomische Beobachtungen zu machen. Nur durch langes Nachdenken zb. darüber, wie weit die Sonne von der Erde entfernt sei, glaubten sie den richtigen Wert dieses Abstandes ergründen zu können. Dagegen hat Aristoteles ganz richtig gefolgert, in einem leeren Raum müssen alle Atome des Demokrit gleich schnell fallen trotz ihrer ungleichen Formen und Massen. Er glaubte aber daraus weiter folgern zu können, daß wegen dieses gleichmäßigen parallelen Fallens die von Demokrit behaupteten Zusammenstöße der Atome unmöglich seien. Demgegenüber stellte Epikur die Hypothese auf, die Atome haben eine besondere Neigung, von ihrer geraden Bahn abzuweichen, und dadurch werden die Stöße veranlaßt, es kommen Wirbelbildungen, Zusammenballungen zustande. Denn nach Demokrit wirken ja die Atome besonders durch Stöße aufeinander.

In Alexandrien entwickelte Eudoxus etwa 375 v. Chr. ein verwickeltes System rotierender Sphären, mit dem er die wichtigsten Planetenbewegungen ganz befriedigend erklären konnte. Ungefähr 100 Jahre später begründete Archimedes die Lehre vom Gleichgewicht der Körper. Er zeigte, daß eine der Schwere entzogene Flüssigkeitsmenge im Gleichgewicht Kugelform annehmen müsse und einen eigenen Schwerpunkt habe, ähnlich wie die Erde; daher müsse auch die Meeresoberfläche kugelförmig sein, nicht eben, wie ja von den Schiffern stets beobachtet werde. Aus Sonnenhöhen, die er im Sommer und im Winter beobachtete, berechnete Eratosthenes den Abstand der Wendekreise als Teil des ganzen Erdumfangs, ferner aus gleichzeitigen Sonnenhöhen in Alexandrien und in Syene (Ägypten) und aus der Zeit der Karawanenreisen zwischen beiden Orten den Erdumfang zu etwa 250000 Stadien (dh. 42000 km statt 40000). Aus Finsternisbeobachtungen fand Aristarch die Größe des Mondes ziemlich richtig, zugleich aber den Sonnendurchmesser etwa fünfmal zu klein, weil er den Sonnenabstand viel zu klein gefunden hatte. Er nahm an, die Sonne und die Fixsterne stehen still, die Erde drehe sich aber in einem Kreise längs der Ekliptik, dh. in der Ebene der scheinbaren Sonnenbahn, um die Sonne als Mittelpunkt; die Fixsterne befinden sich in ungeheurem Abstand von der Sonne. Teilweise ist also das kopernikanische Weltsystem von Aristarch schon etwa 2000 Jahre vor Kopernikus aufgestellt worden.

Von unseren Astronomen wird Hipparch als der Vater der wissenschaftlichen Astronomie bezeichnet, weil er ganz besonders genaue Beobachtungen gemacht hat. Wir werden später nochmals auf ihn zurückkommen. Die Gesetze der scheinbaren Planetenbewegungen hat er wohl zuerst ergründet (etwa 150 v. Chr.) und Tafeln zu ihrer Berechnung angelegt. Auch rührt die Theorie der epizyklischen Bewegungen der Planeten, die später von Ptolemäus veröffentlicht worden ist, vermutlich von ihm her. Für die Präzession der Tag- und Nachtgleichen, auf die wir weiter unten eingehen werden, fand er schon einen angenäherten Wert. Den Mondabstand schätzte er recht gut zu 59 Erdradien. Mit Hilfe einer Wasseruhr bestimmte Poseidonios den Sonnendurchmesser zu 28 Bogenminuten oder etwa $^1/_2$ Grad und berechnete daraus den Sonnendurchmesser. Er fand aber dafür, weil er den Sonnenabstand nicht genügend kannte, nur etwa

70 Erdradien, statt 109. Den Mond bezeichnete er als die Ursache von Flut und Ebbe.

Die alten Griechen, namentlich die in Alexandrien, hatten also schon ein recht gutes Verständnis für astronomische Fragen. Dennoch hatte Ptolemäus etwa 130 n. Chr. Erfolg mit seinen älteren Anschauungen, die er vermöge seiner Autorität der Menschheit für über ein Jahrtausend aufzwang. Er versetzte die Erde wiederum in den

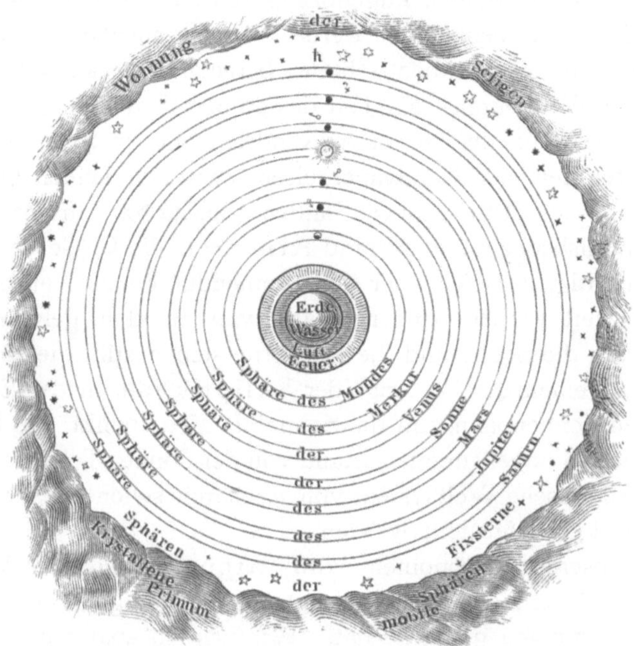

Fig. 4. Das Ptolemäische Weltsystem.

Mittelpunkt des Weltsystems und ließ alle anderen Weltkörper, Sonne, Mond und Planeten, in Kreis- oder epizyklischen Bahnen um die Erde sich drehen. Das ptolemäische Weltsystem werden wir später noch eingehend behandeln. Die obenstehende Fig. 4 zeigt die Anordnung der Himmelskörper nach demselben.

Die Griechen trugen ihre Wissenschaft nach Westen zu den Römern, die aber in Naturwissenschaften wenig Selbständiges geleistet haben. Julius Cäsar führte den Kalender der Ptolemäer mit je einem regelmäßigen Schalttag jedes vierte Jahr im römischen Reich ein; daher heißt dieser der julianische Kalender. Außerdem setzte sich aber Cäsar in der Wissenschaft dadurch ein schlechtes Denkmal, daß er die bei weitem wertvollste damalige Bibliothek in Alexandrien verbrannte. Allerdings machten es die Christen etwa 300 Jahre später auch nicht besser, da sie die wiedererstandene Bibliothek plünderten, und wieder etwa 300 Jahre später verbrannte der Chalif Omar den Rest der Bibliothek auf einem Scheiterhaufen.

Von den Römern kennen wir hauptsächlich nur Überlieferungen griechischer Anschauungen durch römische Dichter. In Ovids Metamorphosen wird die Natur besonders in den Vordergrund gestellt. Sie schafft, sie trennt Himmel und Erde und Wasser, auch Äther und Luft. Die Erde wird zuerst als Scheibe, später als Kugel, durch ihr eigenes Gleichgewicht in der Luft schwebend dargestellt. Ovid beschreibt das goldene, das silberne, das eherne und das eiserne Zeitalter. Immer schlechter wurde die Menschheit. Im eisernen Zeitalter herrschte nur noch Lug und Trug, alles Böse und Schlechte breitete sich aus. Deshalb vernichtete Jupiter das ganze Menschengeschlecht durch eine große Sintflut[1]). Nur Deukalion und Pyrrha blieben übrig, und sie erschufen neue Menschen aus Steinen, die sie hinter sich warfen.

Eine gute klare Überlieferung griechischer Anschauungen haben wir durch Titus Lucretius Carus in seinem Lehrgedicht „De rerum natura" erhalten. Nur die Atome mit ihren ewigen Bewegungen und Zusammenstößen bilden die Welt, die keinen Anfang und kein Ende hat, auch keine Zweckmäßigkeit. Carus nimmt die Atome von Demokrit, ihre Trennung und Verbindung von Empedokles, die Zusammenballung derselben von Epikur. Alle Unterschiede in der Beschaffenheit der Körper werden nur aus den verschiedenen Zahlen, Formen und Zusammenlagerungen der Atome erklärt. Daß wir die stete Bewegung der Atome in den Körpern nicht sehen können, rührt nur von der Kleinheit dieser Atome her. In genügender Entfernung sehen wir auch nur die Bewegung der ganzen Herde, nicht mehr die Bewegungen der einzelnen Tiere. Die ganzen Welten bilden sich stetig weiter; denn überall sind noch zahllose freie Atome vorhanden, die sich immer wieder zu neuen Körpern zusammenfinden. Also

[1]) Es ist bemerkenswert, daß bei den verschiedensten Völkern die Sintflut in der Entwickelung der Welt eine große Rolle spielt.

durchzieht die Welten eine ganze Kette von Werden und Vergehen, wie bei Heraklit. Auch Seele und Geist werden körperlich aufgefaßt, sie bestehen aus den rundesten, feinsten, beweglichsten Atomen. Im Lebewesen sind sie es, die besonders alle auf das Leben bezüglichen Stöße aufnehmen und solche nach außen abgeben. Die Empfindungen der Lebewesen kommen aber nicht durch einzelne solche Atome, sondern nur durch größere Ansammlungen von ihnen zustande; erst durch größere körperliche Gruppen von seelischen Atomen entstehen die seelischen Eigenschaften, wie ja auch die Atome selber keine Farbe haben, erst die aus ihnen gebildeten Körper. Im Tode verlassen die seelischen Atome den Körper.

Noch auf einem anderen Wege ist die morgenländische Wissenschaft zu uns gekommen: durch die Araber über Afrika nach Spanien. Auch die Araber leisteten, wie die Ägypter, Größeres in genauen Messungen als in Spekulationen über das Wesen der Dinge. Besonders viel tat Al Mamun, der Sohn Harun al Raschids, für die Wissenschaft. Er ließ 827 n. Chr. eine anscheinend sehr genaue Gradmessung ausführen, die aber leider verloren gegangen ist; überdies ließ er die Neigung der Ekliptik gegen den Äquator bestimmen. Einer der hervorragendsten Astronomen der damaligen Zeit, etwa 900 n. Chr., war der Statthalter von Syrien, Albategnius, der die Jahreslänge mit 365 Tagen 5 Stunden und 46,5 Minuten nur etwa 2,5 Minuten zu kurz fand, und der außerdem vorzügliche Tabellen über die Sonnenbahn und die Planetenbahnen herstellte. Ein Katalog von über 1000 Sternen wurde von Abd-al-rahman etwa um das Jahr 950 gemacht, der beste aus alter Zeit; derselbe Astronom schätzte die jährliche Präzession zu 1^0 in 66 statt in 71,5 Jahren, welch letztere Zahl den neuesten Messungen entspricht. In diese Zeit fallen auch die ersten Anfänge der Chemie.

Mit den Arabern ging ihre Kultur nach Spanien hinüber. Dort legte Hakem II. eine Bibliothek von 600000 Bänden an. Der Astronom Ibn Junis wandte das Pendel zur Zeitmessung an (600 Jahre vor Galilei, der ja übrigens in der Vorstellung der Drehung und Bewegung der Erde gleichfalls seine Vorgänger hatte); derselbe berechnete außerdem berühmte astronomische Tabellen. Auch Alhazen ist von größerer Bedeutung, da er ein großartiges Werk über Optik verfaßte, das alles Frühere weit überragte.

Aus der Übergangsperiode zur neueren Zeit sind Cusanus, ein Deutscher, etwa 1450, und der berühmte italienische Künstler Leonardo da Vinci, etwa 1500, hervorzuheben. Sie beide lehrten, die Erde erscheine, vom Mond aus gesehen, wie der Mond von uns aus, also je nach ihrer gegenseitigen Stellung zur Sonne in verschiedenen Phasen (dh. wie Neumond, erstes Viertel, Vollmond, letztes Viertel und ihre Zwischenphasen), und die Erde bestehe etwa aus derselben Materie wie die anderen Planeten. Leonardo da Vinci sagte außerdem: Würde die Erde durch eine Explosion in viele Stücke zersprengt, so würden diese alle gegen den Schwerpunkt zurückfallen und so lange um diesen pendeln, bis sie schließlich miteinander ins statische Gleichgewicht kämen. Bemerkenswert ist auch seine Verbrennungstheorie. Durch Verbrennung, sagte er, wird Luft verbraucht. Tiere können nicht in einer Luft leben, die keine Verbrennung mehr unterhält. Außerdem machte er vorzügliche theoretische Untersuchungen über Statik, Perspektive, Wellen- und Farbenlehre. Er war also nicht nur der großartige Künstler, sondern auch ein hervorragender Physiker. Cusanus und Leonardo da Vinci sind als die unmittelbaren Vorgänger von Kopernikus zu betrachten. Sie durften damals noch frei und ungehindert ihre Ansichten äußern. Die Kirche verbot nicht das freie Wort, im Gegenteil, sie zeigte selber großes Interesse für die Wissenschaften.

I. Sichere Ergebnisse.

Astronomische Grundlagen.

Bevor wir zu Kopernikus übergehen, wollen wir unsere Sternen- und Planetenwelt etwas genauer betrachten, um die Unterschiede der ptolemäischen und der kopernikanischen Weltanschauung besser beurteilen zu können. Wir werden dann überdies erkennen, daß durch die genauen Beobachtungen der Vorgänger des Kopernikus sein System gestützt, ja schließlich zur Gewißheit erhoben worden ist.

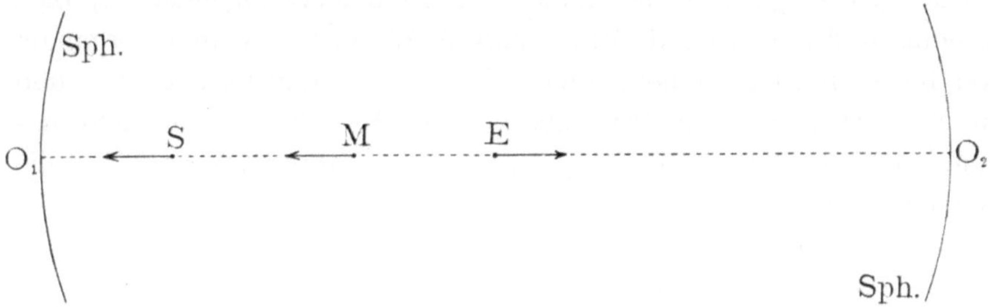

Fig. 5. Projektion der Sterne *S* auf die Himmelssphäre *Sph.*

Von den pythagoräischen Sphären wird nur eine einzige in der modernen Astronomie benutzt; auf sie werden alle Himmelskörper projiziert. So werden die Örter der Gestirne festgesetzt. Diese um die Erde als Zentrum gedachte Sphäre wird so groß angenommen, daß die ganze sichtbare Welt in ihrem Inneren nahe ihrem Zentrum Platz findet. Sehen wir nun zwei Sterne in derselben Gesichtslinie, so befinden sie sich deswegen doch nicht an derselben Stelle des Raumes; sie können vielmehr auf derselben Gesichtslinie noch außerordentlich weit voneinander entfernt sein. Von uns, von der Erde E (Fig. 5) aus erscheint zb. der Mars M auf eine bestimmte Stelle O_1 der Sphäre *Sph* projiziert. Ein anderer auf der Gesichtslinie durch den Mars liegender Stern S würde aber auch auf dieselbe Stelle O_1

projiziert erscheinen. Dagegen würde vom Mars aus gesehen die Erde genau auf die entgegengesetzte Stelle O_2 der Himmelssphäre projiziert als der Mars von der Erde aus. Entgegengesetzte Örter O_1 und O_2 lassen uns also erkennen, daß die betreffenden Gestirne von uns aus in diametral entgegengesetzten Richtungen liegen.

Wir sehen nun alle Gestirne jeden Tag von Ost nach West sich bewegen wie die Sonne. Die ganze Himmelskugel scheint sich um eine feste durch die Erde gehende Achse zu drehen. Diese Weltachse schneidet aus der Himmelssphäre zwei Pole heraus, einen Nordpol und einen Südpol. Unser Polarstern[1]) steht nahezu an der Stelle des himmlischen Nordpols. Man findet ihn bekanntlich leicht,

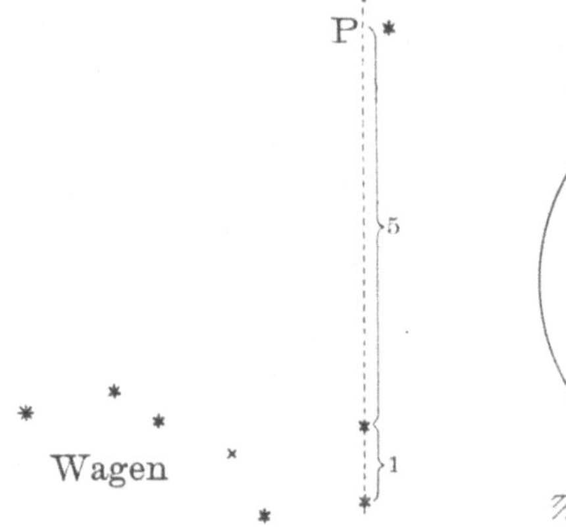

Fig. 6. Auffindung des Polarsterns P vom Wagen aus.

Fig. 7. Zone der Zirkumpolarsterne.

wenn man die Verbindungslinie der Hinterräder des Himmelswagens um den fünffachen Betrag ihres Abstandes nach der Wagenöffnung hin verlängert, wie nebenstehend gezeichnet ist (Fig. 6). Die Bewohner der südlichen Erdhälfte können einen entsprechenden in der Nähe des Südpols liegenden Stern als ihren Polarstern bezeichnen. Um die Weltachse kreisen alle Sterne nach Ptolemäus in Wirklichkeit, nach Kopernikus dagegen nur scheinbar.

Denken wir uns um den Pol einen Kreis gezogen, der unseren Horizont eben berührt, so schließt dieser Kreis die Zirkumpolarsterne ein (Fig. 7). Die Zirkumpolarsterne gehen nie unter, sie sind

[1]) Auf diesen Polarstern zeigt der schräge Gang in der Cheopspyramide.

nur während des Tages ohne Fernrohr nicht sichtbar. Sterne außerhalb dieses Gebietes, die ihm indessen nahe stehen, gehen zwar unter, aber nicht lange; je weiter jedoch die Sterne von der Grenze der Zirkumpolarsterne entfernt sind, um so länger bleiben sie unter dem Horizont. Der größte Kreis der Himmelssphäre, auf dem die Sterne gleich lange sichtbar und unsichtbar sind, heißt Himmelsäquator, seine Ebene geht durch den Erdäquator. Weiterhin gelangen wir zu Sternen, die länger unsichtbar als sichtbar sind, und zuletzt erreichen wir das Gebiet der südlichen Zirkumpolarsterne, die für uns gar nie sichtbar werden. Vom Erdnordpol aus gesehen steht der Polarstern im Zenit und alle anderen Sterne kreisen immer in gleicher Höhe um ihn. Vom Erdäquator aus sind dagegen beide Pole des Himmels, beide Polarsterne zu sehen und alle Sterne scheinen Halbkreise zu beschreiben. Es sieht also tatsächlich so aus, wie wenn eine Sphäre mit Sternen um eine durch die Erde gehende Weltachse rotierte. Sonne, Mond, Planeten und Kometen erscheinen aber nicht fest mit dieser Sphäre verbunden, sie bewegen sich vielmehr selbständig. Der Name Planet bedeutet ja auch Wandelstern.

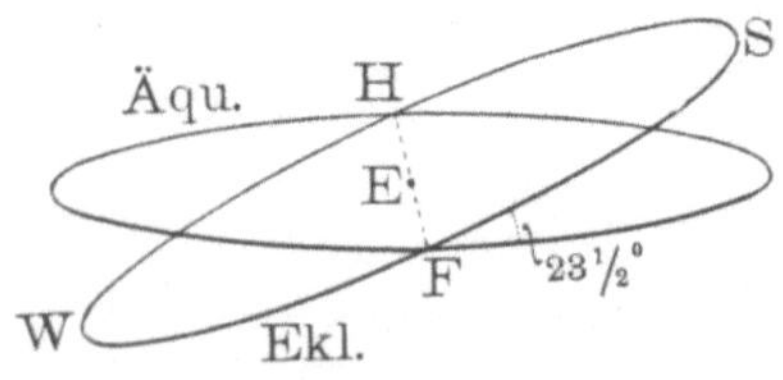

Fig. 8. Neigung der Ekliptik gegen den Himmelsäquator.

Die Sonne kreist langsamer als die Fixsterne, sie bleibt hinter ihnen zurück. Die Bahn der Sonne *S* am Fixsternhimmel heißt Ekliptik. Der Himmelsäquator und die Ekliptik fallen nicht zusammen (Fig. 8); sie bilden vielmehr einen Winkel von etwa $23^1/_2{}^0$ miteinander. Die Neigung beider Ebenen gegeneinander nennt man die Schiefe der Ekliptik. Beide Ebenen schneiden sich längs einer Geraden durch die Erde *E*. Steht die Sonne in dieser Geraden, so geht sie genau im Osten auf, im Westen unter. Der Tag ist dann gleich der Nacht. Die Schnittpunkte jener Geraden mit der Himmelssphäre heißen Äquinoktien oder Nachtgleichepunkte. Der eine Punkt, der Frühlingspunkt *F*, wird am 21. März, der andere, der Herbstpunkt *H*, am 23. September von der Sonne erreicht. Im Sommer steht die Sonne nördlich vom Himmelsäquator, im Winter südlich. Am 22. Juni erreicht sie nördlich, am 22. Dezember südlich den größten Abstand vom Äquator; diese Punkte nennt man Solstitien oder Sonnenwendpunkte *S* (Sommer) und *W* (Winter). Die untenstehende Sinuslinie (Fig. 9) stellt die Ekliptik in eine Ebene abgewickelt dar, so daß der Äquator zu einer geraden Linie wird. Die Nachtgleiche- und Sonnenwendpunkte sind durch *F*, *H* und *S*, *W* angedeutet; für die Südländer sind diese Punkte um ein halbes Jahr verschoben. Wird die Sonne in die Figur eingezeichnet, so heißen ihre rechtwinkligen sphärischen Koordinaten, auf die Himmelsäquatorebene und dazu senkrechte Meridianebenen bezogen: *R* ihre Rektaszension, *D* ihre Deklination; ferner auf die Ekliptikebene und entsprechende dazu senkrechte Ebenen bezogen: *L* ihre Länge, *B* ihre Breite [die bei der Sonne nahezu Null ist[1])]; endlich auf die Horizontalebene und entsprechende dazu senkrechte Vertikalebenen bezogen: *A* das Azimut, *H* die Höhe (nicht in die Figur eingezeichnet). Das Koordinatensystem der Ekliptik wird aber jetzt in der messenden Astronomie kaum noch verwendet.

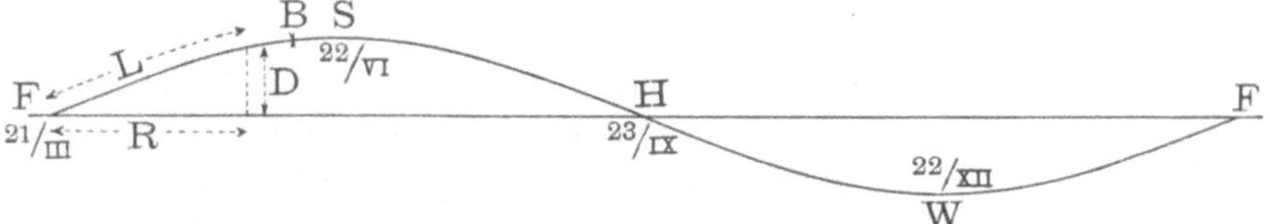

Fig. 9. Abwickelung der Ekliptik (Sinuslinie) und des Himmelsäquators (Gerade) in eine Ebene.

Schon vor uralter Zeit wurden die näher beisammen stehenden Fixsterne zu Gruppen zusammengefaßt, denen man bestimmte Bilder, zum großen Teil Tierbilder, zuordnete. Die Zone der Ekliptik, dh. das Himmelsgebiet, das der Ekliptik am nächsten steht, bezeichnete man als den Tierkreis, Zodiakus, man teilte für die Sterne dieser ganzen Zone 12 Gruppen ab, die Bilder des Tierkreises. Die 12 Tierkreisbilder waren aber sehr ungleich groß ausgefallen. Daher teilte Hipparch den Tierkreis, um genauere Angaben machen zu können, in 12 gleiche Teile zu je 30°, nannte diese Teile Zodiakalzeichen und gab ihnen die Namen der zunächstgelegenen Tierkreisbilder.

Wie schon erwähnt, beobachtete Hipparch bereits eine Verschiebung des Frühlingspunktes gegen die Sterne, die er auf mindestens 1° in 100 Jahren berechnete (genauer beträgt sie nahe 1° in

[1]) Diese Koordinaten der Gestirne entsprechen der geographischen Länge und Breite der Orte auf unserer Erde.

70 Jahren). Man nennt diese Verschiebung die Präzession des Frühlingspunktes und schrieb sie damals einer Verschiebung der Himmelsachse H bezüglich der Ekliptikachse E zu (Fig. 10). Nach kopernikanischer Weltanschauung ist es natürlich nur die scheinbare Himmelsachse, in Wirklichkeit aber die Erdachse H, die sich bezüglich der Ekliptikachse E ändert. In etwa 26000 Jahren dreht sich nämlich die Erdachse H auf einem Kegelmantel einmal um die Ekliptikachse E herum. In der Figur ist die Ebene der Ekliptik senkrecht zu der Zeichnungsebene, diese längs der Pfeilrichtung schneidend gedacht.

Wegen dieser Verschiebung des Frühlingspunktes am Sternenhimmel ist eine Unterscheidung der Jahreslängen nötig: Denselben aufeinander folgenden Stellungen der Sonne am Himmelsgewölbe, in einem bestimmten Sternbild, entspricht das siderische Jahr von 365 Tagen 6 Stunden 9 Minuten 9 Sekunden (abgekürzte Schreibweise $365^{d}\ 6^{h}\ 9^{m}\ 9^{s}$). Den Jahreszeiten, also auch dem bürgerlichen Leben und dem Kalender entspricht das tropische oder Äquinoktialjahr von 365 Tagen 5 Stunden 48 Minuten 46 Sekunden, das somit nur 11 Minuten 14 Sekunden weniger als $365^1/_4$ Tage beträgt.

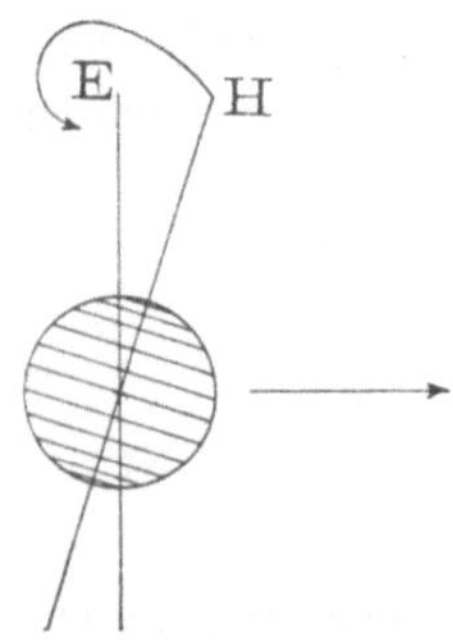

Fig. 10. Drehung der Himmelsachse H um die Ekliptikachse E.

Auch die Mondbahn ist schon sehr früh untersucht worden; die Phasen des Mondes mußten jedem Beobachter auffallen. Bei Neumond steht der Mond in seiner Konjunktion mit der Sonne, dh. die beiden Gestirne, die Sonne und der Mond, haben bezüglich ihrer auf die Ekliptik bezogenen Örter gleiche Länge; bei Vollmond steht er in der Opposition zu ihr, dh. die beiden Gestirne haben einen Längenunterschied von 180°, von der Erde aus gesehen stehen sie einander gerade gegenüber; beim ersten und letzten Viertel steht der Mond nahezu in Quadratur mit der Sonne, dh. die beiden Gestirne haben in Quadratur 90° Längenunterschied.

Daß der Mond ein dunkler Körper ist, der sein Licht von der Sonne erhält, wurde offenbar schon sehr früh erkannt, ebenso, daß er täglich fast eine Stunde hinter der Sonne und den Sternen zurückbleibt. Nach 27 Tagen 8 Stunden ist der Mond wieder annähernd an derselben Stelle des Sternhimmels. Dieser Zeitraum heißt seine siderische Umlaufzeit. Bezüglich der Sonne ist aber seine Umlaufzeit eine andere, weil die Sonne selber am Himmelszelt wandert. Um die Sonne wiederum einzuholen, braucht der Mond eine längere Zeit, nämlich 29 Tage 13 Stunden. Dies nennt man seine synodische Umlaufzeit.

Schon Aristarch hat sich vorgestellt, der Sonnenabstand lasse sich berechnen, wenn man bei genau zur Hälfte beleuchteter Mondscheibe den Winkel α bestimme, den die Sonnenrichtung ES und die Mondrichtung EM miteinander einschließen (Fig. 11). Denn die drei Himmelskörper S, E, M stehen dann in den Ecken eines rechtwinkligen Dreiecks, das beim Mond M seinen rechten Winkel hat. Aristarch maß also jenen Winkel α, fand dafür 87^0 und berechnete hiermit den

Fig. 11. Sonne S und Erde E, wenn der Mond M zur Hälfte beleuchtet erscheint.

Sonnenabstand aus dem Mondabstand, der als genügend bekannt vorausgesetzt wurde. Der wirkliche Sonnenabstand ist aber etwa 20 mal größer, als ihn Aristarch gefunden hat; denn der wirkliche Winkel α ist nicht 87, sondern 89^0 51 Minuten. Der Grund des Fehlers liegt darin, daß sich wegen der Schatten, welche die Mondgebirge werfen, die halbe Beleuchtung des Mondes nicht genau genug bestimmen läßt. Sonst wäre das Prinzip der Messung an sich richtig gewesen.

Die Ebene der Mondbahn fällt nicht mit der Ebene der Sonnenbahn, mit der Ekliptik, zusammen, sondern bildet einen Winkel von etwa 5^0 mit ihr. Beide Ebenen schneiden sich in einer Geraden, welche die Mondknoten aus der Himmelssphäre herausschneidet. Vom aufsteigenden Knoten ☊ bis zum niedersteigenden Knoten ☋ liegt die Mondbahn über der Ekliptik, mit ihrer anderen Hälfte verhält es sich umgekehrt. Wie die Sonnenbahn ändert auch die Mondbahn ihre Lage im Raum, behält dabei aber immer ihre Neigung von 5^0 gegen die Ekliptik. Die Mondknoten-Verschiebung hat zur Folge, daß der Mond immer bei anderen Sternen zu suchen ist. Ein vollständiger

Knotenumlauf der Mondbahn findet in 18 Jahren 7 Monaten statt. Dann durchläuft der Mond wieder dieselben Bahnen, bedeckt wieder dieselben Sterne.

Mit diesem Mondknotenumlauf hängen die Finsternisse zusammen. Nachstehende Fig. 12 stellt die Lage der drei Weltkörper Sonne *S*,

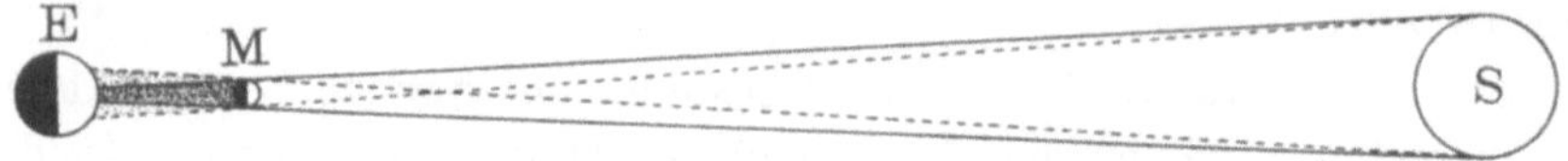

Fig. 12. Konstruktion der Sonnenfinsternis.

Erde *E*, Mond *M* zur Zeit einer Sonnenfinsternis dar. Ein kleiner Teil der Erde *E* wird durch den Mond *M* total, der nächst benachbarte Teil partiell verfinstert. Für alle innerhalb des ausgezogenen Strahlenbündels auf der Erde liegenden Orte ist die Sonnenfinsternis

Fig. 13. Mondschatten auf der Erde bei einer Sonnenfinsternis.

eine totale, für die mittelsten dieser Orte ist sie eine zentrale. Wenn die Erde zur Zeit einer Sonnenfinsternis in der Sonnennähe und der Mond in der Erdferne steht, wird für die zentral gelegenen Orte die Sonnenfinsternis zu einer ringförmigen. Fig. 13 stellt den Mondschatten auf der Erde während einer Sonnenfinsternis dar, wie er vom Mond aus zu beobachten wäre. Man sieht den Kernschatten als kleinen schwarzen Fleck und den Halbschatten, dessen äußerste Grenze durch einen ausgezogenen Kreis angedeutet ist. Im Laufe einiger Stunden geht der Mondschatten längs der geraden Linie über die Erde hinweg, zugleich dreht sich diese in der Pfeilrichtung um ihre eigene Achse. Fig. 14 zeigt uns eine Zeichnung einer Sonnenfinsternis, wie sie ein durch die unerwartete Großartigkeit der Erscheinung überraschter Beobachter vor Jahrzehnten zu sehen glaubte. Fig. 15 ist dagegen die unmittelbare Photographie einer totalen Sonnenfinsternis, die uns erkennen läßt, wie die um die Sonne vorhandenen Strahlenbündel wirklich verlaufen können. Auch Fig. 16 gibt uns das Bild einer Sonnenfinsternis wieder; in ihm sind Buchstaben eingezeichnet, um die bei einer Sonnenfinsternis sichtbar werdenden Hervorragungen, die sogenannten Protuberanzen, hervorzuheben. Ich werde später noch verschiedene andere Sonnenphotographien wiedergeben, um mit ihrer Hilfe die wichtigsten Erscheinungen auf der Sonnenkugel zu besprechen.

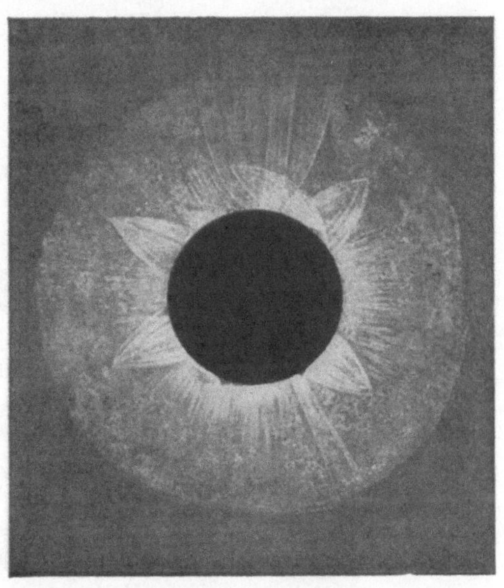

Fig. 14. Totale Sonnenfinsternis 1858. Nach Liais.

Ähnlich wie Fig. 12 für die Sonnenfinsternis stellt Fig. 17 die Strahlenbündel dar, die bei einer Mondfinsternis in Betracht kommen. Bei dem punktierten Strahl tritt der Mond in den partiellen Erdschatten ein, wird also etwas verfinstert, aber so wenig, daß wir es zuerst kaum bemerken. Erst wenn der Mond in den Kernschatten der Erde eintritt, beginnt die partielle Mondfinsternis. Sie wird aber nur dann zur totalen Mondfinsternis, wenn die ganze Mondkugel vollständig in den Kernschatten hineingelangt. Daher sind die Sonnenfinsternisse (für die ganze Erde, wenn auch nicht für den einzelnen Ort) etwas häufiger als die Mondfinsternisse, weil das in Betracht kommende ausgezogene Strahlenbündel im Mondabstand

Fig. 15. Totale Sonnenfinsternis 1900. Nach Langley und Abbot. (Aus Arrhenius, Werden der Welten I.)

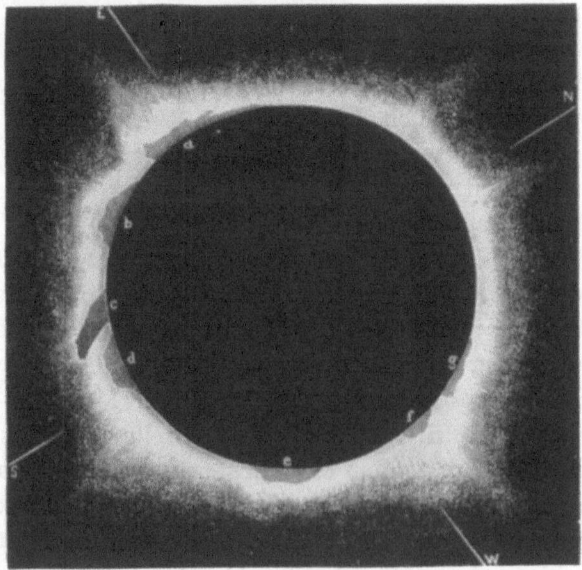

Fig. 16. Totale Sonnenfinsternis 1879. Nach Eastman. (Aus Newcomb, Pop. Astronomie.)

(gestrichelter Kreis) auf der Sonnenseite größer im Querschnitt ist als auf der abgewandten Seite. Beiderlei Finsternisse sind im allgemeinen fast jedes Jahr zweimal zu erwarten, wie wir sogleich sehen werden.

Wegen der Schiefe der Mondbahn gegen die Sonnenbahn (die Ekliptik) können sowohl Sonnen- wie Mondfinsternisse nur dann eintreten, wenn die Sonne einem Mondknoten nahekommt, nämlich 18 Tage vor und 18 Tage nach jedem Mondknoten, also zweimal im Jahre. Weil sich nun die Mondknoten längs der Ekliptik verschieben, müssen dieselben Verhältnisse in gewissen Perioden wiederkehren.

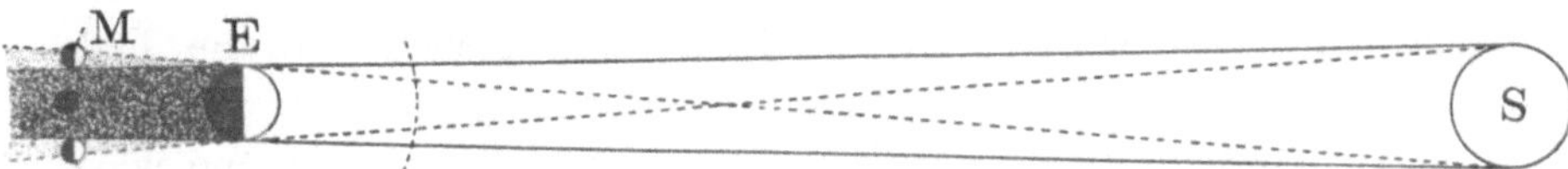

Fig. 17. Konstruktion der Mondfinsternis.

Die Umlaufzeiten des Mondes und der Sonne von einem Mondknoten bis wieder zu demselben Knoten nennt man die drakonitischen Umlaufzeiten. Nun sind:

242 drakonitische Mondumläufe = 6585,357 Tage,
19 drakonitische Sonnenumläufe = 6585,780 Tage.

Diese Periode ist eben der Saroszyklus (S. 4) und wird im Mittel zu 6585 Tagen 7 Stunden 42 Minuten oder angenähert zu 18 Jahren und 10 oder 11 Tagen gerechnet, je nachdem 5 oder 4 Schaltjahre in diesen Zyklus hineinfallen. Die Übereinstimmung jener Mond- und Sonnenperioden ist eine so gute, daß man, wenn eine Finsternis bekannt ist, mit Gewißheit nach Ablauf dieses Saroszyklus wieder eine ganz ähnliche Finsternis prophezeien kann. Weil aber die Übereinstimmung der beiden Zahlen doch keine vollkommene ist, treten Verschiebungen im Zyklus ein, so daß Finsternisse allmählich verschwinden, während zu anderen Zeiten wieder neue Finsternisse eintreten. Es ist wohl selbstverständlich, daß zb. eine neu auftretende Mondfinsternis zuerst nur partiell ist: nur ein sehr kleiner Teil des Mondes tritt in den Erdschatten ein. Aber bei jeder weiteren analogen Finsternis wird ein größerer Teil des Mondes bedeckt. Etwa nach der 13. Wiederholung wird die Finsternis total, sie bleibt dann 22 bis 23 mal total, wird wieder partiell, mehr und mehr, um schließlich ganz zu verschwinden.

Das ptolemäische Weltsystem ist im Almagest, einem ganz alten, aber vollständigen Hand- und Lehrbuch, das von den außerordentlichen Kenntnissen und Forschungen jener Zeit zeugt, von Ptolemäus veröffentlicht worden. Wahrscheinlich ist dies Buch im 2. Jahrhundert n. Chr. entstanden und fußt zweifellos auf Hipparch und seinen Vorgängern; doch hat auch Ptolemäus selber hervorragend dabei mitgewirkt.

Ptolemäus stellt vier Sätze auf:

1. „Die Himmelskörper bewegen sich in Kreisen.“ Dagegen wurde schon damals der Einwand erhoben, nichts hindere, statt dessen anzunehmen, die Himmelssphäre bleibe ruhig stehen und die Erde rotiere um eine eigene Achse. Ptolemäus bezeichnete aber diese Anschauung als lächerlich, obwohl sie die einfachere Lehrmeinung wäre. Denn bei einer so schnellen Erdrotation müßte ja die Luft hinter der Erde zurückbleiben. Sollten leichtere und schwerere Körper in der Luft fliegen, so müßte man bei ihren Bewegungen Unterschiede sehen. Und doch käme, wenn Ptolemäus recht hätte, für die so ungeheuer weit entfernte Himmelssphäre eine fast unendlich große Geschwindigkeit heraus.

2. „Die Erde ist eine Kugel.“ Dieser Satz ist von Ptolemäus ganz richtig begründet worden. Denn er schrieb, wie auch schon Aristoteles und sogar die Chaldäer gefolgert hatten, daraus daß die als objektive Erscheinungen aufzufassenden Mondfinsternisse an verschiedenen Orten zu verschiedenen Ortszeiten sichtbar seien, müsse dies geschlossen werden. Je weiter westlich der Beobachter steht, um so früher nach seiner Ortszeit, zb. nach dem Sonnenuntergang, sieht er die Mondfinsternis. Also geht die Sonne im Westen später auf und unter als im Osten. Daß die Erde auch von Nord nach Süd rund sei, hatte man aus entsprechenden Zonenänderungen der Zirkumpolarsterne gefolgert. Außerdem sehe man bekanntlich auf dem Meere aus der Entfernung von hohen Gegenständen, zb. von einem Schiff, zuerst nur die Spitze, erst nachher bei größerer Annäherung auch die Basis.

3. „Die Erde steht im Mittelpunkt der Himmelskugel.“ Sonst würden die Sterne, denen die Erde näher stünde, schneller zu kreisen scheinen als die entfernteren, meinte Ptolemäus. Er widerlegte die Einwände, daß die Erde nicht ohne Unterstützung frei im Raume

schweben könne, in folgender Weise: Im Universum gibt es kein Oben und kein Unten. Unten ist nur die Richtung nach unseren Füßen, nach dem Erdmittelpunkt, nach der Richtung des Fallens. Die Erde ist wie ein Punkt verglichen mit dem ganzen Himmelsraum. Sie wird in der Mitte festgehalten durch Kräfte, die in allen Richtungen ganz gleich von allen Teilen des Universums auf sie ausgeübt werden.

4. „Die Erde hat keine fortschreitende Bewegung.“ Sonst würde sie sich gewissen Gestirnen nähern, von den entgegengesetzt befindlichen sich entfernen, und man müßte dann (nach Satz 3) ungleiche Geschwindigkeiten solcher Himmelskörper in ihren Kreisbahnen erkennen.

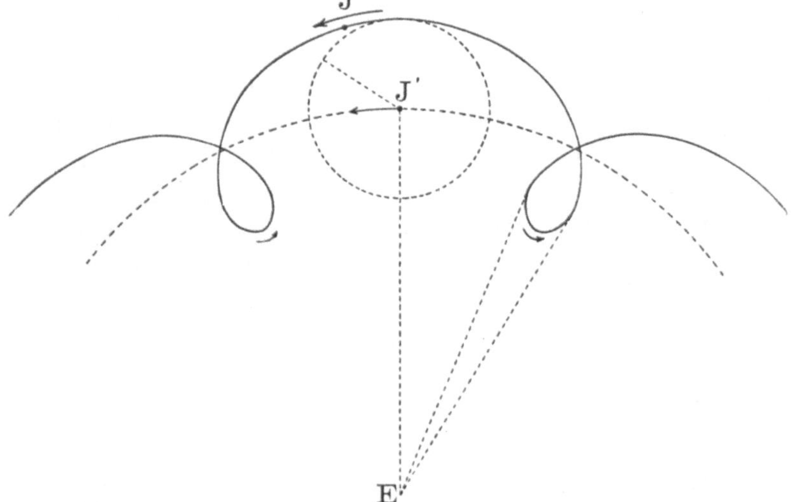

Fig. 18. Epizykloidenbahn des Jupiter *J* nach dem ptolemäischen Weltsystem.

Nach Ptolemäus' Grundsätzen geschehen alle Bewegungen von Himmelskörpern in Kreisen, weil der Kreis die einfachste Kurve der Natur ist. Indessen waren diese Kreise doch verschiedener Art. Genaue Messungen von Hipparch und seinen Vorgängern hatten nämlich schon ergeben, daß die Sonne selbständig einmal im Jahre von West nach Ost über das ganze Himmelszelt hinwegziehe, daß der Mond in einem Monat eine ähnliche Bahn beschreibe, und daß die Planeten vollends ihre eigenen anscheinend ganz unregelmäßigen Bahnen wandeln. Damals waren nur die fünf hellsten Planeten: Merkur, Venus, Mars, Jupiter und Saturn, bekannt. Bei ihnen allen wurde aber beobachtet, daß sie bezüglich des Himmelszeltes bald von West nach Ost gehen, wie Sonne und Mond, bald aber in entgegengesetzter Richtung, dh. bald *direkt*, *rechtläufig* wie die Sonne, bald *retrograd*, *rückläufig*. Hipparch gab bereits die Erklärung für diese Oszillationen: Man könne einen fingierten Planeten, zb. einen fingierten Jupiter (J', Fig. 18) annehmen und den wirklichen Jupiter (J) Kreise um diesen beschreiben lassen, so werde seine Bewegung wie die wirklich beobachteten Oszillationen erscheinen. Und ebenso verhalte es sich mit den anderen Planeten. Bei jener hypothetischen Bewegung des Jupiter entsteht nämlich eine *Epizykloide*, welche die Bewegung des Planeten J sehr gut darstellt. Die großen Bögen dieser Kurve werden rechtläufig, die kleinen in den Schleifen rückläufig vom Planeten beschrieben. An den von der Erde aus an die Kurve gezogenen Tangenten scheint der Planet still zu stehen.

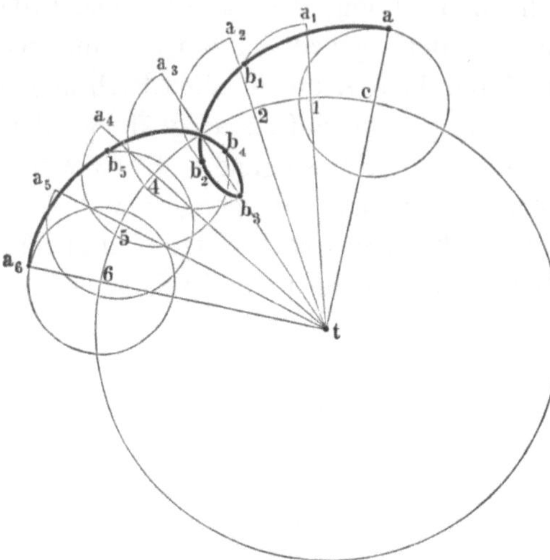

Fig. 19. Konstruktion einer Epizykloide.

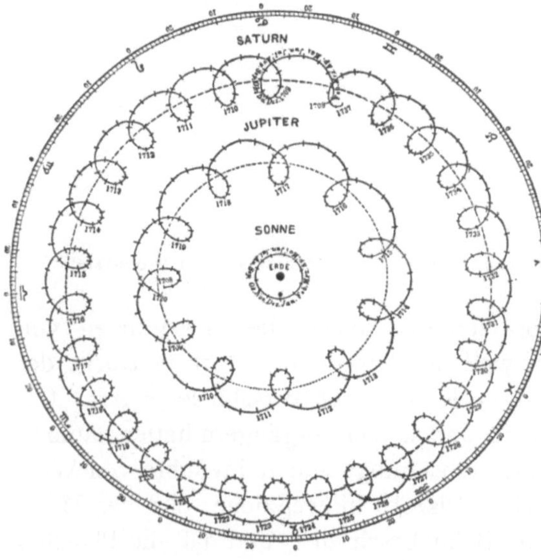

Fig. 20. Bahn der Sonne und (epizyklische) Bahnen des Jupiter und des Saturn. Nach Hipparch. (Aus Newcomb, Pop. Astronomie.)

Fig. 19 läßt erkennen, wie die Epizykloide aus den Kreisbahnen $a a_1 a_2 \ldots$ entsteht, deren Mittelpunkte auf dem Kreise c fortschreiten; vom Kreise a ist der Kreisbogen o, von a_1 der Bogen $a_1 b_1 = {}^1/_6$ des Umfangs, von a_2 der Bogen $a_2 b_2 = {}^2/_6$ des Umfangs durchlaufen usf. Fig. 20 zeigt uns nach Aragos Astronomie die Bahnen der Sonne, des Jupiter und des Saturn um die Erde, wie sie sich Hipparch und Ptolemäus vorgestellt haben. Der Abstand von Strich zu Strich bedeutet jedesmal einen Monat. Die Darstellung der scheinbaren Bewegungen dieser Gestirne wird dadurch sehr gut wiedergegeben. Auch für die inneren Planeten gelten solche Epizykel (vgl. Fig. 21); aber das Verhalten der beiden Planeten Venus und Merkur läßt eine Eigentümlichkeit erkennen: die fingierte Venus und der fingierte Merkur liegen immer in der Richtung nach der Sonne. Die Venus oszilliert dabei etwa 45°, der Merkur etwa 16 bis 29° um die Sonne, dh. um den fingierten entsprechenden Planeten. Fig. 22 zeigt die Sonnenbahn S und die verschieden großen Kreisbahnen, welche die Planeten Merkur M, Venus V, Mars Ms', Jupiter J, Saturn s' nach der Hipparchschen Vorstellung um ihre fingierten Planeten beschreiben, und läßt also diese Eigentümlichkeit der inneren Planeten erkennen. Dies alles war den Alten ganz gut bekannt; daher trat damals schon die Meinung hervor, die Sonne sei selber das Zentrum jener beiden Planetenbahnen. Andere sagten sogar, sie

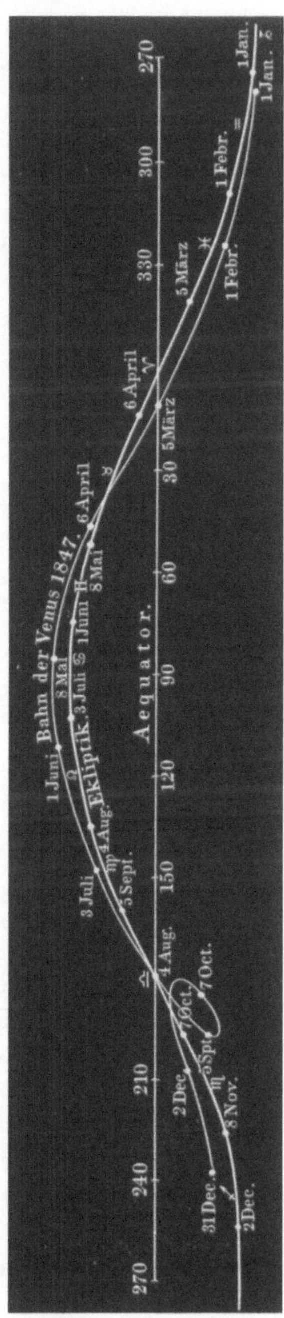

Fig. 21. Epizykel der Venus.

sei das Zentrum der Bahnen aller Planeten und der Erde dazu. Indessen stimmte Ptolemäus nicht zu, was uns jetzt schwer verständlich erscheint.

Daß aber die Bewegung der Planeten doch nicht ganz so regelmäßig vor sich gehe, wie diese Epizykel erwarten ließen, hat schon Hipparch beobachtet, und Ptolemäus und andere haben ihm recht gegeben. Bald bewegen sich die Planeten etwas zu langsam, bald

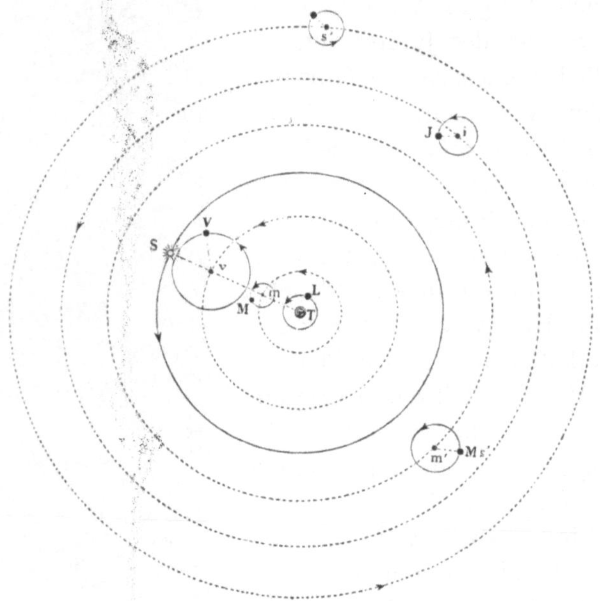

Fig. 22. Hipparchsche Vorstellung von den epizyklischen Bewegungen der Planeten um die Erde (T).

etwas zu schnell. Um diese Unregelmäßigkeit zu erklären, machten sie die neue Annahme, die Erde befinde sich bezüglich der Kreisbahn des fingierten Planeten in exzentrischer Lage, sie sei nicht genau im Kreismittelpunkt C (Fig. 23). Wenn E die Erde bezeichnet, so nannten sie P das Perigäum, A das Apogäum des Planeten und den Abstand der Erde E vom Kreismittelpunkt C die Exzentrizität CE der Planeten-Kreisbahn. Dieser Exzentrizität zufolge gehe der Planet in P scheinbar schneller als in A. Aus den verschiedenen Geschwindigkeiten des Planeten in P und in A wurde das Verhältnis CE/CP bestimmt.

Hipparch und Ptolemäus fanden durch ihre Messungen, daß auch die Sonnen- und die Mondbahn exzentrisch seien. Ganz besonders durch genaue Zeitbestimmungen bei Mondfinsternissen kamen sie zu diesem Ergebnis. Sie bemerkten außerdem, daß die Mondbahn nicht konstant sei, daß ihr Mittelpunkt vielmehr in neun Jahren einmal um die Erde herum rotiere. Schließlich fand Ptolemäus auch noch eine Oszillation des Mondes um jene Kreisbewegung herum, etwa im Betrage von 1°. Er nannte diese neue Bewegung Evektion und glaubte sie damit erklären zu müssen, daß der Mond noch einen kleinen Epizykel um einen fingierten Mond herum beschreibe. Denn Kreisbahnen waren ja nach seinen Vorstellungen die einzig möglichen Bahnen von Weltkörpern und daher mußten alle Bewegungen von Gestirnen auf Kreisbahnen zurückgeführt werden.

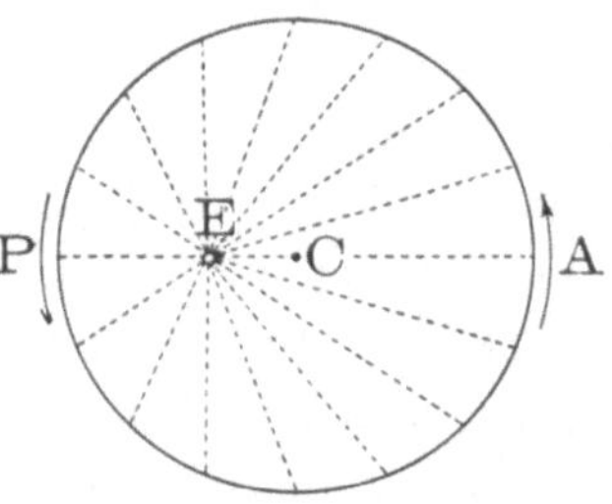

Fig. 23.
Exzentrizität der Planetenbahn, bezüglich der Erde E als Zentrum. Nach Ptolemäus.

Bis ins 16. Jahrhundert blieb der von den Ptolemäern auf Grund ihrer astronomischen Beobachtungen zuerst aufgestellte und dann von Julius Cäsar im Abendland eingeführte julianische Kalender in Gültigkeit. Indessen wurde die Abweichung der wirklichen von den Kalender-Jahreszeiten immer größer. Sie betrug bereits zehn Tage. Denn durch die Schaltjahre waren im Laufe der Jahrhunderte zu viele Schalttage eingeschoben worden. Deshalb führte Papst Gregor XIII. durch eine Bulle eine weitere Kalenderreform ein: Die Hunderter-Jahre sollen keinen Schalttag bekommen, aber in allen durch vier teilbaren Hunderter-Jahren sollen Schalttage wieder bestehen bleiben. Zugleich wurde der inzwischen auf zehn Tage aufgelaufene Fehler auf einen Schlag korrigiert: Der Tag des 5. Oktober 1582 wurde als 15. Oktober bezeichnet. Weiterhin wurden also die Jahre 1600, 2000, 2400 usf. als Schaltjahre, aber die Jahre 1700, 1800, 1900, 2100, 2200, 2300, 2500 usf. als keine Schaltjahre festgesetzt. Dieser gregorianische Kalender stimmt so gut mit dem wirklichen Sonnenumlauf überein, daß der noch bestehende Fehler erst in mehr als 3000 Jahren zu einem Tag anwächst. Die Russen haben sich freilich dieser Reform nicht angeschlossen, so daß ihr Kalender jetzt von dem unsrigen bereits um 13 Tage abweicht.

In neuerer Zeit sind vielfach Anstrengungen gemacht worden, den Kalender noch weiter zu reformieren. Obwohl diesen Bestrebungen die Berechtigung nicht abgesprochen werden kann, ist es doch sehr fraglich, ob sie Erfolg haben werden. Die Gesamtheit der Menschen hängt eben am Alten, und nur ein so mächtiger Gebieter, wie damals der Papst, konnte bei fast allen Völkern gleichzeitig eine so wesentliche Reform einführen. Nach den neueren Vorschlägen der Kalenderverbesserer sollte in Zukunft das Jahr 52 Wochen zu 7 Tagen = 364 Tage und einen unbenannten Tag als Festtag (etwa bei Neujahr), also zusammen wiederum 365 Tage enthalten. Dann würde jeder Jahrestag immer auf denselben Wochentag fallen. Bei Schaltjahren wäre der Schalttag gleichfalls unbenannt, wäre etwa ein Festtag und zb. zwischen dem 30. Juni und 1. Juli einzuschieben. Ferner sollten alle Monate 30 Tage, nur der erste Monat jedes Vierteljahrs sollte 31 Tage haben. Ostern würde auf den 1. April, Pfingsten auf den 1. Juli, ein Herbstfest auf den 1. Oktober und endlich Neujahr auf den 1. Januar festgesetzt.

Die gewaltige Autorität des Ptolemäus und der aristotelischen Dogmen von der Unbeweglichkeit der Erde im Weltraum ist erst durch Kopernikus, einen Deutschen aus Thorn, gebrochen worden. Nach Aristoteles sollte eben die Erde das Sinnbild des Festen sein, im Gegensatz zu Wasser, Luft und Feuer. Kopernikus hatte das System des Ptolemäus gründlich studiert, ebenso die Schriften von zahlreichen anderen alten Gelehrten. Dann legte er sein System in einer Schrift nieder, die aber erst in seinem Todesjahre (1543) herauskam. Darin zitierte er verschiedene alte Mathematiker und Astronomen, die gleichfalls an eine Rotation der Erde um eine eigene Achse und an ein Kreisen der Erde um die Sonne glaubten. Aber auch eigene Beobachtungen hat Kopernikus gemacht und dann auf dieser Grundlage sein System entwickelt.

Nach dem kopernikanischen Weltsystem drehen sich alle Planeten, auch die Erde, im gleichen Sinne in Kreisen um die Sonne als Zentralkörper. Von Norden, etwa vom Polarstern aus gesehen, geschieht diese kreisende Bewegung dem Sinne des Uhrzeigers entgegengesetzt; in diesem entgegengesetzten Sinne kreist auch der Mond um die Erde. Die Kometen bewegen sich dagegen in Ellipsen um die Sonne. Die Fixsterne sind ungeheuer weit entfernte Sonnen, die zum Teil selber von bewohnten Planeten umkreist werden.

Trotz seiner verschiedenen Vorgänger war es doch Kopernikus, der zuerst die wahre Natur der Planetenbewegung klar erkannte und folgerichtige Schlüsse daraus zog. Er hat zuerst ein vollständig in sich abgeschlossenes System im genannten Sinne entwickelt. Daher haben denn auch seine Entwickelungen bald allerseits größte Anerkennung gefunden. Es gelang ihm zu zeigen, daß seine Annahme am natürlichsten, am ungezwungensten alle Beobachtungen erkläre und daher die wahrscheinlichste sei. Freilich war es ihm nicht möglich, einen absoluten Beweis für die Richtigkeit seiner Lehren beizubringen. Jedenfalls muß aber sein Werk, das die Entwickelung seines Systems der Planetenbewegung enthält, seit Ptolemäus als das wichtigste Lehrbuch der Astronomie bezeichnet werden.

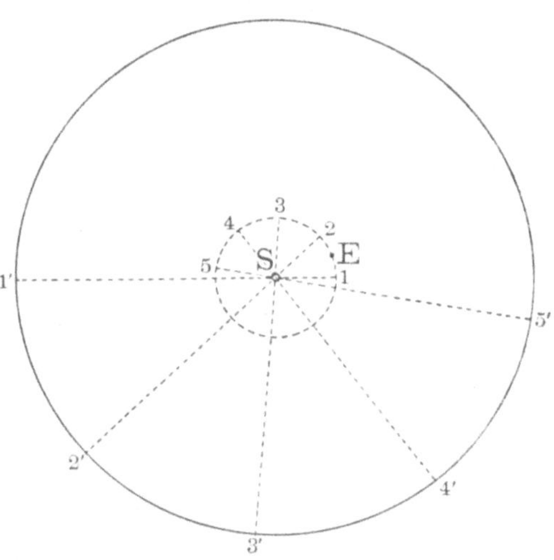

Fig. 24.
Scheinbare Sonnenbahn am Himmelsgewölbe, als Relativbewegung.

Die kopernikanische Theorie kann als die heliozentrische, im Gegensatz zur geozentrischen ptolemäischen Lehre, bezeichnet werden. Kopernikus begründete seinen ersten Satz „Die Erde rotiere und nicht das Weltall“ in folgender Weise: Eine scheinbare Bewegung kann sowohl durch eine Bewegung des Subjekts als auch durch eine Bewegung des Objekts entstehen, wie ja auch der Schiffer die Ufer in Bewegung, sein Schiff und sich in Ruhe zu sehen glaubt. Was ist nun wahrscheinlicher, daß die Erde sich bewege oder das ganze ungeheure Weltall? Je größer das letztere ist, um so größer müßte seine Geschwindigkeit sein, um dieselbe scheinbare Bewegung hervorzubringen. Fast unendlich groß müßte sie sein, um alle Gestirne in 24 Stunden einmal rundherum fliegen zu lassen. Denn die Erde ist doch nur wie ein Punkt verglichen mit dem ganzen Weltall. Daher kann nur die Erde es sein, die sich im Tage einmal um eine eigene Achse dreht.

In ähnlicher Weise begründete er seinen zweiten Satz „Die scheinbare Bewegung der Sonne unter den Sternen sei nur die Folge der Bewegung der Erde um die Sonne“, indem er die betreffenden Relativbewegungen verfolgte. Von jeder Stellung 1, 2, 3, 4 ... (Fig. 24) der Erde E aus, bei ihrer Bewegung um die Sonne S, erscheint letztere auf das Himmelsgewölbe projiziert in 1', 2', 3', 4' ... Daher scheint, unter der Annahme einer ruhenden Erde, die Sonne eine Bahn 1' 2' 3' 4' ... am Himmelsgewölbe unter den Fixsternen zu beschreiben, während in Wirklichkeit die Sonne ruht und die Erde sich bewegt. Bei den Planeten verhält es sich ganz ähnlich. Wäre ein Planet bei P' (Fig. 25) ruhend, während die Erde sich bei E auf

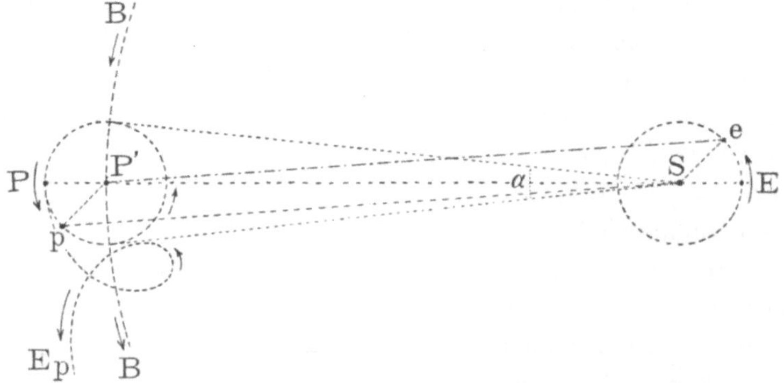

Fig. 25. Epizykel eines Planeten P, als Relativbewegung.

einer Kreisbahn bewegte, so würde der Planet nach den Gesetzen der Relativbewegung scheinbar die entgegengesetzte Bewegung machen als der Beobachter auf der Erde, der im Mittelpunkt seiner Bewegung, also auf der Sonne S ruhend zu sein wähnt. Der Planet würde sich also in einer gleich großen Kreisbahn zu bewegen scheinen, wie die Erdkreisbahn ist, in gleicher Drehrichtung, jedoch um eine halbe Umdrehung verschoben. Ein Beobachter, der sich zb. in e (Fig. 25) mit der Erde bewegt, sieht nämlich den Planeten P' in der Richtung der strichpunktierten Linie; weil er aber glaubt, er bewege sich nicht, sei vielmehr ruhend im Zentrum seiner Bewegung, in S, versetzt er den Planeten von S aus in gleicher Richtung in den Abstand von eP', also nach p. Daher sind e und p in unserer Konstruktion zusammengehörige Punkte, und durch Ermittelung aller solcher zusammengehöriger Punkte erhält man eben die ganze Kreisbahn des

Planeten P um P'. Da nun der Planet in Wirklichkeit in seiner gleichfalls kreisförmigen Bahn BB in der Pfeilrichtung vorwärts schreitet, beschreibt er scheinbar nicht einen Kreis, sondern die aus beiden Kreisen P und B zusammengesetzte Bahn, nämlich einen Epizykel E_p um seine wirkliche Kreisbahn B. Der Epizykel ist nur die vorgetäuschte Bewegung, die von der Bewegung der Erde um die Sonne herrührt. Die große Kreisbahn B des fingierten Planeten P' nach der ptolemäischen Auffassung ist daher die wirkliche Planetenbahn nach Kopernikus. Die direkte Bewegung des Planeten P, im Sinne des langen Pfeils, entsteht, wenn Planet und Sonne S in Konjunktion, also in derselben Gesichtslinie ESP stehen, von der Erde E aus gesehen, wie sie in der Figur eingezeichnet sind. Eine retrograde Bewegung des Planeten glauben wir dagegen zu sehen, in der Richtung des kleinen Pfeils, wenn Planet und Sonne in Opposition stehen, wenn sich also die Erde zwischen der Sonne und dem Planeten befindet. Die engpunktierten Linien weisen auf die Grenzstellungen des Planeten hin, in denen derselbe eine Zeit lang ruhig zu stehen scheint; diese Punkte trennen das Gebiet der direkten von dem der retrograden Bewegung des Planeten. In einem Winkel α, wie er von den beiden engpunktierten Linien eingefaßt wird, scheint der Planet hin und her zu oszillieren, um die fingierte Lage P' des Planeten nach Ptolemäus.

Die Oszillationen um einen Winkel α und also diese Winkel α selber werden um so kleiner, je weiter der Planet von der Erde entfernt ist. Sie sind also bei den äußeren Planeten für Saturn kleiner als für Jupiter, für diesen wieder kleiner als für Mars; bei den inneren Planeten für Merkur kleiner als für Venus. Für die Fixsterne werden sie noch viel kleiner, sogar so klein, daß sie nur für wenige von ihnen eben noch meßbar geblieben sind. Zweifellos wäre die Erkenntnis der scheinbaren Planetenbewegungen als Relativbewegungen ohne die ptolemäische Lehre der Epizykel viel schwerer gewesen.

Mittels seiner Theorie hat Kopernikus den Schluß gezogen, aus der scheinbaren Größe des Epizykels sei das Verhältnis der Größe der Planetenbahn zu der der Erdbahn bestimmbar. Zb. schwingt der unserer Erde nahe benachbarte Mars in einem Winkel von 40 bis 45° um seine mittlere Lage, der am weitesten entfernte Neptun dagegen nur in einem solchen von 2°. Hiernach bestimmte Kopernikus für die fünf damals bekannten Planeten ihre Abstände von der Sonne, und er fand Werte, die zum Teil bis auf 1‰ richtig sind, zum Teil aber noch bis zu etwa 13% Fehler aufweisen, letzteres für den Merkur, den Kopernikus selber nie gesehen haben soll. Außerdem bestimmte Kopernikus die Exzentrizitäten der Planetenbahnen unter der ptolemäischen Voraussetzung, daß es für die Planeten nur Kreisbahnen geben könne; er nahm nämlich an, alle Planeten bewegen sich zwar in Kreisbahnen um die Sonne, aber die Sonne stehe exzentrisch in diesen Bahnen. So führte Kopernikus die scheinbaren Bewegungen der Planeten sehr gut auf wahre Bewegungen derselben um die Sonne zurück. Aber er war eben noch in der irrigen Vorstellung befangen, alle Planetenbahnen seien Kreise oder doch aus solchen zusammengesetzt. Auch glaubte er, der ganze Himmel sei kugelförmig wie die Erde selber.

Stets ist eine Hypothese um so wahrscheinlicher, je weniger Nebenhypothesen zur Erklärung aller Erscheinungen ihres Gebiets erforderlich sind. Deshalb hat die kopernikanische Lehre so große Bedeutung erlangt, weil sie die verschiedensten Erscheinungen ganz ungezwungen zu erklären vermag. Da die Erde rotiert, ist die Bewegung der Sterne nur scheinbar und die Himmelssphäre hat nur scheinbare Pole. Es sind dies die Schnittpunkte der Erdachse mit dem scheinbaren Himmelsgewölbe. Dort, in der Nähe des Himmelspols, beim Polarstern, beschreiben die Sterne die kleinsten Kreise; je größer der Abstand vom Pole ist, um so größer werden auch diese Kreise. Die Himmelssphäre hat auch einen Äquator, nämlich ihre Schnittlinie mit der Äquatorebene der Erde. Die Sonne scheint aber nicht in der Äquatorebene zu kreisen, sondern in der Ekliptikebene, die mit der Äquatorebene einen Winkel von 23,5° bildet.

Nach Kopernikus ist die Erklärung für diese letztere Erscheinung ganz einfach: Die Erdachse steht nicht senkrecht auf der Ebene der Erdbahn, sondern schief, sie bildet einen Winkel von 23,5° mit dem Lot auf die Erdbahn (Fig. 26). Im Sommer S ist der Nordpol n näher an der Sonne, im Winter W umgekehrt der Südpol s, im Frühling F und im Herbst H sind beide Pole gleich weit von der Sonne entfernt, wie die Figur unmittelbar erkennen läßt. Für Orte auf der nördlichen Erdhälfte sind in S die Tage länger, die Nächte kürzer als 12 Stunden, für die südliche Erdhälfte ist es gerade umgekehrt. In F und H (Frühlingspunkt und Herbstpunkt) sind überall Tag- und

Nachtgleichen. Von *F* über *S* nach *H* hat der Nordpol *n* ein halbes Jahr lang Tag und umgekehrt über *W* ebenso lange Nacht. Für den Südpol ist auch dies umgekehrt. Ferner bestimmt die Erdachse die Himmelspole und den Himmelsäquator: Weil sie schief zur Bahnebene steht, scheint die Sonne nicht im Himmelsäquator zu kreisen, sondern in einer geneigten Ebene, nämlich eben in der Ekliptik. Alles dieses ist durch die kopernikanische Lehre in vorzüglicher Weise klargestellt worden.

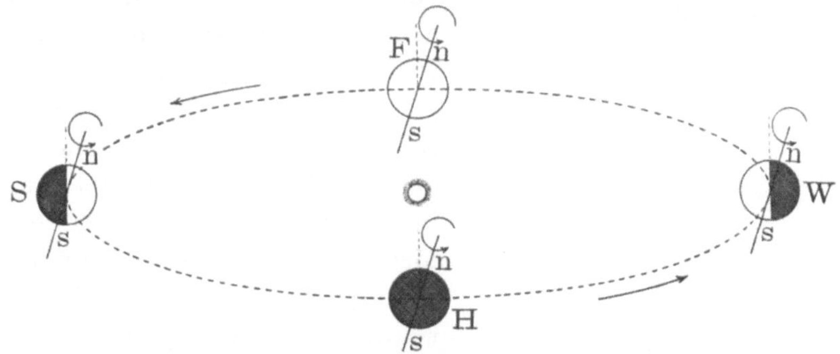

Fig. 26. Schiefe Stellung der Erdachse bezüglich der Ebene der Erdbahn.

Zum Märtyrer der Wissenschaft wurde der Italiener Giordano Bruno, Dominikanermönch und ein überaus eifriger Anhänger der kopernikanischen Lehre. Wegen dieser ketzerischen Anschauungen wurde er durch die Inquisition verfolgt, zum Tode durch den Scheiterhaufen verurteilt und im 52. Lebensjahre hingerichtet. Kopernikus selber konnte der Inquisition nicht mehr zum Opfer fallen, weil er in demselben Jahre starb, in dem sein Werk erschien.

Von größter Bedeutung für die Astronomie war namentlich der Däne Tycho Brahe, der von dem Astronomen Bessel sogar als der König der Astronomen bezeichnet worden ist. Nicht nur verschaffte sich Tycho Brahe für seine Messungen die besten damals bekannten Instrumente, sondern er verbesserte sie auch noch ganz wesentlich. Infolgedessen machte er weit genauere Messungen als alle seine Vorgänger, durch verschiedene Jahrzehnte hindurch. Später erhielt er bei seinen Bestrebungen die Unterstützung des Dänenkönigs, er baute eine große Sternwarte und lieferte durch seine vorzüglichen Messungen seinem Nachfolger Kepler die wichtigsten Grundlagen für seine

Berechnungen. Aber an das kopernikanische System hat er doch nicht geglaubt, weil er bei den Fixsternen keine Epizykel fand. „Sonst müßten ja die Fixsterne über 1000 mal weiter von uns entfernt sein als die Sonne", schloß er, und das konnte er nicht glauben. Auch das nicht, daß so große leere Räume da sein sollten, bis zu den so ungeheuer weit entfernten Fixsternen. Der horror vacui der Natur sprach dagegen. Daher blieb er bei den alten, allerdings etwas abgeänderten Anschauungen und behauptete, zwar kreisen alle fünf Planeten um die Sonne, diese kreise aber mit jenen zusammen um die Erde (Fig. 27).

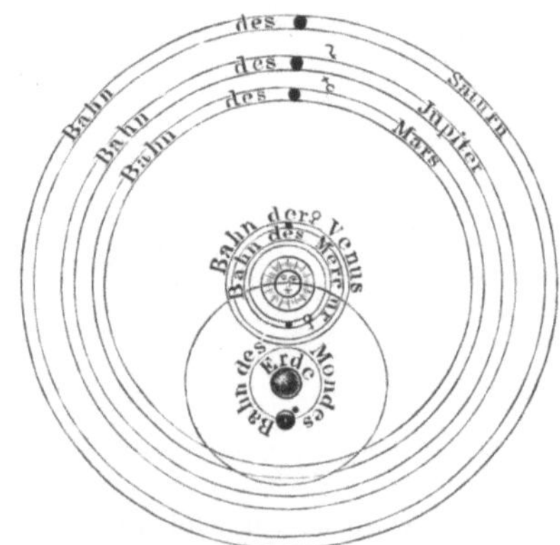

Fig. 27. Bahnen der Planeten nach Tycho Brahe.

Etwa um das Jahr 1600 wurde Kepler zuerst der Gehilfe, nachher der Nachfolger von Tycho Brahe, in Prag, wo dieser später seine Messungen fortsetzte. Sein im Jahre 1596 geschriebenes Buch: Mysterium Cosmographicum hat Kepler später wieder verworfen. Seine Hauptaufgabe war die Verwertung der Beobachtungen von Tycho Brahe und die Aufstellung neuer genauerer Planetentafeln. Er arbeitete außerdem über Optik, Sonnenfinsternisse usf.; ganz besonders beteiligte er sich aber am Ausbau des kopernikanischen Systems, im Gegensatz zu Tycho Brahe. Durch ausgezeichnete mathematische Berechnungen verarbeitete er das experimentelle Beobachtungsmaterial seines Vorgängers in vorzüglicher, mustergültiger Weise und löste die ihm gestellten Aufgaben aufs glänzendste. Zuerst verwendete er allerdings wieder die alten zum Teil noch von Kopernikus übernommenen ptolemäischen Vorstellungen von den Epizykeln, um die neu beobachteten Unregelmäßigkeiten in den Planetenbahnen zu erklären. Aber die Beobachtungen Tycho Brahes waren so genau, daß dieses Mittel nunmehr versagte. Durch Grundkreise und ihre Epizykel ließen sich diese Bahnen nicht mehr darstellen. Er sah sich also genötigt, andere Kurven als mögliche Planetenbahnen auszuprobieren und versuchte dies zuerst mit der Ellipse beim Planeten Mars, dessen Bahn ja besonders große Unregelmäßigkeiten zeigte; denn nächst dem Kreis war die Ellipse die einfachste Kurve. Er versuchte außerdem die Sonne in den Brennpunkt der Ellipse zu versetzen. Nach Tycho Brahes und auch nach seiner Vorgänger Beobachtungen mußte dabei der Planet in seiner Sonnennähe schneller kreisen als in seiner Sonnenferne.

Damals gab es noch keine Logarithmentafeln wie jetzt; die Rechnungen Keplers waren deshalb außerordentlich mühsam und zeitraubend. Dennoch fand er in solcher Weise zuerst seine beiden ersten sogenannten Keplerschen Gesetze:

1. „Die Bahn jedes Planeten ist eine Ellipse mit der Sonne in einem der Brennpunkte.“

2. „Bei der Bewegung um die Sonne beschreibt der Radiusvektor eines Planeten in gleichen Zeiten gleiche Flächenräume.“

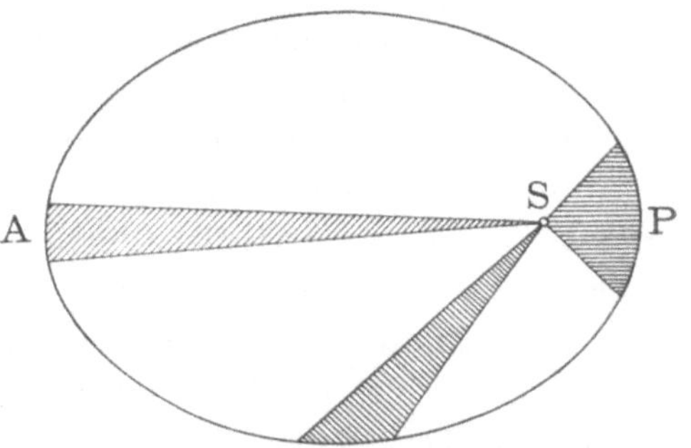

Fig. 28. Sonne und Planetenbahn.

Fig. 28 zeigt die elliptische Bahn eines Planeten mit der Sonne S im einen Brennpunkt. P ist das Perihelium, die Sonnennähe, A das Aphelium, die Sonnenferne. Durch die schraffierten dreieckigen Flächenräume soll angedeutet werden, daß der Radiusvektor an den verschiedenen Stellen der Ellipse doch immer wieder in gleichen Zeiten gleiche Flächenräume bestreicht, dem zweiten Keplerschen Gesetz entsprechend. Durch weiteres Probieren mit den Distanzen der Planeten von der Sonne und mit ihren Umlaufzeiten fand Kepler etwa zehn Jahre später sein drittes Gesetz, über dessen Entdeckung er überglücklich war:

3. „Die Quadrate der Umlaufzeiten U der Planeten verhalten sich wie die dritten Potenzen ihrer mittleren Entfernungen E von der Sonne.“

Die absoluten Distanzen waren zwar damals noch nicht bekannt, er mußte also die Relativzahlen nehmen, indem er U und E für die Erde gleich 1 setzte. So fand er aus Tycho Brahes Messungen die folgenden Werte für U und E, sowie U^2 und E^3:

	U	E	U^2	E^3
Merkur	0,241	0,387	0,058	0,058
Venus	0,615	0,723	0,378	0,378
Erde	1	1	1	1
Mars	1,881	1,524	3,538	3,540
Jupiter	11,86	5,203	140,66	140,8
Saturn	29,46	9,539	867,9	868,0

Man sieht aus den letzten beiden Kolumnen, wie ausgezeichnet dieselben miteinander übereinstimmen, nach den damaligen Beobachtungen. Also ist auch das dritte Keplersche Gesetz unzweifelhaft richtig. Daß mit dem alten Glauben, alle Bahnen von Himmelskörpern seien Kreisbahnen oder aus solchen zusammengesetzt, gebrochen werden müsse, hatten schon sein erstes und zweites Gesetz gezeigt. Nun waren die geometrischen Verhältnisse in jeder Beziehung aufgedeckt. Aber neue Fragen wurden aufgeworfen: Warum kreisen die Planeten in Ellipsen um die Sonne? Warum steht die Sonne gerade im Brennpunkt dieser Ellipse? Warum beschreiben die Radienvektoren in gleichen Zeiten gleiche Flächenräume? Warum verhalten sich die dritten Potenzen der Abstände wie die Quadrate der Umlaufzeiten? Niemand war imstande, diese Fragen zu beantworten. Die allgemeinen mechanischen und physikalischen Bewegungsgesetze und Gleichungen zur Lösung dieser Aufgaben waren eben damals noch nicht bekannt. Überdies hatten auch die Keplerschen Gesetze anscheinend keine absolute Gültigkeit. Man bemerkte doch noch Abweichungen von ihnen, die zum mindesten auf Störungen zurückgeführt werden mußten.

Der erste Anhänger des Kopernikus, der eine Hypothese einer physikalischen Ursache der Planetenbewegungen aufstellte, war der Franzose Descartes (Cartesius), der gleichfalls vor den Verfolgungen der Inquisition fliehen mußte. Seine Wirbeltheorie ist zu großer Berühmtheit gelangt und hatte lange großen Anhang. Nachdem sie schon als abgetan betrachtet werden mußte, erhielt doch der große Basler Mathematiker Bernoulli von der französischen Akademie noch einen Preis für eine theoretische Arbeit, die zur Stütze dieser Wirbeltheorie dienen sollte.

Descartes stellte sich vor, die Sonne sei, wie jeder Fixstern, umgeben von einem unermeßlich ausgedehnten feinen Fluidum, dem

Äther. Durch ihre Rotation drehe sie diesen Äther mit sich herum, so daß ein vollständiger Wirbel entstehe. Der Wirbel reiße nun seinerseits die Planeten in Kreisen um die Sonne herum, die inneren natürlich schneller als die äußeren, weil sie ja auch den inneren Äther stärker mitreiße als den äußeren. In diesem großen Wirbel bilden sich dann um die mitgerissenen Planeten selber wieder kleinere Wirbel mit gleichsinniger Drehrichtung aus, durch welche kleinere Weltkörper, die Satelliten, zum Kreisen um die Planeten gezwungen werden. So ließen sich anscheinend die Kreisbewegungen der Planeten und der Satelliten um ihre Zentralkörper erklären. Aber für die durch Kepler nachgewiesene elliptische Bewegung dieser Weltkörper reichte die Descartessche Wirbeltheorie allerdings schon nicht mehr aus.

Die Welt hielt Descartes für unendlich groß, aber bezüglich ihrer Zeitdauer glaubte er doch an eine Erschaffung der Welt. Nach seiner Anschauung sollte die Welt aus drei Elementen bestehen: Aus dem Leuchtenden, dem Durchsichtigen, dem Dunkeln oder Reflektierenden. Aus dem Leuchtenden seien die Sonne und die Fixsterne gemacht, aus dem Durchsichtigen der Himmel, aus dem Dunkeln, Undurchsichtigen, Reflektierenden die Planeten und die Kometen. Das erste dieser Elemente habe die feinsten, das dritte die gröbsten Partikeln. Das erste Element suche sich in Zentren anzusammeln, das dritte wirble um die Zentren herum. Die größten schwersten Massen des dritten Elements wurden nach ihm durch die starke Bewegung am weitesten hinausgeschleudert, hinausgewirbelt, sie wurden zu Planeten. Die am allerweitesten hinausgewirbelten Massen wurden zu Kometen, die sogar den Wirbel völlig verlassen und dann in einen anderen Sonnenwirbel gelangen können. So irren solche Kometen von Sonnenwirbel zu Sonnenwirbel, sind überall nur als vorübergehende Besucher der Sternenwelt zu betrachten. Die Sonnen bedecken sich von Zeit zu Zeit mit Flecken, die aber auch wieder verschwinden können. Dadurch wird die betreffende Sonne von Zeit zu Zeit etwas verdunkelt, nach der Wiederauflösung der Flecke wird sie wieder hell. Durch solche Fleckenbildungen erklärt Descartes die veränderlichen Sterne, die bald heller, bald dunkler erscheinen.

Die nachstehende Fig. 29 gibt uns ein Bild von der Vorstellung der Entwickelung der Erde, wie sie sich Descartes gemacht hat.

Die Erde war zuerst auch eine Sonne aus dem leuchtenden Element *I*, umgeben von einem mächtigen Wirbel. Sie bedeckte sich aber mehr und mehr mit Flecken, erhielt eine feste Kruste daraus. Nun hörte ihr Leuchten auf. Demzufolge wurden auch keine leuchtenden Partikeln mehr von ihr nach außen gesandt; vielmehr drangen von außen Partikeln, die von anderen Sonnen ausgesandt waren, auf sie herein.

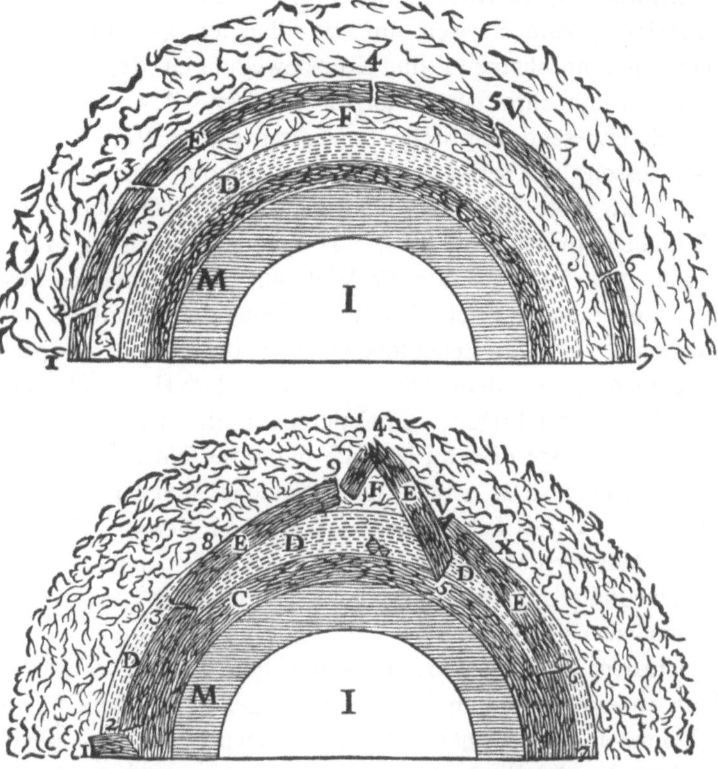

Fig. 29. Schematischer Durchschnitt der halben Erde. Nach Descartes. (Aus Arrhenius, Werden der Welten II.)

Diese konnte sie nun nicht mehr zurückstoßen wie ehedem, da sie selber noch solche Partikeln ausgeworfen hatte[1]. Durch die auf sie eindringenden Partikeln wurde nun die Erde in den Wirbel der benachbarten Sonne hineingetrieben, sie wurde zu einem Planeten.

[1]) Arrhenius bezeichnet diese Vorstellungen von Descartes als eine Vorahnung des von ihm in die Kosmogonie eingeführten Strahlungsdruckes.

Der Kern der Erde, der aus dem Element *I* besteht, glüht jetzt noch; um ihn ist eine feste Kruste *M* gelagert, die den Sonnenflecken entspricht. Nun schieden sich unter der Einwirkung der Sonnenstrahlen Wasser *D* und Luft *F* aus, sowie schließlich inmitten der Luft eine feste Rinde von Steinen, Lehm, Sand usf., der jetzigen Erdrinde entsprechend; diese barst bei 2, 3, 4, 5, 6 (vgl. die obere Figur), stürzte dann ein, als im Inneren entsprechende Spannungszustände eintraten. Das Wasser trat aus (wie rechts und links in der unteren Figur angegeben ist) und wurde zum Weltmeer. An anderen Stellen entstanden Berge, wie bei 1 und 4. Ein Teil der Luft ist noch unter den Bergen und unter der festen Rinde eingeschlossen, zb. bei *F*. Im Erdinneren sind auch noch überall Wasseradern zurückgeblieben. Die Descartesschen Anschauungen haben viel Phantastisches an sich und stimmen mit den wirklichen Naturvorgängen, mit den Naturbeobachtungen nur wenig überein, weshalb ihnen auch keine dauernde Anerkennung zuteil wurde.

Um das Jahr 1600 war besonders Galilei erfolgreich tätig. Schon längst war er, nach einem an Kepler gerichteten Briefe, ein Anhänger des kopernikanischen Systems. Als die Kunde von einem in Holland entdeckten Fernrohr zu ihm gedrungen war, erfand er sogleich dieses wertvolle Instrument nach, ohne etwas von der holländischen Konstruktion erfahren zu haben. Im Jahre 1604 baute er solche Fernrohre und richtete sie sogleich auf die Himmelskörper. Dabei entdeckte er zahlreiche Sterne, unter anderen auch die vier Jupitersmonde, als schönste Bestätigung des kopernikanischen Systems. Denn der Jupiter mit seinen vier Monden stellte für ihn gewissermaßen ein Bild des Sonnensystems dar: alle seine Monde kreisen im gleichen Sinne um den Jupiter, die inneren schneller als die äußeren, ganz ähnlich wie es sich beim Kreisen der Planeten um die Sonne verhält. Auf der Sonne entdeckte er Flecke und aus ihrer regelmäßigen Verschiebung mußte er auf eine Rotation der Sonne um eine eigene Achse schließen, worin wiederum eine Bestätigung der kopernikanischen Lehre erblickt werden muß, weil dadurch bewiesen ist, daß ein solcher Weltkörper, also auch die Erde, um eine eigene Achse rotieren kann. Bei der Venus fand er Phasen, wie beim Monde, woraus er den Schluß zog, die Venus sei nicht ein selber Licht ausstrahlender, sondern ein dunkler Körper wie die Erde und der Mond, die beide nur infolge ihrer Beleuchtung durch die Sonne Licht aussenden. Beim Saturn sah Galilei gleichfalls schon die Helligkeitsänderungen zu verschiedenen Zeiten; seiner Meinung nach mußte Saturn aus drei sich berührenden Sternen bestehen. Die Kometen hielt er für irdischen Ursprungs. Sonst befaßte sich Galilei nicht mit spekulativen Hypothesen, er ging lieber induktiv vor als deduktiv, welch letzteres die meisten seiner Vorgänger getan hatten. Bahnbrechend war er im Studium der Bewegungsgesetze der irdischen Körper. Er untersuchte ihre Bewegungen unter dem Einfluß der Schwerkraft, bei ihrem Fallen, Gleiten, Schwingen, und fand dabei die wichtigsten Gesetze der Dynamik. Vermöge seiner Experimente ahnte er bereits, daß ein einmal in Bewegung befindlicher Körper in seiner Bewegung verharre, wenn keine Kraft auf ihn wirke, daß er also nur unter dem Einfluß einer Kraft seine Bewegung ändere. Sodann bewies er experimentell, daß die Luft der Bewegung der Körper einen Widerstand entgegensetze. Wegen seiner Anhängerschaft an Kopernikus und wegen der Verbreitung der neuen Weltanschauung wurde Galilei bekanntlich von der Inquisition aufs heftigste verfolgt.

Auch der große Mathematiker Leibniz hat sich eingehend über die Entstehung der Erde geäußert. Nach seinen Anschauungen war die Erde zuerst glühend, erlosch aber aus Mangel an Brennstoff. Bei der weiteren Abkühlung erhielt sie eine glasartige Rinde, die von vergastem, verdampftem Wasser umgeben war. Als sich dies Wasser später verdichtete, wurde es zum Meer. Weiterhin wirkten Wasser und Salze auf die glasartige Rinde ein, bildeten Sand und andere Erdschichten daraus. Denn offenbar war ja einmal das Wasser über die ganze Erdoberfläche verbreitet, wie man jetzt noch an den zahlreichen Muscheln erkennen kann, die sich überall finden, sogar auf Bergspitzen. Im Laufe der Zeiten stürzten aber die Erdschichten ein, dadurch entstanden Erhöhungen und Vertiefungen, Berge und Täler. Das Wasser zog sich an die tiefsten Stellen zurück und bildete das Weltmeer.

In ganz ähnlichen Bahnen wie Descartes bewegte sich Swedenborg. Er wandte die Descartesschen Wirbel auch auf die kleinsten Teilchen an und ist so gewissermaßen der Urheber der Thomsonschen Wirbelatome. Außerdem änderte er aber jene Wirbeltheorie dahin ab, daß er den Ätherwirbel als das Primäre, die Sonnenrotation als das Sekundäre betrachtete. Im übrigen sind seine Anschauungen mindestens ebenso phantastisch wie die von Descartes selber. Er kümmerte sich viel zu wenig um die tatsächlichen Beobachtungsergebnisse.

Wie Galilei ging wiederum Huygens mehr induktiv vor und brachte durch seine Experimente die Dynamik um einen bedeutenden Schritt weiter. Aus seinen Versuchen gelang ihm die Berechnung und der Nachweis der Zentrifugalkraft, deren Gesetze er ableitete. Aber die Anwendung dieser Kräfte, der Schwerkraft und der Zentrifugalkraft, auf die Himmelskörper gelang weder Galilei noch Huygens noch einem anderen Zeitgenossen. Damals wagte man noch gar nicht, die bekannten auf der Erde wirksamen Kräfte auf die Himmelskörper zu übertragen. Häufig genug war ja die Ansicht geäußert worden, eine Kraft halte die Weltkörper zusammen, aus allen Richtungen wirken Kräfte auf die Erde ein usf. Auch Kepler spricht von einer Kraft, die von der Sonne ausgehe und auf die Planeten wirke. Das war für ihn aber keine Schwerkraft. Außer dieser Kraft, so glaubte er, müsse noch eine besondere Kraft wirksam sein, welche die Planeten in ihrer Bahn fortgesetzt antreibe, welche in der Bahnrichtung auf sie einwirke. Vielleicht hatte diese Kraft ihren Ursprung in der Sonnenrotation, etwa so wie Descartes es sich vorgestellt hat. Zur Auffindung der wahren Ursache der Bewegungen unter den Himmelskörpern bedurfte es eines noch größeren Geistes.

Erst Newton (1643—1727) war es, der die Kraft entdeckte, durch welche die Planeten in ihren Bahnen um die Sonne, die Satelliten in ihren Bahnen um ihre Planeten erhalten werden. Seine Entdeckung ist darum so großartig, weil er bewies, daß für diese Wirkungen auf die Planeten und Satelliten gar nicht erst eine neue Kraft gesucht werden müsse, daß man sie vielmehr schon längst kenne, daß es die altbekannte Schwerkraft sei. Dieselbe Schwerkraft, die Galilei und Huygens auf der Erdoberfläche gemessen hatten, halte auch den Mond in seiner Bahn fest, sie ziehe ihn gerade so viel gegen die Erde heran, daß er sich nie von ihr entfernen könne, trotz seiner großen Geschwindigkeit in seiner Bahn. Eine ganz entsprechende Kraft wirke auch von der Sonne auf die Planeten, halte diese in ihren Bahnen fest, so daß sie dauernd um die Sonne zu kreisen gezwungen seien. Eine neue Kraft hierfür anzunehmen, sei also nicht nötig, man habe nur die bekannte Schwerkraft zu verallgemeinern. Diese allgemeinere Schwerkraft nennen wir Gravitation.

Die bezüglichen drei Newtonschen Bewegungsgesetze der Dynamik lauten folgendermaßen:

1. Ein in Bewegung befindlicher Körper, auf den keine Kraft wirkt, bewegt sich geradlinig und mit gleicher Geschwindigkeit unaufhörlich fort (Trägheitsgesetz).

2. Wirkt eine Kraft auf einen in Bewegung befindlichen Körper, so findet eine Änderung der aus dem ersten Gesetz folgenden Bewegung statt in der Richtung der Kraft und ihr proportional (Parallelogramm der Kräfte).

3. Wirkung und Gegenwirkung sind einander gleich und entgegengesetzt; übt also ein Körper auf einen zweiten eine Kraft aus, so übt auch der zweite eine gleiche Kraft, aber in entgegengesetzter Richtung, auf den ersten aus (Aktion und Reaktion).

Das erste dieser Gesetze auf der Erde zu bestätigen, ist allerdings kaum möglich, weil bei unseren Experimenten die Schwerkraft, die Reibung und der Luftwiderstand in ihren Wirkungen nie völlig auszuschalten sind; bei den anderen beiden Gesetzen finden wir dagegen solche Schwierigkeiten nicht.

Newton hat in folgender Weise seine Schlüsse gezogen: Die Schwerkraft ist auf der ganzen Erde bei gleicher Höhe überall gleich, auf Bergen ist aber gewiß eine Abnahme derselben, der Höhe entsprechend, vorhanden. Vielleicht könnte also auch der Mond von der Erdschwerkraft beeinflußt werden. Wäre dieses der Fall, so würde die Schwerkraft, nach Newtons zweitem Gesetz, die Mondbewegung immer ändern und in dieser Weise unter Umständen den Mond in seiner Kreisbahn erhalten. Schon als 23jähriger Jüngling berechnete Newton die Kraft, die auf den Mond wirken müßte, um ihn von seiner geraden Bahn soweit abzuziehen, daß er sich in einer Kreisbahn um die Erde bewegte. Indessen fand er keine so einfachen Verhältnisse, wie er erwartet hatte. Der von ihm in die Rechnung eingeführte, von anderen Beobachtern bestimmte Erdradius war nämlich wesentlich zu klein. Etwa 20 Jahre verstrichen, ohne daß Newton wieder auf seine Berechnung zurückgegriffen hätte. Da wurde der Erdradius neu bestimmt und etwa $^1/_5$ größer gefunden. Nun nahm Newton seine Berechnung wieder auf. Ihr Ergebnis war, daß die Schwerkraft, wenn sie umgekehrt proportional dem Quadrat des Abstandes vom Erdmittelpunkt wirkt, wenn sie also proportional mit dem Quadrat der Entfernung abnimmt, den Mond in seiner Bahn um die Erde zu erhalten vermöge. Der Mondabstand ist nämlich etwa 60 mal so groß, als der Erdradius. Ferner berechnete Newton aus der bekannten Bahn und der Umlaufzeit des Mondes, dieser müsse in einer Minute oder in 60 Sekunden 4,9 m gegen die Erde fallen, um nach dem ersten und zweiten Gesetz in seiner nahezu kreisförmigen Flugbahn zu bleiben, wie eine einfache geometrische Überlegung ergab. Auf der Erdoberfläche fällt nun ein Körper, zb. ein Apfel[1]), schon in einer Sekunde um 4,9 m. Soll für beide Fälle, für den Mond und den Apfel, das allgemeine Fallgesetz: $s = {}^1/_2 . gt^2$ gültig sein, so haben wir beide Male denselben Weg $s = 4{,}9$ m einzusetzen; daher müßten dann die Erdbeschleunigung g und das Quadrat der Fallzeit t^2 einander umgekehrt proportional sein. Für die Erdoberfläche ist offenbar in unserer Gleichung $t = 1$ (1 Sekunde) einzusetzen: $4{,}9 = {}^1/_2 g . 1$; für den Mond dagegen wird, wenn wir die noch unbekannte Beschleunigung g' nennen, die Gleichung also $s = {}^1/_2 g' t'^2$ schreiben und für die Zeit $t' = 60$ Sekunden einsetzen: $4{,}9 = {}^1/_2 g' . 60^2$. Beide Gleichungen stimmen mit einander überein, wenn $g' = g/60^2$ gesetzt wird; somit muß $g/60^2$ die von der Erde im Mondabstand hervorgebrachte Fallbeschleunigung sein. Es ist aber 60 auch der Mondabstand, wenn der Erdradius gleich 1 gesetzt wird. Daraus folgt in der Tat, daß die auf den Mond wirkende Erdbeschleunigung die gewöhnliche Schwerkraft ist, wenn diese nur mit dem Quadrat des Abstandes, in diesem Falle mit 60^2, abnimmt.

Nach diesem Erfolge schloß Newton weiter auf eine gleiche Wirkung zwischen der Sonne und ihren Planeten bezüglich der Planetenbahnen. Sei P (Fig. 30) ein Planet, S die Sonne. Der Planet würde ohne die anziehende Wirkung der Sonne mit der Geschwindigkeit v in der Richtung Ps_1 weiterfliegen und in der Zeit t den Weg s_1 zurücklegen, wenn $v = s_1/t$ oder $s_1 = vt$ ist. Am Ende der Zeit t muß aber der Planet P auch um den Weg s_2 gegen die Sonne gefallen sein, wenn er auf seiner Kreisbahn mit dem Radius R verbleiben soll. Nach dem Fallgesetz muß: $s_2 = {}^1/_2 at^2$ sein, wobei a die auf

[1]) Bekanntlich soll ein fallender Apfel Newton auf sein Gesetz geführt haben.

den Planeten wirkende Sonnenbeschleunigung ist, in Analogie mit der von der Erde hervorgebrachten Erdbeschleunigung *g*. Führen wir die Konstruktion für kleine Zeiten durch, so kann bei *P* die Tangente ihrer Länge nach mit der Sehne vertauscht werden. Daher ist nach einem bekannten geometrischen Satze: $s_1^2 = s_2 . 2R$; also $v^2t^2 = {}^1/_2 at^2 . 2R$ oder $v^2 = aR$ oder $a = v^2/R$. Wirkt also eine Sonnenbeschleunigung vom Werte $a = v^2/R$ auf den Planeten ein, so muß sie ihn in seiner Bahn erhalten. Newton führte diese Rechnung für alle Planeten durch und fand mit Hilfe des dritten Keplerschen Gesetzes, dieselbe anziehende Kraft, dieselbe Gravitationskraft der Sonne erhalte alle Planeten in ihren Bahnen, wenn nur diese Gravitation gleichfalls mit dem Quadrat des Abstandes nach außen abnehme. Das hier gefundene Gesetz ist also genau dasselbe wie für die Erde. Auch bei ihr muß ja die Erdschwerkraft nach dem Monde hin mit dem Quadrat der Entfernung abnehmen.

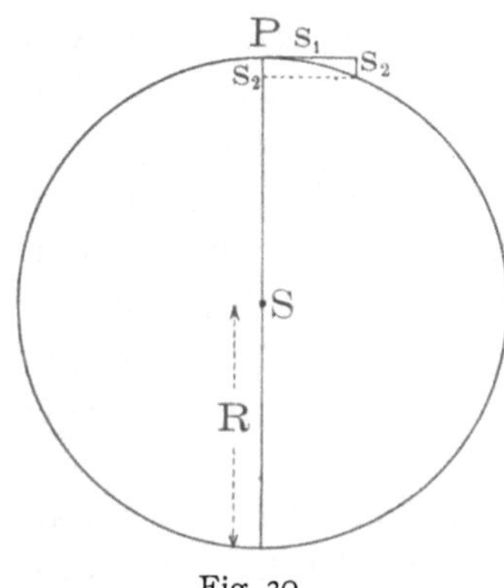

Fig. 30.
Konstruktion der Planetenbahn mit dem Newtonschen Gesetz.

Sodann konnte Newton rechnerisch nachweisen, daß aus seinem Gesetz das Überstreichen gleicher Flächenräume in gleichen Zeiten durch den von der Sonne nach dem Planeten reichenden Radiusvektor folge, also das zweite Keplersche Gesetz, falls nur die anziehende Kraft immer gegen die Sonne gerichtet sei. Auch das Umgekehrte muß dann geschlossen werden: Gilt das zweite Keplersche Gesetz, so muß die anziehende Kraft stets nach der Sonne gerichtet sein. Schwieriger wurde ihm der Beweis des ersten Keplerschen Gesetzes aus seinem Gravitationsgesetz. Es gelang ihm aber, ganz allgemein zu zeigen, daß infolge der Gravitationskraft der angezogene Körper einen Kegelschnitt beschreiben müsse, eine Ellipse, Parabel oder Hyperbel, und daß die Sonne in einem der Brennpunkte dieses Kegelschnittes stehen müsse. Damit waren denn alle drei Keplerschen Gesetze auf das einzige Newtonsche Gesetz zurückgeführt.

Dasselbe Newtonsche Gesetz ließ sich auch auf einen anderen Planeten mit seinen Satelliten anwenden, ebenso wie auf die Erde und ihren Mond, zb. auf den Jupiter. Es gilt in gleicher Weise, aber die Verhältniszahl E^3/U^2 ist für den Jupiter anders als für die Erde und für die Sonne, weil eben jetzt die Masse des Jupiters als die des Zentralkörpers wirksam ist. Die Masse der Sonne ist etwa 1047 mal so groß als die des Jupiters; also ist auch der Quotient E^3/U^2 in entsprechender Weise größer. Die strengere Rechnung muß außer der Masse des anziehenden Körpers M noch diejenige des angezogenen Körpers m, also die Summe $M + m$ (anziehende + angezogene Masse) berücksichtigen. Das dritte Keplersche Gesetz lautet dann in seiner genauesten Fassung: $E^3/U^2 = konst. (M + m)$, worin für E die halben großen Achsen der betreffenden Bahnen, für U die Umlaufzeiten einzusetzen sind. Zb. wird für zwei etwa gleich große Weltkörper, für zwei umeinander kreisende Sonnen, deren es wohl viele im Weltall gibt, $M + m = 2M$, so daß das Ergebnis der gemeinsamen Anziehung ein wesentlich anderes wird, als wenn nur einer der anziehenden Körper berücksichtigt würde.

Selbstverständlich ist in unserem gesamten Planetensystem die Wirkung aller Massen aufeinander gleichzeitig in Rechnung zu ziehen, dh. die Wirkung der Sonne und sämtlicher Planeten, sowie ihrer Monde usf. Daher gelten die einfachen Keplerschen Gesetze nicht genau, weil bei diesen immer nur die Sonne mit einem Planeten in Betracht gezogen wird. Die Berücksichtigung aller wirkenden Körper führt auf das sogenannte Dreikörperproblem, das nicht nur damals, sondern auch jetzt noch ungelöst geblieben ist. Dieses berühmte Dreikörperproblem behandelt die Wirkungen dreier frei beweglicher Körper aufeinander, wenn zwischen ihnen nur die allgemeine Gravitation wirksam ist; in noch allgemeinerer Form sollen die entsprechenden Wirkungen sehr vieler Körper aufeinander untersucht werden.

Immerhin gelang es schon Newton, zu zeigen, daß der Mond durch die Anziehung der Sonne in seiner Bahn gestört werde, und es glückte ihm überdies, wenigstens die Art dieser Störungen zu ermitteln; ihren absoluten Betrag vermochte er allerdings nicht zu berechnen. Soweit aber Berechnungen möglich sind, stimmen die Beobachtungen mit seiner Theorie vorzüglich überein.

Das Newtonsche Gravitationsgesetz ist von universeller Bedeutung: Jedes Teilchen, auch das kleinste, zieht jedes andere Teilchen an, nach dem Gesetz $K = konst. Mm/r^2$, worin K die anziehende

Kraft, M und m die Massen der beiden Teilchen, r ihren Abstand, *konst.* eine universelle Konstante bezeichnet. Jede Molekel, jedes Atom übt nach diesem Gesetze eine Anziehung auf jedes andere Massenteilchen, auf jeden Körper aus. Die Sonne zieht alle Körper an, bis zu den äußersten Grenzen des Weltalls. Der Uranus und der Neptun werden von ihr ebenso genau nach diesem Gesetz angezogen, wie die Erde und die inneren Planeten. Die Planeten ziehen ihrerseits wieder die Sonne an, nach dem dritten Newtonschen Satze. Vermöge jeder von diesen Anziehungen beschreibt die Sonne selber auch kleine Kreisbahnen oder Ellipsen um einen Brennpunkt, um den wahren Schwerpunkt des gesamten Planetensystems, der freilich ganz im Inneren der Sonne gelegen ist. Wären zb. die Sonne und der Planet Jupiter gleich groß, also etwa zwei umeinander kreisende Sonnen, so würden sie beide zwei gleiche symmetrisch liegende Ellipsen um einen gemeinsamen zwischen ihnen liegenden Brennpunkt beschreiben. Die Sonne zieht in gleicher Weise nach dem Newtonschen Gravitationsgesetz alle anderen Fixsterne an, und sie wird umgekehrt von jenen angezogen. Diese Wirkungen sind aber außerordentlich klein, weil ja die Anziehungen mit dem Quadrat der Entfernung abnehmen.

Zur Prüfung des Newtonschen Gesetzes ist die Wirkung von Massen aufeinander experimentell untersucht worden und zwar zuerst von Cavendish mit der Drehwage, bzw. mit dem Horizontalpendel, dann von Jolly mit der gewöhnlichen Wage, von Wilsing mit dem Vertikalpendel usf. Bei allen diesen Versuchen wurden schwere Bleimassen von bekanntem Betrage den sich bewegenden Massen gegenüber gestellt. Aus solchen Versuchen wurde die Masse der Erde selber ermittelt und daraus ihre Dichte im Mittel zu 5,55 gefunden, dh. die Erde ist im Mittel weniger dicht als Eisen (Dichte = 7,7 — 7,8), aber dichter als die Gesteine (Dichte = 2,5 im Mittel). Daraus muß man schließen, im Innersten der Erde befinden sich noch ungeheure Metallmassen, wahrscheinlich besonders Eisen; sicher muß eine ganz bedeutende Dichtezunahme nach dem Erdinneren hin vorhanden sein.

Durch die Gravitationswirkung muß jede ruhende Flüssigkeitsmasse, die mit keinem anderen Körper in Berührung ist, Kugelgestalt annehmen. Jeder flüssige oder gasförmige Weltkörper sucht sich zur Kugel zu formen. Sogar die festen Weltkörper müssen unter allen Umständen im wesentlichen kugelförmig werden, wenn sie eine gewisse Größe erreichen; denn die Festigkeit aller unserer festen Körper ist zu gering, um den ungeheuren Druckwirkungen der Schwerkraft, die zb. schon bei unserer Erde in ihrem Inneren auftreten, Widerstand leisten zu können. Wäre die Erde sogar aus dem härtesten Stahl, sie müßte doch den Schwerewirkungen der ganzen Erdmasse nachgeben und im wesentlichen wieder Kugelgestalt annehmen, wenn sie einmal eine andere Gestalt bekommen hätte. Bei einer rotierenden Masse verhält es sich aber wieder anders. Übereinstimmend mit den mathematischen Berechnungen wird in diesem Falle die Kugel zu einem Rotationsellipsoid. So ist unsere Erde ein Rotationsellipsoid, und manche anderen Planeten haben gleichfalls die Form von Rotationsellipsoiden. Sie zeigen abgeplattete Pole, ihr Äquator ist jeweils größer als ihre Meridiane. Diese Schlußfolgerungen sind aber erst von Newtons Nachfolgern experimentell bestätigt worden, und zwar namentlich durch Pendelversuche. Denn die Schwingungsdauer τ des Pendels ist abhängig von der wirksamen Beschleunigung der Schwere g nach der Gleichung: $\tau = 2\pi\sqrt{l/g}$, wenn l die Pendellänge bezeichnet. Der Newtonschen Schlußfolgerung entsprechend ist nun τ am Äquator größer als an den Polen gefunden worden; daher ist tatsächlich die Erdbeschleunigung g am Äquator kleiner als an den Polen. Die Zentrifugalkraft hebt eben am Äquator einen Teil der Schwerkraft auf. Zu jenen Zeiten war aber die Mathematik noch zu wenig ausgebildet, als daß das Problem der Erdgestalt mit ihren Mitteln hätte gelöst werden können; erst späteren Forschern gelang dies. Weiterhin war es nun möglich, durch Pendelbeobachtungen Abweichungen von der mittleren Schwerkraft wegen der ungleichen Erddichte an verschiedenen Orten festzustellen, Abweichungen durch die Einwirkung nahe gelegener Berge zu finden und die Abnahme der Schwere mit der Höhe nachzuweisen. Die Abplattung der Erde beträgt nach den neuesten Versuchen $^1/_{297}$; in Wahrheit ist aber die Erde bekanntlich nur im großen ganzen ein Rotationsellipsoid, wegen der Gebirge und der Meere hat sie im einzelnen eine ganz unregelmäßige Oberfläche.

Auch das merkwürdige Rätsel der Präzession ist schon durch Newton selber gelöst worden. Bei der Erwähnung der Präzession haben wir diese Erscheinung schon dahin erläutert, daß die Nachtgleichenpunkte jedes Jahr um etwa $^1/_{70}{}^0$ oder um $^1/_{26000}$ des ganzen

Kreisumfanges vorrücken (S. 19/20), daß sie also in etwa 26000 Jahren einen ganzen Umlauf in der scheinbaren Sonnenbahn vollenden. In Wirklichkeit dreht sich die Erdachse in dieser Zeit einmal um das Lot auf die Ebene der Ekliptik, dh. um die Ekliptikachse auf einem Kegelmantel herum. Newton erklärte diese Erscheinung in folgender Weise: Die Erde ist ein Rotationsellipsoid, also eine Kugel, über deren Äquator ein Massenring gelegt zu denken ist. Er betrachtet nun diesen Ring ohne die Kugel, die ja allein keine Präzessionswirkung zeigen könnte. Bei dem Ring (Fig. 31) finden wir oben und unten einen Unterschied in der Anziehung durch die Sonne: Auf die näheren oberen Teile wirkt die Sonne stärker anziehend ein als auf die mittleren und hier wieder stärker als auf die ferneren unteren

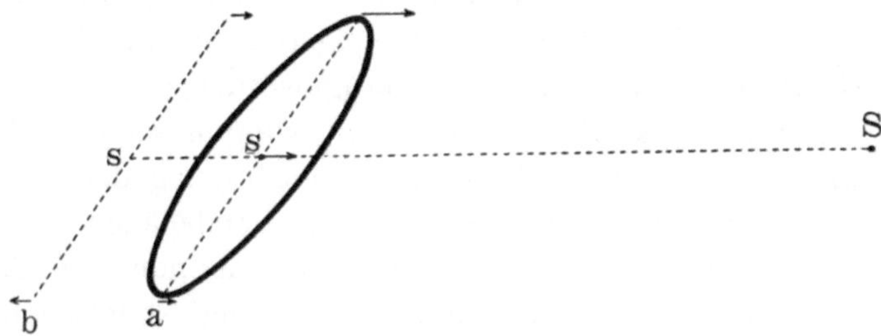

Fig. 31. Newtons Erklärung der Präzession.

Teile, wie die Pfeillängen in der Fig. 31 a andeuten. Die Gesamtanziehung der Sonne auf den Ring wird aber durch die der Erde vermöge ihres Kreisens um die Sonne innewohnende Zentrifugalkraft ausgeglichen, ebenso wie die Anziehung auf die Kugel selber, weil der Ringschwerpunkt *s* mit dem Kugelmittelpunkt zusammenfällt. Nun kommen offenbar nur die Differenzwirkungen zur Geltung. Oben bleibt als Überschuß eine größere nach der Sonne gerichtete Anziehung auf den Ring als auf die Erdmitte übrig, welche Differenz der kleine obere Pfeil in Fig. 31 b andeuten soll, während unten umgekehrt die Anziehung geringer ist als auf die Erdmitte, so daß wir diesen negativen Überschuß unten durch einen umgekehrt von der Sonne weggerichteten übrigens gleich großen Pfeil darstellen müssen. Beide durch diese Pfeile dargestellten Kräfte setzen sich zu einem Drehmoment zusammen, das den Ring um die Kugelmitte *s* zu drehen strebt, wie in der Fig. 31 b angedeutet ist. Mit den Wirkungen der vom Kreisen um die Sonne herrührenden Zentrifugalkräfte verhält es sich ganz ähnlich: sie sind hier unten stärker als oben, wirken umgekehrt nach außen und liefern also ein in demselben Sinne auf den Ring wirkendes Drehmoment. Diese beiden Drehmomente suchen den Ring, dh. den Erdäquator in die Umlaufebene der Erde, in die Ekliptik hineinzudrehen. Indessen rotiert die Erde selber, sie hat das Bestreben, ihre Drehachse zu erhalten, ähnlich wie ein auf einer Spitze rotierender Kreisel, der nicht umfällt, solange seine Drehgeschwindigkeit nicht zu stark abgenommen hat. Die beiden vereinten Wirkungen auf den äquatorialen Erdring haben das Ergebnis, daß die Erdachse

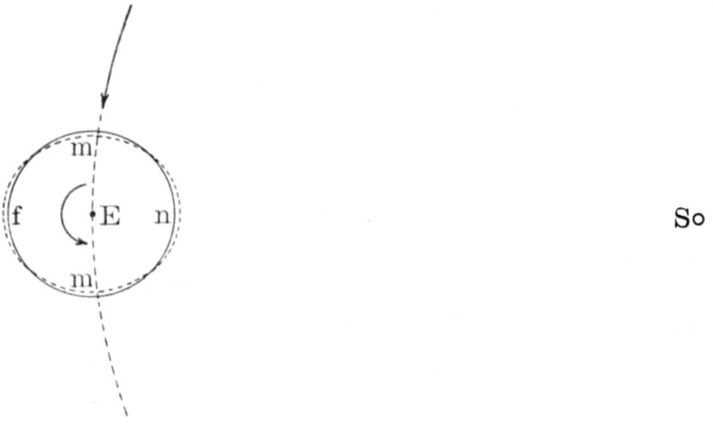

Fig. 32. Newtons Erklärung von Flut und Ebbe.

auf einer Kegelfläche um die Ekliptikachse als Kegelachse langsam sich zu drehen sucht, ähnlich wie die Achse des rotierenden Kreisels auf einer Kegelfläche um die Senkrechte kreist, wenn dieser Kreisel einen entsprechenden seitlichen Widerstand erfährt. Eine ebensolche noch stärkere Präzessionswirkung als durch die Sonne wird durch den Mond bewirkt. Ferner ist die Präzessionswirkung stärker im Perihel (Sonnennähe) als im Aphel (Sonnenferne), stärker bei der Mondnähe als bei der Mondferne. Auch der Mond hat wiederum seine Präzessionsbewegung, was die Erscheinungen noch mehr verwickelt. Durch alle diese Ursachen wird die Erdpräzession auf die Periode von etwa 26000 Jahren gebracht, und zu dieser großen Periode treten noch andere, kleinere Perioden hinzu. Aber alle diese Erscheinungen sind nach und nach durch das Newtonsche Gesetz vollständig erklärt worden. Alle betreffenden Wirkungen hat man inzwischen aufs genaueste berechnet und in astronomischen Tafeln niedergelegt.

Die Wirkungen der Ebbe und Flut sind gleichfalls erst durch das Newtonsche Gravitationsgesetz aufgeklärt worden. Sei *E* (Fig. 32) die Erde, *S* die Sonne in sehr weitem Abstand. Die Erde kreise in der Richtung des langen Pfeiles um die Sonne, und sie rotiere in der Richtung des Halbkreispfeiles um eine eigene Achse. Durch ihre Anziehungskraft wirkt dabei die Sonne auf die Erde ein: sie sucht alle ihre Teile an sich heranzuziehen. Weil die Erde um die Sonne kreist, erhalten durch die dabei auftretende Zentrifugalkraft alle Erdteilchen auch das umgekehrte Bestreben, sich von der Sonne zu entfernen. Nur in der Bahn des Erdzentrums (bzw. in Erdpunkten mit gleich großen Bahnen) tritt Gleichgewicht zwischen beiden Kräften ein. Aber an den der Sonne näheren Stellen *n* überwiegt die Sonnengravitation, an den ferneren Stellen *f* überwiegt umgekehrt die Zentrifugalkraft. Die flüssigen Teilchen auf der Erdoberfläche, also namentlich die Wasser der Ozeane, suchen daher bei *n* gegen die Sonne, bei *f* von ihr weg zu strömen. Beides hat eine Erhöhung der Wasseroberfläche an der betreffenden Stelle zur Folge, also eine Flut. In den Mittellagen *mm*, dh. auf einem Kreis, der alle Orte des augenblicklichen Sonnenauf- und -unterganges miteinander verbindet und dessen Ebene senkrecht zur Sonnenrichtung *ES* gelegen ist, entsteht dagegen Ebbe, da alles Wasser von diesen Stellen *mm* nach den Stellen *n* und *f* hinüberströmt. Weil die Erde rotiert, gehen also täglich zwei Flut- und zwei Ebbe-Wellen über jeden Ort hinweg, im allgemeinen natürlich besonders stark am Äquator, verschwindend klein an den Polen. Ganz entsprechende Flutwirkungen werden auch vom Monde auf die Erde ausgeübt, sie sind überdies etwa zweimal stärker. Nun kommen aber noch manche andere Einflüsse in Betracht: Die Trägheit der bewegten Wassermassen, die Summierung der Wirkungen im offenen Meer, in langen Buchten, besonders wenn diese nach den Parallelkreisen orientiert sind, ferner Störungen durch die Ufer der Kontinente oder durch Inseln, so daß die Gesamtwirkung oft viele Stunden, ja sogar einen ganzen Tag hinter dem Sonnen- oder dem Mondstand zurückbleiben kann. Treffen die beiden von der Sonne und vom Mond hervorgerufenen Fluten zusammen, so entstehen gelegentlich sehr große Fluten, Springfluten, die unter Umständen eine Höhe von 20 m erreichen können. Wirken dagegen beiderlei Einflüsse gegeneinander, so daß sich Sonnen- und Mondwirkungen gegenseitig aufzuheben suchen, so entstehen Nippfluten.

Alle Weltkörper erfahren in ihren Bahnen gelegentlich Störungen, die von der Wirkung in ihre Nähe gekommener Weltkörper herrühren. Denn nie wirken zb. in unserem Sonnensystem nur zwei Körper aufeinander ein, immer sind es mehrere derselben. Besonders groß werden die Störungen, wenn sich zwei Planeten möglichst benachbart sind. Man wird also, wie schon erwähnt, auf das Problem der drei Körper geführt, das streng genommen immer noch unlösbar ist. Aber große Annäherungen an die Lösung sind nach und nach gefunden worden, besonders von Laplace, Lagrange und anderen. Danach treten regelmäßige periodische Änderungen aller Planetenbahnen ein, die sich zum Teil über Jahrtausende erstrecken. Die Sonnennähen der Planeten durchlaufen allmählich die ganzen entsprechenden Planetenbahnen; die Exzentrizitäten der Planetenbahnen ändern sich, so daß zb. die Erdbahn in etwa 25000 Jahren fast vollkommen zu einer Kreisbahn, daß sie aber nachher wieder exzentrischer wird. Alle diese Schwankungen sind periodischer Art für alle Planeten. Es handelt sich indessen um Perioden von 50000 bis zu 2 Millionen Jahren. Noch nicht sicher festgestellt, aber sehr wahrscheinlich ist gemacht worden, daß unser Mond eine säkulare Akzeleration zeigt, dh. er soll in 100 Jahren um etwa 6 Sekunden schneller um die Erde kreisen. Der Betrag ist allerdings außerordentlich gering. Auch andere Störungen längerer Periode sind gefunden und als Einflüsse der Venus erkannt worden. Ebenso erleidet der Merkur und in geringerem Grade auch die Venus und der Mars noch andere geringere Störungen, die aber bis dahin noch nicht mit Sicherheit auf Gravitationswirkungen zurückgeführt werden konnten.

Hilfsmittel der Astronomie.

Nur in größter Kürze wollen wir hier die Mittel der Astronomen, wie sie ihnen gegenwärtig zur Verfügung stehen, und deren sie sich nun am meisten bedienen, an uns vorüberziehen lassen. Denn die wesentlichen Grundlagen dieser Hilfsmittel werden hier als aus der Physik bekannt vorausgesetzt. Sollte ein Leser diese Grundlagen nicht beherrschen, so müssen wir ihn auf die entsprechenden Lehrbücher der Physik oder noch besser auf diejenigen der Astronomie verweisen, die auch für eingehendere Studien des ganzen hier behandelten Gebietes erforderlich werden.

Neuerdings teilt man die gesamte Astronomie in die Astrometrie, welcher vorzugsweise die Ausmessung des Himmels, die Bestimmung der Eigenbewegungen, der Bahnen der Gestirne zufällt, und in die Astrophysik, welche die physische Beschaffenheit der Himmelskörper untersucht. Doch läßt sich eine scharfe Trennung dieser beiden Teile der Astronomie nicht durchführen.

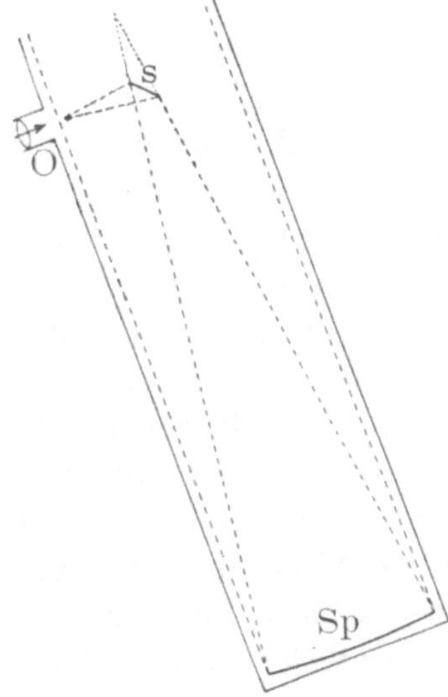

Fig. 33. Spiegelteleskop.

Die Fernrohre sind seit ihrer Erfindung durch die Holländer und durch Galilei außerordentlich vervollkommnet worden. Namentlich gelingt heutzutage das Schleifen der Linsenflächen in hervorragender Weise; es gelingt die Beseitigung der sphärischen und der chromatischen Aberration, mit anderen Worten: es können gegenwärtig Fernrohre gebaut werden, die wegen der Kugelflächen und wegen der Farbenzerstreuung der Linsen nur noch sehr geringe Störungen haben. Auch den Astigmatismus sucht man möglichst unschädlich zu machen. Ebenso ist auf die Beseitigung alles fremden Lichtes, aller störenden Reflexe durch geeignete Blenden usf. große Sorgfalt verwendet worden. Sehr große und genaue Fernrohre werden in ihrem Inneren künstlich geheizt, um die ungünstigen Wirkungen ungleicher Temperaturen zu beseitigen. Im Fernrohr hat man außerdem vorzügliche Meßeinrichtungen, wie Fadenkreuze, Mikrometer u. dgl. angebracht. Sodann sind die Fernrohre ganz gewaltig vergrößert worden, so daß mit ihnen, mit den großen Refraktoren, viel mehr Einzelheiten als bisher zu sehen sind. Zu noch größeren Dimensionen gelangte man mittels Ersetzung der großen Fernrohrobjektive durch Metallspiegel, durch sphärische Reflektoren, wie

Fig. 34.
Der große Refraktor des astrophysikalischen Observatoriums zu Potsdam.

Fig. 35.
Der große Spektrograph des astrophysikalischen Observatoriums zu Potsdam.

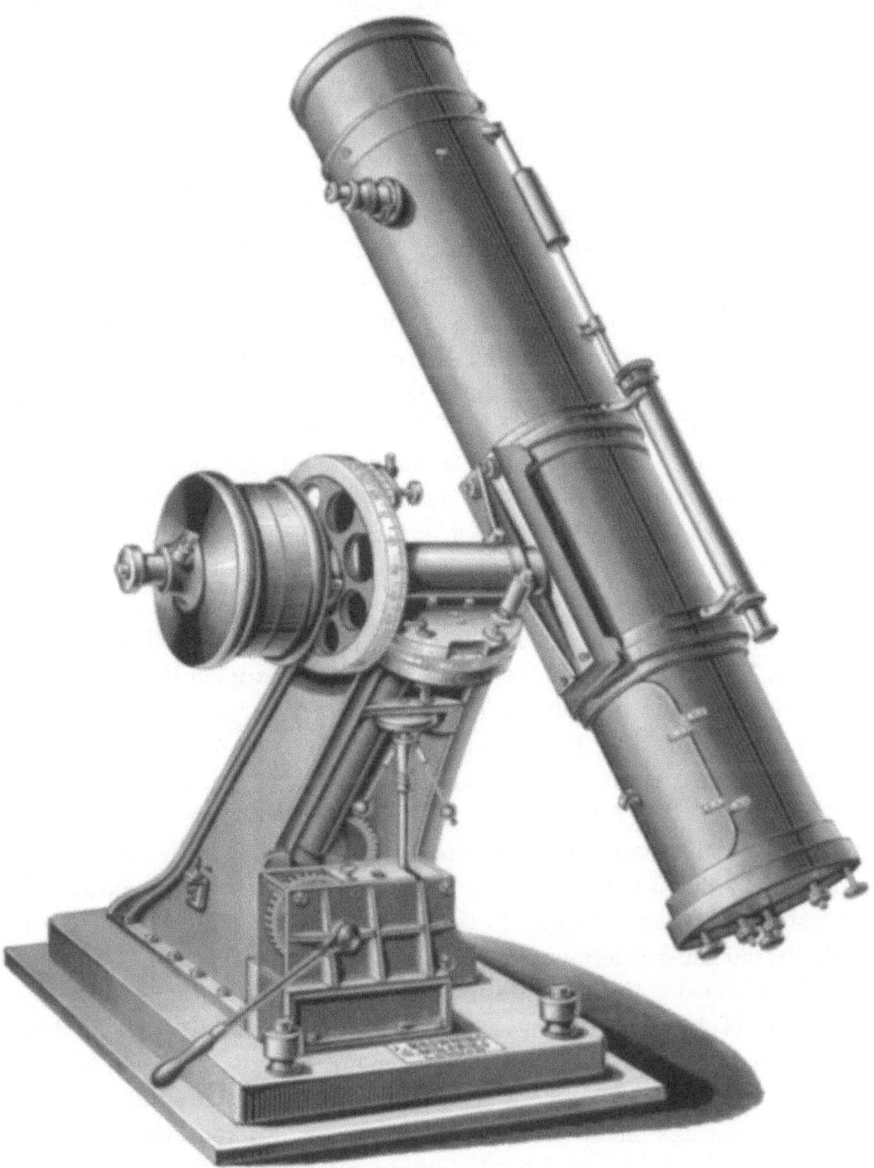

Fig. 36.
Kleiner Browning-Reflektor, in England gebräuchlich.

sie ganz besonders durch Herschel ausgebildet worden sind. Die Reflektoren sind vollkommen achromatisch, außerdem auch lichtstärker als die Refraktoren, weil sie keine Linsen haben, wenigstens keine Objektivlinsen. Fig. 33 auf Seite 56 stellt einen großen Reflektor, ein Spiegelteleskop dar: *Sp* ist der Hohlspiegel, *s* ein kleiner Spiegel, der nur sehr wenig von dem einfallenden Lichtbündel wegnimmt und der deshalb im Reflektorinneren im Wege der Lichtstrahlen so angeordnet werden kann, daß der Beobachter, in der Pfeilrichtung durch ein kleines Loch mit Okular *O* in das Innere des Fernrohres hineinschauend, im kleinen Spiegel *s* das Bild des Gestirnes wahrnimmt. Solche Reflektoren werden in der Regel verhältnismäßig kurz gebaut, kaum ist eine größere Länge als der Abstand vom kleinen zum großen Spiegel bzw. als etwa die Brennweite des großen Spiegels erforderlich. Der kleine Spiegel *s* kann sich sogar ganz außerhalb des Reflektorrohres befinden. In der Fig. 34 ist der große Refraktor des astrophysikalischen Observatoriums zu Potsdam, in Fig. 35 der zu demselben gehörige Spektrograph dargestellt. Die größten Refraktoren sind der des Yerkes-Observatoriums mit einem Objektiv von 102 cm Öffnung und der des Lick-Observatoriums mit einem 91 cm Objektiv. Fig. 36 zeigt einen in England sehr verbreiteten Reflektor von Browning. Als die größten Reflektoren werden der des Birr Castle-Observatoriums mit 183 cm Spiegel und der des Mount Wilson-Observatoriums mit 150 cm Spiegel genannt. Ein großes Hindernis für die weitere Vergrößerung der Fernrohre und für die scharfen Beobachtungen überhaupt ist aber die Luftunruhe, welche den Astronomen die größten Schwierigkeiten bereitet, weil ihr zufolge die Bilder der astronomischen Objekte fortwährend ihre Stellungen verändern. Deshalb sind neuere Sternwarten auf sehr hohen Bergen errichtet worden.

Mit Hilfe der Fernrohre werden nicht nur auf den uns nahe befindlichen Weltkörpern mehr Einzelheiten gefunden als von bloßem Auge, sondern man mißt zb. auch genaue Parallaxen von weiter entfernten Weltkörpern, sogar von Fixsternen, die ja alle so große Abstände von uns haben, daß sie uns auch bei unseren stärksten Vergrößerungen doch immer nur als Punkte erscheinen. Parallaxe nennt man den Winkel α (Fig. 37), unter dem der Erdradius r vom betreffenden Stern S aus gesehen würde, wenn dort ein Beobachter stände. Aus solchen Parallaxenbestimmungen können nur die Abstände der uns am nächsten befindlichen Gestirne (Mond, Venus, Mars, Planetoiden, zb. Eros) direkt ermittelt werden. Zwei gleichzeitige Beobachtungen an möglichst verschiedenen Stellen der Erdoberfläche geben uns einen Richtungsunterschied; aus diesem Unterschied, auf den größtmöglichen (äquatorialen) Erdradius r als Basis des Dreiecks (Fig. 37) umgerechnet, erhalten wir den Winkel α der (Äquatorial-Horizontal-) Parallaxe. Nun ist der Erdradius r aus Gradmessungen bekannt, α ist in dem vorliegenden rechtwinkligen Dreieck bekannt, also ist es möglich, daraus die Hypotenuse oder den Abstand des Gestirns von der Erde zu berechnen. Hat man einmal den Abstand für ein Gestirn bestimmt, so läßt sich auch der Sonnenabstand finden, aus Vorübergängen dieses Gestirns an der Sonnenscheibe (vor oder hinter derselben). Beispielsweise verschwindet bei einem solchen Vorübergang der Planetoid Eros, von zwei Erdorten aus betrachtet, ungleichzeitig

Fig. 37. Parallaxe eines Weltkörpers *S*.

hinter der Sonnenscheibe und erscheint nachher auch wieder ungleichzeitig. Werden nun solche Beobachtungen auf gleiche absolute Zeit bezogen, so ist die Sonnenparallaxe daraus bestimmbar. In ähnlicher Weise ist der Abstand der Sonne von der Erde aus Venusdurchgängen zu $149^1/_2$ Millionen km gefunden worden. Man könnte sich denken, die Sonnenparallaxe sei auch durch Einstellung zweier Fernrohre an zwei verschiedenen Beobachtungsorten auf eine Stelle des Sonnenrandes oder auf einen bestimmten Sonnenfleck bestimmbar; diese Methode ist indessen viel zu ungenau.

Die Parallaxen von Fixsternen sind in dieser Weise nicht zu ermitteln, weil der Erdradius im Vergleich zu den Fixsternentfernungen eine viel zu kleine Größe ist. Deshalb nimmt man als Basis für die Sternparallaxen den Radius der ganzen Erdbahn und spricht dann von jährlichen Parallaxen. Man mißt also die kleinen Epizykel, von denen wir bei der Betrachtung des ptolemäischen Weltsystemes gesprochen haben, dh. die durch das Kreisen der Erde um die Sonne hervorgerufenen scheinbaren Bewegungen der Fixsterne. Indessen sind auch alle diese scheinbaren Bewegungen so klein, daß von ihnen nur ganz wenige überhaupt meßbar sind. Wegen des ungeheuren Betrages der Sternentfernungen mißt man sie in Lichtjahren. Dabei bedeutet ein Lichtjahr eine so große Entfernung, daß das Licht, der in der Natur am schnellsten sich fortpflanzende Vorgang, ein Jahr dazu nötig hat, um die betreffende Entfernung zurückzulegen. Das Licht durcheilt die Länge von 300000 km in einer Sekunde einmal, in einer Minute 60 mal, in einer Stunde 60.60 mal, in einem Tage 24.60.60 mal, in einem Jahre 365.24.60.60 mal. Folglich entspricht einem Lichtjahr in runder Zahl ein Abstand von nahezu 10 Billionen km. Der uns am nächsten befindliche Fixstern ist wahrscheinlich α [1]) Centauri (der hellste Stern im Centauren). Er hat einen Abstand von 4,3 Lichtjahren. Der Stern könnte also längst erkaltet sein, seit 4,3 Jahren, bis wir seine Lichtabnahme nur sehen. Der zweitnächste Fixstern hat schon einen Abstand von 8, Sirius einen solchen von 9 Lichtjahren usf. Nur wenige der hellsten Sterne sind uns so nahe, daß sie meßbare Parallaxen haben.

Fig. 38. Bestimmung der Sonnenentfernung von der Erde aus den Verfinsterungen der Jupitersmonde.

Den Sonnenabstand, der ja gleich dem Radius R der Erdbahn ist, können wir außerdem messen durch die Lichtgeschwindigkeit, die uns ja aus physikalischen Messungen im Laboratorium bekannt ist. Man beobachtet zb. nach Römer die Verfinsterungen der Jupitersmonde, deren Zeitpunkte genau bekannt sind, sowohl bei der Konjunktion K (Fig. 38) als auch bei der Opposition O des Jupiters J mit der Sonne S, dh. einmal wenn die Erde in ihrer Bahn dem Jupiter möglichst fern ist, einmal wenn sie nach halbjährigem Umlauf ihm um den Durchmesser der Erdbahn näher gekommen ist. Im ersten Falle hat das Licht den Erdbahndurchmesser weiter zu durchlaufen als im zweiten. Daher kann man aus dem Zeitunterschied der beobachteten

[1]) Mit den griechischen Buchstaben α, β, γ, δ ... in der Reihenfolge ihres Alphabets bezeichnet man die Reihenfolge verschiedener Sterne des betreffenden Sternbildes bezüglich ihrer Helligkeiten.

und der berechneten Verfinsterungen der Jupitersmonde den Erdbahndurchmesser ermitteln.

Auch aus der von Bradley entdeckten Aberration wurde der Sonnenabstand bestimmt. Das auf einen Stern gerichtete Fernrohr wird mit der Erde bewegt: sowohl das Rotieren der Erde um ihre Achse als auch ihr Kreisen um die Sonne macht das Fernrohr mit. Daher sieht man das Sternlicht von einer Richtung herkommen, wo sich der betreffende Stern schon gar nicht mehr befindet. Sei V (Fig. 39) die Lichtgeschwindigkeit, v die Geschwindigkeit der Erde in ihrer Bahn in einer willkürlichen, der Fernrohrlänge angepaßten Zeiteinheit, von der betr. Fernrohrlinse bis zur Pfeilspitze gerechnet. Das Licht geht dann nach der Resultierenden von V und v durch das Fernrohr hindurch. Denn das im Schnittpunkt von V und v (wo ihre beiden Pfeile zusammentreffen) angeordnete Fernrohrokular würde ja um die Weglänge v in der Richtung dieser Geschwindigkeit weiter bewegt worden sein, während das Licht vom Objektiv zum Okular des Fernrohres fortgeschritten wäre. Daher muß das Okular in der v entgegengesetzten Richtung um ebensoviel zurückgesetzt werden, wie dies in der Figur angedeutet ist. Somit ist α der fehlerhafte Winkel unserer Beobachtung. Zwar könnte dieser Winkel aus nur einer Messung oder auch aus vielen gleichzeitigen Messungen an demselben Orte nie gefunden werden, weil die Geschwindigkeit v nirgends auf der Erde Null ist. Bestimmen wir aber die Richtung des betreffenden Sternes ein halbes Jahr später nochmals, so ist nun die Bewegung der Erde entgegengesetzt gerichtet, somit auch die Geschwindigkeit v und der Winkel α. Der Unterschied beider Beobachtungen beträgt also 2α und daraus ist der Winkel α selber bestimmbar. Aus diesem Winkel α und aus der schon bekannten Lichtgeschwindigkeit V berechnet sich dann die

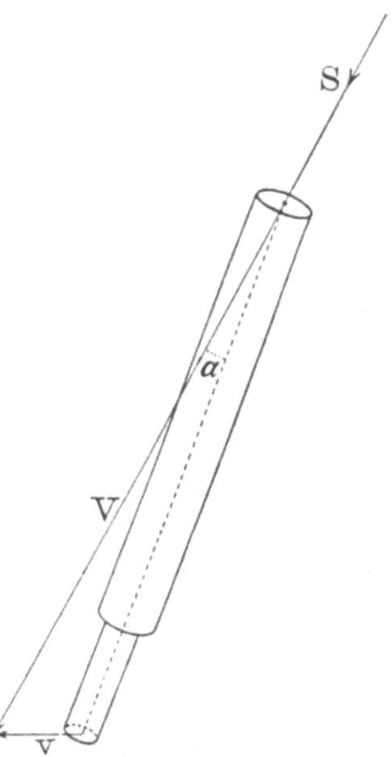

Fig. 39. Bestimmung des Sonnenabstandes aus der Aberration.

Geschwindigkeit v der Erde in ihrer Bahn. Aus v endlich finden wir die Größe der Erdbahn selber und folglich den gesuchten Sonnenabstand.

Mittels der Spektralanalyse gelingt es bekanntlich, leuchtende und absorbierende Substanzen zu analysieren. Die Astronomen können also mit Spektralapparaten nachweisen, welche chemisch definierten Substanzen sich in fremden Weltkörpern befinden. Auch über die physikalische Natur der Körper ist zum Teil eine Entscheidung möglich; aus der verschiedenen Art der beobachteten Spektralerscheinung einer Substanz läßt sich teilweise beurteilen, ob der in Betracht kommende Körper gasförmig oder nicht gasförmig ist, ob er in dichter oder dünner Schicht, unter großem oder geringem Druck steht usf. Dies alles geht aus den Lehren der Physik hervor. Wir erwähnen nur kurz, daß ein fester oder flüssiger glühender Körper Licht aller Wellenlängen, also ein durch nichts unterbrochenes kontinuierliches Spektrum aussendet oder emittiert, daß dagegen ein gasförmiger Körper nur Licht einzelner oder doch einer beschränkten Zahl von Wellenlängen erzeugt, ein Linienspektrum hervorbringt, das nur aus Emissionslinien besteht. Zb. erhalten wir von Natriumdampf nur eine helle gelbe Doppellinie, außer einigen anderen Spektrallinien, die aber in der Regel nur in sehr guten Spektralapparaten gesehen werden; von Wasserstoff werden drei besonders helle Linien im Rot, im Blau und im Violett ausgesandt, während von glühendem Eisendampf viele Tausende von hellen über das ganze Spektrum verteilten Linien erhalten werden. Bei Kohlenwasserstoffverbindungen und bei anderen Kohlenstoffverbindungen nimmt man charakteristische breite Bandenspektren wahr, deren Banden sich aber in zahlreiche einzelne Linien auflösen lassen. Besonders bemerkenswert ist bei der Spektralanalyse, daß schon Spuren von Substanzen spektralanalytisch nachweisbar sind, die sonst durch keine andere[1]), namentlich durch keine chemische Analyse erkennbar wären. So sind schon viele neue Elemente spektralanalytisch gefunden worden, und Helium wurde so in jüngster Zeit als Zerfallsprodukt des Radiums erkannt. Indessen sind der Druck, die Temperatur der Substanz, ihre elektrischen Ladungen, das magnetische Feld, in dem sie sich befindet, von wesentlichem Einfluß, so

[1]) Durch die Radioaktivität ist man in neuester Zeit zu noch empfindlicheren Methoden gelangt.

daß dieselbe Substanz oft viele ganz verschiedene Spektren haben kann. Aus dem tatsächlich beobachteten Spektrum ist dann ein Rückschluß auf den Zustand möglich, in dem sich die Substanz befindet. Daher gilt eine Substanz nur dann als sicher nachgewiesen, wenn das vollständige Spektrum zu sehen ist, das ihr in einem gewissen Zustande zukommt. Sonst könnte es sich doch noch um eine andere Substanz handeln.

Schon Kirchhoff, der Begründer der Spektralanalyse, hat nachgewiesen, daß die Fraunhoferschen Linien durch Absorption, durch Verschlucken des vom glühenden Sonnenkörper ausgesandten kontinuierlichen weißen Lichtes entstehen müssen, wenn gas- oder dampfförmige Substanzen der Sonne vorgelagert sind. Die Fraunhoferschen Linien sind Absorptionslinien und sprechen also dafür, daß sich die betreffenden Substanzen in der Sonnenatmosphäre befinden. Aber nicht nur die Sonnenatmosphäre, auch Planetenatmosphären sind in dieser Weise durch ihr Absorptionsspektrum bestimmbar; sogar die Art der Mondatmosphäre ließe sich ermitteln, wenn eine solche vorhanden wäre. Selbst glühende Gase und Dämpfe können statt der Aussendung heller Spektrallinien ein Absorptionsspektrum geben, sofern nur das durch sie hindurchtretende weiße Licht von einem Körper herrührt, der heißer ist, als sie selber sind. Weil alle Fixsterne Spektren geben, die von dunklen Linien durchzogen sind (vgl. Fig. 131), hat Kirchhoff geschlossen, alle diese Fixsterne seien glühende feste oder flüssige Körper, die von glühenden Atmosphären etwas niedrigerer Temperatur umgeben seien. Diese Schlußfolgerung ist indessen nicht bindend, weil Gase und Dämpfe auch kontinuierliche Spektren geben, die zwar unter Umständen sehr schwach sind, die aber bei genügender Dichte der Substanz gleichfalls eine große Intensität annehmen können. Daher kann möglicherweise der Kern der Sonne oder des Fixsternes aus sehr dicht zusammengepreßten glühenden Gasen oder Dämpfen bestehen.

Das konstante Verhältnis der Emission E und der Absorption A ist bereits von Kirchhoff bewiesen worden. Der betreffende Kirchhoffsche Satz lautet: Für jede Lichtart (Strahlengattung, Lichtlinie im Spektrum) ist das Verhältnis E/A für alle Körper bei derselben Temperatur gleich. Es ist also $E/A = e$, wo e nur von der Temperatur und von der Strahlengattung abhängig ist, nicht von dem Körper, der emittiert oder absorbiert.

Mit Hilfe der Spektralanalyse sind in fremden Weltkörpern schon viele Substanzen nachgewiesen worden, durch Übereinstimmung ihrer Linien im Sternspektrum und im Spektrum des Laboratoriumsversuchs. Es ist aber die richtige Analyse der Sternsubstanzen in der Regel sehr schwierig, weil eben von derselben Substanz nicht nur sehr viele verschiedene Spektrallinien, sondern sogar viele ganz verschiedene Spektren ausgehen können. Alle Substanzen sind denn auch in solcher Weise nicht nachweisbar gewesen, aber doch manche von ihnen; so sind zb. in der Sonne Wasserstoff, Eisen, Natrium, Magnesium, Calcium, Helium, Silicium usf. gefunden worden, also jedenfalls alles Substanzen,

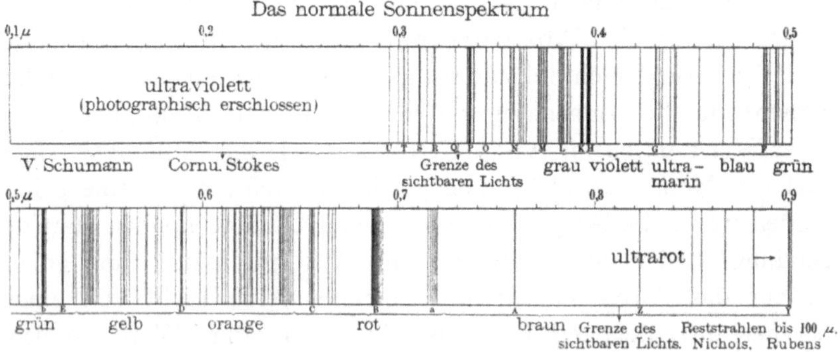

Fig. 40. Absorptionslinien des normalen Sonnenspektrums.

die wir auf der Erdoberfläche auch haben. In der Fig. 40 (vgl. Fig. 130) ist das Sonnenspektrum abgebildet mit seinen am leichtesten erkennbaren Fraunhoferschen Absorptionslinien. Außerhalb des Rot ist noch der ultrarote bis etwa $\lambda = 0{,}1$ mm reichende, außerhalb des Violett der ultraviolette bis etwa 0,0001 mm reichende Teil des Sonnenspektrums den Experimenten zugänglich. Die Fig. 41 zeigt sodann noch einen Teil des Sonnenspektrums bei der Linie *C* vergrößert, mit zahlreichen Spektrallinien, auch mit solchen, die an einigen Stellen stark verzerrt erscheinen. Es rührt dies von Protuberanzen, von Hervorragungen an der Sonnenoberfläche her, die sich in Bewegung befinden und gleichzeitig Licht emittieren. Wir werden darauf sogleich zurückkommen.

Ganz wunderbare Erfolge hat die Spektralanalyse in Verbindung mit dem Dopplerschen Prinzip der Astronomie gebracht. Hören wir die Glocke eines vorüberfahrenden Radfahrers oder die Pfeife einer Lokomotive oder eines Automobils, so hören wir einen höheren Ton bei der Annäherung, ein plötzliches Abfallen des Tones neben uns, einen tieferen Ton bei der Entfernung des betreffenden Tongebers. Die wahre Tonhöhe würden wir bei der Ruhe des Tongebers relativ zu uns erhalten. Durch die Bewegung wird aber der Ton verändert, er wird erhöht bei der Annäherung, vertieft bei der Entfernung der Tonquelle. Denn in gleichen Zeiten treffen bei der Bewegung im ersten Falle mehr, im letzten weniger Schallwellen unser Ohr als bei der Ruhe. Ebenso verhält es sich bei dem Licht, das aus Schwingungen im Äther besteht, wie der Ton aus Schwingungen in der Luft.

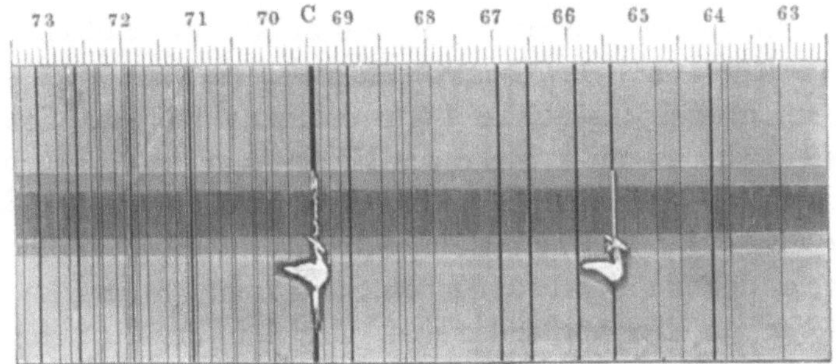

Fig. 41. Teil des Sonnenspektrums mit starken Verzerrungen in einzelnen Spektrallinien, nach Young.

Nähert sich uns also ein lichtgebender Körper, so zeigt er nicht seine wahre Farbe, sondern einen höheren Farbenton, dh. eine Farbenänderung, die nach größeren Schwingungszahlen hin verändert erscheint, von Rot gegen Blau hin; umgekehrt verhält es sich bei der Entfernung der Lichtquelle von uns. Wenn also zb. die drei Wasserstofflinien, dh. die hellen Emissionslinien des Wasserstoffgases, im Spektroskop festgelegt sind, und wenn man bei der Beobachtung eines dieses Wasserstofflicht gebenden Körpers alle drei Linien gegen Blau hin verschoben wahrnimmt, so weiß man, daß sich der dies Licht ausstrahlende Körper gegen uns bewegt. So ist die Bewegung von Protuberanzen und sogar von ganzen Fixsternen gegen uns nachgewiesen worden. Die Veränderung der Farbe erfolgt dagegen von Blau gegen Rot hin, wenn sich der betreffende Körper von uns wegbewegt. Auch die Geschwindigkeit solcher Bewegungen in der Gesichtslinie, im Visionsradius, ist bestimmbar, nämlich durch Ausmessung der Verschiebung der Spektrallinien im Spektrum. Zu diesem Zweck erzeugt man im Spektroskop ein dem Ruhezustand entsprechendes Vergleichsspektrum, an dem dann die Verschiebung der Spektrallinien gemessen werden kann. Leider sind aber diese Verschiebungen nur sehr gering. Eigengeschwindigkeiten von 100 km geben nur eine Verschiebung der Spektrallinien von höchstens einem Zehntelmillimeter, im Spektrum gemessen. Man hat aber immerhin nachweisen können, daß zahlreiche Fixsterne Bewegungen von 10, 20 und mehr Kilometern gegen uns oder von uns weg besitzen, so daß im Laufe ungeheurer Zeiträume doch eine beträchtliche Annäherung gewisser Sterne an unsere Sonne und an die Erde erfolgen könnte.

Mit dem Spektroskop sind auch Doppelsterne entdeckt worden, die man mit gewöhnlichen Fernrohren, wenn sie auch noch so stark vergrößern, niemals als solche hätte erkennen können. Fand man zb. im Fernrohr an einer Stelle des Himmels einen einzelnen Stern, im Spektroskop dagegen an derselben Stelle zwei Spektren, die gegeneinander und gegen das normale Spektrum verschoben erschienen, so wußte man, daß an der betreffenden Stelle zwei Sterne im nahezu gleichen Visionsradius vorhanden sind, die sich in der Richtung Erde—Stern mit verschiedenen Geschwindigkeiten bewegen. In solcher Weise hat man zb. gefunden, daß ein vermeintlich allein dort befindlicher Stern in Wirklichkeit aus zwei Sonnen besteht, die umeinander kreisen.

Es sind aber noch weitere Errungenschaften der Spektralanalyse zu verzeichnen. Mit ihrer Hilfe gelingt es jetzt, die Sonnenprotuberanzen, dh. Sprudel, die aus der Sonne hervorbrechen, oder Wolken über der Sonne, beim Tageslicht zu beobachten, während sie früher nur bei den sehr selten eintretenden totalen Sonnenfinsternissen, wenn also alles Sonnenlicht ganz abgeblendet war, beobachtet werden konnten. Die Protuberanzen bestehen nämlich aus glühenden Gasen und Dämpfen, die ihr eigenes Licht ausstrahlen. Wenn nun auch im Fernrohr das Sonnenbild ganz abgeblendet wird durch künstlich ins Fernrohr eingesetzte Blenden, so strahlt doch die von der Sonne beleuchtete Erdatmosphäre so viel Licht aus, daß rings um das Sonnenbild ein sehr heller Kranz entsteht, in dem keine Protuberanzen mehr gesehen werden können. Anders verhält es sich in einem Spektroskop von großer Dispersion: in diesem entstehen alle Farben nebeneinander, dh. das von der Atmosphäre ausgestrahlte weiße Licht wird zerstreut, in alle Farben zerlegt. Das Licht der Protuberanzen dagegen, dem nur eine oder doch nur wenige Spektrallinien zukommen, wird nicht zerlegt, sondern lediglich etwas verbreitert, es behält fast dieselbe Lichtstärke bei, wie groß auch im übrigen die Dispersion des Spektroskopes gemacht werde. Schließlich, bei fortdauernd verstärkter Dispersion, wird erreicht, daß die Spektrallinien der Protuberanzen auf dem immer schwächer werdenden kontinuierlichen Grunde allein übrig bleiben und also sichtbar werden. Wenn der Spalt *s* des Spektroskopes (Fig. 42) tangential zur Sonnenscheibe *S* gestellt und radial zu ihr verschoben wird, so erhält man die ganze Protuberanz *P* abgebildet. Kleinere Protuberanzen können mit etwas erweitertem Spalt in ihrer Gesamtheit abgebildet werden (Fig. 43). Rasche Veränderungen solcher Erscheinungen auf der Sonne zeigt Fig. 44 im Verlauf von 8 Minuten. Wird dagegen der Spalt des Spektroskopes

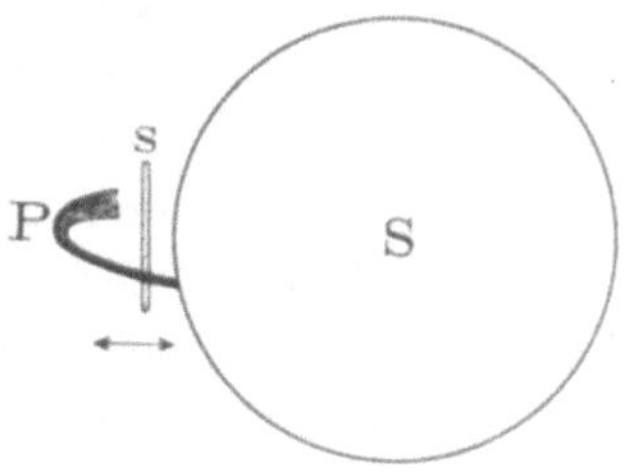

Fig. 42. Abbildung einer Protuberanz durch das Spektroskop, dessen Spalt *s* in der Pfeilrichtung hin und her geschoben wird.

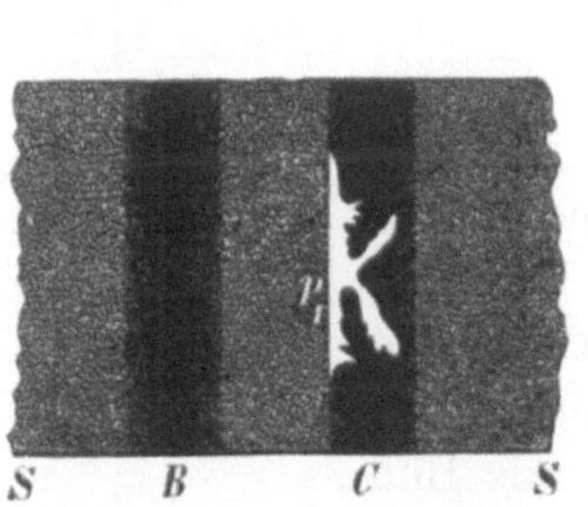

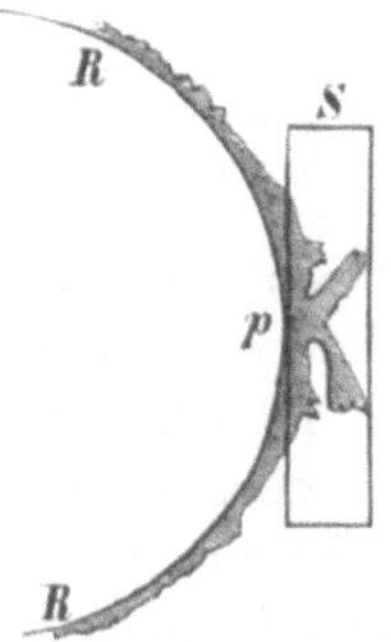

Fig. 43. Sonnenprotuberanz *p*, durch das Spektroskop mit tangentialem Spalt *S* in der Spektrallinie *C* bei p_1 abgebildet.

radial gestellt, wie in Fig. 45, so erhält man die hellen Spektrallinien, die Emissionslinien des Protuberanzenspektrums (in der Figur rechts) neben den dunklen Absorptionslinien des Sonnenspektrums (in der Figur links), so daß man die Substanz nachweisen kann, aus der die Protuberanz besteht. Fig. 46 zeigt gleichfalls mächtige Protuberanzen an.

Der älteste Teil der messenden Astrophysik ist wohl die „Lichtmessung" der Gestirne, die Photometrie. Schon Ptolemäus schätzte die Helligkeiten durch Vergleichung der Sterne miteinander und teilte diese danach in verschiedene Größenklassen ein. Seine Größenklassen sind bis auf den heutigen Tag im Gebrauch geblieben. Man hat aber jede Größenklasse noch in 10 Lichtstufen unterteilt und dabei jede Lichtstufe so definiert, daß der Helligkeitsunterschied der um eine Lichtstufe verschiedenen Sterne eben noch mit freiem Auge zu erkennen ist. Bei einigen neueren Photometern wird mit

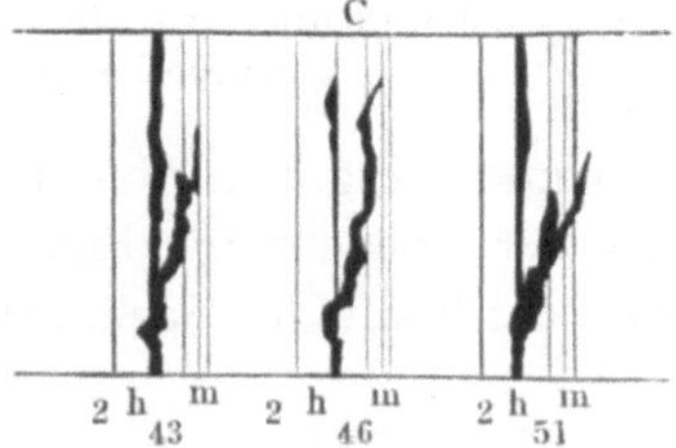

Fig. 44. Änderungen von Spektrallinien-Verzerrungen im Verlauf von 8 Minuten.

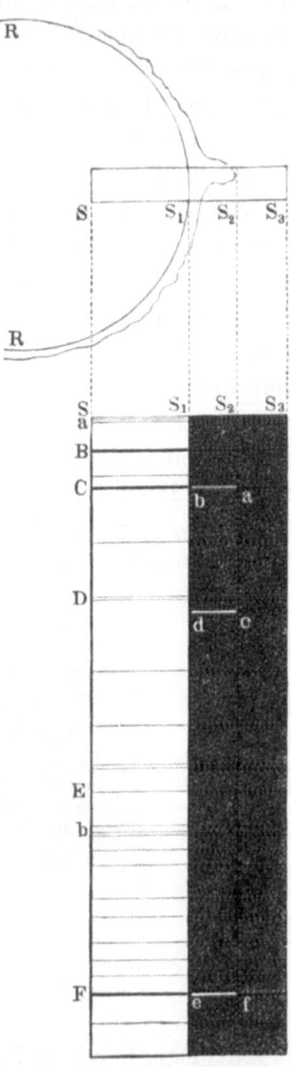

Fig. 45. Sonnenprotuberanz durch das Spektrometer mit radialem Spalt neben den Fraunhoferschen Linien *CDF* erkennbar.

einem künstlichen Stern gemessen, dh. mit dem verkleinerten Bilde einer künstlich beleuchteten kleinen Öffnung. Dies Bild erscheint in oder doch nahe der Brennebene des Fernrohrobjektivs, wie das Bild des zu untersuchenden Sternes selber. Um den künstlichen Stern auf gleiche Helligkeit mit dem wirklichen Stern bringen zu können, schaltet man zwei Nikols ein. Durch gekreuzte Nikols geht nämlich, vermöge der Polarisation des Lichtes durch dieselben, wie aus der Physik als genügend bekannt vorausgesetzt wird, kein Licht hindurch, während durch parallele Nikols etwa die Hälfte des auf das erste Nikol auftreffenden Lichtes hindurchgelassen wird; durch entsprechende Verdrehung beider Nikols gegeneinander kann also jede gewünschte Schwächung des hindurchgelassenen Lichtes erzielt werden. In dieser Weise schwächt man den künstlichen Stern, bis er gleich hell wie der wirkliche Stern erscheint. Aus dem hierzu nötigen Verdrehungswinkel der beiden Nikols gegeneinander kann dann das Maß der Schwächung des künstlichen Sternes bestimmt und hieraus das Verhältnis der Helligkeiten der beiden Sterne ermittelt werden. Auch die Farbe des künstlichen Sternes kann auf die Farbe des wirklichen Sternes gebracht werden. Hierzu wird eine planparallele Bergkristallplatte mit noch einem Nikol

Fig. 46. **Bild einer Sonnenprotuberanz in der F-Linie, wenn auf den linken Rand, die Mitte, den rechten Rand der Protuberanz eingestellt wird.**

in den Weg der den künstlichen Stern erzeugenden Lichtstrahlen gebracht. Der Bergkristall dreht die Schwingungsebene des Lichtes, aber für die verschiedenen Farben verschieden. Demzufolge löscht er zwischen gekreuzten Nikols nur bestimmte Farben aus, bei jeder Nikolstellung eine andere. Daher kann durch verschiedene Nikolstellungen mit dieser Einrichtung aus weißem Licht jede beliebige Farbe hergestellt werden. Durch das soeben im Prinzip angedeutete Kolorimeter, das in der Astrophotometrie ausgiebige Verwendung findet, wird also der künstliche Stern genau auf die Farbe des natürlichen Sternes gebracht.

Eine andere Methode des Photometrierens besteht darin, daß man zwei zu vergleichende Sterne durch optische Mittel, zb. durch Spiegelung, unmittelbar nebeneinander bringt. Als Vergleichsstern wird beispielsweise der Polarstern genommen. Der andere Stern wird dann durch einen eingeschalteten Keil aus Rauchglas abgeschwächt, bis er nur noch die Helligkeit des Vergleichssternes (des Polarsternes) besitzt. Natürlich muß der Keil bei diesem Verfahren geeicht werden, dann erhält man ganz gute Resultate.

Ein weiteres Hilfsmittel der Photometrie liefert uns die Photographie. Weil aber die für die Photographie wirksamsten Strahlen im Violett und sogar im unsichtbaren Ultraviolett liegen, muß der photographische Refraktor für diese violetten Teile des Spektrums achromatisch gemacht werden, nicht für das Hauptgebiet des sichtbaren Spektrums, wie der optische Refraktor; beim Reflektor fällt dagegen dieser Unterschied weg. Bringt man die statt des Okulars eingesetzte photographische Platte etwas außerhalb der Brennebene des Objektivs an, so bilden sich die Sterne auch bei ruhigster Luft nicht als Punkte, sondern als kleine Flecke ab, und diese Flecke erscheinen im Negativ um so stärker geschwärzt, je heller der Stern ist. In der Regel ist allerdings die Luftunruhe immer so groß, daß sich die Sterne stets als kleinere oder größere Flecke abbilden. Unter gewissen Vorsichtsmaßregeln kann man dann aus der gemessenen Schwärzung der Flecke auf die Helligkeit der betreffenden Sterne schließen. Aber die optisch und die photographisch bestimmten Helligkeiten sind doch verschieden; die erstere fällt im Rot, die letztere im Violett zu groß aus.

Das Licht der Sterne, die dem Horizont nahe stehen, wird durch die Absorption der Atmosphäre, durch die Extinktion viel mehr geschwächt als das Licht der im Zenit erscheinenden Sterne. Es kann sich hierbei um drei und noch mehr Größenklassen handeln, wenn man optisch in horizontaler Richtung beobachtet; photographisch tritt die Schwächung noch viel stärker hervor.

Ein außerordentlich wichtiges Hilfsmittel für die messende Astronomie (Astrometrie) ist die Astrophotographie. Bei ihr werden die empfindlichsten Trockenplatten verwendet. Um allfällige Verziehungen beim Entwickeln, die aber nur ausnahmsweise merkbar werden, unschädlich zu machen, wird vor ihrer Exposition ein sehr feines Netz auf die Platte aufkopiert; dies Netz erleichtert außerdem die Ausmessung der photographierten Objekte. Die Luftunruhe wirkt aber bei dieser Photographie sehr störend, sie gibt Prismenwirkungen, Ablenkungen und daher verwaschene Bilder. Jeder Fixstern bildet sich aus diesem Grunde als kleiner Fleck ab. Daher bekommt man mit dem Fernrohr bei der unmittelbaren Besichtigung von Planeten, Kometen usf. leicht viel mehr Einzelheiten zu sehen, als die photographische Platte zu liefern vermag.

Besonders wichtig ist die photographische Darstellung und Ausmessung des Fixsternhimmels. Zwar ist das Auge für Lichteindrücke noch viel empfindlicher als die beste photographische Platte, aber bei ihm kommt keine Summierung von Dauerwirkungen zustande wie bei der photographischen Platte. Daher bilden sich auf dieser Platte noch Sterne und Nebel ab, die wegen ihres schwachen Lichtes sonst nie zu sehen gewesen wären. Ferner können mit einer photographischen Kamera neue Planeten, Planetoiden, Kometen aufgefunden werden. Zu diesem Zweck werden meist zwei photographische Kameras auf einem Fernrohr montiert. Das Fernrohr wird dann auf einen Fixstern eingestellt erhalten, bei geöffneten Kameras, in der Regel ungefähr in der Ekliptik, wo allein Planetoiden vorhanden sein können; nun wird während mehrerer Stunden exponiert. Es bilden sich dann ab: Planeten, Planetoiden und Kometen als Striche, alle Fixsterne als Punkte. Beide Platten müssen bei diesem Verfahren dieselben Striche geben, sonst handelt es sich nur um einen Plattenfehler. Oft werden für photographische Aufnahmen Refraktoren verwendet; die Reflektoren sind aber lichtstärker, ganz achromatisch, und sie absorbieren das Licht weniger, weshalb sie sich besser für sehr lichtschwache Objekte, wie zb. Nebel, Sternhaufen und dergleichen, eignen.

Durch die Anwendung der Photographie auf die Astrospektroskopie sind ganz epochemachende Ergebnisse erzielt worden. Auch ultraviolette Strahlungen sind mit diesem Mittel erkennbar, wenn sie von Weltkörpern ausgesandt werden. Wegen der Wirksamkeit der Dauerbelichtung auf die photographische Platte gelingt es, selbst die lichtschwächsten Objekte (Sterne und Nebel) spektralanalytisch zu untersuchen. Sogar der Zeemaneffekt, dh. die Auflösung einer Spektrallinie in zwei oder mehr Komponenten durch das Magnetfeld, glaubt man bei der Sonne beobachtet zu haben. Man hat daraus den Schluß gezogen, auf der Sonne seien magnetische Felder wirksam.

Von ganz hervorragendem Interesse ist ferner der Spektroheliograph. Gelingt es doch mit seiner Hilfe, bei hellleuchtender Sonne die interessantesten Erscheinungen auf der Sonnenoberfläche, wie Protuberanzen, Fackeln, Flecke und dergleichen, abzubilden.

Seine Einrichtung besteht etwa in folgendem: Ein Refraktor gibt in der Brennebene seines Objektivs ein Sonnenbild S_1 (Fig. 47a). Auf dieses Bild wird der Spalt s_1 eines Spektroskops eingestellt, so daß er eine Linie aus dem Sonnenbild herausschneidet. Im Spektroskop wird nun diese Linie vermöge der Dispersion seines Prismas auseinandergezogen, so daß sie ein Spektrum gibt, das in der Brennebene des Spektroskop-Beobachtungsfernrohrs mit allen seinen Fraunhoferschen Linien entsteht. In dieser Brennebene bringt man sodann einen zweiten Spalt s_2 (Fig. 47b) an, der so schmal wie eine Fraunhofersche Linie gemacht wird. Stellt man nun diesen zweiten Spalt auf eine solche Fraunhofersche Linie, zb. *K* (eine Calciumlinie), ein, so geht von der Sonne selber kein Licht durch ihn hindurch, weil sich ja dort gerade die dunkle Absorptionslinie *K*, die kein Licht liefert, befindet. Eine unmittelbar hinter dem zweiten Spalt s_2 aufgestellte photographische Platte kann demnach kein Licht erhalten. Sind aber auf der aus dem Sonnenbild S_1 ausgeschnittenen Linie emittierende Gase wirksam, die gerade Licht der betreffenden abgeblendeten Spektrallinie *K* aussenden, wie Teile von Protuberanzen *P*, Fackeln *F*, Flecken usf., so senden diese ihr Licht durch den zweiten Spalt hindurch und zeichnen sich also auf der Platte Punkt für Punkt hell ab. Nun wird das ganze Spektroskop mit seinen beiden Spalten sich selber parallel langsam seitlich verschoben, bis der erste Spalt s_1 über das ganze Sonnenbild hinweggegangen ist, wobei aber der Refraktor und die photographische Platte stehen bleiben müssen. Dann bilden sich alle Protuberanzen, Fackeln und Flecke, soweit sie die betreffende Calciumlinie aussenden, naturgetreu auf der photographischen Platte ab. Die Sonne selber bildet sich gleichfalls ab, weil doch immerhin etwas Licht am zweiten Spalt vorbeigeht. Man erhält daher ein Sonnenbild S_2 mit allen Calcium-Protuberanzen, -Fackeln und -Flecken. Mit den Fraunhoferschen Linien für den Wasserstoff erhält man in gleicher Weise die Wasserstoff-Protuberanzen, -Fackeln und -Flecke.

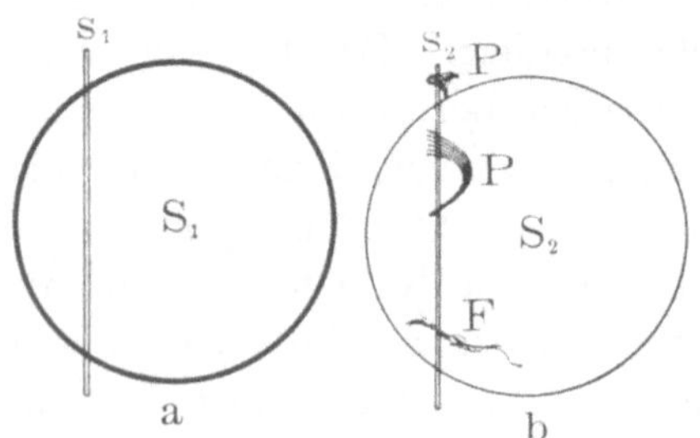

Fig. 47. Abbildung von Sonnenprotuberanzen durch den Spektroheliographen.

Unser Sonnensystem.

Unser Sonnensystem besteht einerseits aus der Sonne als Zentralkörper, andererseits aus den acht großen Planeten: Merkur, Venus, Erde, Mars, Jupiter, Saturn, Uranus und Neptun, aus etwa 700 bis jetzt entdeckten, vielleicht aus Millionen von kleinen Planeten, die

Fig. 48. Sonne, Jupiter, Saturn und Erde mit dem Mondabstand, in ihren Größenverhältnissen.

man auch Asteroiden oder Planetoiden nennt, aus über 20 Planetentrabanten, die Satelliten oder Monde heißen, aus zahlreichen Kometen und Meteorschwärmen, aus unzählbar vielen Meteoren und Meteoriten, dh. kleinen und kleinsten Weltkörperchen, welche im allgemeinen alle in sehr exzentrischen, in elliptischen, parabolischen oder gar in hyperbolischen Bahnen um die Sonne kreisen. Die ungefähren Größenverhältnisse der größeren dieser Weltkörper mögen aus Fig. 48 und 49 hervorgehen, die ungeheuren Verschiedenheiten derselben erkennt man auch aus der nachfolgenden Tabelle:

Weltkörper	Zeichen	Trabanten	Entfernung v. d. Sonne Mill. km	Äquatordurchm. km	Dichte Wasser = 1	Masse Erde = 1	Schwere Erde = 1	Rotationsdauer
Sonne. . . .	☉			1 391 000	1,38	330 000	27,7	25—27^{d}
Merkur . . .	☿		58	4 770	5,75	0,05	0,39	?
Venus . . .	♀		108	12 400	4,8	0,81	0,85	?
Erde	♁	1 Mond	149	12 800	5,55	1	1	23^{h} 56^{m} 4^{s}
Mars	♂	2 Monde	228	6 780	3,95	0,11	0,38	24^{h} 37^{m} 23^{s}
Planetoiden .			etwa 450	etwa 50	?	0,00	0,00	?
Jupiter . . .	♃	8 Monde	778	144 600	1,28	314	2,39	9^{h} 50^{m}
Saturn . . .	♄	Ringe, 10 Monde	1426	118 000	0,72	94	1,06	10^{h} 14^{m}
Uranus . . .	⛢	4 Monde	2869	50 300	1,28	14	0,93	?
Neptun . . .	♆	1 Mond	4495	55 500	1,10	17	0,85	?

Unter anderem ist bemerkenswert, daß die Masse jedes von diesen Körpern die Masse aller kleineren zusammen genommen übertrifft. Am auffallendsten ist dies Verhältnis bei der Sonne selber; die Sonnenmasse ist mehr als 700 mal größer als die Masse aller Planeten zu-

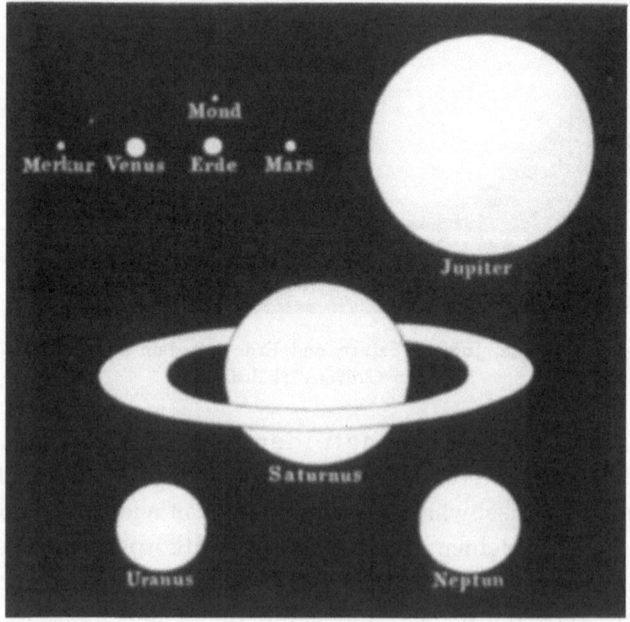

Fig. 49. Planeten in ihren Größenverhältnissen.

Zu Seite 77.

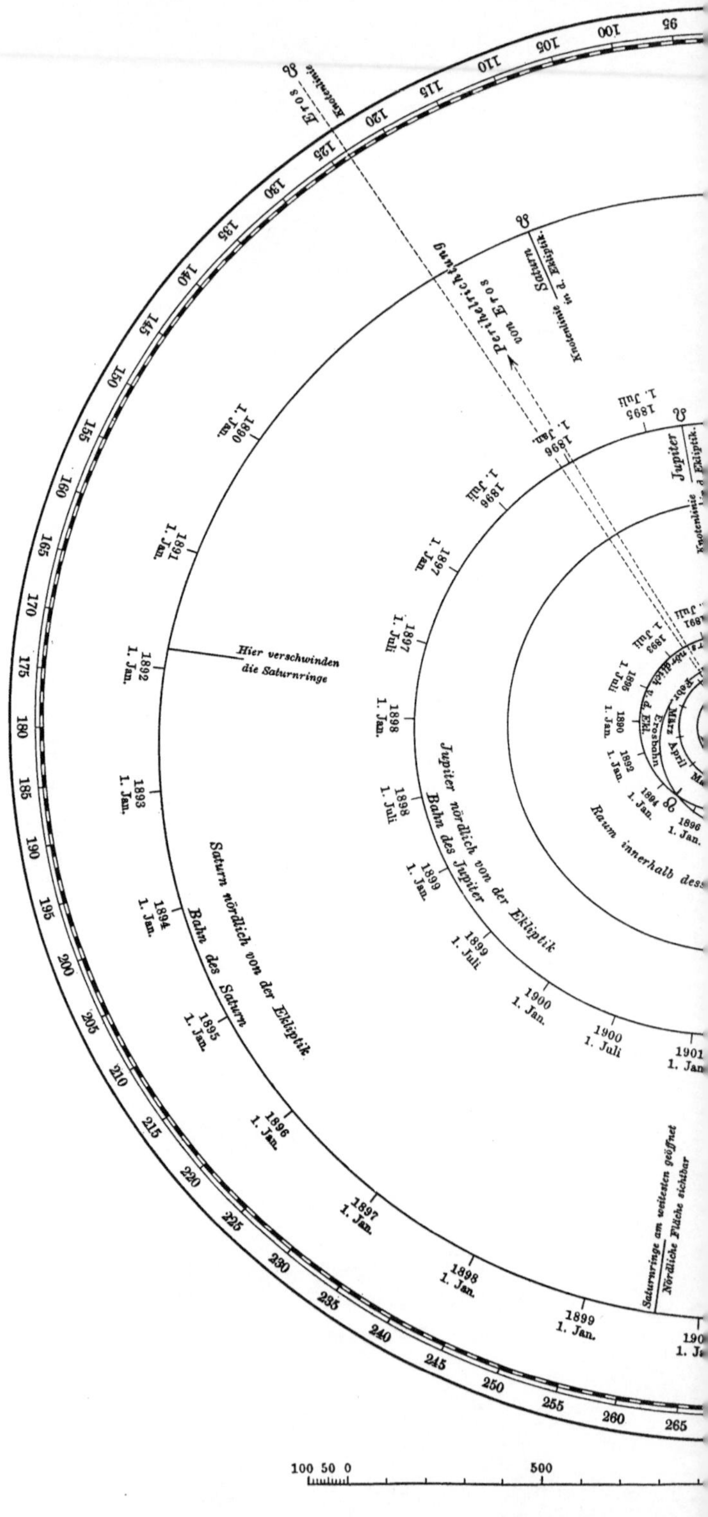

Fig. 50. Bahnen de

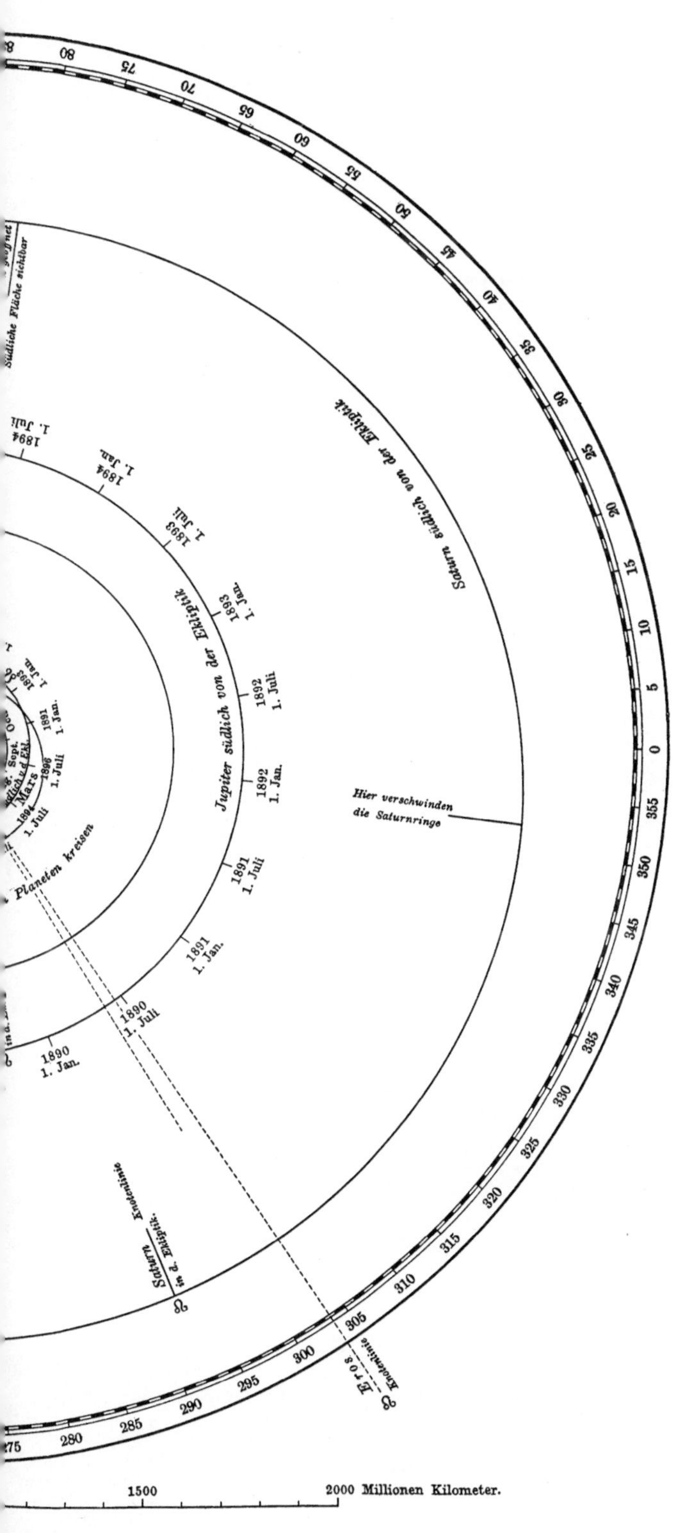

n um die Sonne.

Friedr. Vieweg & Sohn in Braunschweig.

sammen genommen. Fig. 50 zeigt die Entfernungen der Planeten bis zum Saturn und ihre gegenseitigen Stellungen in aufeinander folgenden Monaten und Jahren. Durch Fig. 51 wird die Verschiedenheit der Bahnen dargestellt, die in einem Merkurjahre von den anderen Planeten durchlaufen werden. In demselben Maßstab gezeichnet, hätte

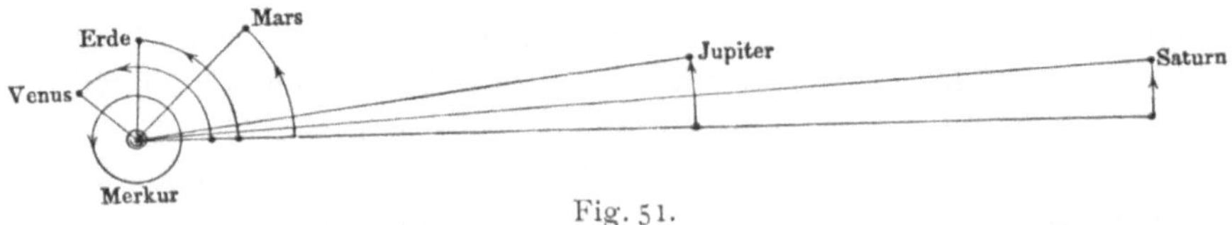

Fig. 51.

Bahnen der Planeten in ihren Größenverhältnissen während eines Merkurjahres.

die Uranusbahn einen etwas mehr als doppelt so großen Radius als die Saturnbahn, die Neptunbahn einen etwas mehr als dreimal so großen.

Wir betrachten die einzelnen Körper unseres Sonnensystems gesondert nach den Ergebnissen der teleskopischen Untersuchungen.

Die Sonne.

Die sichtbare, leuchtende Oberfläche der Sonne heißt Photosphäre. Ihr Licht ist intensiver als das jeder künstlichen Lichtquelle, auch des elektrischen Bogenlichtes; sie leuchtet etwa 570000 mal so hell als der Vollmond, 4000 Millionen mal so hell als der Jupiter, 50000 Mill. mal so hell als Capella, einer der hellsten Fixsterne. Unter der (allerdings nicht erfüllten) Voraussetzung gleicher Lichtintensität aller Sterne, dh. der fremden Sonnen und unserer Sonne, könnte man den Abstand des hellsten Fixsternes aus den obigen Verhältniszahlen abschätzen, nach photometrischen Gesetzen der Quadratwurzel aus jener Verhältniszahl proportional, und man bekäme für den Abstand dieses Fixsternes eine etwa 220000 mal größere Zahl als für den Abstand der Sonne von der Erde, was wenigstens der Größenordnung einigermaßen entspricht.

Die Sonne ist heller in ihrem Mittelpunkt als am Rande der Sonnenscheibe, was man indessen nur dann erkennt, wenn man die Sonne nach genügender Schwächung ihrer Strahlung durch ein Rauchglas betrachtet (Fig. 52). Man muß daraus den Schluß ziehen, die Sonne habe entweder eine Atmosphäre, oder es befinden sich doch außerhalb derselben noch absorbierende Substanzen.

Ein Maß für die Strahlungsintensität der Sonne gibt uns die Solarkonstante, dh. die Zahl von Grammkalorien, die der Sonnenstrahlung zufolge in der Minute bei senkrechtem Auffallen der Sonnenstrahlen ohne Absorption der Erdatmosphäre in jedem Quadratzentimeter Erdoberfläche entwickelt würden. Um ebenso viele Grade würde eine Wasserschicht von einem Zentimeter Höhe in der Minute durch jene Wirkung erwärmt. Diese Solarkonstante ist etwa gleich 2,2 gefunden worden.

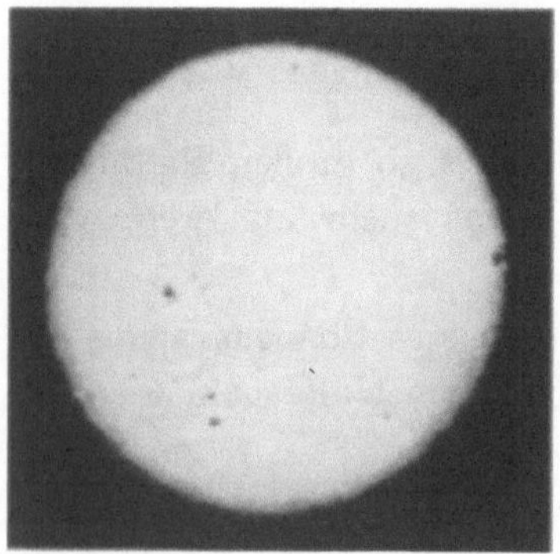

Fig. 52. Sonnenaufnahme in Potsdam. (Aus Newcomb, Pop. Astronomie.)

Sogar über die Temperatur der Sonne haben wir in gewisser Hinsicht Aufschluß erhalten; sie ist in verschiedener Weise bestimmt worden. Mit dem Stephanschen Gesetz, nach welchem die von einem Körper ausgestrahlte Wärmemenge der vierten Potenz seiner absoluten Temperatur proportional ist, berechnete man 5760° unter Berücksichtigung der Absorption durch die Sonnenatmosphäre, dagegen 6300° ohne eine solche Absorption. Etwas niedriger ergibt sich der Wert nach dem Wienschen Verschiebungsgesetz, demzufolge für das vom Körper ausgesandte Spektrum das Produkt $\lambda_{J max} . T = konst.$ ist, wobei T die absolute Temperatur, $\lambda_{J max}$ die Lichtwellenlänge bezeichnet, die der stärksten Lichtstrahlung ($J max$) entspricht. Hieraus berechnete man 5600° für die Sonnentemperatur. Die Konstante jener Gleichung wurde aus physikalischen Experimenten bestimmt. Endlich hat man mit Hilfe der Planckschen Energiegleichung 5200° gefunden. Doch sind diese Temperaturen stets nur mittlere Sonnenoberflächen-Temperaturen, die der gesamten Sonnenoberfläche zukommen müßten, um eine mit der wirklichen Ausstrahlung übereinstimmende Wirkung auf unsere Apparate zu ergeben; man nennt sie deshalb effektive Sonnentemperaturen. Die wahren in der Sonne herrschenden Temperaturen können ganz anders sein; namentlich

Fig. 53.
Granulation der Sonnenoberfläche nebst Sonnenflecken, nach Langley.

werden sie außen an der Oberfläche teilweise geringer, im Sonneninneren dagegen bedeutend höher sein.

Wenn man die Photosphäre stark vergrößert, läßt sie ein wolligwolkiges Aussehen erkennen, etwa wie wenn Reiskörner in einer milchigen Flüssigkeit schwimmen. Man sieht ziemlich scharf begrenzte Fleckchen, die hell auf dunklem Grunde erscheinen. Mit starken Vergrößerungen gelingt es, die Reiskörner noch in einzelne Lichtpünktchen aufzulösen. Die Erscheinung von Reiskörnern nennt man die Granulation der Sonne. Fig. 53 stellt diese Granulation dar, zugleich mit einigen Sonnenflecken, auf die wir demnächst zu sprechen kommen. Die Zeichnung wurde von Langley gemacht und stellt nur einen sehr kleinen Teil der ganzen Sonnenscheibe dar. An den Reiskörnern erkennen wir viele Ungleichheiten, wir sehen große und kleine, hellere und weniger helle, scharf und unscharf begrenzte Reiskörner, gelegentlich auch große ganz helle Gruppen von solchen. Nach Janssen, einem der hervorragendsten Sonnenforscher, breitet sich ein ganzes photosphärisches Netz über die Sonnenoberfläche aus, das Gegenden scharf begrenzter von Gegenden verwaschener Reiskörner trennt. Die Größe der kleinsten Reiskörner beträgt mindestens 200 km, also mehr als die Entfernung von Berlin bis Dresden.

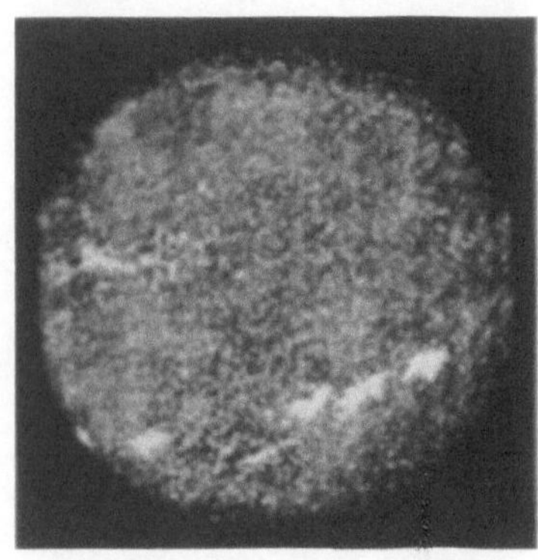

Fig. 54.
Sonnenbild mit zahlreichen Fackeln. Aufnahme der Yerkes-Sternwarte. (Aus Newcomb, Pop. Astronomie.)

Auf der Photosphäre erkennt man ferner gekrümmte sehr helle Lichtadern, die unter Umständen Tausende von Kilometern lang werden und sich fortwährend verändern. Man nennt sie Fackeln. Die Fig. 52 (S. 78) läßt außer einigen Sonnenflecken an ihrem Rande auch einige Fackeln erkennen. Derartige Sonnenbilder mit Fackeln am Sonnenrand gibt uns schon das gewöhnliche Fernrohr. Ganz andere Ergebnisse erhält man aber mit dem Spektroheliographen (S. 73). In Fig. 54 sehen wir in einer solchen Aufnahme der Yerkes-Sternwarte mit dem Licht einer einzigen Spektrallinie *K* des Calciumlichts ein Bild der ganzen Sonnenoberfläche mit allen in diesem Licht leuchtenden Teilen. Wir sehen viele Flecke, aber auch eine Unzahl von über die ganze Sonnenscheibe verteilten, in der Regel aber den

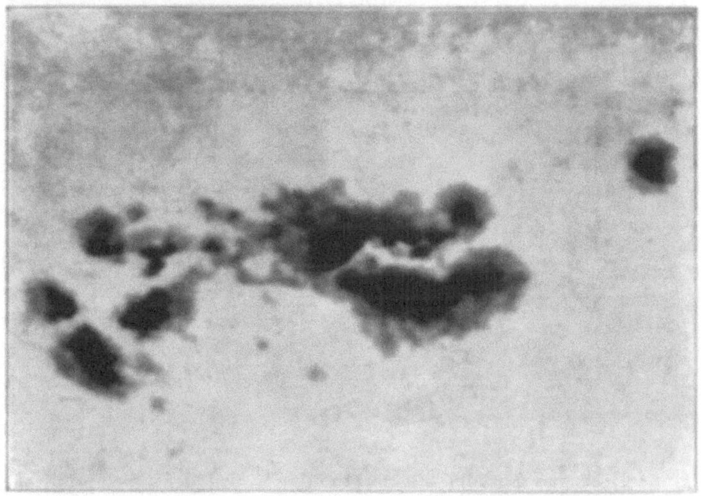

Fig. 55. Sonnenfleck mit weißem Licht aufgenommen.

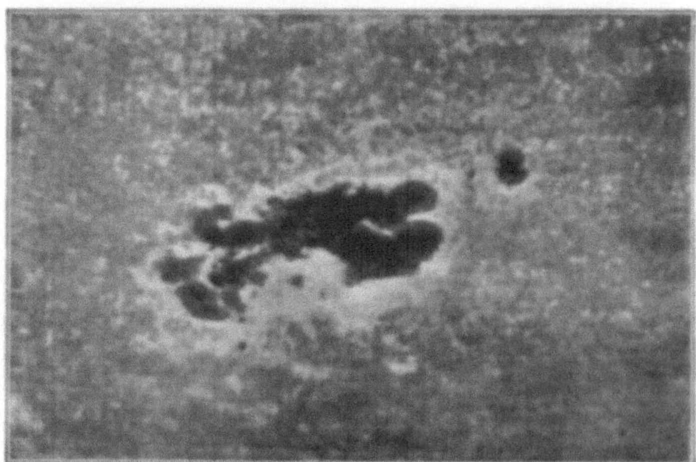

Fig. 56. Sonnenfleck und Fackeln mit dem Rande der Calciumlinie *H* aufgenommen.

Flecken benachbarten Fackeln. In den Fig. 55—58 ist eine Gruppe von Flecken und Fackeln in vier Aufnahmen der Greenwich-Sternwarte, einmal mit dem gesamten weißen Licht und dreimal mit drei verschiedenen Spektrallinien dargestellt. Das Aussehen ist ein ganz anderes, weil sich die photographisch wirksamen, die verschiedenen

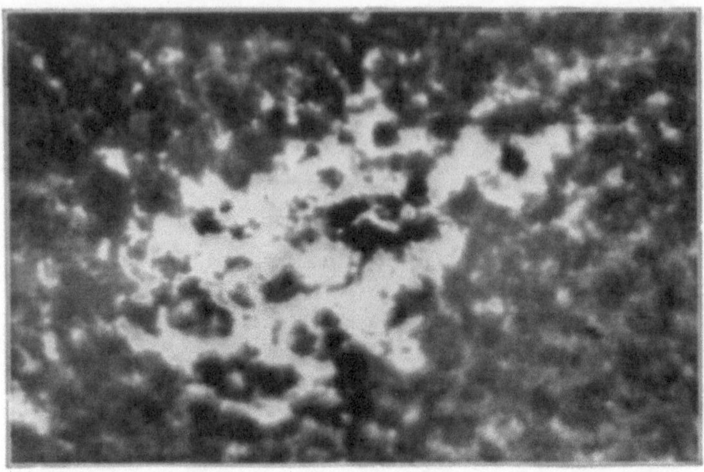

Fig. 57.
Sonnenfleck und Fackeln mit dem mittleren Teil der Calciumlinie *H* aufgenommen.

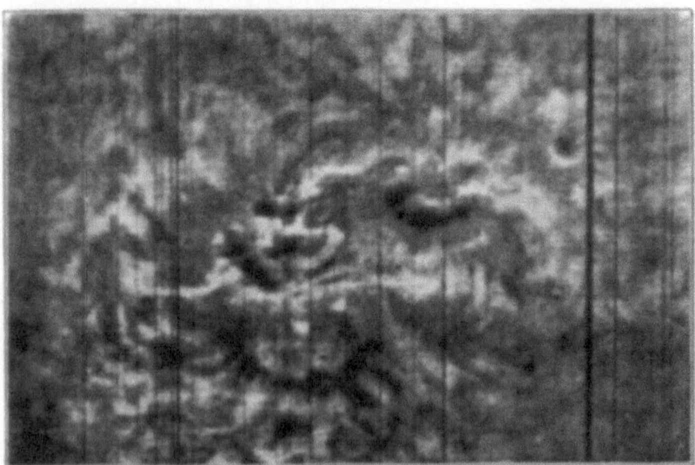

Fig. 58. Sonnenfleck und Fackeln mit der Wasserstofflinie *F* aufgenommen.
Fig. 55—58 sind Aufnahmen der Greenwich-Sternwarte.
(Aus Arrhenius, Werden der Welten I.)

Spektrallinien aussendenden glühenden Massen in verschiedenen Höhen hatten. Werden mit derselben Spektrallinie verschiedene aufeinander folgende Aufnahmen gemacht, so müssen die Gestaltsänderungen der Fackeln erkennbar werden. Durch solche Aufnahmen ist der Zusammenhang der Fackeln mit den Flecken und den Protuberanzen

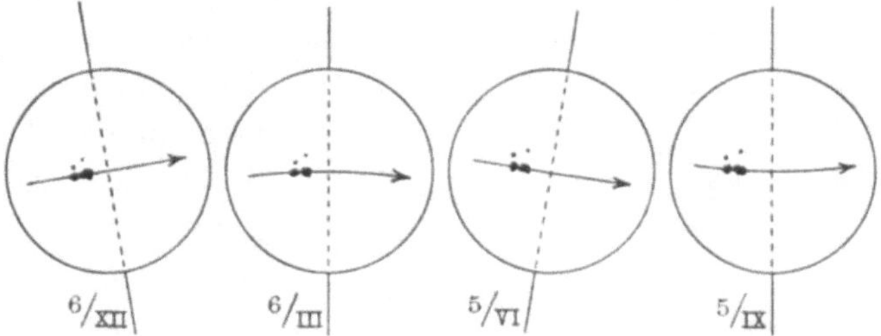

Fig. 59. Bestimmung der Sonnen-Rotationsachse aus der Fleckenbewegung.

unzweifelhaft nachgewiesen worden. Macht man Sonnenaufnahmen mit den verschiedensten Fraunhoferschen Linien, so erhält man mit jeder solchen Linie wieder andere Erscheinungen. Hale glaubte, die

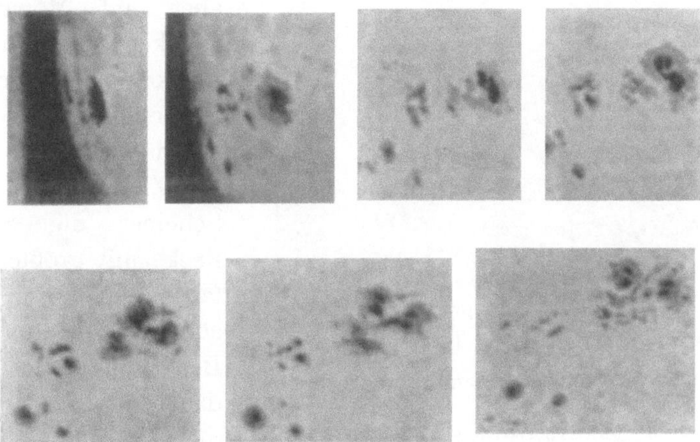

Fig. 60.
Veränderungen von Sonnenflecken beim Vorüberziehen an der Sonnenscheibe. Nach Rutherford.

in dieser Weise durch den Spektroheliographen abgebildeten Wolken von leuchtenden Calciumgasen usf. seien nicht dasselbe wie die Fackeln; sie befinden sich in größeren Höhen über der Sonnenoberfläche; deshalb hat er für sie den Namen Flocken eingeführt.

Die Sonnenflecke sind wohl zuerst von Fabricius entdeckt, aber fast gleichzeitig auch von Galilei und von Scheiner gesehen worden. In den Fig. 52—58 sind bereits einige solche Flecke zur Darstellung gebracht worden. Der Beobachter sieht die Flecke in etwa 12 bis 14 Tagen von Ost nach West über die Sonnenscheibe hinwegziehen; etwa 14 Tage später erscheinen sie manchmal wieder am anderen Rande der Sonnenscheibe, aber nicht immer. Denn man beobachtet an ihnen fortwährende starke Veränderungen, im Laufe längerer Zeiten lösen sie sich auf und verschwinden schließlich vollständig. Ihre ganze Dauer kann sich auf Tage oder Wochen, zeitweise aber auf Monate erstrecken. Man hat schon Flecke in mehreren Sonnenumläufen wiedererkennen können.

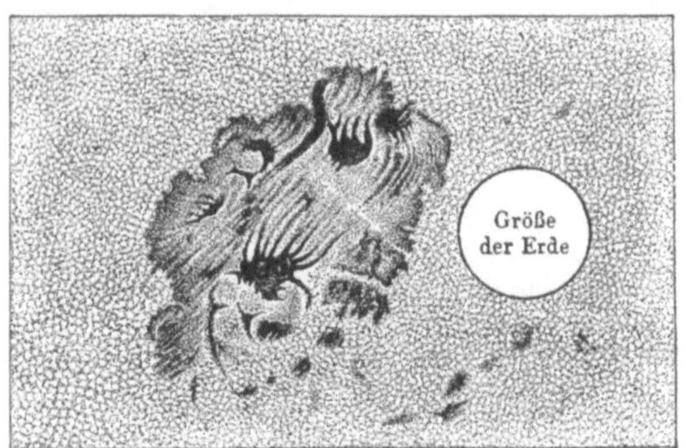

Fig. 61. Sonnenfleck am 2. Juli.

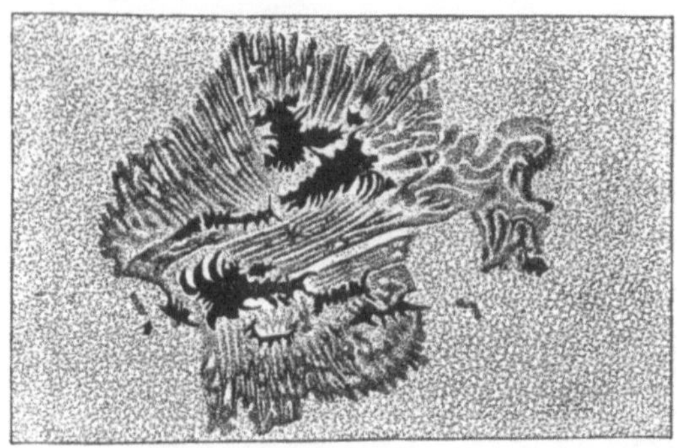

Fig. 62. Sonnenfleck am 4. Juli.

Zuerst hat wohl Scheiner die Sonnenflecke mit größter Sorgfalt systematisch beobachtet und aus ihrer Bewegung die Rotationsdauer der Sonne zu ungefähr 25 Tagen bestimmt. Er erkannte ferner aus den Bogen, in denen die Flecke über die Sonnenscheibe hinwegzogen (Fig. 59), daß die Sonnen-Rotationsachse nicht senkrecht auf der Ekliptik stehe, sondern etwa einen Winkel von 83° mit ihr bilde. Die Fig. 59 zeigt die Sonne in vier verschiedenen Vierteljahren; die Bewegung der Flecke ist eingezeichnet, ebenso die davon abgeleitete Lage der Sonnenachse. Kepler hielt damaligen Beobachtungen zufolge die Flecke für Wolken der Sonnenatmosphäre.

Die Sonnenflecke bestehen in der Regel aus einem dunkleren Kern, der von einem helleren Hof, der Penumbra, umgeben ist. Der Hof hat oft ein gestreiftes Aussehen. In der Regel scheint der Kern tiefer zu liegen als der Hof; man sieht den tiefer liegenden dunklen Kern am Sonnenrande später erscheinen und früher verschwinden als den höher liegenden Hof. Fig. 60 zeigt uns sieben Aufnahmen einer Fleckengruppe an sieben verschiedenen aufeinanderfolgenden Tagen. Auf dieser Photographie sieht man indessen sogleich den dunklen Kern am Sonnenrande erscheinen und in fortwährenden Gestaltsänderungen über die Sonnenoberfläche hinwegziehen. Fig. 61—65 zeigen uns fünf Aufnahmen eines anderen Fleckes am 2., 4., 5., 6. und 7. Juli 1872 nach Lohse. In dieser Zeit hat sich der Fleck enorm verändert und vergrößert; aus der Vergleichung mit der gleichzeitig abgebildeten Kreisfläche, die uns die Größe der Erde im gleichen

Fig. 63. Sonnenfleck am 5. Juli.

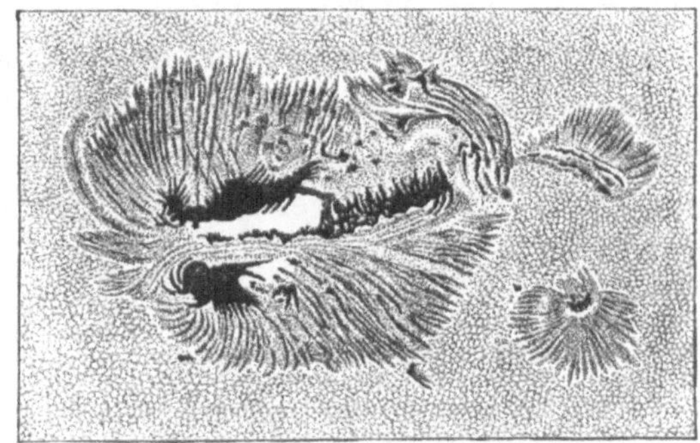

Fig. 64. Sonnenfleck am 6. Juli.

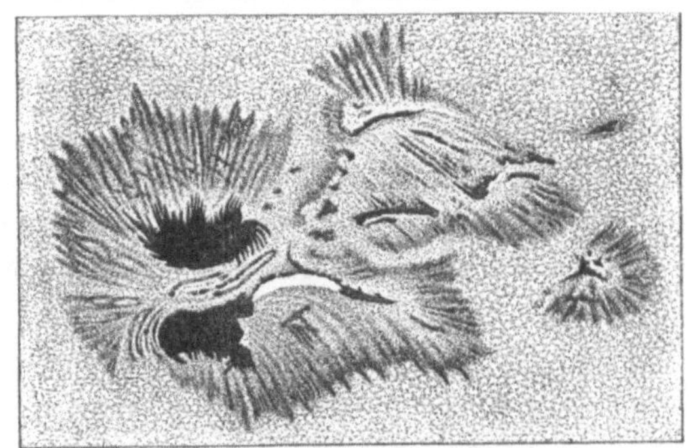

Fig. 65. Sonnenfleck am 7. Juli.

Fig. 61—65. Derselbe große Sonnenfleck im Verlauf von fünf Tagen. Nach Aufnahmen von Lohse.

Maßstab vergegenwärtigt, erkennt man die ungeheure Größe dieses Sonnenfleckes. Man sieht darin auch die Streifenbildungen in den Höfen, ferner in ihrer weiteren Umgebung die Granulation. Es sind gelegentlich schon Flecke beobachtet worden, die etwa siebenmal größer als unsere ganze Erde waren. Sehr oft erscheinen die Flecke in Gruppen beisammen. Häufig löst sich ein Fleck in mehrere kleinere Flecke auf, so daß in dieser Weise Fleckengruppen entstehen.

Wenn auch hier der Kern des Sonnenfleckes beinahe schwarz erscheint, so ist er doch in Wirklichkeit immer noch sehr hell, beispielsweise gegen die Venus, wenn diese vor die Sonnenscheibe tritt. Langley hat den dunklen Kern immer noch etwa 500 mal heller als den Vollmond gefunden.

Die Sonnenflecke sieht man in überwiegender Zahl in den äquatorialen Gegenden der Sonne, bis etwa zu Breiten von 30 Graden nach beiden Seiten, sehr selten über 40° Breite hinaus. Man hat bei ihnen ein periodisches Auftreten festgestellt. Fleckenmaxima folgen auf Fleckenminima. Nach einem Minimum erfolgt das erste Auftreten von Flecken in der Regel etwa bei 30° Breite, dann erscheinen die neuen Flecke allmählich immer näher am Äquator.

Nach den früheren Anschauungen von Wilson und Herschel sollte der Sonnenkern ein dunkler, schwarzer, ziemlich kühler Körper sein, der sogar von intelligenten Wesen bewohnt werde. Die Photosphäre sei allerdings eine Schicht glühender Gase und Dämpfe, aber zwischen dieser und dem Sonnenkern befinden sich zum Schutze der lebenden Sonnenbewohner Wolkenschichten, die alle übermäßige Wärme absorbieren sollten. Durch die Sonnenflecke, die man für trichterförmige Öffnungen hielt, sehe man auf den dunklen Sonnenkern hinab. Erst Kirchhoff bewies, daß ein solcher Zustand eine Unmöglichkeit sei. Nach dem Gesetz von der Erhaltung der Energie müsse der Kern sich gleichfalls über alle Maßen erhitzen, so daß an die Existenz von Lebewesen auf der Sonne nicht zu denken sei. Die Sonne bestehe vielmehr aus einem glühend-flüssigen Kern, der von einer aus glühenden Gasen und Dämpfen zusammengesetzten Atmosphäre umgeben sei. Wegen der tieferen Temperatur der äußeren Schichten komme in diesen eine Absorption des Lichtes zustande, worauf die Fraunhoferschen Linien zurückzuführen seien.

Die Periodizität der Sonnenflecke ist durch R. Wolf in Zürich mittels langjähriger Untersuchungen, die sich auf die ganze Zeit der Sonnenfleck-Beobachtungen seit Scheiners Zeiten (fast 300 Jahre) erstreckten, zu $11^1/_9$ Jahren festgestellt worden. Die Zunahme der Fleckenzahl vom Minimum zum Maximum erfolgt aber rascher als die Abnahme. Die Ursache dieser Periodizität wird von manchen Astronomen inneren in der Sonne selber wirkenden Kräften zugeschrieben. Ohne Zweifel hängen die Sonnenflecke in gewisser Weise mit den magnetischen Erscheinungen auf unserer Erde zusammen. Denn man hat bei diesen beiden Erscheinungen die gleiche Periodizität beobachtet. Über die Natur dieses Zusammenhanges ist man aber noch nicht im klaren.

Die Rotationsdauer der Sonne wurde zu etwa 25,3 Tagen angegeben. Indessen fand schon Scheiner verschiedene Rotationsdauern, wenn er Flecke in verschiedenen Breiten der Sonne seinen Messungen zugrunde legte. Am Äquator fand er für die Rotationsdauer 25 Tage, in einer Breite von 35 Graden schon 27 Tage. Dementsprechend sind auch mit dem Spektroskop unter Anwendung des Dopplerschen Prinzips größere Rotationsdauern für größere Breiten gefunden worden, so in neuerer Zeit von Adams:

Breite	0	15	30	45	60	75^0	
Periode	24,6	25,2	26,4	28,1	31,3	33,2	Tage.

Aus der Beobachtung von Sonnenfackeln und -flocken sind ganz ähnliche Perioden als Rotationsdauern der Sonne abgeleitet worden. Indessen haben diese Messungen für verschiedene hoch über der Sonnenoberfläche befindliche leuchtende Gase verschiedene Perioden der Sonnenumdrehung ergeben, so daß zb. Wasserstoffwolken über die ganze Sonnenoberfläche hinweg dieselbe Periode der Sonnenrotation erkennen lassen. Die Ursachen dieser Ungleichheiten in der Sonnenrotation suchte Zöllner in Oberflächenströmungen, Faye in radialen Strömungen der Sonne. Aber eine endgültige Lösung dieser Fragen ist auch jetzt noch nicht gegeben worden.

Schon früher haben wir hervorgehoben, daß namentlich bei Sonnenfinsternissen noch weit merkwürdigere Erscheinungen zutage treten. Wird die Sonnensichel bei einer solchen Sonnenfinsternis immer schmaler und schmaler, verschwindet sie zuletzt ganz, so scheint nunmehr der Mond als schwarze Kugel am Himmel zu schweben, umgeben von der Sonnenkorona. Diese strahlt ein blaß-weißes, perlfarbenes Licht aus, sie gleicht einem matten Silberschein. Der Anblick dieser so plötzlich erscheinenden Korona mit ihren eigentümlichen Einzelheiten macht einen so überwältigenden Eindruck, daß oft die Astronomen kaum die Ruhe für ihre Beobachtungen vollständig zu bewahren imstande sind. In jenem Silberschein gewahrt man rosenfarbene Sprudel und Wolken in den verschiedensten Formen. Es sind dies die Protuberanzen, die zumerstenmal im Jahre 1733 beobachtet wurden, aber damals noch kein allgemeineres Interesse erregten. Unsere früher vorgeführten Fig. 14 und 16 (S. 23 u. 24) geben den Eindruck von Sonnenfinsternissen wieder, wie ihn ältere Beobachter erhalten haben. In der zweiten von diesen Figuren sind die Protuberanzen durch Buchstaben bezeichnet. Die Korona erscheint immerfort wechselnd in den mannigfaltigsten Formen, die gleichen Zustände derselben werden auch von verschiedenen Beobachtern als ganz verschiedene Erscheinungen aufgefaßt. Die Fig. 66—70 (letztere als Wiederholung von Fig. 15) zeigen teilweise in photographischen

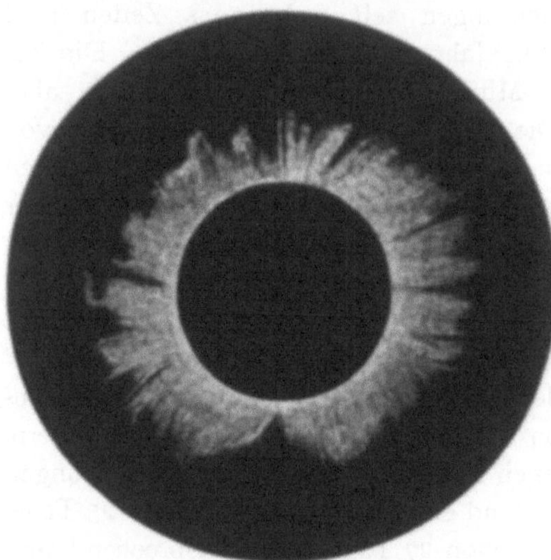

Fig. 66. Sonnenkorona 1870. Nach Davis.

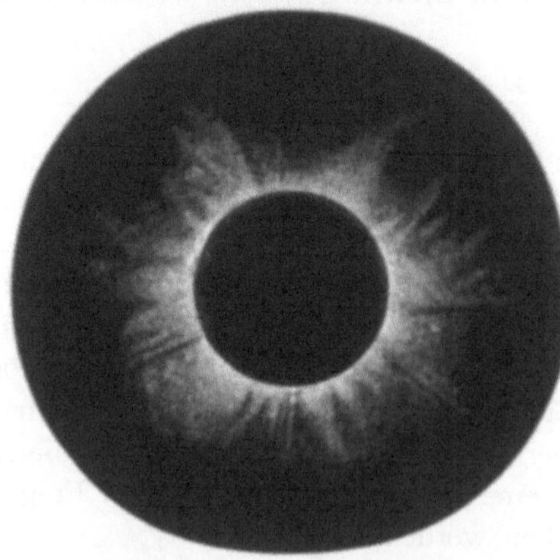

Fig. 67. Sonnenkorona 1872.

Aufnahmen, daß die Korona bald annähernd rund, bald mehr elliptisch, bald wieder wie ein vielstrahliger weit hinausreichender Stern erscheint; dabei können die Koronastrahlen sogar tangential von der Sonnenoberfläche auszugehen scheinen, zb. dem Äquator parallel; sie können auch gekrümmt verlaufen. Sogar gleichzeitige photographische Aufnahmen geben je nach der Belichtungsdauer oft wesentlich verschiedene Bilder. Stets ist aber die Basis der Korona, neben dem Sonnenrand, am hellsten, hier ist ihre Helligkeit sicher größer als die des Vollmonds; nach außen nimmt dann das Licht allmählich an Intensität ab. Daß die Korona mit den Protuberanzen und ihren

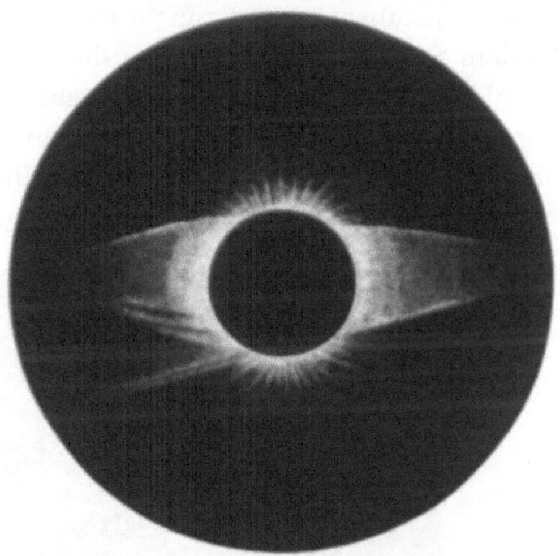

Fig. 68. Sonnenkorona 1878.

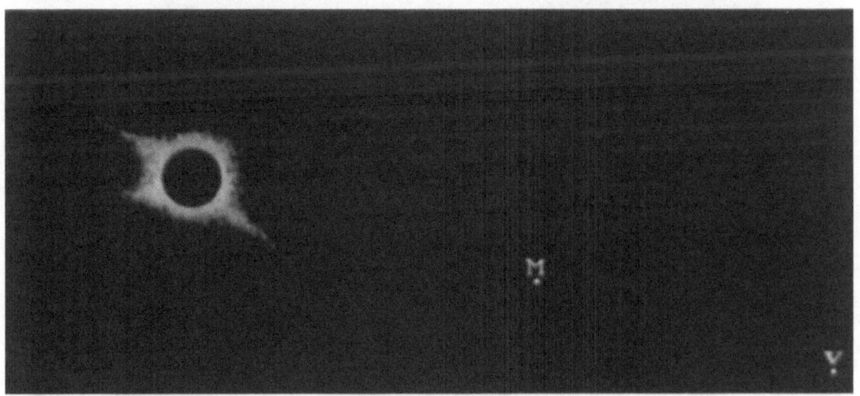

Fig. 69. Sonnenkorona 1898. Nach Maunder.

übrigen Einzelheiten nicht zum Monde, sondern zur Sonne gehöre, wurde im Jahre 1860 in Sizilien beobachtet: der Mond ging über alle diese Erscheinungen hinweg.

Im Jahre 1868 war Janssen in Indien, um dort die totale Sonnenfinsternis zu studieren. Während dieser Sonnenfinsternis sah er ungeheure Protuberanzen, die viele Tausende von Kilometern hoch waren. Mit dem Spektroskop nahm er die hellen Wasserstofflinien wahr, so daß also das Eigenlicht des glühenden Wasserstoffgases von ihnen ausging. Diese mächtigen Protuberanzen bestanden daher aus ungeheuren Massen glühenden Wasserstoffgases. Das Licht der Protuberanzen war so hell, daß sie noch lange nach der Finsternis mit dem

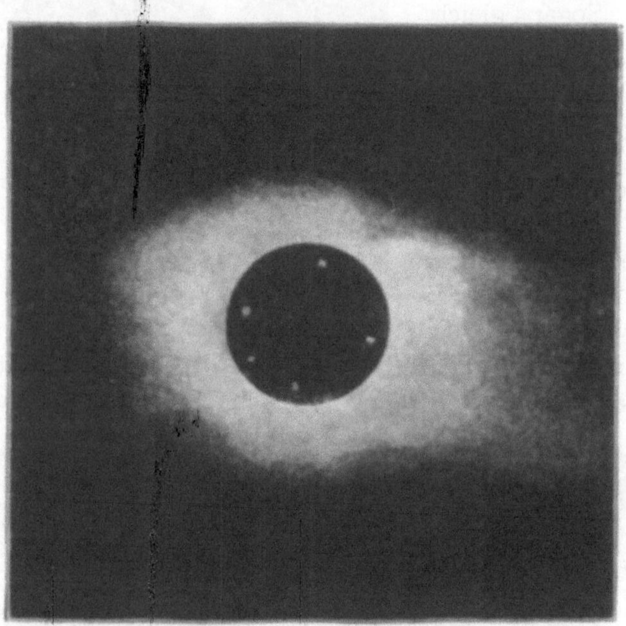

Fig. 70. Sonnenkorona 1900. Nach Langley und Abbot.
(Fig. 66, 69 u. 70 aus Arrhenius, Werden der Welten I.)

Spektroskop verfolgt werden konnten. Von diesem Zeitpunkt an sah Janssen mit dem Spektroskop immer Protuberanzen auf der Sonne.

Unabhängig von Janssen haben auch andere Astronomen den Schluß gezogen, die Protuberanzen müssen jederzeit, nicht nur während einer Sonnenfinsternis, nachweisbar sein. So schloß Lockyer, mit einem guten Spektroskop müsse man die Protuberanzen stets sehen können, wenn sie aus glühenden Gasen bestehen. Im Jahre 1866 machte er der Royal Society Mitteilung von seiner Schlußfolgerung, und er ging unverzüglich daran, in dieser Weise Protuberanzen aufzusuchen. Indessen waren damals seine Apparate ungenügend, so daß seine Versuche erfolglos blieben. Nachdem er sich aber einen besseren Apparat beschafft hatte, sah er zwei Monate nach Janssens Beobachtung, von der er noch keine Kenntnis hatte, am Sonnenrand drei helle Linien, zwei davon dem Wasserstoff zugehörig, also Wasserstoffprotuberanzen. Er berichtete hierüber an die Pariser Akademie, und seine betreffende Mitteilung traf dort am gleichen Tage ein wie Janssens ausführlicher Bericht aus Indien.

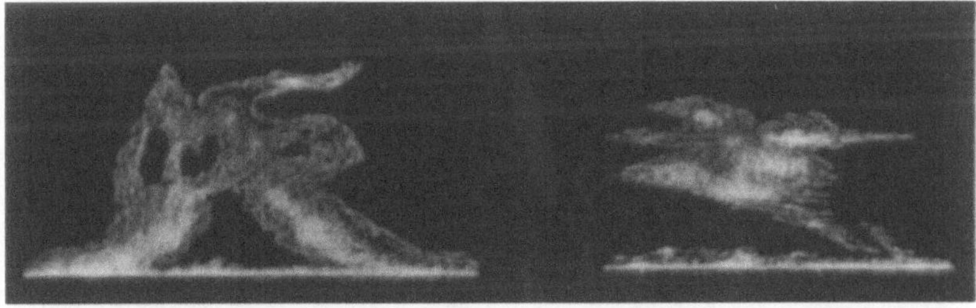

Fig. 71. Wolkenartige Protuberanzen.

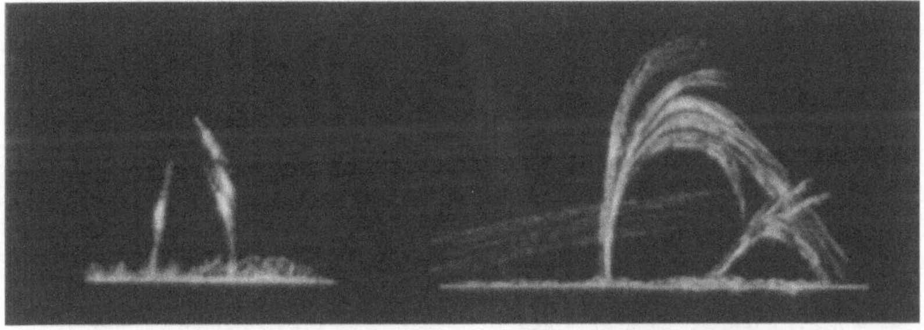

Fig. 72. Eruptive Protuberanzen.
(Fig. 71 und 72 aus Newcomb, Pop. Astronomie.)

Ferner haben Zöllner und Huggins fast zu gleicher Zeit und unabhängig von jenen beiden Forschern eine neue Methode zur Beobachtung der Protuberanzen mit dem Spektroskop vorgeschlagen, kurz nach Janssens Beobachtung, und zwar war diese Methode noch viel vollendeter in ihrem Ziele: mit ihr sollte es nicht nur möglich sein, die Spektrallinien der Protuberanzen zu sehen, wie mit einem Spektroskop, sondern die ganze Form der Protuberanzen mußte erkennbar

Fig. 73. Wolkenartige und eruptive Protuberanzen.

werden. Es war das Prinzip des Spektroheliographen (S. 73), mit dem heutzutage alle Protuberanzen aufgenommen werden.

Nach den Beobachtungen von Lockyer entspringen die Protuberanzen an einer dünnen der Sonne anliegenden Hülle, die selber farbig und nur im Spektroskop zu sehen ist; man nennt sie Chromosphäre. In ihren höheren Teilen besteht sie aus Wasserstoff; die tieferen Schichten sind andere glühende Gase und Dämpfe. Der Wasserstoff ist es, der insbesondere zu so enormen Höhen aufgeschleudert wird. Man hat Protuberanzen bis zu 40000 km Höhe beobachtet, also etwa dreimal so lang wie der Erddurchmesser; von Hale wurde sogar eine Protuberanz von 452000 km Länge gemessen, welche Länge beinahe dem Sonnenradius gleichkommt.

Fig. 74. Eruptive und wolkenartige Protuberanzen.

Man unterscheidet wolkenartige Protuberanzen (Fig. 71) und eruptive Protuberanzen (Fig. 72). In den Fig. 73 und 74 sind beiderlei Arten von Protuberanzen nebeneinander dargestellt. Die ungeheuren Dimensionen, bis zu denen sich die Protuberanzen erstrecken können, läßt eine Abbildung der Fig. 73 erkennen, in welcher die Erde im gleichen Maßstabe als kleine weiße Kreisscheibe dargestellt ist. Die Gestaltsänderungen der Protuberanzen sind im Vergleich zu ihren Längen außerordentlich rasch, wie die innerhalb 23 Minuten gemachten Aufnahmen einer Protuberanz nach Fig. 75 beweisen. Solchen Gestaltsänderungen müssen Geschwindigkeiten von

Hunderten von Kilometern entsprechen. Man findet Protuberanzen in allen Breiten der Sonne, sogar an ihren Polen. Auch ähnliche Perioden wie bei den Flecken beobachtet man bei ihnen, nur sind ihre Minima nicht so deutlich ausgesprochen.

Das Spektrum der Sonne (vgl. Fig. 131) ist im allgemeinen ein kontinuierliches, dh. es enthält alle Spektralfarben und alle Farbentöne des regelmäßigen Spektrums in unmittelbarer Aufeinanderfolge; doch wird es an zahlreichen Stellen durch die Fraunhoferschen Linien unterbrochen. Im einfachen Spektralapparat sind nur etwa 10 Fraunhofersche Linien zu erkennen, bei guten Apparaten sieht man indessen deren Tausende. Fig. 76 stellt das Sonnenspektrum dar, wie es in einem mittelguten Spektralapparat erscheint. Außerdem ist hier noch ein außerhalb des sichtbaren Spektrums liegender Teil abgebildet, sowohl im Ultrarot wie auch im Ultraviolett, nebst einigen wenigen in diesen Gebieten liegenden Absorptionslinien. Wie viele solcher Absorptionslinien mit einem vorzüglichen Spektralapparat im sichtbaren Spektrum gefunden werden können, zeigt uns die Fig. 77, in der nur kleine weit auseinander gezogene Teile des Sonnenspektrums *I* bei der Fraunhoferschen Linie *B*, *II* bei *b*, *III* bei *H* und *K* enthalten sind. Es ist das besondere Verdienst Rowlands, alle diese Absorptionslinien des Sonnenspektrums in photographischen Aufnahmen aufs genaueste festgelegt zu haben. Er ermittelte über 20000 solcher Linien; seine Aufnahmen bilden die Grundlage aller seitherigen Spektraluntersuchungen.

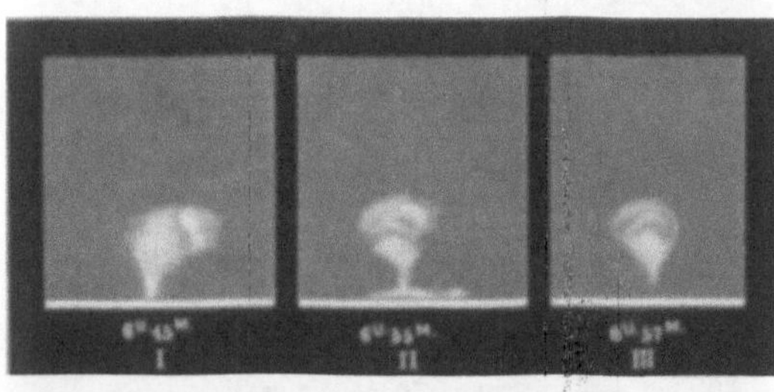

Fig. 75.
Gestaltsänderungen einer mächtigen Protuberanz innerhalb 23 Minuten.

Wie wir schon früher erwähnt haben, zeigte bereits Kirchhoff, daß diese schwarzen Absorptionslinien gleich den Emissionslinien unserer entsprechenden irdischen Substanzen sind; er hat dies durch

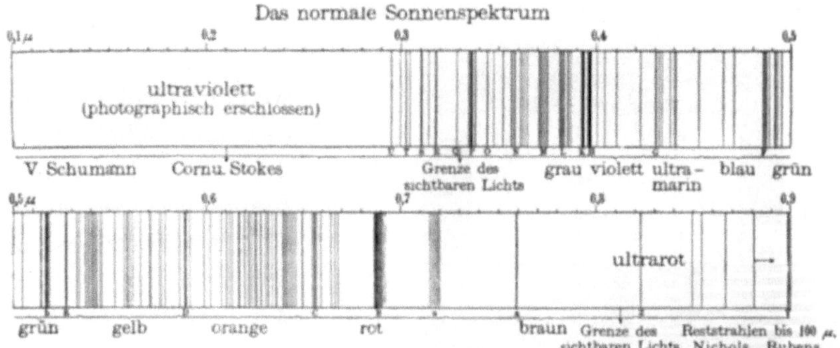

Fig. 76 (= Fig. 40). Die Absorptionslinien des normalen Sonnenspektrums.

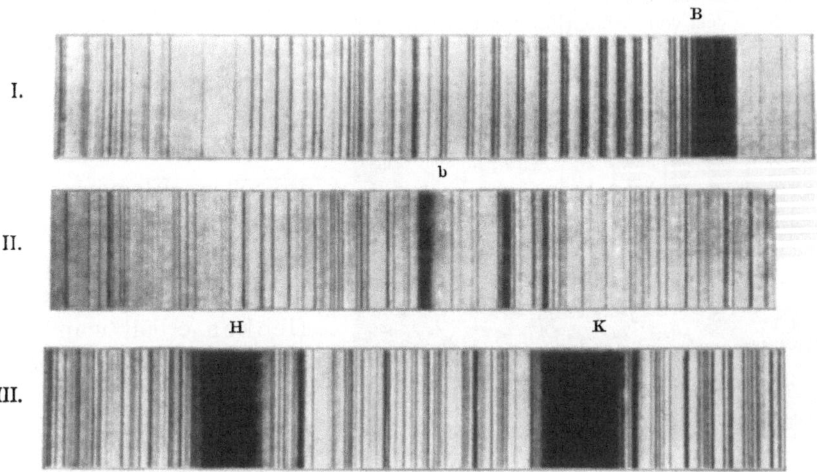

Fig. 77. Die Absorptionslinien einzelner Teile des Sonnenspektrums: I. Gegend bei *B*. II. Gegend bei *b*. III. Gegend bei *H* und *K*. (Aus Newcomb, Pop. Astronomie.)

den experimentellen Nachweis der Umkehrung der Natriumlinien bewiesen. Alle Substanzen, die in weniger heißem Zustande in den Weg von weißen Lichtstrahlen eines heißeren Körpers gebracht werden, absorbieren nunmehr alle Lichtarten, die sie sonst emittieren. Daher befinden sich alle Substanzen auf der Sonnenoberfläche, deren sämtliche Absorptionslinien im Sonnenspektrum vorhanden sind. Fig. 78 und 79 lassen erkennen, wie zb. Spektrallinien von Eisen (Fe) und Calcium (Ca) in den Fraunhoferschen Linien des Sonnenspektrums nachzuweisen sind. Spektralanalytisch kann aber der Ort, wo die Substanzen sind, nicht ohne weiteres gefunden werden, vielmehr nur, daß sie wirklich vorhanden sind. Zb. sind die Fraunhoferschen Linien *A*, *a*, *B* Absorptionslinien der Erdatmosphäre, die vom Sauerstoff derselben herrühren; auch Wasserstoff-Absorptionslinien nahe den *D*-Linien rühren von der Erdatmosphäre her. Sonst ist schon über die Hälfte aller unserer bekannten irdischen Elemente in der Sonne nachgewiesen worden.

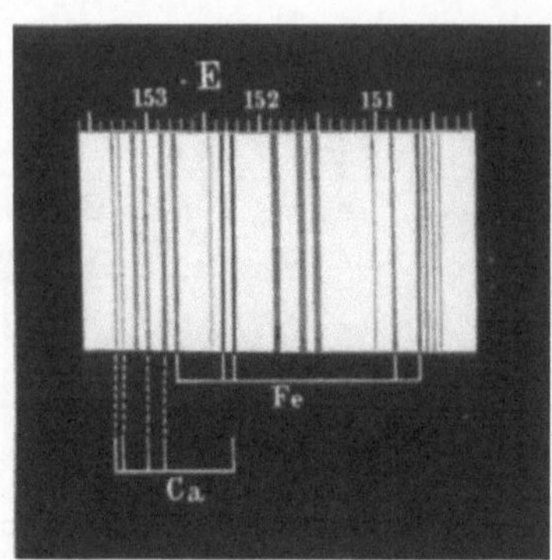

Fig. 78. Nachweis von Eisen- (Fe) und Calcium- (Ca) Linien im Sonnenspektrum.

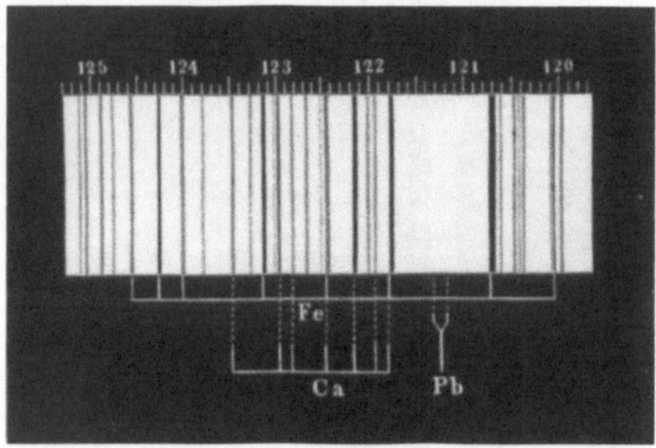

Fig. 79. Nachweis von Eisen- und Calciumlinien im Sonnenspektrum.

Von den Sonnenflecken erhält man andere Spektren als von der Photosphäre, mit anderen Absorptionslinien, in anderen Intensitäten; manchmal erscheinen die Linien verbreitert und sogar als helle Emissionslinien, die von Wasserstoff oder von Calcium herrühren. Ferner hat man Umkehrungen von Spektrallinien beobachtet, nämlich dunkle Absorptionslinien mitten in den entsprechend verbreiterten hellen Emissionslinien. Außerdem kann man manchmal die merkwürdigsten Verzerrungen einzelner Spektrallinien wahrnehmen, wie sie in der Fig. 80 (Fig. 41, S. 67) dargestellt sind; wie wir damals bemerkten, rühren diese Verzerrungen von überaus heftigen Bewegungen in den Flecken oder in den sonstigen Vorgängen auf der Sonne her, die durch diese Spektren dargestellt werden. Auch die Fackeln geben ganz ähnliche Spektren.

In der weiteren Umgebung der Sonne sind in der Regel nur Emissionslinien zu finden. Dort befinden sich also nur leuchtende Gase und Dämpfe, zb. Protuberanzen. In diesen nimmt man in den meisten Fällen Wasserstoff wahr, doch gelegentlich auch Calcium und Helium. Ruhende Protuberanzen bestehen meist aus Wasserstoff oder Helium; sie schweben wie Wolken über derselben Stelle

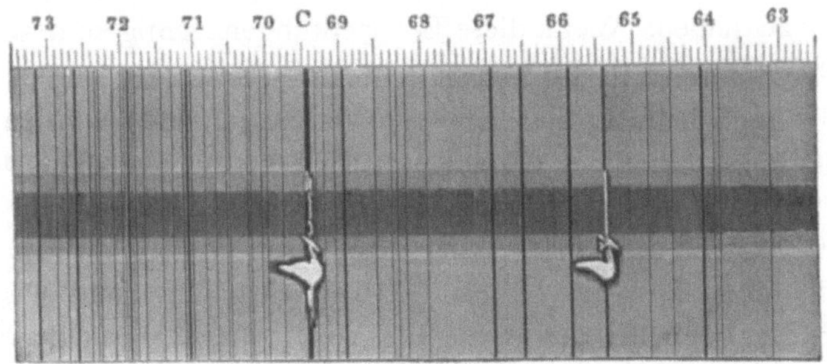

Fig. 80 (= Fig. 41).
Spektrallinien im Sonnenspektrum mit starken Verzerrungen.

der Sonne und sind zum Teil schon 40 Tage und noch länger beobachtet worden, wenn sie sich einem Pol der Sonne nahe genug befanden. Seltener sind die sprudelartigen metallischen Protuberanzen, in denen Eisen-, Magnesium-, Strontium-, Aluminium- und noch viele andere Metallinien als Emissionslinien nachgewiesen werden konnten.

Die hellen Emissions-Metallinien sind gelegentlich auch in der Chromosphäre zu sehen, ganz besonders in ihren tiefsten Lagen, aber lediglich unmittelbar vor oder nach einer totalen Sonnenfinsternis. Nur einen kurzen Augenblick, wie ein Blitz, ist dieses helle Metalllinienspektrum bei Finsternissen sichtbar; daher hat man ihm den Namen: Flash-Spektrum (dh. Blitz-Spektrum) gegeben. Durch photographische Aufnahmen ist bewiesen worden, daß zahlreiche Fraunhofersche Linien im Flash-Spektrum nicht mehr als dunkle Absorptionslinien, sondern als helle Emissionslinien erscheinen; so konnten die meisten chemischen Elemente als in der Sonne vorhanden erkannt werden. Indessen haben die Linien in der Umkehrung nicht immer dieselbe Intensität wie ohne sie, so daß doch hier immer noch viele Rätsel zu lösen sind. Wegen dieser Umkehrung des normalen Sonnenspektrums hat man die unterste Chromosphärenschicht, die das Flash-Spektrum entstehen läßt, als die umkehrende Schicht bezeichnet.

Das Koronaspektrum ist im allgemeinen kontinuierlich wie das der glühenden festen oder flüssigen Körper. Einige Beobachter haben in diesem Spektrum sogar Fraunhofersche Linien erkennen können; auch die Polarisation des Lichtes glaubt man darin nachgewiesen zu haben. Wenn diese Beobachtungen richtig sind, so strahlt uns die Korona reflektiertes Sonnenlicht zu. Außerdem sind in diesem Spektrum noch helle Linien, Emissionslinien gefunden worden, deren Ursprung bis dahin nicht erkannt werden konnte. Jedenfalls ist aber das Spektrum der Korona ganz anders als die Spektren der Photosphäre, der Chromosphäre und der Protuberanzen.

Nach dem Dopplerschen Prinzip ist auf ganz ungeheure Geschwindigkeiten bei der Bewegung von Protuberanzen geschlossen worden, nämlich auf mehrere Hunderte von Kilometern. Es wird sogar hierfür die Zahl 860 km angegeben.

Die Planeten und ihre Monde.

Der Sonne am nächsten benachbart ist der Planet Merkur, der in seiner Bahn von allen Planeten die stärkste Exzentrizität aufweist. Seine Dichte ist ungefähr gleich der Dichte der Erde. Man kann an ihm verschiedene Phasen erkennen wie beim Monde. Da er der Sonne sehr nahe steht, sehen wir ihn nur etwa $1^1/_2$ Stunden vor oder nach der Sonne auf- bzw. untergehen; er wäre oft heller als der Sirius, aber wegen seiner großen Sonnennähe ist er gewöhnlich trotz seiner Helligkeit gar nicht zu sehen. Man hat beim Merkur ähnliche Helligkeitswechsel wie beim Monde beobachtet und daraus geschlossen, der Merkur habe auch keine Atmosphäre und er sei in ähnlicher Weise wie der Mond von hohen Gebirgen bedeckt. Seine Albedo, dh. sein Verhältnis der diffus reflektierten zur total aufgefallenen Lichtmenge, ist verhältnismäßig sehr klein, nämlich nur etwa $^1/_7$.

Nach den Beobachtungen von Schiaparelli kehrt der Merkur der Sonne immer dieselbe Seite zu. Brenner bestreitet aber die Richtigkeit dieser Wahrnehmung und glaubt aus sehr zuverlässigen Messungen mit Sicherheit auf eine Umlaufzeit von 33 bis 35 Stunden schließen zu können. Vogel hält indessen diese Ergebnisse noch für sehr unsicher. Ferner hat Schiaparelli Andeutungen einer Merkuratmosphäre wahrzunehmen geglaubt; Vogel hält das Vorhandensein einer solchen Atmosphäre gleichfalls für möglich, weil man im Merkurspektrum nicht nur das Sonnenspektrum, sondern außerdem auch noch gewisse namentlich von Wasserdampf herrührende Absorptionslinien wahrnimmt. Indessen werden auch diese Ergebnisse als noch nicht genügend feststehend betrachtet.

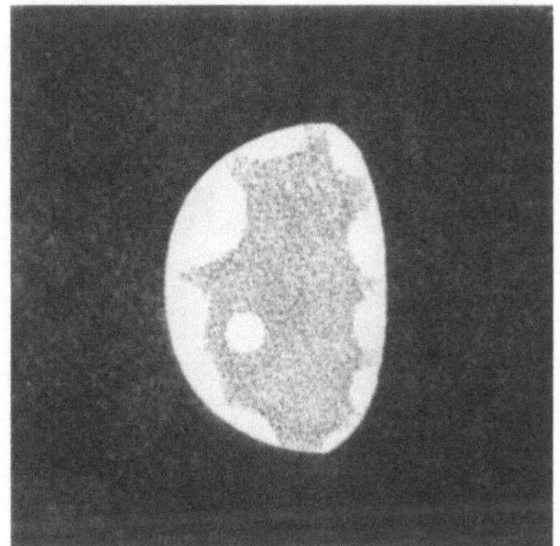

Fig. 81. Venus in zwei Phasen. Nach H. C. Vogel. (Aus Newcomb, Pop. Astronomie.)

Aus Beobachtungen von Merkurdurchgängen an der Sonne schloß Leverrier, daß sich das Merkurperihel in 100 Jahren um 40 Sekunden mehr ändere, als die Anziehung aller Planeten bewirken würde. Daraus folgerte er, es gebe intramerkurielle Planeten, deren Masse allerdings von der Größenordnung der Masse des Merkur selber sein müßte, in nächster Umgebung der Sonne. Trotz eifrigsten Suchens sind aber solche intramerkurielle Planeten niemals gefunden worden, so daß man wegen dieser Perihelbewegung, namentlich auch nach Seeligers Untersuchungen, auf die Wirkungen der ungemein zahlreichen Meteorite in der Sonnennähe schließen zu müssen glaubt, die uns in ihrer Gesamtheit als Zodiakallicht erscheinen.

Kein anderer Planet hat eine so nahezu kreisförmige Bahn wie die Venus. Ihr Äquatordurchmesser ist dem der Erde fast gleich, ihre Dichte desgleichen. Sie oszilliert in Winkeln von etwa 45 Graden beiderseits um die Sonne hin und her und heißt dementsprechend je nach ihrer Stellung zur Sonne bald Morgenstern, bald Abendstern.

Schon Galilei fand die Phasen der Venus; sie sind in der Fig. 81 (S. 99) nach Vogel dargestellt. In der unteren Konjunktion erscheint uns die Venus über sechsmal größer als in der oberen, weil sie uns entsprechend näher steht; in der unteren ist sie aber dunkel, in der oberen dagegen hell (Fig. 82). Dementsprechend ist auch die Venus nicht in der oberen Konjunktion am hellsten, sondern sogar

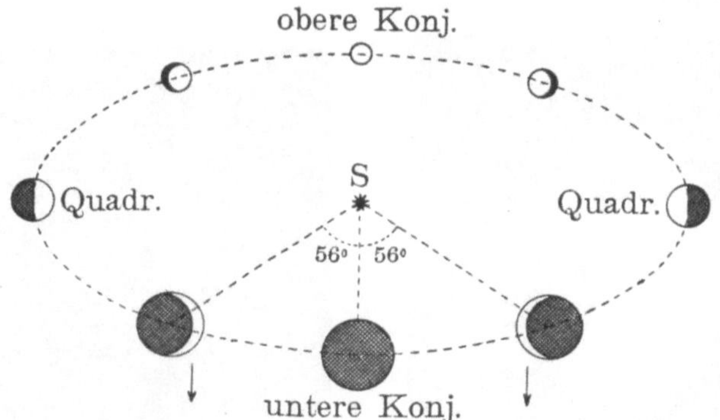

Fig. 82. Konstruktion der Phasen der Venus.

ziemlich nahe der unteren Konjunktion, nämlich etwa 35 Tage vor oder nach der unteren Konjunktion. In diesem (in der Fig. durch Pfeile angedeuteten) Helligkeitsmaximum ist sie dann etwa 60 mal so hell wie der Stern erster Größe Arkturus. Ihre Albedo ist sehr groß, nämlich 0,76. Daraus schloß man bei ihr auf eine ganz andere Oberflächenbeschaffenheit als beim Merkur, und ihre Atmosphäre muß auch wohl wesentlich anders sein. Daß eine solche Atmosphäre unserer Erdatmosphäre sehr ähnlich ist, geht aus dem Spektrum der Venus hervor, das ganz dieselben Absorptionslinien erkennen läßt wie das durch die Erdatmosphäre hindurch gegangene Sonnenlicht. Wahrscheinlich enthält die Venusatmosphäre, der hohen Temperatur dieses Planeten entsprechend, außerordentlich viel Wasserdampf, in Form einer beständigen auf dem Planeten lagernden Wolkendecke, welche uns verhindert, die feste Planetoberfläche zu sehen, welche aber andererseits ihrer starken Reflexion zufolge die überaus große Albedo der Venus zustande kommen läßt. Auf eine Venusatmosphäre hat man außerdem noch geschlossen, weil man zu der Zeit, in der die Venus als kleinste Sichel erscheint, gelegentlich auch ihren anderen Rand zu sehen vermag. Wahrscheinlich hat diese Atmosphäre bei Venusdurchgängen auf die Beobachtungen sehr ungünstig gewirkt, weshalb

Fig. 83. Bogenförmiges Nordlicht.

genaue Sonnenparallaxen aus solchen Durchgängen noch nicht erhalten werden konnten. Ob die Venus eine besondere Rotation um eine durch ihr Inneres gehende Achse besitzt, ist noch ungewiß.

Die Erde betrachten wir als einen Planeten, in dessen Innerem sich noch glühende Massen befinden. Wir schließen dies aus dem Vorhandensein von Vulkanen, aus dem Auftreten vielfacher Erdbeben, ferner aus dem Umstande, daß die Erdtemperatur mit zunehmender Tiefe zunimmt, um 1° auf 30 oder auf 40 oder auf 100 m Senkung, je nach den örtlichen Verhältnissen. Dennoch ist das Erdinnere nicht — wie ein glühend flüssiger Körper — nachgiebig gegen die Flut, wegen des enormen Druckes, der auf den inneren Erdkernteilen lastet, der bis zum Erdzentrum auf etwa 2 Millionen Kilogramm ansteigt, und der deshalb alle Erdsubstanzen mindestens so starr wie Stahl macht. Aber kleine Änderungen der Erdform konnten doch nachgewiesen werden, die wahrscheinlich im wesentlichen auf die großen Schnee- und Eismassen zurückzuführen sind, welche im Winter auf der nördlichen Erdhälfte, im Sommer auf der südlichen Erdhälfte abgelagert werden. Zum Teil mag die Erde auch dadurch in jährlicher Periode etwas deformiert werden, daß sie im Winter der Sonne um etwa $^1/_{30}$ ihres Abstandes näher steht als im Sommer und deshalb ihrer Gezeitenwirkung stärker unterliegt. Den geologischen Forschungen zufolge kann sich die Erde im Laufe der Jahrtausende nur sehr langsam abkühlen. Früher hat man angenommen, der Wärmevorrat des glühenden Erdkernes sei von entsprechender Größe. In neuerer Zeit hat sich aber mehr die Anschauung Bahn gebrochen, es sei

Fig. 84. Bogenförmige Nordlichtstrahlen.

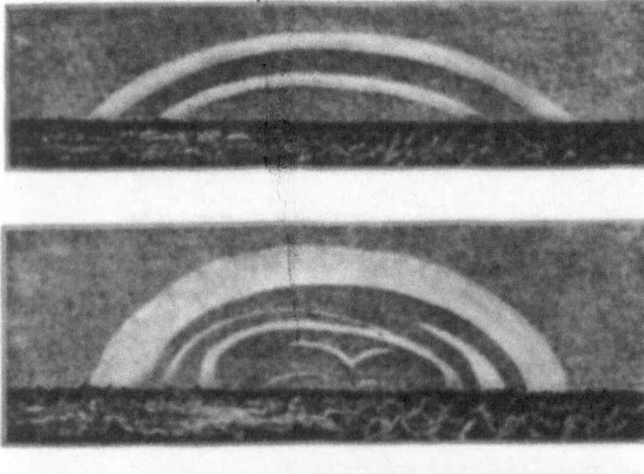

Fig. 85. Bogenförmige Nordlichter. Nach Nordenskiöld. (Fig. 84 und 85 aus Arrhenius, Werden der Welten I.)

namentlich der Radiumvorrat in unserer Erde, der ihre Wärmeausstrahlung in den Weltraum noch für unermeßliche Zeiten zu decken imstande sei. Auch auf die unserer Erde durch Sternschnuppen, durch

Fig. 86. Bänderförmiges Nordlicht. (Aus Newcomb, Pop. Astronomie.)

Fig. 87. Säulenförmiges Nordlicht, zu Bossekop beobachtet.

Meteore zugeführte Wärmemenge, die vielleicht nicht unbedeutend ist, muß hingewiesen werden.

In unserer Atmosphäre befinden sich zahllose Wasserdampfteilchen, sowie feste Staubteilchen, die uns, wenn sie von der Sonne beschienen werden, das diffuse Tageslicht senden; durch die Brechung und

Reflexion des Sonnenlichtes in bzw. an ihnen und den Luftmolekeln entsteht auch die blaue Farbe des Himmels, sowie das Morgenrot und das Abendrot. Wären alle diese Teilchen nicht vorhanden, so stände die Sonne an einem tiefschwarzen Himmel und würfe die allerschwärzesten Schatten. Alle nicht von der Sonne beschienenen Nichtselbstleuchter wären dann unsichtbar. Jene Teilchen vermitteln es also, daß wir so vielerlei sehen.

Überaus merkwürdige Erscheinungen sind die Polarlichter. Ihr Erscheinen ist stark von der geographischen Breite abhängig: man beobachtet sie selten am Äquator, häufiger gegen die Pole hin, aber an den Polen selber erscheinen sie wiederum seltener. Ungefähr an

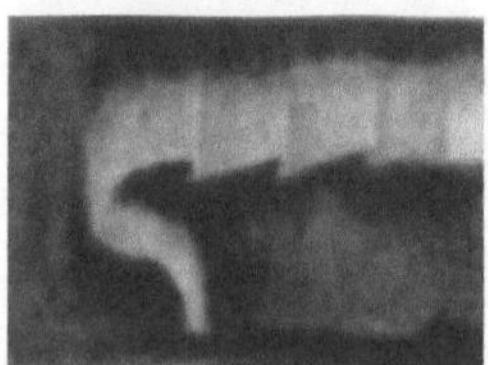

1882. 21. November.

1883. 9. Februar.

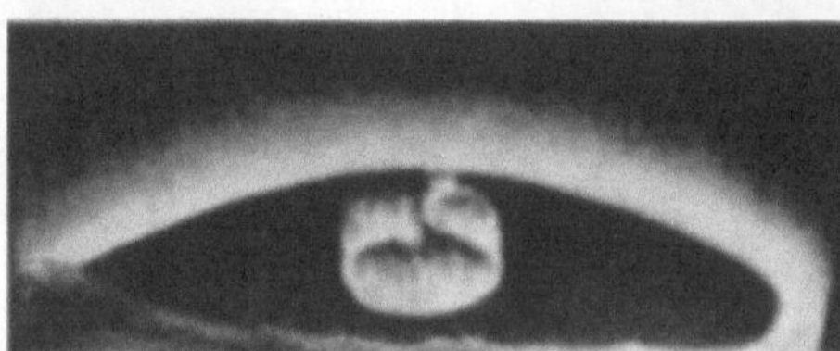

1882. 11. Dezember.

Fig. 88. Säulenförmige Nordlichter.

den Polarkreisen sieht man sie am häufigsten und zwar ganz besonders in der Nähe der magnetischen Pole der Erde. Das Nordlicht ist viel bekannter und genauer beobachtet als das Südlicht.

Man unterscheidet zweierlei wesentlich voneinander verschiedene Nordlichtarten:

1. Die Bogenform. Nahe dem nördlichen Horizont bilden sich meist um den magnetischen Pol herum Bogen mehr oder weniger ruhig leuchtenden Lichtes, in der Regel, jedoch nicht immer, beiderseits auf den Horizont sich stützend; innerhalb des Bogens befindet sich ein dunkles Segment. Häufig zucken im Bogen Strahlen empor. Oft

löst sich auch der Bogen ganz vom Horizont ab und bewegt sich dann in wechselnden Formen als Nordlichtband über den Himmel hin. Die Fig. 83, 84, 85 (S. 101/2) zeigen verschiedene dieser Bogenformen.

2. Die Säulenform. Die säulenförmigen Nordlichter erscheinen gekrümmt, wie Falten gebogen, und sind in fortwährender zitternder, gleichsam in tanzender Bewegung, so daß sie einen sehr unruhigen Anblick gewähren. Einige Aufnahmen dieser Nordlichtformen sind in den Fig. 86, 87, 88 (S. 103/4) dargestellt. Fig. 89 zeigt ein im Zenit beobachtetes Nordlicht.

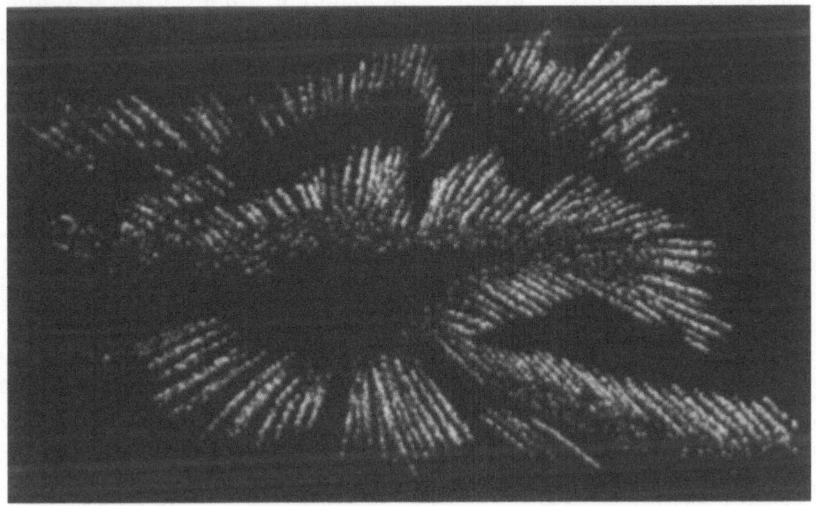

Fig. 89. Nordlichtkorona im Zenit. Nach Gylenskiöld.
(Aus Arrhenius, Werden der Welten I.)

Die beiden Nordlichtarten sind indessen nur im hohen Norden so deutlich ausgeprägt, zb. in Norwegen. In geringeren Breiten sieht man gewöhnlich nur einen wolkenähnlichen hellen Schein. Das Nordlichtspektrum zeigt eine hellere und einige weniger helle Linien, die anscheinend dem Krypton und anderen seltenen Gasen der Luft angehören. Die Höhen, in denen man Nordlichter beobachtet, sind sehr verschieden. Sie berühren manchmal nahezu den Erdboden, manchmal sieht man sie in einigen hundert Kilometer, vielleicht sogar über 900 km Höhe. Doch sind die Messungen großer Nordlichthöhen überaus schwierig und unsicher, weil bei solchen Lichterscheinungen keine scharf definierten Stellen vorhanden sind, auf die man den Apparat einstellen könnte.

Man weiß schon lange, daß während der Nordlichter sehr starke elektrische Ströme durch viele Telegraphenleitungen fließen, die oft das Telegraphieren ganz unmöglich machen. Auch die Magnetnadel zuckt und zittert während der Nordlichter unausgesetzt. Es sind ferner die engsten Beziehungen zwischen der Luftelektrizität, dem Erdmagnetismus und dem Nordlicht gefunden worden; auch hat sich wohl sicher ein Einfluß der Sonnenflecke auf den Erdmagnetismus nachweisen lassen. Demzufolge findet man bei allen diesen Erscheinungen übereinstimmend die etwa 11jährige Sonnenfleckenperiode, ferner eine jährliche, eine monatliche, eine tägliche Periode; vielleicht ist sogar eine 26tägige mit der Sonnenrotation zusammenhängende Periode bei ihnen vorhanden.

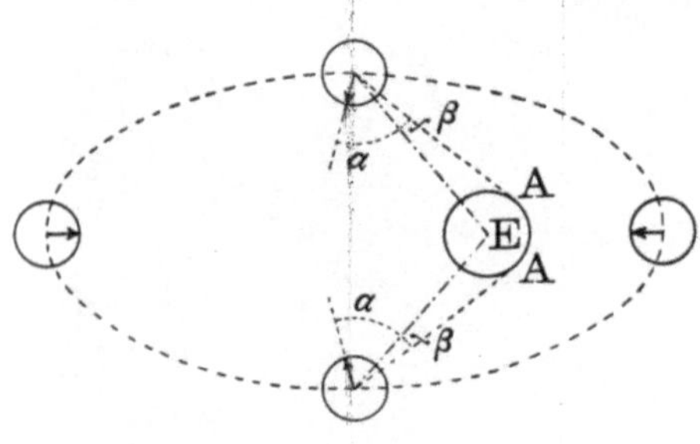

Fig. 90.
Darstellung der Librationen des Mondes.

Der Weltkörper, der vielleicht bei den meisten Menschen das größte Interesse gefangen nimmt, ist der uns am nächsten benachbarte Mond. Sein mittlerer Abstand von der Erde beträgt etwa $60^1/_4$ Erdradien oder 384000 km ± 27000 km; das letzte Zusatzglied rührt von der Elliptizität der Mondbahn und von der ungleichen Sonnenanziehung her, die der Mond in seiner Sonnennähe und in der Sonnenferne erfährt. Der Mond mißt 3480 km im Durchmesser, ist also nur wenig kleiner als der Merkur mit 4770 und der Mars mit 6780 km Durchmesser; er ist ferner fast nur halb so dicht wie die Erde. Der Mond kehrt uns immer dieselbe Seite zu, wahrscheinlich wegen der Gezeiten, wegen der Flut und Ebbe, die die ursprüngliche Mondrotation bis zu seinem schließlichen Stillstand hemmten. Die kräftige von der Erde auf den Mond wirkende Anziehungskraft zog überdies den Mond etwas auseinander, so daß die nach der Erde gerichtete Mondachse etwa um $^1/_{1000}$ länger wurde als der mittlere Monddurchmesser. Weil der Mond keine andere Rotation um eine eigene Achse besitzt als die seinem Kreisen um die Erde entsprechende, so wird ein Punkt des Mondäquators etwa 14 Tage lang von der Sonne beschienen, nachher hat er dafür etwa 14 Tage hintereinander Nacht.

Die Librationen (Pendelungen) des Mondes sind fast nur scheinbar und werden im wesentlichen bewirkt durch den Umlauf des Mondes um die Erde in exzentrischer Bahn; sie werden noch verstärkt (wie man aus der Fig. 90 sieht, in der die Richtung der längsten Mondachse durch einen Pfeil, ihr Winkel mit der Verbindungslinie Mond—Erde durch α bezeichnet ist) durch die ungleiche Geschwindigkeit des Mondes

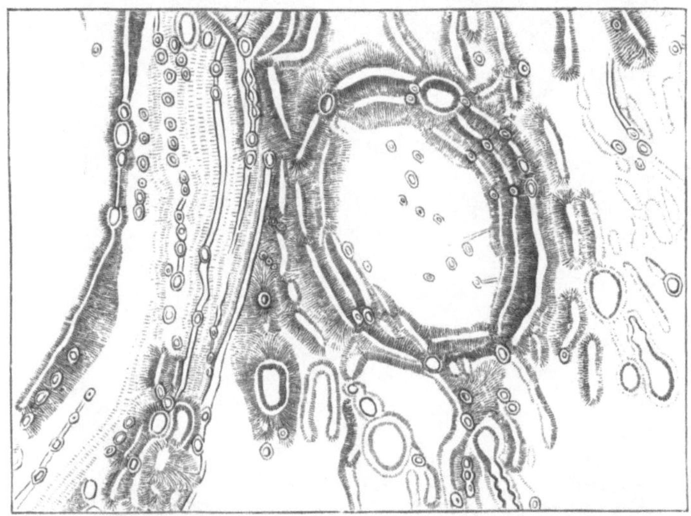

Fig. 91. Ringgebirge Mersenius, mit Rillensystem. Nach J. Schmidt.

in seiner Bahn um die Erde bei gleichbleibender Rotationsgeschwindigkeit um seine eigene Achse, ferner für einen Beobachter auf einem Erdoberflächenpunkt in A durch die parallaktische Wirkung AE (Winkel β); denn von A aus erscheint der Winkel α um β größer, als er wirklich ist. Zum Teil rühren die Librationen auch noch von einem Schiefstehen der Mondachse bezüglich seiner Bahn her. Alles dieses nennt man die scheinbare Libration des Mondes. Davon unterscheidet man die physische Libration, dh. wirkliche Schwankungen des Mondes um eine eigene zur Mondbahn ungefähr senkrecht stehende Achse, oder ein Pendeln der längsten Mondachse, die ja im allgemeinen gegen die Erde gerichtet ist, um die Verbindungslinie des Mondmittelpunktes mit dem Erdmittelpunkt, welches Pendeln erst durch die genaue Ausmessung der scheinbaren Librationen bewiesen worden ist, weil dabei die Mondachse und diese Verbindungslinie andere Winkel miteinander einschließen, als es ohne die physischen Librationen der Fall wäre.

Galilei war wohl der erste, der ein Fernrohr auf den Mond gerichtet hat: er fand auf dem Monde Höhenzüge, mächtige Berge, kraterähnliche Gebilde von ungeheurer Größe (vgl. Fig. 91). Er erkannte diese Gebilde als Gebirge wegen ihrer Schattenbildungen (Fig. 92),

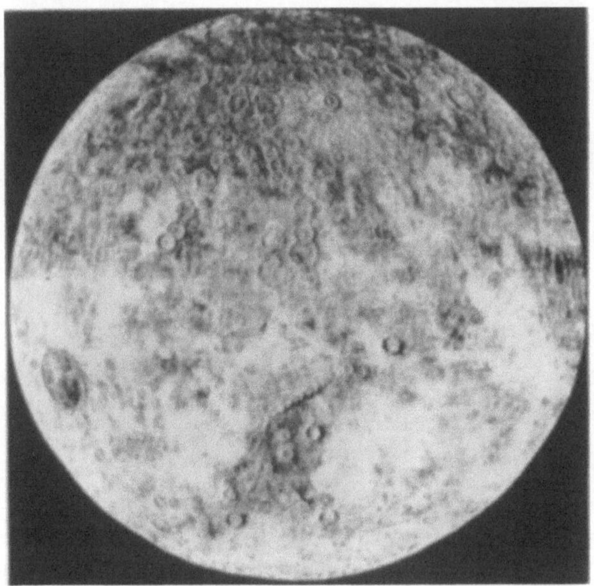

Fig. 92. Totalansicht der Mondscheibe. Nach Nasmyth.

wegen der Schattenänderungen mit dem Sonnenstand, auch wohl daran, daß am Mondrand Hervorragungen zu sehen waren. Mit dem Fernrohr finden wir auf der Mondoberfläche Ebenen, Krater, Berge und Rillen; man erkennt weit ausgedehnte Ebenen (Fig. 93), denen man je nach ihrer Größe verschiedene Namen gegeben hat. Man nennt die Mondebenen entweder Meere oder Meerbusen oder Seen oder Sümpfe (lateinisch maria, sinus, lacus, paludes); denn damals, bei dieser Namengebung, glaubte man wirklich, daß man solche Wasserbecken vor sich habe. Nun aber weiß man sicher, daß auf dem Monde keinerlei Wasser zu finden ist, und daß diese Ebenen oft sehr hoch liegen. Das wichtigste und charakteristischste Merkmal der Mondoberfläche sind die Krater, nämlich mehr oder weniger kreisförmig angeordnete Wälle (Fig. 94), die oft bedeutende Höhen erreichen, nach außen meist sanft, nach innen aber steil abfallen; in ihrem Inneren befinden sich manchmal ein oder einige etwas weniger hohe Berge oder Kraterkegel (Fig. 95). Je nach ihren Formen werden die Mondberge verschieden benannt; man bezeichnet sie entweder als Wallebenen oder als Bergringe oder als Ringgebirge (dies sind die am häufigsten vorkommenden) oder als Kraterebenen oder als Krater oder endlich als kraterähnliche Formen. Solcher Gebilde sind bisher über 33000 gezählt worden. Die Wallebenen können über 200 km Durchmesser haben, so daß sie zb. von Berlin nach Dresden oder noch weiter reichen würden. Die kleinsten Kratergrübchen haben dagegen weniger als 1 km Durchmesser. Daneben gibt es auf dem Monde auch Berge, die den unserigen ähnlich sind. Besonders merkwürdig sind auf dem Monde die Rillen (namentlich in der Fig. 94 als schwarze Linien zu sehen, die Rissen oder Sprüngen der Mondoberfläche ähnlich sind); in Wirklichkeit sind sie Schluchten oder tiefe Furchen, oft mehr als 300 bis 500 km lang, und sie durchziehen gelegentlich die Bergzüge und

Fig. 93. Mondaufnahme der Pariser Sternwarte. (Aus Newcomb, Pop. Astronomie.)

alle anderen Gebilde der Mondoberfläche, ohne eine Unterbrechung zu erleiden; ferner gibt es auf dem Monde helle Strahlensysteme, die besonders von Kratern radial nach allen Richtungen verlaufen und das Licht bei kleinen Einfallswinkeln stärker reflektieren als ihre Umgebung, aber keinerlei Schatten werfen (Fig. 92, 93, 96, 97).

Fig. 94. Ringgebirge Archimedes und Umgebung. Nach Nasmyth.

Die Höhen der Mondberge sind ungefähr dieselben wie die unserer Berge auf der Erdoberfläche, nämlich höchstens etwa 8000 m.

Nach neuesten Messungen beträgt die Mondtemperatur auf der beleuchteten Seite ungefähr 100°, auf der Nachtseite sinkt sie dagegen sehr rasch nahezu auf —273° C herab. Sogar bei totalen Mondfinsternissen nimmt die Strahlung der Mondoberfläche außerordentlich rasch bis gegen Null hin ab. Die Albedo des Mondes beträgt nur 0,13, ist also überaus klein.

Es besteht wohl kein Zweifel, daß der Mond keine Atmosphäre besitzt; wäre dies dennoch der Fall, so müßte sie wohl etwa 2000 mal dünner sein als unsere Erdatmosphäre. Befände sich aber nur wenig Wasserdampf oder Gas dort, so würde alles dies auf der von der Sonne beleuchteten Seite gasförmig gemacht; dann würden aber alle vergasten Substanzen auf die unbeleuchtete Seite hinüberfließen und dort sich kondensieren, weil ja dort eine Temperatur herrscht, die der absoluten Nulltemperatur, der Temperatur des Weltalls sehr nahe kommt.

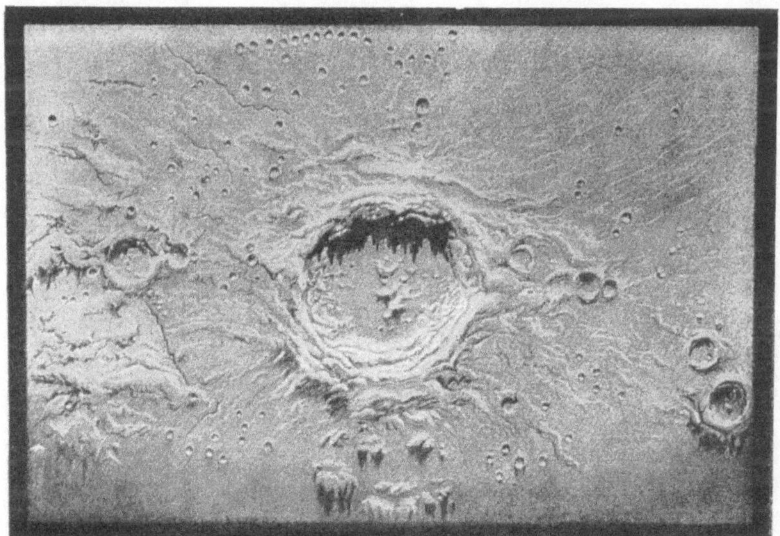

Fig. 95. Mondlandschaft mit dem Krater Kopernikus.

Nur bei größeren Mengen von Gasen oder Dämpfen könnte sich eine Atmosphäre rings um den Mond aufrecht erhalten. Nie ist aber eine Spur einer solchen Atmosphäre gesehen worden. Wäre sie vorhanden, so müßte sie zum mindesten weniger als 2 km Höhe haben. Allerdings glaubt man da und dort Anzeichen einer solchen Atmosphäre gesehen zu haben, aber irgend welche Sicherheit darüber ist jedenfalls gegenwärtig nicht vorhanden.

Der Mars ist außer dem Merkur der kleinste Planet und hat wie dieser eine große Exzentrizität; er erscheint in rötlicher Färbung. Seine Sonnenweite ist etwa $^1/_5$ größer als seine Sonnennähe. Wenn der Mars bei seiner Opposition zugleich in seiner Sonnennähe und

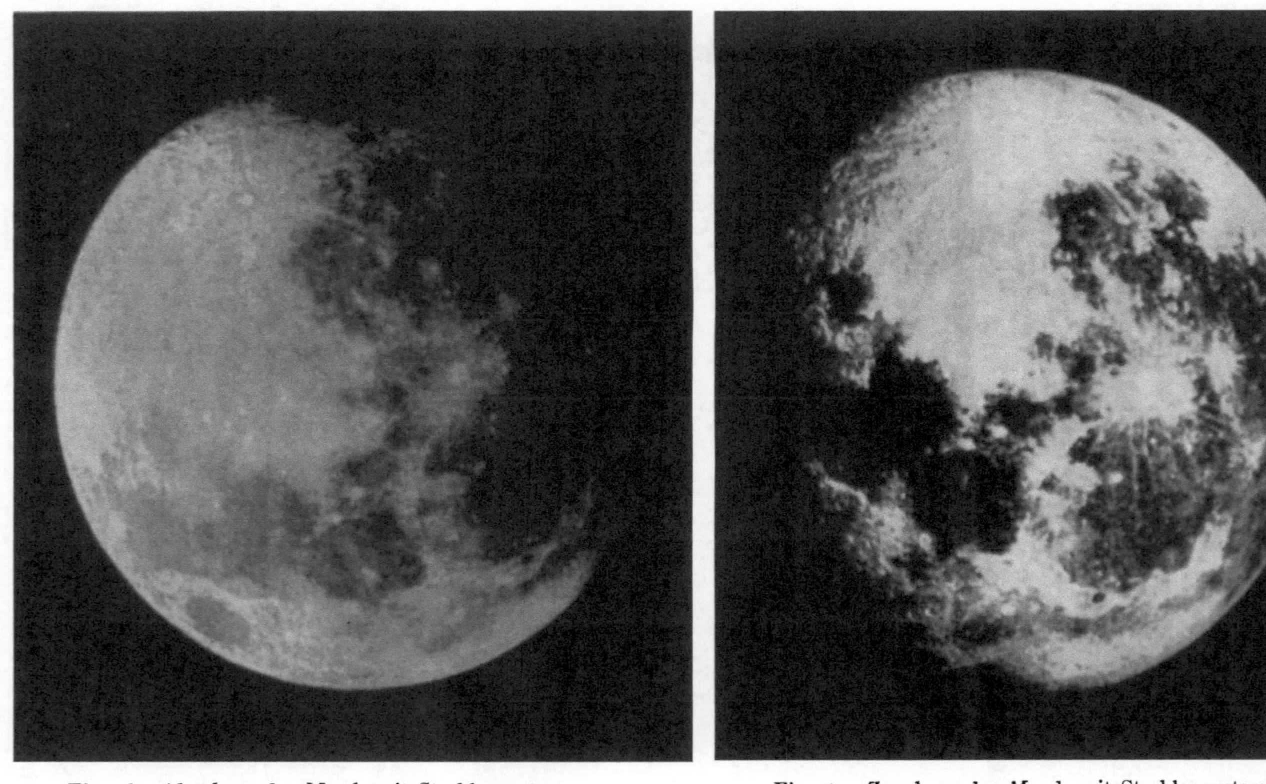

Fig. 96. Abnehmender Mond, mit Strahlensystemen.

Fig. 97. Zunehmender Mond, mit Strahlensystemen.

Aufnahmen der Mount Hamilton-Sternwarte.

die Erde in ihrer Sonnenferne sich befinden, so erscheint uns jener fast so hell wie die Venus. Dann beträgt sein Abstand von uns nur etwa 57 Millionen Kilometer. Bei seinem größten Abstand von uns erscheint er uns dagegen nur etwa so hell wie ein gewöhnlicher Fixstern. In weniger als zwei Jahren, nämlich in 687 Tagen, läuft er einmal um die Sonne herum.

Seine Albedo ist nur 0,22, also fast so klein wie die des Merkur und des Mondes. Jedenfalls hat der Mars nur eine dünne Atmosphäre; das Vorhandensein einer solchen muß als sicher bezeichnet werden, weil seine Oberfläche oft verwaschen erscheint. Auch ist wohl die Marsatmosphäre weniger dicht als die der Erde, weil die

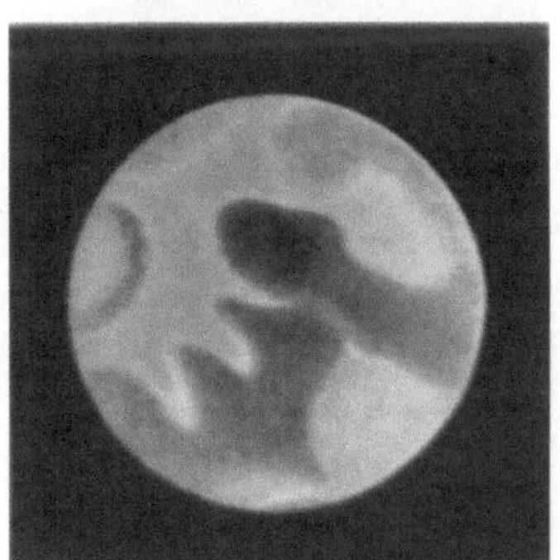
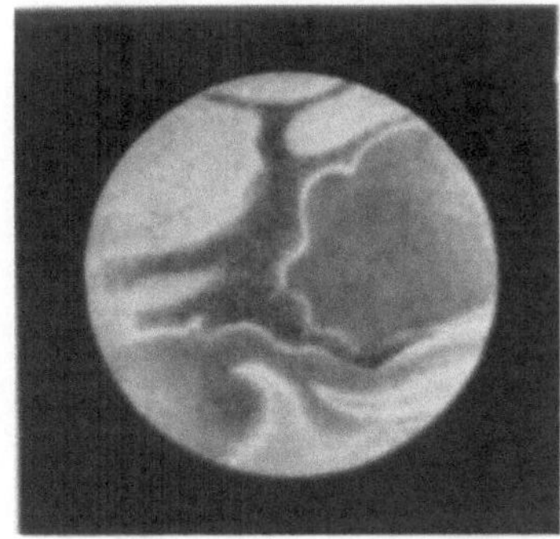

Fig. 98. Zwei Marsaufnahmen. Nach Secchi.

Schwerkraft des Mars weit geringer ist als die der Erde. Freilich müßte die Marsatmosphäre dennoch ebenso dicht sein wie die Erdatmosphäre, trotz der geringeren Schwerkraft auf dem Mars, wenn nur die dort vorhandene Gasmasse entsprechend größer wäre. Weil der Mars nur das erborgte Sonnenlicht reflektiert, kann das Vorhandensein einer Atmosphäre nur aus den Absorptionslinien erkannt werden, die sein Spektrum zeigt, falls dieses Spektrum anders ist als zb. dasjenige des gleichfalls nur Sonnenlicht reflektierenden Mondes. Eine solche Verschiedenheit konnte aber bis jetzt nicht mit genügender Sicherheit nachgewiesen werden, so daß man geschlossen hat, die Marsatmosphäre sei in ihrer Zusammensetzung von der Erdatmosphäre jedenfalls nicht sehr verschieden, wahrscheinlich enthalte sie aber sehr wenig Wasserdampf, vielleicht gar keinen solchen. Bei derartigen Beurteilungen ist zu berücksichtigen, daß das beobachtete Licht stets durch unsere Erdatmosphäre dringt, deren Absorptionslinien man nie ausschalten kann, weshalb nur größere Verschiedenheiten von unserer Erdatmosphäre zur Beobachtung gelangen können.

Fig. 98 zeigt zwei Marsaufnahmen nach Secchi aus dem Jahre 1858, Fig. 99 vier andere Aufnahmen von Lohse und Holden aus den Jahren 1877 bzw. 1890; jede Aufnahme wurde an einem anderen

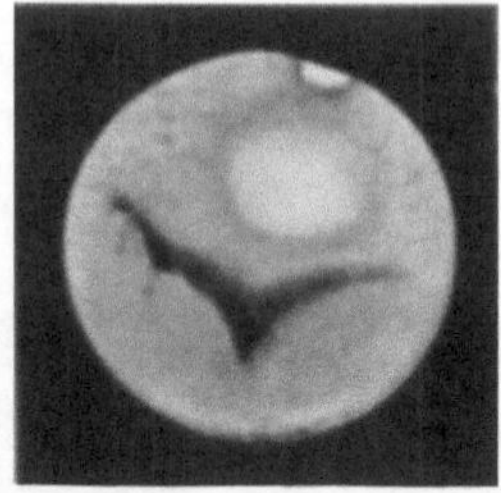

1877. 8. September. Nach O. Lohse.

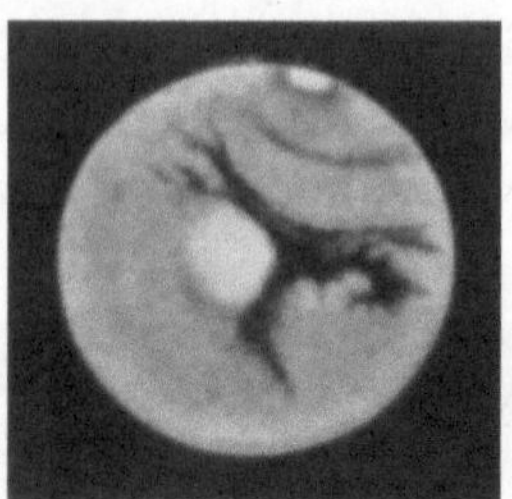

1877. 21. September. Nach O. Lohse.

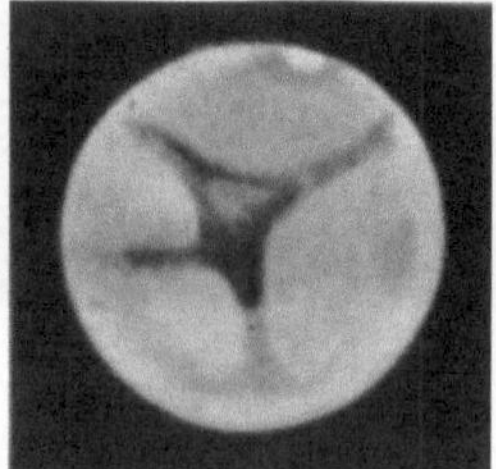

1877. 3. Oktober. Nach O. Lohse.

1890. 21. Mai. Nach Holden.

Fig. 99. Vier Marsaufnahmen. Nach O. Lohse und Holden. (Aus Newcomb, Pop. Astronomie.)

Tage gemacht. Die mit dem Fernrohr gesehenen und auch in diesen Figuren dargestellten Flecke bleiben nach vielen Astronomen bei jeder Aufnahme des Mars in gleicher Stellung ziemlich gleich, sie sind also wohl reell. An den Marspolen sah man ferner besonders helle weiße Flecke, die im Marswinter größer wurden. Man hat sie deshalb Schnee- oder Eisbildungen zugeschrieben. Was aber sonst die helleren und dunkleren Flecke auf dem Mars bedeuten, ist noch gänzlich unbekannt. Es ist die Vermutung ausgesprochen worden, es handle sich bei ihnen um noch vorhandene oder einstige Meere und Kontinente, oder um Wüsten und Oasen, letzteres besonders auch wegen der roten, rötlichen bis gelben Färbungen von Teilen der Marsoberfläche; man hat aber hierüber noch nicht die mindeste Sicherheit. So viel ist indessen festgestellt, daß in diesen Gebilden mit der Zeit Veränderungen wahrgenommen werden, wahrscheinlich abhängig von der

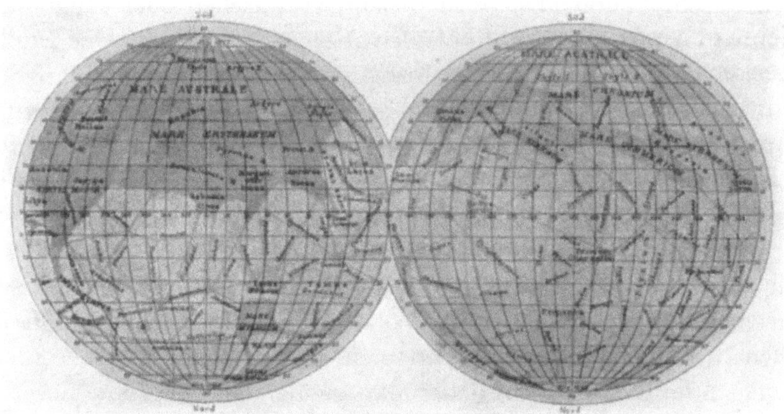

Fig. 100. Marskarte nach Schiaparelli, Aufnahmen von 1877—1888.

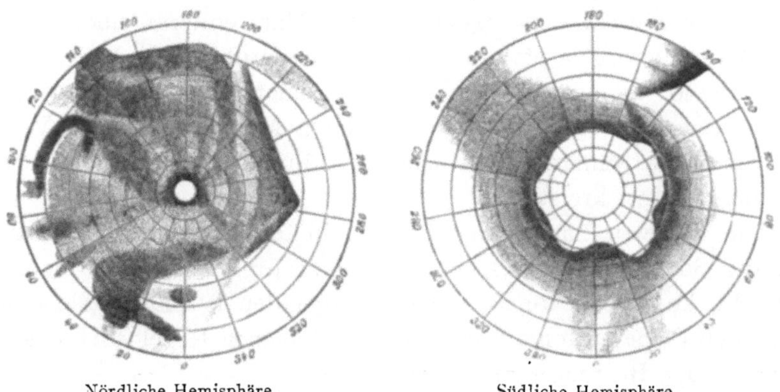

Nördliche Hemisphäre. Südliche Hemisphäre.

Fig. 101. Mars nach Kaiser. (Aus Newcomb, Pop. Astronomie.)

Jahreszeit des Mars, wenn auch sonst im großen und ganzen die Marsoberfläche seit den etwa zwei Jahrhunderten der Beobachtung sich im wesentlichen gleich geblieben ist.

Fig. 100 stellt eine Marskarte nach Schiaparelli aus den Jahren 1877—1888 dar, Fig. 101 eine Karte der beiden Marspole nach Kaiser.

Schiaparelli entdeckte die sogenannten Marskanäle, dh. dunkle fast gerade Linien, die sich meist als Teile von größten Kreisen über die Marsoberfläche vorzugsweise durch die hellen Flecke hindurchziehen sollen (Fig. 100). Gelegentlich glaubte er auch eine Verdoppelung dieser Kanäle wahrzunehmen. In der Regel sah er die Kanäle scharf begrenzt, sehr häufig aber auch nebelig verwaschen oder sogar ganz unsichtbar. Andere Beobachter wollen aber überhaupt gar keine Kanäle entdecken können; oder sie zeichnen sie doch anders als Schiaparelli. Es gibt Astronomen, die alle Marskanäle für optische Täuschungen erklären, wieder andere sehen in ihnen die Werke der hochintelligenten Marsbewohner. Man hat aber berechnet, daß solche Marskanäle etwa 200 km breit sein müßten, um uns sichtbar zu werden, und dies spricht natürlich mehr für die Wahrscheinlichkeit von optischen Täuschungen. Auch an Wolkenzüge ist gedacht worden, doch wird es als nicht sehr wahrscheinlich bezeichnet, daß Wolkenzüge so regelmäßig und auf größten Strecken fast geradlinig verlaufen. Jedenfalls spricht außerordentlich gegen die Existenz wirklicher Marskanäle, daß das größte Fernrohr der Welt auf dem Mount Wilson keine solchen Kanäle erkennen läßt.

Merkwürdig sind auch die beiden Marsmonde Phobos mit etwa 16 km Durchmesser, 9300 km vom Mars entfernt, und Deimos mit 58 km Durchmesser und 23000 km entfernt. Phobos kreist nämlich schneller um den Mars, als dieser Planet selber um seine eigene Achse rotiert, so daß also Phobos einem Marsbewohner im Westen auf-, im Osten unterzugehen schiene, während Deimos ganz normal wie unser Mond kreist.

Die Planeten haben ziemlich regelmäßig zunehmende Abstände von der Sonne, aber zwischen Mars und Jupiter befindet sich eine große Lücke, die schon den Alten aufgefallen ist. Denn die damals bekannten Planeten folgten nahezu der einfachen Regel (Titiussches Gesetz oder Bodesche Reihe):

0 + 4 Merkur,
3 + 4 Venus,
6 + 4 Erde (= 10),
12 + 4 Mars,
24 + 4 ?
48 + 4 Jupiter,
96 + 4 Saturn.

Nur an der Stelle 24 + 4 gleich dem 2,8fachen des Abstandes der Sonne von der Erde (10) war kein Planet zu finden. Schon zu den Zeiten Keplers suchte man nach einem solchen Planeten, fand aber keinen. Erst im Jahre 1801 gelang es Piazzi, einen kleinen Planeten zu entdecken, der von ihm Ceres genannt wurde. Bald darauf wurden in ähnlichen Entfernungen noch andere kleine Planeten gefunden: Pallas, Juno, Vesta usf. Jetzt sind etwa 700 solcher kleiner Planeten bekannt und registriert; ihre Bahnen sind genau berechnet. Man nennt sie in ihrer Gesamtheit die kleinen Planeten oder die Planetoiden (Asteroiden).

Die Zone der Planetoiden ist sehr breit, mißt etwa 600 km; die Exzentrizitäten derselben sind gleichfalls sehr groß, ebenso die Winkel ihrer Neigungen gegen die Ekliptik. Immer mehr und immer noch kleinere Planetoiden werden entdeckt. Es ist nicht unmöglich, daß ihre Anzahl ganz ungeheuer groß ist, daß wir also niemals alle von ihnen zu sehen vermögen. Denn von einer gewissen Kleinheit an können sie von uns durch kein noch so stark vergrößerndes Mittel mehr sichtbar gemacht werden.

Ganz besonderes Interesse verdient der 1898 von Witt entdeckte Planetoid Eros, weil er unserer Erde näher kommt als irgend ein anderer Planet, näher als Mars und sogar Venus. In seiner größten Nähe ist er nur noch 21,7 Millionen Kilometer von uns entfernt, und er ist deshalb, wie wir schon früher erwähnt haben, für die Bestimmung der Sonnenparallaxe von der größten Bedeutung [1]).

Die Planetoiden der Achillesgruppe bewegen sich nahezu in gleichem Abstande wie der größte Planet Jupiter um die Sonne. Solchen Verhältnissen in Planetoidenbahnen entsprechend ist die später widerlegte Hypothese aufgestellt worden, die Planetoiden werden durch den Jupiter so sehr gestört, daß sie zu periodischen Kometen werden. Olbers hat die Meinung vertreten, die Planetoiden seien die Trümmer eines aus unbekannter Ursache zerstörten Planeten, welche Anschauung sich indessen bisher nicht bestätigen ließ.

Weitaus der größte Planet unseres Systems ist der Jupiter. Er hat vermöge seiner Rotation um eine eigene Achse die sehr große

[1]) So klein verhältnismäßig dieser Abstand ist, so hätte doch ein Fußgänger, der unaufhörlich 5 km in der Stunde marschieren könnte, zum Zurücklegen der Entfernung etwa 500 Jahre nötig.

Abplattung von $^1/_{14}$ und ist heller als alle anderen Planeten außer Venus. Seine Oberfläche ändert sich fortwährend, woraus man auf Wolkenbildungen an seiner sichtbaren Oberfläche geschlossen hat. Aber eine gewisse Zahl von Streifen, etwa 5 bis 6, die dem Äquator ungefähr parallel verlaufen, bleiben doch oft jahrelang ziemlich unverändert bestehen. Fig. 102 stellt eine Aufnahme des Jupiter von Warren de la Rue mit solchen Wolkenzügen dar, Fig. 103 zeigt

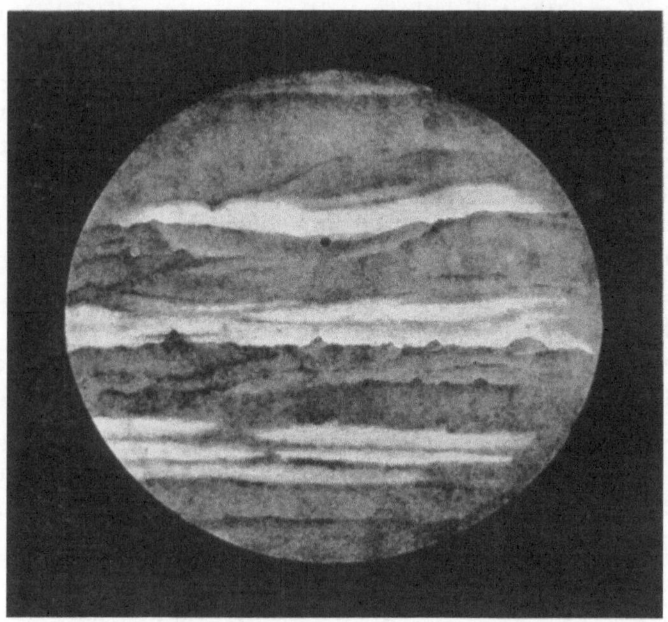

Fig. 102. Jupiter. Nach Warren de la Rue.

12 Aufnahmen von Lohse während der vier Jahre von 1878—1881. Daß die Oberfläche des Jupiter ein ziemlich konstantes Bild gibt, läßt sich leicht verstehen, weil doch die inneren Ursachen für Veränderungen einigermaßen konstant sein müssen, während die äußeren Ursachen, das von der Sonnenbestrahlung herrührende Variable, ungefähr 25 mal weniger auf dem Jupiter als auf der Erde zur Geltung kommt, dem etwa 5 mal größeren Abstand des Jupiter von der Sonne entsprechend.

Auf der Jupiteroberfläche nimmt man von Zeit zu Zeit rötliche Färbungen wahr. So beobachtete man seit 1878 einen hellen roten

Fleck, der nun ungefähr 30 Jahre lang sichtbar geblieben ist. Wahrscheinlich hat der Jupiter eine große und sehr dichte Atmosphäre und überhaupt eine mehr oder weniger sonnenähnliche Konstitution; man schließt dies daraus, daß er in der Mitte heller als am Rande ist, ähnlich wie die Sonne. Die Albedo des Jupiter ist 0,6,

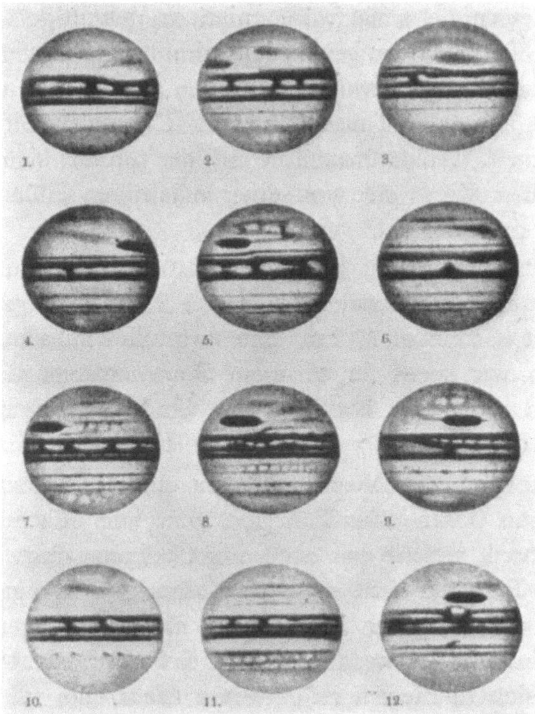

Fig. 103. 12 Aufnahmen des Jupiter von 1878—1881. Nach O. Lohse (6. Mai, 2. Juni, 21. Juni 1878; 5. Juni, 18. September, 8. Oktober 1879; 5. August, 17. Oktober, 2. November, 22. Dezember 1880; 3. Januar, 14. Februar 1881).
(Aus Newcomb, Pop. Astronomie.)

also sehr groß, ähnlich wie bei der Venus; sie spricht für eine sehr bedeutende Reflexion seiner Atmosphäre (vielleicht auch für ein ganz schwaches Selbstleuchten im kontinuierlichen Licht). Für das Vorhandensein einer Jupiteratmosphäre ist noch der Umstand geltend zu machen, daß hinter dem Jupiter ein Fixstern allmählich verschwindet, nicht plötzlich, und daß die Scheibchen der Jupitermonde bei der

Bedeckung durch den Jupiter ganz unerwartete Formveränderungen durchmachen.

Im Inneren des Jupiter herrscht wohl noch eine ungeheure Hitze, ohne daß deswegen der Planet von den Astronomen als ein Selbstleuchter bezeichnet wird. Sicher kommen aber in seinem Inneren gelegentlich außerordentlich heftige Wärmevorgänge, großartige Umwälzungen zustande, sonst wären nicht so gewaltige Veränderungen auf der Jupiteroberfläche zu sehen. Oft nimmt man in wenigen Stunden so große Verschiebungen wahr, daß man aus ihnen auf ungeheure Geschwindigkeiten von Tausenden von Kilometern in der Stunde geschlossen hat [1]). Daher besteht wohl der Jupiter sicher aus einem noch sehr heißen Kern, der von einer mächtigen Hülle dichter Gase oder Dämpfe umgeben ist.

Da sich der Jupiter in 9 Stunden 50,0 Minuten um seine Achse dreht, hat er eine außerordentlich große Rotationsgeschwindigkeit am Äquator, nämlich 13 km; eine so große Umdrehungsgeschwindigkeit finden wir sonst in unserem Sonnensystem nirgends mehr, nur der Saturn weist eine ähnlich große Umfangsgeschwindigkeit auf. Die Sonne selber hat eine weit geringere Umfangsgeschwindigkeit.

Im Jupiterspektrum erkennt man dunkle Absorptionsbanden, die von anderen Gasen oder Dämpfen oder von Mischungen solcher Dämpfe herrühren, welche uns noch nicht bekannt sind. Die dunkeln Flecke dieses Planeten faßt man als Öffnungen in einem dichteren Wolkenschleier des Jupiter auf. Durch diese Öffnungen dringe das Sonnenlicht ein, und es werde dann in tieferen Schichten reflektiert; daher mache sich in diesem reflektierten Licht eine stärkere Absorp-

[1]) Bei der wolkenartigen Beschaffenheit der Jupiteroberfläche muß man jedoch die Möglichkeit ins Auge fassen, daß diese enormen Geschwindigkeiten auf Täuschung beruhen. Kondensieren sich nämlich Dämpfe in einer Atmosphäre, verdichten sie sich zu Wolken, so scheinen sich diese Wolken von den Stellen der früheren zu den Stellen der späteren Verdichtung fortzubewegen, mit um so größeren Geschwindigkeiten, je annähernder die Gleichzeitigkeit der Verdichtung erreicht ist. So scheinen von Zeit zu Zeit am vorher klaren Himmel rasch Wolken heraufzuziehen, die uns aber bei näherer Betrachtung keine Eigenbewegung zeigen, die nur einem fernen Beobachter ihrer fortschreitenden Entstehungsart zufolge eine solche Eigenbewegung vortäuschen würden. Aus ähnlichen Ursachen können uns teilweise auf der Sonne in Flecken, Fackeln, Flocken und besonders in Protuberanzen gelegentlich Geschwindigkeiten vorgetäuscht werden, die größer als die tatsächlichen Geschwindigkeiten sind.

tion namentlich des kurzwelligen Lichtes geltend, weshalb der Jupiter eine rötliche Färbung erhalte.

Mit seinen Monden bildet der Jupiter gleichsam ein Sonnensystem im kleinen. Seine größeren Monde (Fig. 104) sind oft schon mit einem guten Opernglas sichtbar. Die längst bekannten schon von Galilei entdeckten 4 Jupitermonde sind in ihrer Größe unserem Monde ziemlich ähnlich, sie sind nämlich ungefähr gleich groß bis etwa $1^1/_2$ mal so groß. Vor ungefähr zwei Jahrzehnten wurde ein 5. Mond entdeckt, der etwa 20 mal kleiner ist und schon in 12 Stunden einen Umlauf um den Jupiter vollendet, der auch in einem entsprechend kleinen Abstande um den Planet kreist, während die anderen Monde bei ihren größeren Abständen 2 bis 17 Tage Umlaufzeit haben. Weil die Jupitermasse 314 mal größer als die Erdmasse ist, gehen dort alle diese Bewegungen auch bei gleichen Abständen viel schneller vor sich als bei uns. Die Jupitermonde scheinen ähnlich wie unser Mond dem Jupiter immer ihre gleiche Seite zuzukehren; die Helligkeitsänderungen mancher Monde sind aber so unregelmäßig, daß man auf unregelmäßige Gestalten derselben geschlossen hat.

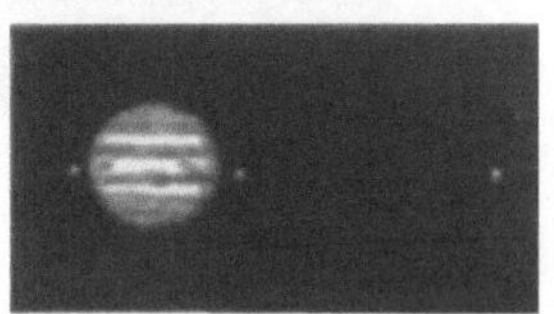

Fig. 104.
Jupiter und seine Monde.

In den letzten Jahren sind noch 3 weitere Jupitermonde gefunden worden, so daß man bis jetzt im ganzen 8 Jupitermonde kennt. Für die Bewegungen der Jupitermonde bestehen zwei merkwürdige Gesetze:

I. Die mittlere Bewegung des 1. Mondes + 2 mal die mittlere Bewegung des 3. Mondes ist gleich 3 mal die mittlere Bewegung des 2. Mondes.

II. Die mittlere Länge des 1. Mondes + 2 mal die mittlere Länge des 3. Mondes ist gleich 3 mal die mittlere Länge des 2. Mondes + 180°.

Laplace hat bewiesen, daß diese kommensurablen Verhältnisse zwischen den Monden durch die Gravitationswirkungen zwischen diesen Körpern bedingt sind.

Der Saturn, von dem Fig. 105 eine Abbildung nach einer Aufnahme zu Washington, Fig. 106 eine solche nach Trouvelot wiedergibt, hat nur etwa $^1/_3$ der Jupitermasse, ist aber deshalb ganz besonders merkwürdig, weil er nicht nur von 10 Monden, sondern auch noch von Ringen umgeben ist. Dadurch wird er zum wundervollsten Objekt unseres ganzen Planetensystems. Seine Abplattung beträgt $^{1}/_{10}$, ist also sehr groß, noch größer als die des Jupiter. Dieser Planet ist

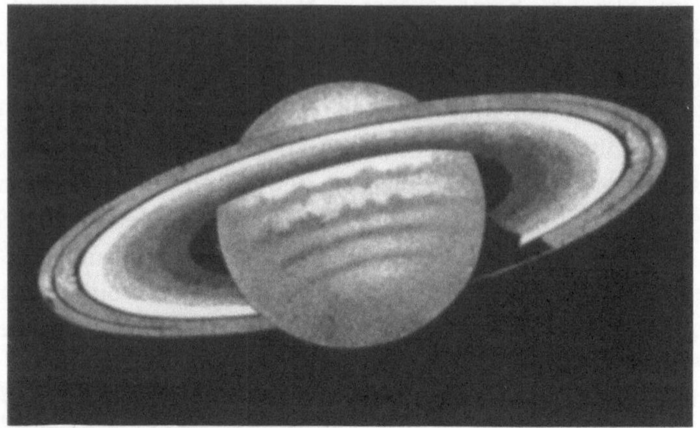

Fig. 105. Saturn mit den Ringen.
Nach einer Aufnahme mit dem 26zölligen Refraktor in Washington.

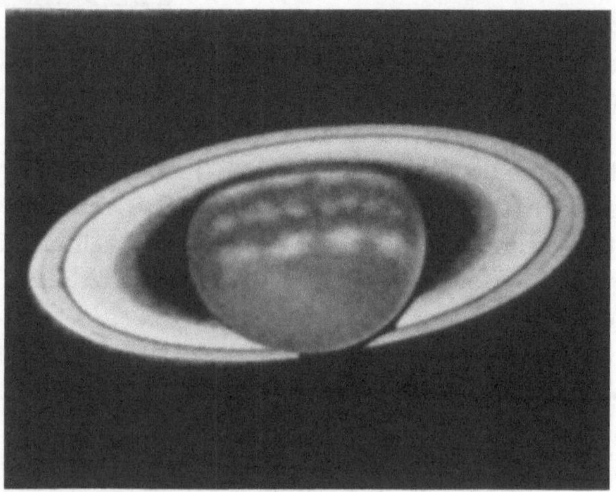

Fig. 106. Saturn mit den Ringen. Nach Trouvelot.

so weit von der Sonne entfernt und somit so wenig beleuchtet, daß auf seiner Oberfläche nur selten Einzelheiten zu sehen sind; aber so viel haben doch die Beobachtungen mit Sicherheit erwiesen, daß der Saturn dem Jupiter in seiner allgemeinen Beschaffenheit ähnlich ist.

Es war Galilei, der die Saturnringe zuerst gesehen hat. Er verfügte aber noch nicht über genügend gute Fernrohre, um das Wesen der Ringe erkennen zu können; den im Fernrohr gesehenen Saturn beschrieb er so, wie ihn das 1. Bild in der Fig. 107 darstellt. Später haben Scheiner, Riccioli, Havel und andere die weiteren Bilder des Saturn, wie sie aus der Fig. 107 zu ersehen sind, gegeben. Die Aufklärung der merkwürdigen zur Beobachtung gelangten Erscheinungen

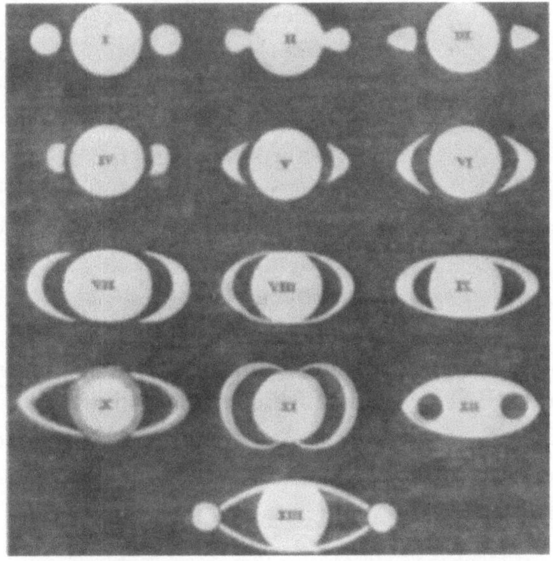

Fig. 107. Verschiedene Darstellungen des Saturn aus dem 17. Jahrhundert. (Aus Newcomb, Pop. Astronomie.)

gab aber erst Huygens, als er den 1. Saturnmond entdeckte. Er erkannte zuerst das Vorhandensein von Saturnringen, deren Achse unter einem schiefen Winkel, etwa 28°, zur Ekliptikachse steht (Fig. 108), ähnlich wie die Rotationsachse des Saturn selber, die auch einen Winkel von 27° mit der Ekliptik bildet. Die schiefe Lage des Saturn mit seinen Ringen zeigt auch Fig. 109 in vier verschiedenen Stellungen. Ihnen entsprechend sehen wir den Saturn in vier wesentlich verschiedenen Phasen, die zeitlich um 7 Jahre und 4 Monate auseinander liegen. Da die Ringdicke nur etwa 350 km beträgt, sind die fast ebenen Ringe auch in den besten Fernrohren nur noch schwach zu sehen, wenn ihre Ebene durch die Erde geht, was bei jedem Saturnumlauf zweimal vorkommt. Sie sind aber auch dann nicht zu sehen, wenn die Ringebene gerade durch die Sonne geht, weil in diesem Falle nur die hohe Kante der Ringe Sonnenlicht erhält und weil wir den unbeleuchteten Teil der Ringe nicht sehen können; endlich sehen wir die Ringe auch nicht, wenn ihre Ebene zwischen der Sonne und der Erde hindurchgeht, weil dann gerade die Seite der Ringe von der Sonne beleuchtet ist, die wir auf der Erde nicht sehen können. Zweimal bieten uns dagegen die Ringe ihre volle Öffnung dar, so daß wir sie am besten wahrzunehmen imstande sind. Aus diesem Grunde mußte der Saturn allen Beobachtern so sehr verschieden erscheinen, je nach der Stellung, die sie zur Zeit der Beobachtung gerade inne hatten.

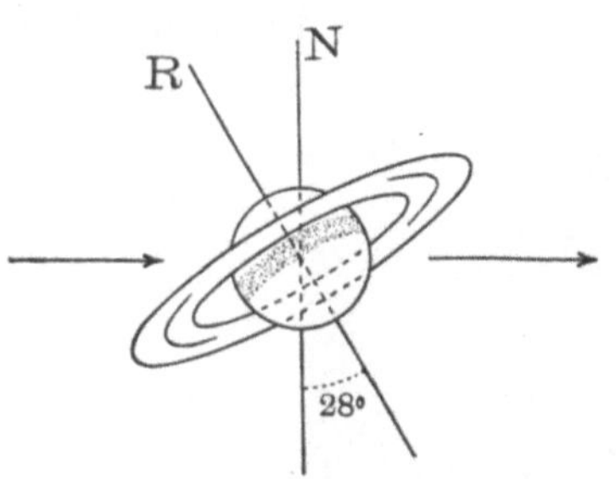

Fig. 108. Winkel der Rotationsachse *R* der Saturnringe mit der Normalen *N* der Saturnbahnebene = 28°.

Wie schon erwähnt, erkannte Huygens zuerst die wahre Natur des Saturnringes; Ball fand dann im Ringe eine größere, Encke noch eine zweite schwächere Trennungslinie, so daß man dem Saturn eigentlich zwei oder drei Ringe zusprechen mußte; Galle endlich erkannte zuerst innerhalb der hellen noch einen dunkeln Ring, der ganz allmählich in den inneren hellen überzugehen scheint. In den Saturnringen glaubt man im Laufe historischer Zeiten Veränderungen beobachtet zu haben, die allerdings noch nicht ganz sichergestellt sind.

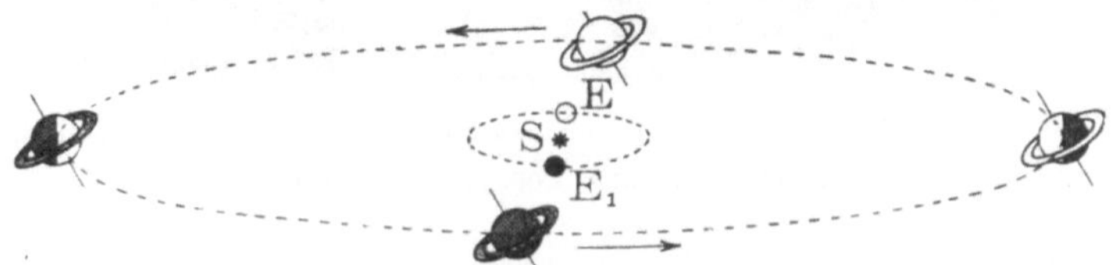

Fig. 109. Darstellung der ungleichen Sichtbarkeit der Saturnringe in vier verschiedenen Saturnstellungen.

Über die Natur der Saturnringe wurde zuerst die Anschauung geäußert, es handle sich um einen festen Ring, der den Saturn umgebe, ohne ihn zu berühren. Es wurde aber von Laplace gezeigt, daß das Vorhandensein eines solchen Ringes unmöglich sei, weil derselbe vollkommen unstabil wäre. Durch den geringsten Einfluß von außen würde er zerbrechen und auf den Saturn herabstürzen. Eine zweite Anschauung bezeichnet den Ring als flüssig. Aber ein flüssiger Ring wäre wohl noch weniger möglich, noch weniger stabil als der feste Ring. Eine dritte Hypothese wurde von Cassini aufgestellt: Der Ring bestehe aus kleinsten Körperchen, aus Meteoriten, die um den Planeten kreisen. Diese Anschauung ist von Maxwell unter gewissen unbewiesenen Annahmen gestützt worden. Aber erst Seeliger in München und Müller in Potsdam lösten die Aufgabe vollständig, ersterer mehr in theoretischer, letzterer mehr in experimenteller Weise. Seeliger geht bei seinen Berechnungen von folgenden eigentlich als selbstverständlich zu bezeichnenden Annahmen aus: Die einzelnen Teile des Ringes (die Meteorite) werden von der Sonne zur Hälfte beleuchtet, sie beschatten sich aber gegenseitig, und sie verdecken sich außerdem gegenseitig bei gewissen Stellungen für einen Beobachter auf der Erde. Alle diese Wirkungen zusammen lassen erst die Helligkeitsänderungen so erscheinen, wie sie wirklich sind, und wie sie dann auch von Müller nach der Aufstellung der Seeligerschen Theorie experimentell nachgewiesen worden sind. Keeler konnte sogar durch seine darauf zielenden Beobachtungen mit dem Spektroskop zeigen, daß nach dem Dopplerschen Prinzip die Bewegungen der Ringteilchen in der Tat den Keplerschen Gesetzen genügen.

Im dunkeln Ring sind die Teilchen so wenig dicht, daß wir durch ihn hindurch Sterne sehen können; die hellen Ringe sind dagegen viel dichter und daher teilweise undurchsichtig. Eine Anziehung der Ringe auf die Saturnmonde ist aber doch nicht nachweisbar, so daß man schließen zu müssen glaubte, die Saturnringe bestehen nur aus staubförmiger Masse. Auf die weiter entfernten Monde wirkt die Ringmasse allerdings nicht viel anders ein, als wenn sie im Mittelpunkt des Saturn konzentriert wäre, dh. wie wenn der Saturn selber eine entsprechend größere Masse hätte. Nur auf die in nächster Nähe befindlichen Monde ist die Anziehung des Ringes seiner Masse entsprechend eine etwas größere.

Anders verhält es sich mit den umgekehrten Störungen, die von den Saturnmonden auf die Ringe ausgeübt werden. Sie verursachen wahrscheinlich die Hauptteilungen der Ringe; denn die

Abstände dieser Teilungen entsprechen möglichst einfachen Verhältniszahlen der Umlaufdauern der Monde. In diesen Abständen vom Saturn können sich die kreisenden Meteorite am wenigsten halten.

Den ersten Saturnmond hat schon Huygens gefunden; von Cassini wurden dann noch vier Monde entdeckt, so daß nun das Saturnsystem mit seinen fünf Monden ein Sonnensystem im kleinen zu sein schien. So sehr entsprach diese Beschaffenheit des Saturnsystems den Anschauungen der damaligen Zeit, daß niemand nach weiteren Monden forschte, weil ja doch die Sonne auch nur fünf Planeten habe. Die Erde wurde dabei nicht mitgerechnet. Daher dauerte es denn etwa 100 Jahre, bis endlich Herschel noch zwei und später Lassell wiederum einen Mond fanden; in jüngster Zeit ist von Pickering ein 9. Mond gefunden worden, und endlich wurde in den letzten Jahren sogar noch ein 10. Mond entdeckt.

Alle Bahnen der Saturnmonde liegen sehr nahe in der Ringebene mit nahezu 28° Neigung gegen die Ekliptik, nur der Mond Japetus macht eine Ausnahme, da er in einer Ebene mit $18^1/_2$ Grad Neigung kreist. Ferner hat der Mond Phöbe eine Neigung von 175°, kreist also retrograd oder rückläufig. Wie bei den Jupitermonden bestehen auch bei den Saturnmonden einfache Gesetze für ihre Umlaufzeiten. Die Massen dieser Saturnmonde schwanken in ihren Größen zwischen etwa dem fünftausendsten und dem vierzehnmillionten Teil der Saturnmasse. Die Durchmesser der Saturnmonde sind noch sehr unsicher bestimmt. Besonders auffallend sind die Helligkeitsschwankungen des Japetus, so daß sich Pickering zu dem Schlusse berechtigt glaubt, beim Japetus müsse eine starke Abweichung von der Kugelgestalt vorhanden sein.

Der nächstäußere Planet wurde von Herschel entdeckt. Man gab ihm den Namen Uranus. Zwar ist er schon früher gesehen, aber nicht weiter verfolgt und namentlich nicht als Planet erkannt worden. Seine Rotationsdauer ist auf 11 Stunden, seine Abplattung auf $^1/_{15}$ berechnet worden, beide Werte sind aber noch ganz unsicher. Läge etwa seine Rotationsachse in der Ekliptik oder derselben doch sehr nahe, wie es wahrscheinlich ist, so würde man seine Abplattung nur zweimal bei jedem von seinen 84 Jahre dauernden Umläufen sehen, so daß sie dann eben leicht unbeachtet hätte bleiben können. Das Spektrum des Uranus ist dem des Jupiter und des Saturn ähnlich. Die 4 Monde des Uranus sind so klein, daß sie nur mit sehr großen

Fernrohren wahrgenommen werden können. Sie fallen aber namentlich durch ihre große Neigung auf, da ihre Bahnen fast senkrecht zur Uranusbahn stehen. Sie kreisen nämlich in Ebenen mit einer Neigung von 98°, so daß man ihr Kreisen eigentlich als ein retrogrades bezeichnen muß.

Der äußerste Planet unseres Sonnensystems, der Neptun, ist durch seine Entdeckung berühmt geworden, da diese als eine ganz hervorragende Leistung der Astronomie bezeichnet werden muß. Durch Vergleichung der älteren und der neueren Beobachtungen des Uranus hatte Bouvard gefunden, daß diese beiden Beobachtungen keine mit dem Gravitationsgesetz verträgliche Übereinstimmung zeigen, daß die Bahn des Planeten nach beiden Beobachtungsreihen wesentlich verschieden ausfallen müßte. Daher verwarf er die älteren Beobachtungen ganz und stellte für Jupiter, Saturn und Uranus neue Tafeln her, die den neuesten Beobachtungen aufs vollkommenste entsprachen. Es dauerte aber gar nicht lange, bis wiederum Abweichungen der Uranusbahn von diesen neuen Tafeln nachzuweisen waren. Dies fiel Bessel in Königsberg auf, und er bestimmte Flemming, die Abweichungen genauer zu berechnen. Einige Jahre später veranlaßte auch Arago den französischen Astronomen Leverrier zu einer systematischen Untersuchung der Uranusbahn. Dieser stellte zuerst fest, daß in Bouvards Tafeln keine so großen Fehler vorhanden seien, um jene Abweichungen daraus erklären zu können. Er nahm dann einen neuen Planeten außerhalb des Uranus an, der die entsprechenden Störungen auf den Uranus hervorbringe, und berechnete dessen Ort. Nach einem Jahr hatte er die Bahnelemente dieses neuen Planeten berechnet. Aber schon zwei Jahre vor ihm hatte ein englischer Student Adams in Cambridge ungefähr dieselben Rechnungen durchgeführt und seine Berechnung Challis und Airy gezeigt; diese beiden kamen aber nicht zu der Überzeugung, daß es nötig sei, wirklich an der berechneten Stelle nach einem neuen Planeten zu forschen. So kam denn Leverrier Adams zuvor. Er veröffentlichte seine Berechnungen und forderte Galle in Berlin in einem Schreiben auf, den berechneten Planeten wirklich zu suchen. Dies tat Galle noch an demselben Abend, an dem er den Brief von Leverrier erhalten hatte, und er fand in der Tat den vermuteten Planeten kaum 1° von den Ortsangaben Leverriers entfernt. Die Ehre der Entdeckung des Planeten „Neptun", wie man nun den neuen Planeten nannte, müßte also danach fast ebensowohl Adams als Leverrier zugebilligt werden.

Nach den spektralanalytischen Beobachtungen haben Uranus und Neptun dem Jupiter und dem Saturn ähnliche, aber von unserer Erdatmosphäre ziemlich stark abweichende Atmosphären; denn man findet in ihren Spektren starke Absorptionsbanden, die unsere Atmosphäre nicht zeigt. Eine Rotation des Planeten Neptun um eine eigene Achse und eine Abplattung ist bei ihm bis dahin nicht zu finden gewesen. Von Lassell ist ein sehr schwer zu sehender Neptunsmond entdeckt worden, der unter einer Bahnneigung von 35° rückläufig um ihn kreist.

Die Kometen.

Zu unserem Sonnensystem gehören auch die Kometen (Haarsterne), zum mindesten zeitweise. Man unterscheidet bei den Kometen als ihre wesentlichen Teile, die zwar nicht immer in die Erscheinung treten, den Kern, die Hülle oder Koma, den Schweif. Den Kern, der in der Regel wie ein Stern, nur weniger scharf begrenzt erscheint, und die Hülle, die mehr einen nebel- oder wolkenartigen Eindruck macht, faßt man unter der Bezeichnung Kopf zusammen. Der Schweif hat ähnlich wie die Hülle eine nebelartige Beschaffenheit; er ist meistens direkt von der Sonne abgewandt und gewöhnlich um so länger und heller, je glänzender der Kometenkopf ist. Oft erreicht der Schweif viele Millionen, gelegentlich sogar mehrere Hunderte von Millionen Kilometer Länge, oft gehen auch zwei oder mehr divergierende Schweife von einem Kopf aus. Alle diese Erscheinungen sieht man jedoch nur deutlich an den großen Kometen, die häufig schon mit bloßem Auge zu sehen sind. Außer diesen großen gibt es aber noch unzählige kleine, sogenannte teleskopische Kometen mit ganz kleinen Schweifen oder sogar ohne Schweife, Kometen, die manchmal auch keinen eigentlichen Kern besitzen, und die ihren Beinamen: „teleskopisch“ davon erhalten haben, daß man sie eben nur mit dem Teleskop zu sehen vermag. Bei allen diesen Kometen handelt es sich aber nur um Größenunterschiede, dem Wesen nach sind sie wohl alle unter sich als ziemlich gleich zu betrachten.

Der Komet tritt gewöhnlich in folgender Weise in die Erscheinung: Zuerst ist nur ein kleines etwa kreisförmiges Nebelchen wahrzunehmen.

Oft sieht man aber nach einiger Zeit kleine helle Arme von demselben in der Richtung gegen die Sonne hin austreten, man glaubt fächerförmige gegen die Sonne gerichtete Strahlen zu erkennen, ohne daß noch ein von der Sonne abgewandter Schweif zu sehen wäre. Bei Kometen, die sich sehr stark entwickeln, die sehr groß werden, erkennt man nun in der Regel allmählich eine Struktur, etwa so, wie sie in

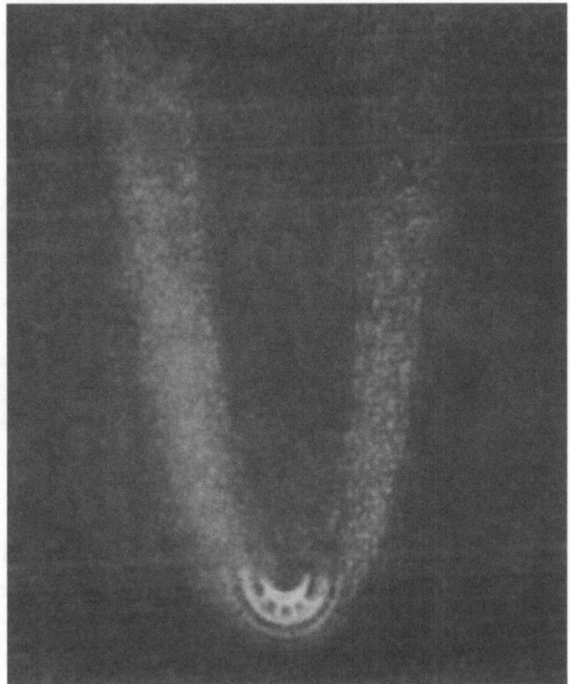

Fig. 110. Kopf des Donatischen Kometen, mit fächerförmigem Bau. Nach Bond.

der Fig. 110 der Kopf des berühmten Donatischen Kometen zeigte. Man nimmt also einen fächerförmigen Bau wahr, die mittleren Arme oder Strahlen erscheinen zuerst, sie weisen gegen die Sonne hin; dann werden auch die halbkreisförmigen Bogen sichtbar, einer oder auch zwei. Fig. 111 zeigt eine ähnliche Struktur des Juli-Kometen von 1881, jedoch von ganz unsymmetrischem Aussehen.

Übrigens ist fast jeder Komet in seinem Aussehen von allen anderen ganz verschieden; oft zeigen die Kometen noch viel unregelmäßigere und verwickeltere Strukturen. Fast immer beobachtet man bei sehr großen Kometen ein fortdauerndes oder ein periodisches oder ein pendelartiges Ausströmen von leuchtender Materie aus dem Kern: bogen- oder raketenähnlich, in fächerförmigen Strahlen strömt die Materie aus dem Kern aus, biegt dann um und setzt sich nachher allmählich in den Schweif fort. Je näher der Komet der Sonne zu stehen kommt, um so intensiver werden alle diese Vorgänge. Die größte Schweifentwickelung beobachtet man gewöhnlich kurz nachdem der Komet sein Perihel durchsetzt hat.

Die Kometenbahnen sind fast alle elliptisch, mit der Sonne im einen Brennpunkt, oft sind sie aber so langgestreckt, daß sie uns

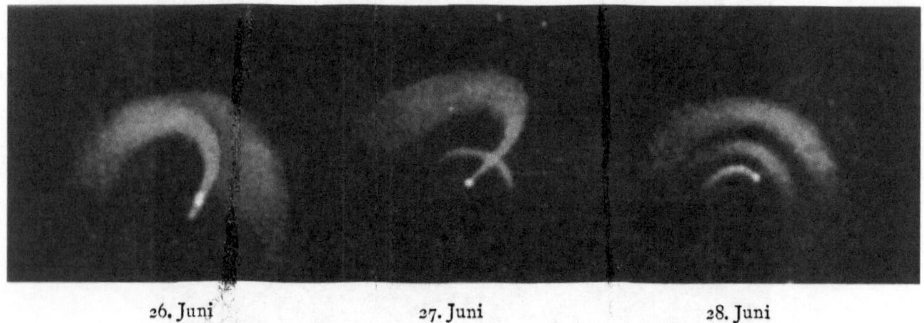

26. Juni 27. Juni 28. Juni

Fig. 111. Kopf des Juli-Kometen 1881 III, nach M. Thury.

parabolisch erscheinen; ja es gibt sogar Kometenbahnen, die den Berechnungen zufolge hyperbolisch sein müssen. Man nimmt an, daß solche Kometen aus einem anderen Sonnensystem in das unserige gelangt sind, daß sie von Sonnensystem zu Sonnensystem herumirren. Aber nicht nur die Sonne, auch die Planeten wirken gelegentlich auf die Kometen ein, besonders der mächtige Jupiter. Dieser hat anscheinend schon manchen parabolischen oder hyperbolischen Kometen eingefangen, in eine kleine elliptische Bahn mit kurzer Umlaufzeit hereingezogen. Aber auch das Umgekehrte ist möglich, ein Komet kann aus einer elliptischen in eine parabolische oder in eine hyperbolische Bahn übergeführt werden, zb. durch den Jupiter. Viele Kometen sind rückläufig oder ihre Bahnen sind doch gegen die Ekliptik stark geneigt. Die eingefangenen Kometen kleiner Perioden sind aber fast alle rechtläufig und haben kleine Neigungen gegen die Ekliptik. Abgesehen von diesen letzteren sind die Neigungen der Kometenbahnen mit der Ekliptik über alle Winkel ziemlich gleichmäßig verteilt. Ein Komet ist meistens nur dann sichtbar, wenn sein Perihel innerhalb oder doch nur wenig außerhalb der Erdbahn liegt. Nur einmal ist ein Komet mit einem Perihel gleich 3, einmal sogar ein solcher mit dem Perihel gleich 4 Erdweiten beobachtet worden.

Die berühmtesten alten und einige neuere Kometen sind die folgenden:

Der große Komet 1680 bietet ein besonderes Interesse, weil Newton an ihm bewiesen hat, daß auch die Kometen — seinem Gesetz zufolge — der Sonnenanziehung unterliegen.

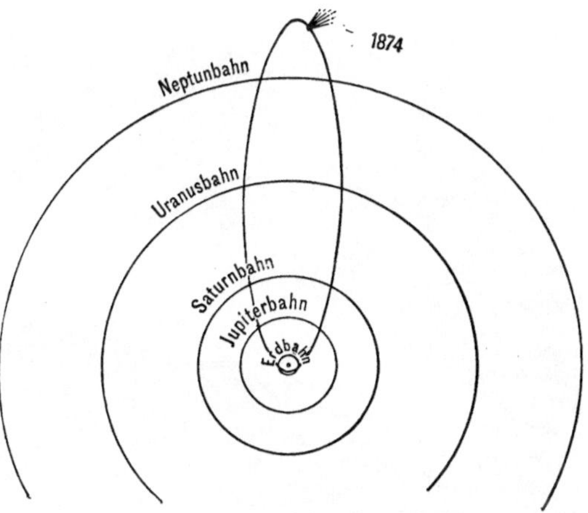

Fig. 112. Bahnen der Erde, der äußeren Planeten und des Kometen Halley.

Der Komet Halley zeigte im Jahre 1835 pendelartige Schwingungen ausströmender leuchtender Materie. Halley beobachtete ihn im Jahre 1682 und erkannte aus früheren Erscheinungen, daß er es bei diesem Kometen wahrscheinlich mit einem periodisch wiederkehrenden Himmelskörper zu tun habe, da mehrere früher erschienene Kometen die gleichen Bahnen zu haben schienen. Er sagte dann die nächste Wiederkehr dieses Kometen für 1758 voraus, ohne sie freilich selber noch zu erleben. Erst für die Jahre 1758 und 1835, besonders aber für das Jahr 1910 konnte die Wiederkehr dieses Kometen genau berechnet werden, weil erst jetzt die Massen der äußeren Planeten, auch die des Planeten Neptun, und ihre Wirkungen auf die Kometen genau bekannt waren bzw. berechnet werden konnten. Fig. 112 zeigt, wie der Komet Halley eine Bahn beschreibt, die einerseits fast die Erdbahn berührt, andererseits sich außerhalb der Neptunbahn befindet, wenn er seinem Aphel entgegengeht. Im Jahre 1910 spielte dieser Komet eine bedeutende Rolle. Man hatte große Erwartungen auf sein Erscheinen gesetzt, namentlich weil die Erde durch seinen Schweif hindurchgehen sollte. Dabei glaubte man endlich über die Natur der Kometenschweife genaueren Aufschluß zu bekommen. Indessen wurden diese Erwartungen nicht erfüllt. Der Komet entwickelte sich schon gar nicht so großartig, nicht seinen früheren Erscheinungen entsprechend, und bei dem Durchgang der Erde durch seinen Schweif waren, soweit bis jetzt bekannt geworden ist, vollends keine besonders merkwürdigen oder auffallenden Erscheinungen wahrzunehmen.

Der Komet 1744 war so hell, daß er mit freiem Auge am hellen Tage gesehen werden konnte. Er hatte 6 Schweife, die fächerförmig

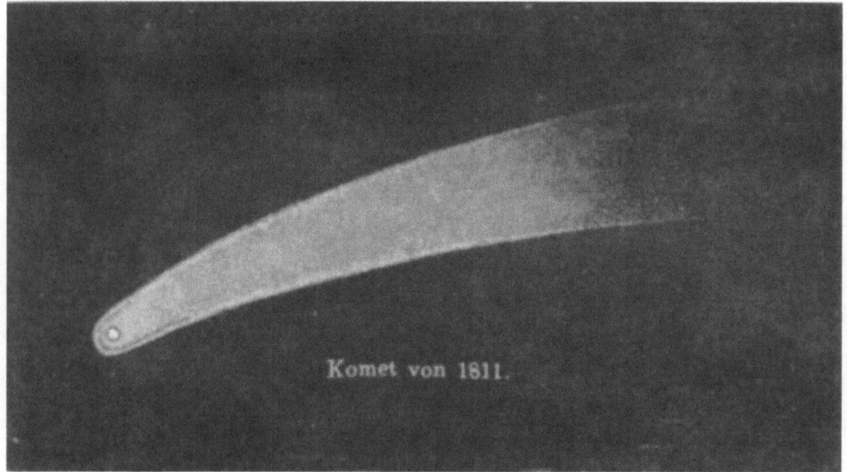

Fig. 113. Der große Komet 1811.

ausgebreitet und von der Sonne abgewandt waren. Nach Bredichin waren es aber nur sechs Teile desselben Schweifes, die durch perspektivische Wirkung geteilt erschienen, weil der Schweif nahezu gegen die Erde gerichtet war, wie ja auch die durch Wolkenlücken dringenden parallelen Sonnenstrahlen fächerförmig auseinander zu gehen scheinen.

Der Komet Lexell (1770), vom Jupiter eingefangen, wurde dadurch in eine Bahn von $5^1/_2$ Jahren Umlaufzeit übergeführt, blieb 12 Jahre in dieser Bahn, kam dann dem Jupiter wieder nahe und wurde dadurch von neuem sehr exzentrisch. Er kreuzte die Jupiter-Mondbahnen, kam diesen Monden sehr nahe, ohne eine Spur einer Änderung an ihnen zu bewirken. Auch auf die Erde war keinerlei Wirkung nachweisbar, obwohl er ihr gleichfalls sehr nahe kam.

Der Komet Encke (1786) ließ im Laufe der Beobachtungen eine Verringerung seiner Umlaufzeit erkennen, woraus auf das Vorhandensein eines den Himmelskörpern merklich widerstehenden Mittels im Weltall geschlossen wurde. Diese Schlußfolgerung wurde aber

Fig. 114. Der große Komet 1843.

widerlegt. Wahrscheinlich handelte es sich bei dem hier beobachteten Widerstand nur um Meteoritenschwärme, die zeitweise auf diesen Kometen hemmend eingewirkt hatten.

Der Komet 1811 (Fig. 113) war eine besonders prächtige Erscheinung. Sein Schweif maß fast 90 Millionen Kilometer; seine Umlaufzeit wurde zu 3065 Jahren berechnet.

Der Komet Biela (1826) war nur ein teleskopischer Komet mit kleiner Umlaufzeit. Er hat dadurch die besondere Aufmerksamkeit auf sich gelenkt, daß er sich plötzlich, sozusagen unter den Augen der erstaunten Astronomen, in zwei Teile teilte; beide Teile entfernten sich dann voneinander und beim nächsten Umlauf war ihr Abstand noch größer geworden. Dann hat sich dieser Komet wahrscheinlich ganz aufgelöst; denn man hat ihn nie mehr gesehen.

Der große Komet 1843 (Fig. 114) wurde plötzlich ganz nahe der Sonne sichtbar und war so hell, daß er im Süden zum Teil am hellen Tage gesehen werden konnte. Er kam der Sonne näher als irgend ein anderer Komet: sein Perihelabstand betrug nur 130000 km von der Sonnenoberfläche. Dabei erreichte er die ungeheure fortschreitende Geschwindigkeit von etwa 570 km in der Sekunde. Nach seinem Perihel wurde sein Schweif etwa 250 Millionen Kilometer lang, erstreckte sich also von der Sonne bis über die Marsbahn hinaus.

Der Komet Donati vom Jahre 1858 war gleichfalls eine wundervolle Erscheinung [1]). Fig. 115 stellt diesen Kometen dar. Zuerst war er nur eine schwache kleine Nebelmasse und entwickelte sich langsam. Bald nach seinem Periheldurchgang wurde aber sein Glanz ganz außerordentlich. Die Figur zeigt seinen Kopf neben dem Stern erster Größe Arkturus. Außer seinem Hauptschweif hatte er noch einen sekundären fast geradlinigen Schweif. Aus seinem Kopfe entwickelten sich in Perioden von etwa 4 bis 7 Tagen Hüllen, die stetig in den gespaltenen Schweif übergingen. Seine Umlaufzeit ist etwa zu 2000 Jahren berechnet worden.

Der Komet 1861 war gleichfalls von dauernder Schönheit und von ähnlichem Glanz wie der Donatische. Er tauchte plötzlich aus den Sonnenstrahlen auf und ließ einen ähnlichen Kern mit Lichtbogenhüllen wie der vorhin genannte Donatische Komet erkennen. Er hatte einen Hauptschweif und einen gekrümmten Nebenschweif.

Der Komet 1862 entwickelte ähnlich wie der Halleysche Komet aus seinem Kern leuchtende pendelartig schwingende Materie, und in der gleichen Periode änderte sich auch die Helligkeit in seinem Kern; ebenso änderte sich seine Kopfhüllenform, jeweils etwa in drei Tagen. Auch dieser Komet hatte einen Haupt- und einen Nebenschweif. Ersterer war zuerst direkt von der Sonne abgewandt, nachher bildete er aber mit dieser Richtung einen Winkel von etwa 15°. Seine Umlaufzeit wird zu 120 Jahren angegeben.

Der Komet Coggia vom Jahre 1874 entwickelte zuerst seine Lichtmaterie in zwei fast gleichen Bogen, später wurden aber diese

[1]) Dieser Komet ist eine meiner ersten Jugenderinnerungen.

Bogen unsymmetrisch, sie erschienen wie übereinander gelagert. Der Schweif war mäßig gekrümmt.

Der Komet Tebbut 1881 III[1]) zeigte beim Ausströmen seiner Lichtmaterie gegen die Sonne hin wieder pendelartige Schwingungen mit Neigungen der betreffenden Strahlen bis zu 90° bei jedem Pendeln von Tag zu Tag. Er gab im Spektroskop zwei helle Spektrallinien im Ultraviolett, die vielleicht den Cyanbanden entsprechen; nach Vogel ist es dagegen ein leuchtendes Gemenge von Kohlenwasserstoffen und Kohlenoxyd.

Fig. 115. Donatischer Komet 1858. Nach Bond.

Der Komet Wells 1882 I kam der Sonne sehr nahe und zeigte ein sehr helles kontinuierliches Spektrum, dagegen nur schwache helle Banden; die Natriumlinie erschien aber im Spektrum und zwar sehr hell, sogar als Doppellinie. Dementsprechend war im Kerne eine stärkere Lichtentwickelung zu erkennen, als sie nur durch reflektiertes Licht allein hätte zustande kommen können. Während des Erscheinens

[1]) Die hinter den Jahrgang der Kometen gesetzte römische Zahl gibt die Reihenfolge der Periheldurchgänge der verschiedenen Kometen des betreffenden Jahres an.

der Natriumlinien verschwand das vorher sichtbar gewesene Bandenspektrum, woraus auf ein elektrisches Glühen der Kometenmaterie geschlossen worden ist.

Der Komet 1882 II war wiederum am hellen Tage zu sehen, sogar bei seinem Eintritt in die Sonnenscheibe; auf der Sonnenscheibe selber war er allerdings nicht wahrzunehmen. In seinem Spektrum erkannte man gleichfalls die Natriumlinie, vielleicht auch einige Eisen-

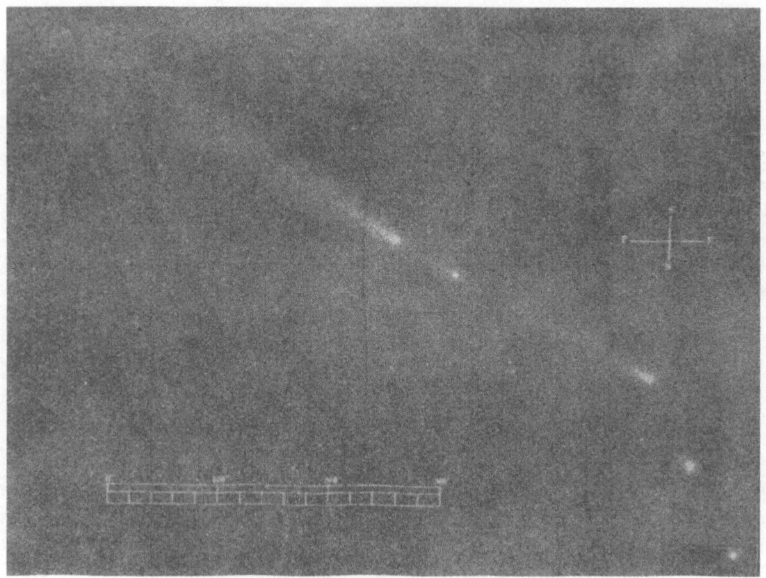

Fig. 116. Brooks Komet 1889 V. (Aus „Weltall".)

linien. Der Kern erschien zuerst ganz rund, dann aber länglich mit zwei Lichtknoten, und zuletzt konnte man sogar längs der Schweifachse vier getrennte Teile unterscheiden. Schließlich kam eine völlige Abtrennung und eine Teilung in zwei Kometen zustande.

Die Kometen 1843, 1880 I und 1882 II sind einander in ihren Bahnelementen zwar sehr ähnlich, dennoch handelt es sich um drei verschiedene Kometen, die aber vielleicht einmal durch Teilung aus einem einzigen Kometen entstanden sind. Wahrscheinlich gehören sogar noch andere Kometen zu diesem System.

Der Komet Pons-Brooks 1883/84 zeigte besonders plötzlich auftretende Gestalts- und Helligkeitsänderungen; bald war nur der Kern oder nur die Hülle, bald war aber beides zu sehen. Namentlich erfolgten bei diesem Kometen zwei größere Lichtausbrüche in der Zeit weniger Stunden, auch waren entsprechende Änderungen in seinem Spektrum zu beobachten. Solche Lichtausbrüche sind aber seither, seit man auf dieselben genauer achtet, auch bei anderen Kometen gefunden worden.

Fig. 117. Komet Swift 1892 I. (Aus Arrhenius, Werden der Welten I.)

Der Komet Sawerthal 1888 I zeigte zb. ähnliche Lichtausbrüche wie die soeben genannten. Bei seinem Periheldurchgang teilte sich sein Kern in zwei, dann in drei Teile.

Der Komet Brooks 1889 V hatte vier sehr ähnliche aber schwächere Begleiter, von denen einer bald ganz verschwand, während ein anderer heller als der Hauptkomet wurde. Zwei Begleiter lagen in der Schweifachse (Fig. 116), die beiden anderen bewegten sich in der gleichen Bahn wie der Hauptkomet. Möglicherweise sind diese durch den Jupiter getrennt und ist also der ursprüngliche Komet in verschiedene Teile aufgelöst worden, da er in seinem Aphel dem

Jupiter nahe gekommen ist. Die frühere Umlaufzeit war 31, jetzt ist sie nur noch 7 Jahre.

Der Komet Swift 1892 I (Fig. 117) läßt Schweifstrahlen erkennen, die ungefähr vom Kern als Zentrum auszugehen scheinen.

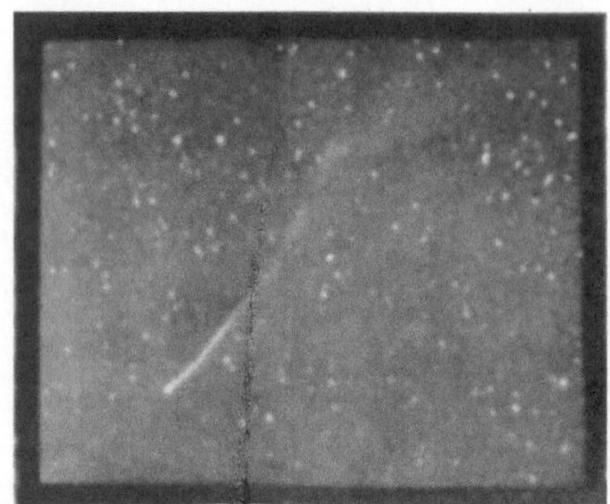

Fig. 118. Komet Brooks 1893 IV.

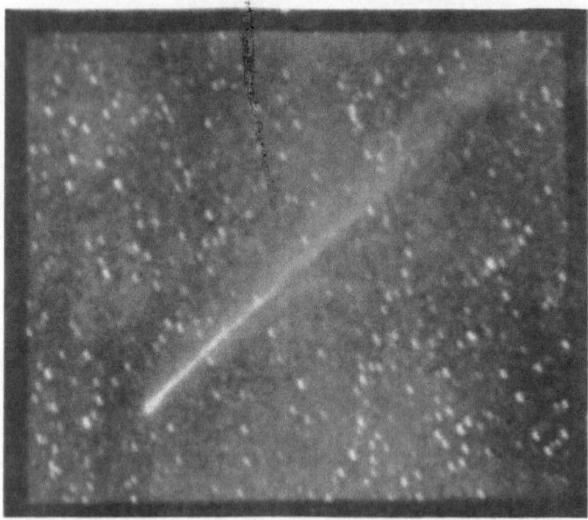

Fig. 119. Komet Brooks 1893 IV.

Der Komet Holmes 1892 III ist periodisch mit etwa 7 Jahren Umlaufzeit. Auch er hat ganz auffallende Gestalts- und Helligkeitsänderungen durchgemacht, doch nur ein einziges Mal, bei einem seiner Umläufe. Die Gründe dieser Veränderungen sind noch ganz unbekannt. Sonst war dieser Komet weniger hell.

Unregelmäßige Schweifformen zeigte der Komet Brooks 1893 IV, fast wie Rauchwolken (Fig. 118 und 119). In der ersten Figur biegt der Schweif nahe seinem äußersten Ende fast rechtwinklig um, in der zweiten Figur ist der Schweif fast geradlinig, er zeigt aber eine Trennung in Schweifstrahlen.

Der Komet Rordame 1893 II war sehr hell und zeigte mehrfache Teilungen seines Schweifes; täglich erschien er wieder anders. Die Schweifstrahlen schienen vom Mittelpunkte des Kometen auszugehen, nicht von den Rändern der Hülle wie bei dem Kopf des Donatischen Kometen. Viele Strahlen zweigten sich von dem zentralen Schweif ab, diese teilten sich dann auch wieder und wurden allmählich immer schwächer. An verschiedenen Stellen des Schweifes waren starke

Verdichtungen wahrzunehmen. Aber auch diese waren jeden Tag anders, manchmal war von ihnen überhaupt nichts mehr zu sehen. Fig. 120 und 121 geben zwei Darstellungen dieses Kometen wieder.

Der Komet Borrelly 1903 c[1]) ist hier in den beiden Fig. 122 und 123 dargestellt. Man erkennt aus denselben, daß die Strahlen des

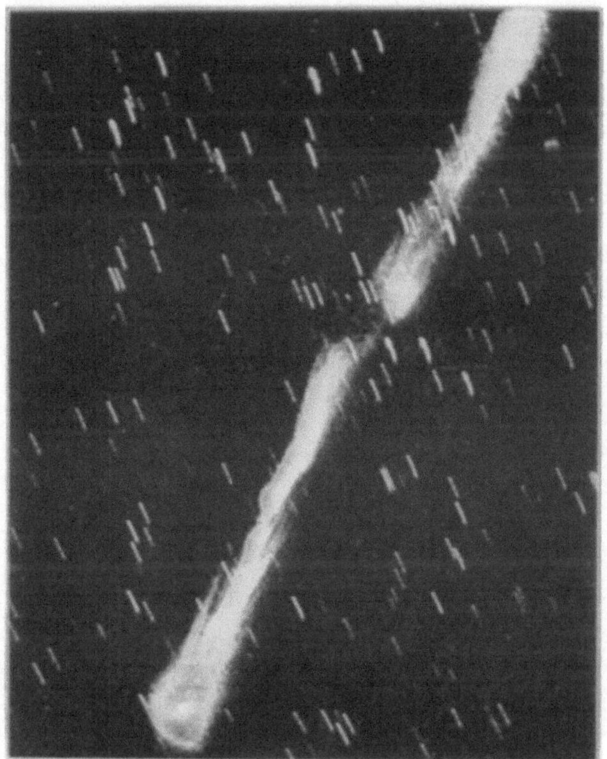

Fig. 120. Komet Rordame 1893 II. Nach Hussey. (Aus Newcomb, Pop. Astronomie.)

Schweifes von einem im Kern liegenden Punkt auszugehen scheinen, oder daß sie sich sogar in einem hinter dem Kern liegenden Punkte schneiden.

Der Komet Morehouse 1908 c ließ gleichfalls in seinem Schweif auffallende Gestalts- und Helligkeitsänderungen erkennen, die mit mehr

[1]) Die lateinischen Buchstaben hinter der Jahreszahl bezeichnen die Reihenfolge der Entdeckung der Kometen in dem betreffenden Jahr.

oder weniger regelmäßigen Lichtausbrüchen verbunden waren (Fig. 124). Hier sind die sehr scharf entwickelten Schweifstrahlen bemerkenswert, die zum großen Teil vom Kern selber, zum Teil aber sogar von Punkten auszugehen schienen, die weiter hinten in der Schweifachse lagen.

Die teleskopischen Kometen erscheinen uns meist nur als feine, ziemlich runde Wölkchen von granuliertem Aussehen, und sie

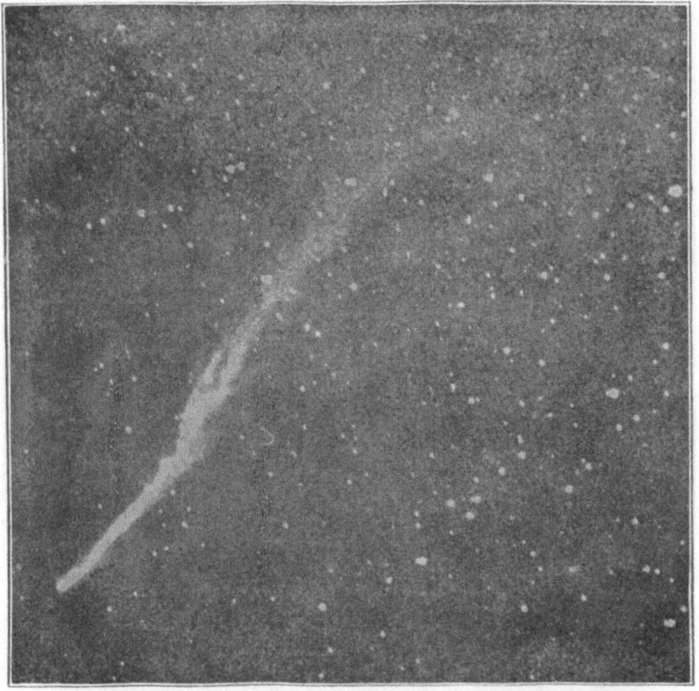

Fig. 121. Komet Rordame 1893 II. (Aus Arrhenius, Werden der Welten I.)

bestehen zweifellos aus Meteoriten; sie sind Meteoritenhaufen, die aber unter Umständen Zehntausende von Kilometern im Durchmesser haben. Denn Gasmassen können diese teleskopischen Kometen nicht sein, weil hinter ihnen befindliche Sterne keine Ablenkung der Lichtstrahlen erkennen lassen. Nebel- oder Rauchmassen können sie aber auch nicht sein; denn die Sterne erscheinen ziemlich ungeschwächt durch sie hindurch. Also kann es sich bei ihnen nur um diskret verteilte Körperchen, um Meteorite handeln, die in sehr großen Abständen voneinander, also in sehr wenig dichter Raumerfüllung dahinziehen [1]). Daß tatsächlich die Kometen mit den Meteoriten verwandt sind, wird später gezeigt werden.

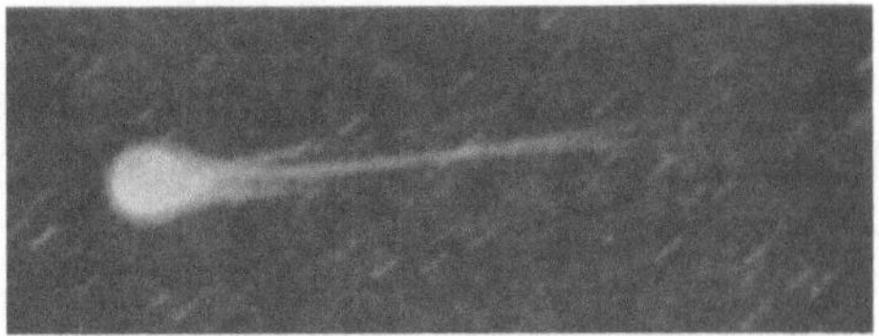

Fig. 122. Komet Borrelly 1903 c. Nach M. Wolf. (Aus „Weltall".)

Das Kometenspektrum ist kontinuierlich, läßt aber in der Regel außerdem noch charakteristische Banden erkennen; man sieht meistens drei helle Banden, die scharf nach Rot, aber verwaschen nach Violett aussehen. Diese Banden gehören dem Swanschen Spektrum an, das auch von dem blauen Teil der Flamme eines Bunsenbrenners ausgestrahlt wird, dh. dem Kohlenoxydspektrum; außerdem erhält man

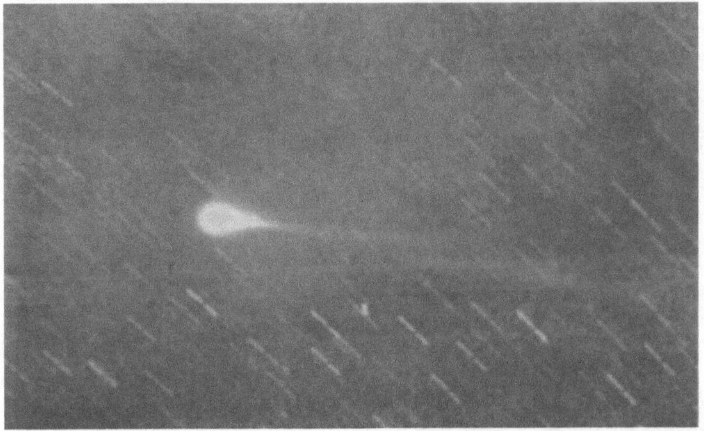

Fig. 123. Komet Borrelly 1903 c. Nach J. M. Smith. (Aus „Umschau".)

aber auch noch andere Banden, die das Kohlenoxyd nur bei sehr geringer Dichte aussendet, sowie Banden von Kohlenwasserstoffen und namentlich Cyanbanden (vgl. Fig. 125 a, b, c). Das kontinuierliche

---

1) Unterlägen diese Meteorite nur der Gravitation ihrer selbst aufeinander, so müßte sich die Meteoritenwolke zu einem Meteoritenhaufen zusammenballen; beim Vorhandensein einer Repulsionskraft, die stärker als die Gravitation wäre, müßten sie auseinander fliegen. Ein stabiles Gleichgewicht in einer solchen Meteoritenwolke wäre also nur denkbar, wenn die Repulsionskraft gegen das Zentrum hin stärker zunähme als die Gravitationskraft (vgl. meine folgenden Entwickelungen).

Spektrum der Kometen rührt von Licht reflektierenden festen Teilchen derselben her. Es wird von ihnen das Sonnenlicht reflektiert; denn man sieht im kontinuierlichen Spektrum sogar die Fraunhoferschen Linien. Gelegentlich nimmt man eine rasche Intensitätssteigerung des kontinuierlichen Spektrums wahr, woraus man schließen kann, dieser Teil des Spektrums rühre von glühend gewordenen Kometenteilchen her.

Die Meteorite.

In hellen Nächten sehen wir in der Regel da und dort Sternschnuppen aufleuchten, meist nur in geringer Anzahl; zu gewissen Zeiten sieht man aber deren am gleichen Ort zu Tausenden in der Stunde. Das Wesen derselben ist zuerst von Chladni erkannt worden, später wurden ihre Erscheinungen von H. A. Newton und von Schiaparelli noch weiter aufgeklärt. Die Meteore sind dasselbe wie die Sternschnuppen, nur erscheinen sie uns ganz besonders hell; ein wesentlicher Unterschied zwischen beiden besteht aber in keiner Weise, weshalb man auch neuerdings den Namen Meteor oder Meteorit für beiderlei Erscheinungen anwendet. Die Bahnen der Meteore erscheinen meist geradlinig; gelegentlich kommen allerdings wegen des bedeutenden Luftwiderstandes auch starke Krümmungen bei ihnen vor. Die Höhe ihres Aufleuchtens zählt unter Umständen nach Hunderten von Kilometern. Sie verlöschen um so tiefer, je größer die Meteore sind. In manchen Fällen vernimmt man bei ihrem Erlöschen einen lauten Knall wie bei einer Explosion oder wie beim Abfeuern eines Geschützes. Von Zeit zu Zeit erfolgen an der Stelle, wo ein sehr

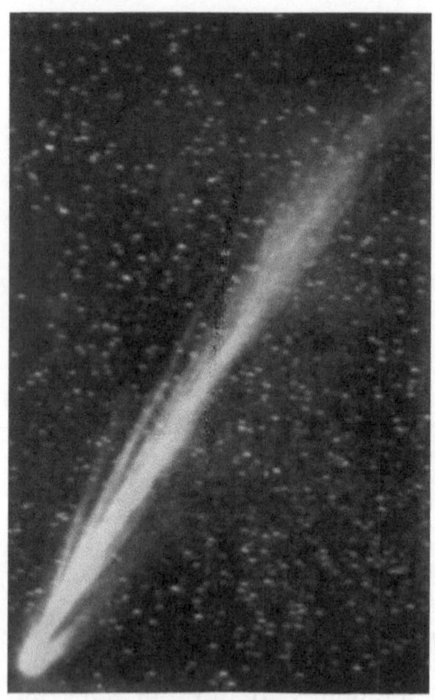

Fig. 124. Komet Morehouse 1908 c. Nach Metcalf. (Aus Newcomb, Pop. Astronomie.)

großes Meteor aufleuchtete, Steinfälle, oder man findet Metallmassen, besonders Eisen, das solchen Meteoren entstammt.

Der Physiker Chladni behauptete zuerst den kosmischen Ursprung der Meteorsteine. Gleichwohl wurden von den Chemikern in den Meteorsteinen oder Meteoriten keine fremden chemischen Elemente entdeckt, nur teilweise andere Verbindungen der uns bereits bekannten Elemente.

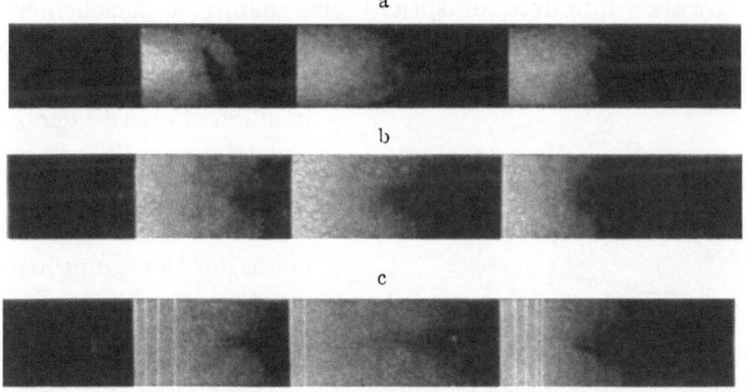

Fig. 125. Vergleichung eines Kometenspektrums (a) mit Kohlenwasserstoffspektren bei etwas weiterem Spalt (b) und bei engem Spalt (c).

Man unterscheidet zwei Arten von Meteoriten:

1. Eisenmeteorite oder Siderite (Fig. 126[1]), die besonders reich an Nickeleisen sind;
2. Steinmeteorite (Fig. 127), die namentlich Kieselsäure, Tonerde, Magnesia, Kalk usf. in Verbindungen und außerdem noch Eisen in gediegenem Zustand enthalten.
3. Zwischen beiden Gruppen stehen die Pallasite mehr oder weniger in der Mitte.

Nur sehr selten gelingt es, ein Spektrum eines Meteors zu beobachten, weil sie gar zu plötzlich an unbekannter Stelle aufleuchten und gar zu schnell wieder verschwinden. Die Spektren sind aber teils kontinuierlich, teils sind es Gasspektren.

Die Zahl der in die Erscheinung tretenden Meteore ist abhängig von der Bewegung der Erde durch die kosmische Wolke von Meteo-

[1]) Die Fig. 126 und 127 sind durch Ätzen von geschliffenen Flächen solcher Meteorite erhalten.

riten hindurch. Wenn hier von kosmischen Wolken gesprochen wird, so kann es sich aber doch nur um ein sehr spärliches Vorhandensein von Meteoriten im Raume handeln, so daß beispielsweise nur etwa ein Meteorit auf Millionen Kubikkilometer entfällt. Denn auch bei diesem scheinbar spärlichen Vorhandensein von Meteoriten würde doch ihre Anzahl in unserem Sonnensystem fast unermeßlich groß sein. Der Bewegung unseres Sonnensystems mit der Erde durch eine Meteoritenwolke hindurch entspricht das häufigste Erscheinen von Meteoren am frühen Morgen und im Herbst; dann hat nämlich die Erde der Eigenbewegung des Sonnensystems durch den Weltraum entsprechend die größte Komponente der Bewegung den Meteoren entgegen.

Fig. 126. Eisenmeteorit oder Siderit (geätztes Meteoreisen von Toluca in Mexiko).

Die Geschwindigkeiten der Meteore sind in der Regel größer als unsere Erdgeschwindigkeit. Wegen ihrer großen Relativgeschwindigkeit bezüglich der Erde werden die Meteore bei ihrem Eintreten in die Erdatmosphäre glühend, der mechanischen Wärmetheorie zufolge, da bei so großen Geschwindigkeiten durch unsere Erdatmosphäre enorme Widerstände auf sie ausgeübt werden. Es wird nämlich ihre kinetische Energie $^1/_2\ mv^2$ in Wärme verwandelt; bei den ungeheuren Meteorgeschwindigkeiten von 20 bis 70 km relativ zur Erde muß also eine gewaltige Erhitzung der Meteore zustande kommen. Daneben entsteht aber auch eine sehr heftige Bewegung der mitgerissenen Luft, wodurch ein entsprechend starker Knall erzeugt wird.

Die größeren Meteore fallen im allgemeinen tiefer gegen die Erdoberfläche herab als die kleineren, weil sie durch die Wärmezufuhr vermöge des Luftwiderstandes nur an ihrer Oberfläche so rasch erhitzt werden können, daß sie flüssig und gasförmig werden. Dann zerstieben sie unter Umständen, sie zerplatzen besonders durch die in ihnen okkludierten und nun bei der Erhitzung plötzlich frei werdenden Gase, vielleicht aber auch durch chemische Verbindungen, die im Augenblicke der Erhitzung entstehen.

Von einzelnen Beobachtern wurde die Höhe der aufleuchtenden Meteore auf 150 bis 200 km, ja sogar bis zu 800 km geschätzt und

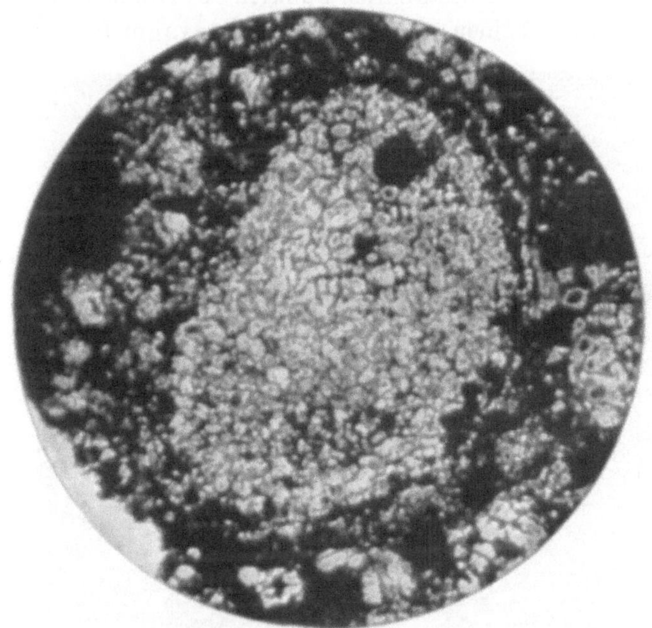

Fig. 127.
Steinmeteorit, mit deutlicher Körnerbildung. Nach G. Tschermak.
(Aus Arrhenius, Werden der Welten I.)

daraus der Schluß gezogen, die Erdatmosphäre erstrecke sich so hoch hinauf. Indessen ist doch nur in wenigen Ausnahmen eine so große Höhe gemessen oder geschätzt worden. Vielleicht kann es sich aber in solchen Ausnahmefällen um Zusammenstöße von Meteoriten selber handeln, von Meteoriten nämlich, die aus weiter Ferne auf die Erde losfahren, mit anderen Meteoriten, die ja zweifellos auch die Erde in großer Zahl regelmäßig umkreisen werden, wie sie in noch viel unermeßlicherer Zahl um den Saturn (Saturnringe) und um die Sonne kreisen (vgl. Zodiakallicht, S. 148).

Auf den Schneefeldern der polaren Zone, weit entfernt von kultivierten Gegenden, ist Eisenstaub gefunden worden, den man auf die zerstäubten Meteore zurückzuführen versucht. Newcomb glaubt, diese Eisenmassen seien eher vulkanischen als kosmischen Ursprungs, ohne aber diese Anschauung, wie mir scheint, genügend zu begründen.

Ganz besonders merkwürdig sind die periodischen Meteorschwärme, die stets von bestimmten Punkten des Himmels ausgehen. Wie Fig. 128 zeigt, scheinen alle Meteorite von einem Punkte radial

Fig. 128. Radiationspunkt der November-Sternschnuppen. (Aus Newcomb, Pop. Astronomie.)

auseinander zu laufen. Die scheinbare Ausgangsstelle der Meteorite nennt man Radiant oder Radiationspunkt. Die Erscheinung des radialen Auseinanderlaufens ist aber nur eine perspektivische Wirkung, die parallele Strahlen hervorbringen, wenn sie auf uns zulaufen. Wir erkennen dies bei den Sonnenstrahlen, die zwischen Wolkenlücken hindurchdringen und die auch radial auseinander zu laufen scheinen, bei denen wir aber genau wissen, daß sie infolge der ungeheuren Entfernung der Sonne von der Erde zwischen den Wolken und der Erdoberfläche so angenähert parallel sind, daß wir Abweichungen von der Parallelen nicht nachzuweisen vermögen.

Solche Meteoritenschwärme werden stets an ganz bestimmten Stellen der Erde in ihrer Bahn beobachtet; entweder sieht man sie jedes Jahr oder erst nach vielen Jahren wieder in der gleichen Intensität. Man hat aus diesen Beobachtungen die Folgerung gezogen, es gebe Meteoritenschwärme, die in festen Bahnen um die Sonne kreisen, und zwar seien es entweder fadenförmige Meteoritenringe, die ihre Bahnen vollständig gleichmäßig ausfüllen, oder es seien nur die Meteoritenschwärme, die wie Kometen um die Sonne kreisen. Tatsächlich besteht eine solche Verwandtschaft zwischen den Meteoritenschwärmen und den Kometen: Ihre Bahnen sind ganz analog oder vielmehr zum Teil genau gleich. Es sind Hunderte von Meteoritenschwärmen bekannt, die in ihren Bahnen mit Kometenbahnen ganz auffallend übereinstimmen.

Wir haben früher (S. 133) gesehen, daß sich Kometen unter den Augen der sie beobachtenden Astronomen in zwei und mehr Teile geteilt haben, wahrscheinlich infolge der Sonnenanziehung. In ähnlicher Weise entstehen Teilungen in den Kometen durch die Anziehungen der großen Planeten, auch der Erde. Der ursprüngliche Kometenkern wird immer mehr auseinander gezogen, bis er zuletzt die ganze Kometenbahn als fadenförmiges Gebilde erfüllt. Schneidet nun eine solche Bahn unsere Erdbahn, so erhalten wir an dem betreffenden Tage einen Meteoritenregen, Jahr für Jahr; ist aber der Schwarm noch kompakt, nicht schon fadenförmig ausgebildet, so entsteht der Meteoritenregen nur bei der Begegnung des Schwarmes selber mit der Erde. Immerhin wird dies bei jedem Schwarmumlauf die Regel sein, weil doch die Schwärme gewöhnlich weit auseinander gezogen sind. Ein Beispiel eines solchen mit einem Kometen verwandten Meteoritenschwarmes bilden die Bieliden, die in derselben Bahn kreisen, in der der einstige Komet Biela einherzog; aus diesem Umstande schließt man, die Bieliden seien die Überreste des mit der Zeit vollständig auseinander gezogenen Kometen Biela. Bei anderen Meteoritenschwärmen verhält es sich ganz analog.

Da man nunmehr die Natur der Meteorite aus den zahlreich beobachteten Steinfällen erschlossen hat, weiß man, daß auch die Kometen selber aus derselben Materie bestehen. Denn durch die Berechnungen der Astronomen ist nun die Identität von Hunderten von Meteoritenschwärmen mit Kometen sozusagen zur Gewißheit erhoben worden.

Eine mit den Meteoriten verwandte Erscheinung ist auch die Lichtpyramide, die besonders in den Tropen als zarter schwacher Schein zu sehen ist und die man Zodiakallicht nennt (Fig. 129). In unseren Gegenden ist das Zodiakallicht nur selten zu sehen, höchstens in sehr klaren Nächten kann man es gelegentlich beobachten, besonders abends im Frühjahr und morgens im Herbst; in den Tropen ist es aber manchmal so hell wie das Licht der Milchstraße. Auch auf der von der Sonne abgewandten, nicht nur auf der Seite nach der Sonne hin, wie es die Regel ist, sieht man von Zeit zu Zeit einen solchen Lichtnebel, den man als den Gegenschein bezeichnet. Ja man kann sogar in den Tropen gelegentlich über den ganzen Himmel hinweg einen entsprechenden Streifen beobachten.

Fig. 129. Zodiakallicht in den Tropen.

Dieser ganze Nebelstreifen liegt wahrscheinlich in der Ekliptik. Vermutlich besteht er aus einer dünnen die Sonne umgebenden Wolke oder Schicht kosmischen Staubes, die noch über die Erdbahn hinausreicht und das Sonnenlicht reflektiert. Das Spektrum des Zodiakallichtes ist ein rein kontinuierliches, wie nunmehr durch Wright und besonders durch Fath unzweifelhaft nachgewiesen worden ist; daher kann das Zodiakallicht nur aus kosmischem Staub bestehen.

Die Sternenwelt.

Am Sternenhimmel unterscheidet man Einzelsterne, Doppelsterne und mehrfache Sterne, ferner Sternhaufen, Nebel und die unermeßlich große Milchstraße. Die letztere kann um so mehr in ihre Bestandteile aufgelöst werden, je stärkere Fernrohre zu Gebote stehen. Man findet dann in ihr viele Millionen von Sternen und außerdem zahlreiche Nebel, die aber im Fernrohr nicht immer in einzelne Sterne auflösbar sind.

Die Sterne.

Um sich am Sternenhimmel besser orientieren zu können, hat man ihn in 86 Sternbilder eingeteilt, in denen man die einzelnen Sterne mit griechischen Buchstaben und zwar jedesmal den hellsten Stern mit α, den zweithellsten mit β usf. bezeichnet, so daß zb. α-Lyrae

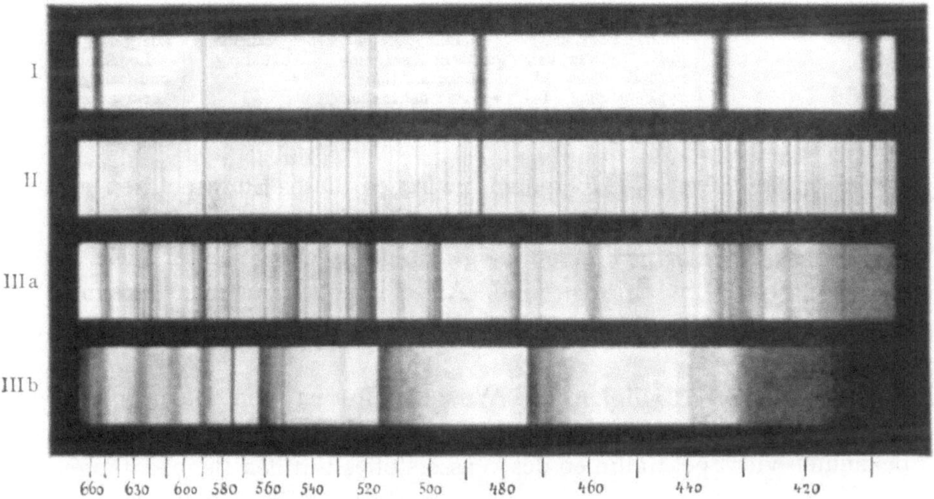

Fig. 130. Spektralklassen, nach H. C. Vogel.
(Die Zahlen bedeuten Wellenlängen in Milliontel Millimeter.)

die Wega bedeutet. Die Zahl der sichtbaren Sterne beträgt unzweifelhaft viele hundert Millionen. Es ist aber nicht nur die Helligkeit der Sterne, sondern auch ihre Farbe verschieden, wie uns namentlich ihre Spektren zeigen.

Bezüglich der Farbe unterscheidet Secchi 4 verschiedene Typen: weiße, gelbe, rötliche und rote Sterne. Unsere Sonne gehört zu den gelben Sternen. Vogel faßt dagegen die beiden letzten Typen, die einander doch sehr ähnlich sind, zusammen in eine, gibt ihnen nur die Unterabteilungen a und b. Die verschiedenen Spektren dieser 4 Klassen Vogels sind in der Fig. 130 wiedergegeben. Wir haben also nach diesem Forscher die 4 Typen:

	I	II	IIIa	IIIb
Entsprechend sind am hellsten . . .	die blauen	gelben	orange	roten
		Teile des Spektrums		
ferner sind die Temperaturen . . .	die höchsten	sehr hoch	hoch	niedriger
Beispiele für diese Typen sind . . .	Sirius, Wega	Sonne usf.	α Orionis α Herculis	schwache rote Sterne
Man findet bei diesen Sternen . .	die höchsten Atmosphären aus Wasserstoff, Helium usf., weshalb diese Absorptionslinien besonders verbreitert erscheinen.	schon stärkere Verdichtung, einen größeren Kern, eine dünnere Atmosphäre; daher sind auch schon Metallabsorptionslinien da.	noch stärker fortgeschrittene Abkühlung.	das allergeringste Leuchten und bald gar kein ausgesandtes Licht mehr.

Daneben sind aber alle Übergänge zwischen diesen Sternspektren vorhanden. Dementsprechend bildet Vogel noch zahlreiche Unterabteilungen Ia1, Ia2 usf.; Fig. 131 zeigt einige solche Spektren, wie sie von ihm gezeichnet worden sind. Aus Fig. 132 kann man erkennen, daß im allgemeinen jedem Stern ein etwas verschiedenes Spektrum zukommt.

Für die Spektrallinien des Wasserstoffes ist von Balmer eine sehr merkwürdige einfache Formel gefunden worden, die für alle damals bekannten vier Spektrallinien des Wasserstoffes mit den Beobachtungen vorzüglich übereinstimmte. Seine Formel lautet: $\lambda_m = h \frac{m^2}{m^2 - 4}$, wo λ_m die Wellenlänge der betreffenden Spektrallinie bedeutet, die zu m gehört, wenn man für m die Zahlen 3, 4, 5, 6... einsetzt; h ist eine bestimmte Konstante. Wie man sieht, gibt die Balmersche Formel für größere Zahlen als 6 noch weitere Spektrallinien dieses Gases, die damals noch von keinem Beobachter gesehen worden waren. Nun wurde jedoch, als es gelang, die Sternspektren genauer zu bestimmen, unter den Spektren des ersten Sterntyps die ganze von Balmer vorausgesagte Spektrallinienserie gefunden (Fig. 133).

Überall, auf allen Licht ausstrahlenden Himmelskörpern, sind nach den spektralanalytischen Methoden zum Teil dieselben Elemente gefunden worden, wie wir sie schon auf der Erde kennen, so zb. Wasserstoff, Helium, Silicium, Natrium, Calcium, Magnesium, Eisen, sogar Scandium

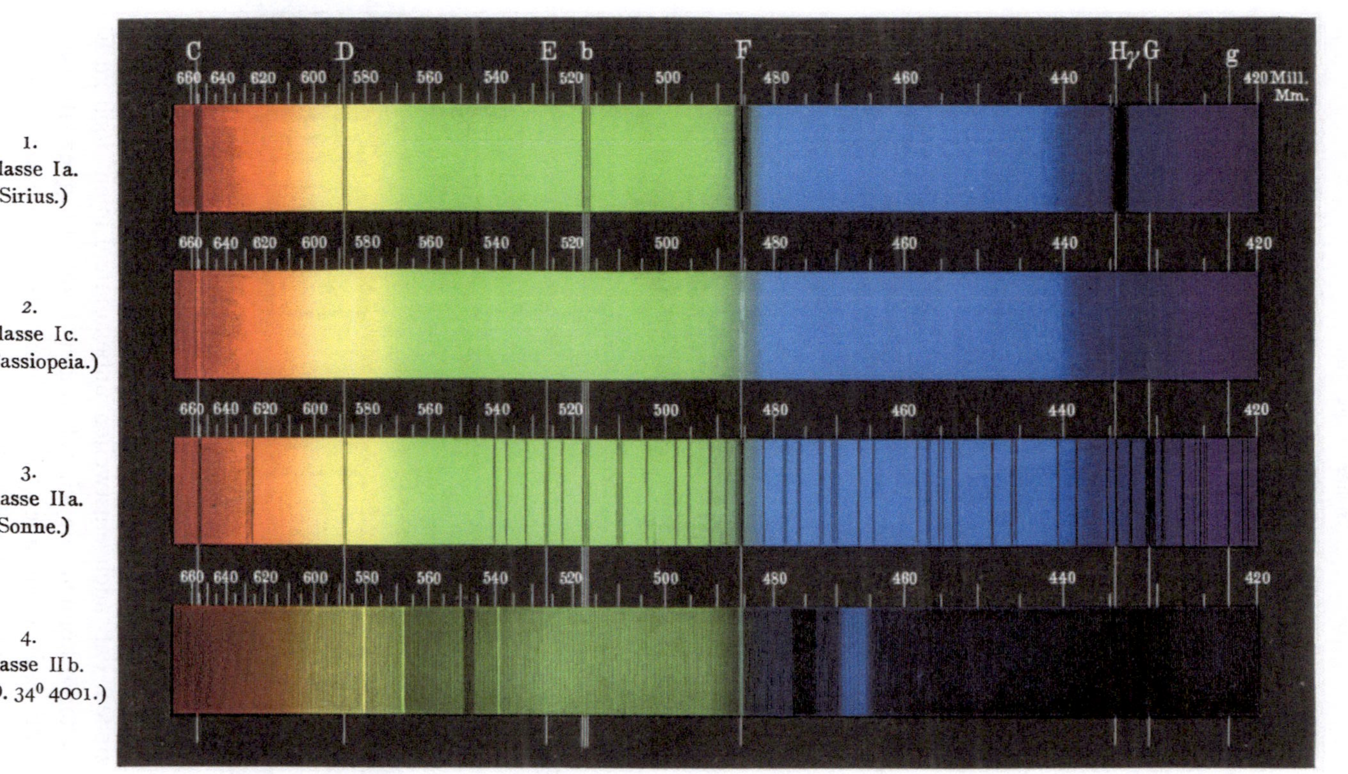

Fig. 131. Sternspektren nach H. C. Vogel.

und Gallium, die doch zu unseren seltensten Elementen gehören. Wir erkennen daraus die wunderbare Einheit im ganzen Weltall. Allerdings gibt es in fernen Welten noch manche Spektrallinien, deren

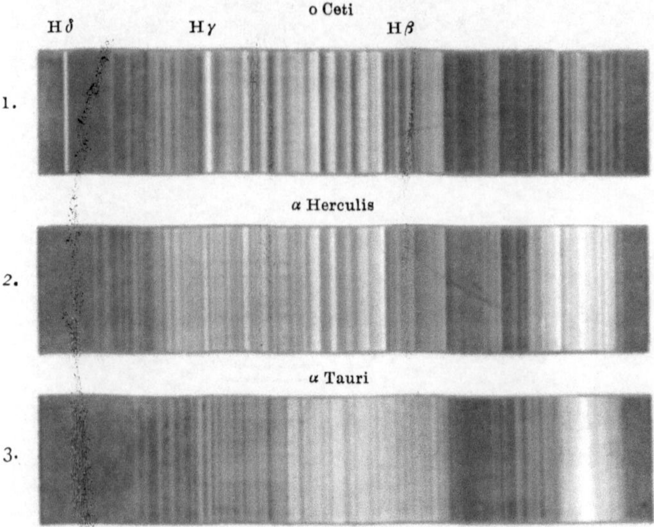

Fig. 132. Drei Beispiele von Sternspektren.

Zugehörigkeit zu Elementen bisher nicht nachgewiesen werden konnte. Indessen werden unter neuen Bedingungen immer noch neue Spektrallinien unserer bekannten Elemente gefunden. Daraus kann man den

Fig. 133. Spektrum von β Orionis (zeigt alle Wasserstofflinien, wie sie von Balmer durch seine Formel vorausgesagt worden sind).
(Aus Newcomb, Pop. Astronomie.)

Schluß ziehen, daß auch einstweilen unbekannte Linien doch zu Elementen gehören können, die wir schon längst kennen, ganz abgesehen davon, daß doch wohl auch noch nicht alle auf unserer Erde vorhandenen Elemente entdeckt sind.

Indem man die neuen genauen Messungen der Sternörter mit den älteren verglich, erkannte man, daß sehr viele Sterne bestimmte Eigenbewegungen am Himmelszelt haben. Es ist einleuchtend, daß im allgemeinen die näheren Sterne die größeren Eigenbewegungen zu haben scheinen. Denn bei derselben Eigenbewegung schreiten natürlich die weiter entfernten Sterne am Himmelszelt entsprechend weniger weit fort als die näheren. Oft haben viele mehr oder weniger benachbarte Sterne fast die gleiche Eigenbewegung. Auch unsere Sonne mit ihren Planeten hat aller Wahrscheinlichkeit nach eine nicht unbedeutende Eigenbewegung, sie bewegt sich nach Newcomb mit etwa 20 km Geschwindigkeit ziemlich nach dem hellen Sterne Wega (α Lyrae) hin. Hätte nun die Wega selber keine Eigenbewegung, bliebe sie immer an derselben Stelle des Weltraums, so würde ihr unsere Sonne einmal sehr nahe kommen können, sie käme vielleicht in ihren Anziehungsbereich, würde sich in parabolischer oder hyperbolischer Bahn, ähnlich wie unsere Kometen, um die Wega bewegen und nachher ihren Anziehungsbereich voraussichtlich wieder verlassen. Nach den Ergebnissen der Sternparallaxenmessungen, von denen wir früher (S. 61) gesprochen haben, ist die Wega etwa 40 Lichtjahre von uns entfernt. In $40 \times 300000/20 = 600000$ Jahren würde somit unser Sonnensystem die Wega erreichen. Dies ist allerdings eine lange Zeit. Verglichen mit den Perioden, mit denen die Geologen rechnen, und die in der Regel viele Millionen Jahre betragen, ist aber diese Zeit gar nicht groß, so daß sie für unsere irdischen Vorgänge wohl in Betracht kommen könnte. Käme nämlich eine fremde Sonne von der Leuchtkraft der unserigen der Erde nur etwa auf den dreifachen Abstand der Sonne von uns nahe, so müßte sie doch bei uns voraussichtlich eine so große Temperaturerhöhung hervorbringen, daß unsere klimatischen Verhältnisse ganz bedeutend geändert würden. Allerdings nur vorübergehend, aber diese vorübergehenden Einwirkungen könnten doch auf der Erde ganz gewaltige Umwälzungen hervorbringen. Es wäre zb. denkbar, daß das Hindurchtreten einer fremden Sonne durch unser Planetensystem etwa an der Stelle der Planetoiden einen früher dort befindlichen größeren Planeten zerstört hätte, daß von diesem Ereignis nur noch die vielen kleinen Planetoiden übrig geblieben wären. Allerdings scheint es, daß dann auch alle Planeten in ihren Bahnen außerordentlich gestört worden wären, daß sie nachher nicht mehr in geregelte Bahnen zurückgekehrt wären. Indessen erfolgen bei der Annäherung einer solchen Sonne die Wirkungen im allgemeinen im einen, bei ihrer Entfernung aber im anderen Sinne, und in etwa Millionen Jahren können wohl auch die größeren Planeten die kleineren allmählich in ihre eigene Bahnebene hereinziehen, so daß schließlich wieder alle Planeten fast genau in derselben Ebene um die Sonne kreisen. Maßgebend hierfür ist natürlich in unserem System die Bahnebene des größten Planeten, des Jupiter.

Durch die astronomischen Ausmessungen der Sternörter hat man also die scheinbaren Bewegungen der Sterne an der Himmelssphäre festgestellt. Andererseits läßt uns das Spektroskop die Geschwindigkeiten und somit die Bewegungen der Sterne im Visionsradius bestimmen (S. 67). Nach der ersten Methode hat man Sterngeschwindigkeiten bis zu 250 km gefunden, nach der zweiten nahezu ebenso große. Die größte Eigengeschwindigkeit fand man bis jetzt bei dem Stern Groombridge 1830. Aus jenen beiden Komponenten im Visionsradius und senkrecht dazu ergibt sich nämlich für diesen Stern eine Eigengeschwindigkeit von etwa 350 km, für eine Sonne eine ganz ungeheure Geschwindigkeit, deren Ursache bis dahin noch nicht aufgeklärt worden ist. Allerdings reicht diese Geschwindigkeit doch noch lange nicht an die größten Geschwindigkeiten von Kometen und noch weniger an die größten Geschwindigkeitswerte heran, die nach unseren späteren Berechnungen im Weltall überhaupt möglich sind.

Viele Sterne stehen so nahe beisammen, daß wir sie mit freiem Auge als einen einzigen Stern auffassen. Sogar mit den besten Fernrohren können wir nicht alle uns an derselben Stelle des Himmels erscheinenden Sterne voneinander trennen. Von diesen Sternpaaren sind indessen manche nur scheinbare, andere aber wirkliche Doppelsterne. Der unserer Sonne am nächsten stehende Stern α Centauri ist ein Doppelstern, der aus zwei fast gleich großen Sonnen besteht. Ihre beiden Massen sind ungefähr gleich der Masse unserer Sonne, und sie kreisen umeinander oder vielmehr um ihren gemeinsamen Schwerpunkt G (vgl. Fig. 134) in Abständen, die etwa zwischen den Abständen des Uranus und des Neptun von unserer Sonne liegen. Ein anderer Doppelstern ist der Sirius. Dort kreisen zwei Sonnen in Abständen, die etwa dem Abstande des Uranus von unserer Sonne gleich sind, um ihren gemeinschaftlichen Schwerpunkt. Der Hauptstern hat eine etwa zweimal so große, der Nebenstern eine etwa gleich große Masse wie unsere Sonne. Namentlich aus den im Spektroskop gesehenen Verschiebungen von Spektrallinien hat man mit Hilfe des Dopplerschen Prinzips die Geschwindigkeiten der beiden Sterne relativ zueinander und daraus ihre Bahnen und ihre Massen in vielen Fällen berechnen können. Geben zb. beide Sterne genau dieselben Spektren, sind also beide Komponenten des Doppelsternes gleich, so wird jede von ihren Spektrallinien vermöge der periodischen Bahnen beider Sterne in eine Doppellinie verwandelt, wenn sich beide Komponenten in der Richtung des Visionsradius bewegen, der eine Stern gegen uns, der andere von uns weg; wir sehen dagegen nur je eine einzige Linie, wenn beide Komponenten senkrecht zum Visionsradius in Bewegung sind.

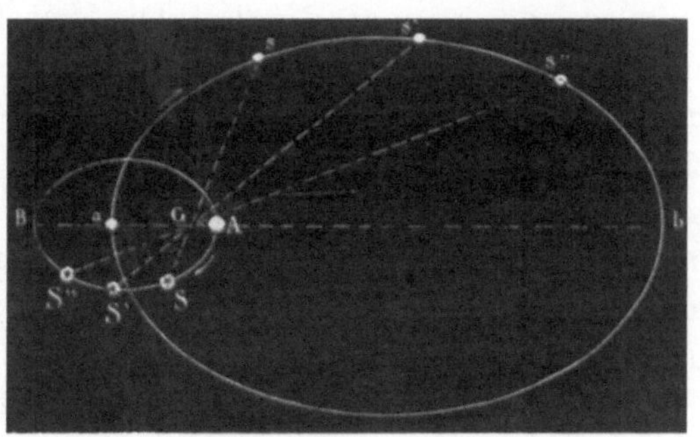

Fig. 134. Bewegung der Doppelsterne.

Auch drei- und mehrfache Sterne sind durch astronomische Messungen ziemlich genau bekannt geworden. Ferner ist es gelungen, durch Störungen, die man an sichtbaren Sternen beobachtete, theoretisch nachzuweisen, daß diese Sterne einen Begleiter haben. Da man aber optisch, auch mit dem Spektroskop, einen solchen Begleiter manchmal nicht zu beobachten imstande ist, muß man annehmen, daß es sich dann um einen dunkeln Begleiter handle. Findet man zb. bei einem Stern mittels des Spektroskops, daß er eine geschlossene Bahn in periodischem Umlauf beschreibt, und ist in dem Inneren dieser Bahn, im entsprechenden Brennpunkt der Ellipse, kein anderer Stern zu sehen, so muß sich dort entweder eine dunkle nichtleuchtende Masse von entsprechender Größe befinden, oder es kreist um diesen Schwerpunkt noch ein anderer dunkler Weltkörper, der den gesehenen hellen Stern zum Beschreiben seiner Bahn veranlaßt. Der Algol ist ein solcher sehr enger Doppelstern mit dunklem Begleiter. Der kleinste Abstand der beiden Weltkörper scheint nur wenig größer als der Durchmesser des größeren Sterns zu sein. Hier wäre also ein Zusammenprallen der beiden Körper in absehbarer Zeit denkbar, wenn nur irgend ein Widerstand ihre Bewegung etwas zu hemmen imstande ist, oder wenn ihre Massen durch beständiges Herbeiziehen von Meteoriten allmählich entsprechend vergrößert werden. Auch der wohlbekannte Polarstern hat seinen dunkeln Begleiter, man hat bei ihm eine Periodizität von nur 4 Tagen nachweisen können. Vielleicht bewegen sich außerdem diese beiden Sterne noch um einen dritten Stern, in einer Periode von etwa 17 Jahren.

Eine weitere Merkwürdigkeit unseres Sternenhimmels bilden die veränderlichen Sterne. Man beobachtet nämlich Änderungen in der Lichtstrahlung von Sternen und zwar entweder periodische, die sich in Zeiträumen von etwa 3 Stunden bis zu vielen Jahrhunderten abspielen, oder unperiodische. Die Ursachen dieser Veränderlichkeit sind verschiedener Art. Sterne können durch helle oder auch durch dunkle Begleiter — wie der Algol — verdeckt werden. Man beobachtet zb. beim Dazwischentreten dunkler Begleiter Lichtminima, in der Regel nur kurzdauernde Minima, die aber im einen Falle andere Helligkeitsschwankungen erkennen lassen als im anderen. Auch verstärkte Fleckenbildung, ähnlich wie durch unsere Sonnenflecke, ist zur Erklärung herangezogen worden.

Noch größeres Interesse wird zum Teil den neuen Sternen entgegengebracht. Schon im Jahre 1572 wurde von Tycho ein neuer Stern gesehen, der an der betreffenden Stelle niemals zuvor zu sehen gewesen war. Der Stern war heller als der Sirius, der doch sonst als der hellste Fixstern bezeichnet wird; er wuchs dann noch an Helligkeit und wurde schließlich sogar so hell wie die Venus in ihrem hellsten Glanze. Nachher nahm seine Helligkeit wieder mehr und mehr ab. Außer diesem wurden noch zahlreiche andere neue Sterne beobachtet, aber keiner von ihnen erreichte wieder die Helligkeit jenes von Tycho gesehenen Sterns. Durch spektralanalytische Untersuchung fand man zur Zeit der größten Helligkeit solcher Sterne ein kontinuierliches Spektrum; später sah man helle und dunkle Linien über das kontinuierliche Spektrum gelagert. Oft sah man die Emissions- und die Absorptionslinien desselben Elements unmittelbar nebeneinander, so zb. für die Substanzen Helium, Wasserstoff, Calcium, Natrium usf. Dabei fand man die dunkeln Linien stets nach der violetten Seite hin gelegen. Allmählich, bei der Lichtabnahme, verschwand dann das Spektrum von der violetten Seite her, zuletzt blieb nur noch eine einzige Linie übrig, die mit der Linie des *Nebelfleckspektrums* identisch war. Fig. 135 zeigt eine Reihe von Spektren des von *Schmidt* entdeckten neuen Sterns Nova Cygni nach *Vogel*, vom 4. Dezember, 14. Dezember 1876, 1. Januar, 2. Februar, 2. März 1877.

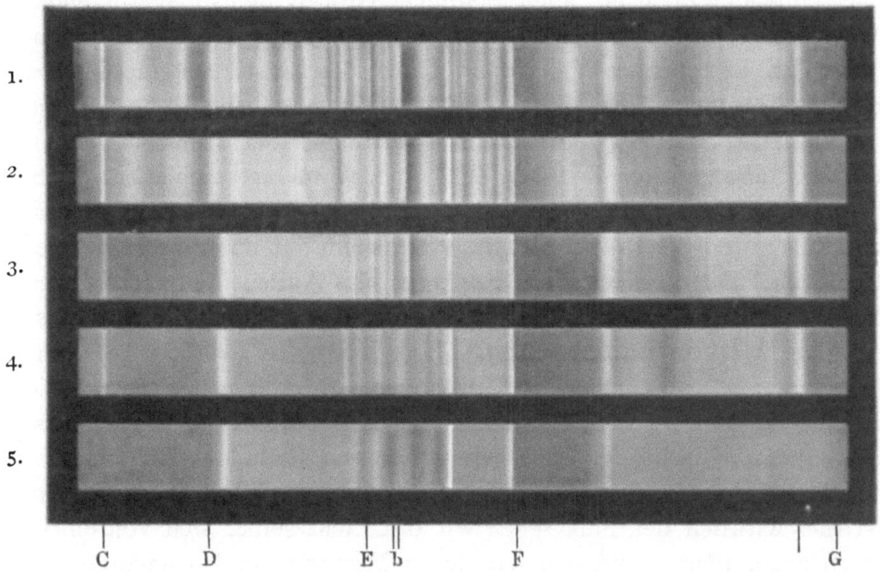

Fig. 135. Spektren von Nova Cygni, nach H. C. Vogel.
Aufgenommen: 1. am 4. Dezember, 2. am 14. Dezember 1876, 3. am 1. Januar, 4. am 2. Februar, 5. am 2. März 1877.

Als eine mögliche Ursache des Erscheinens von neuen Sternen ist die Annahme aufgestellt worden, es *stürzen zwei Weltkörper zusammen*. Dafür scheint die spektralanalytische Beobachtung zu sprechen. Denn bei dem Zusammenprallen werden zuerst die dem Stoße am meisten ausgesetzten Substanzen glühend und geben also ein kontinuierliches Spektrum. Dann verbrennen Substanzen, Gase und Dämpfe bilden sich, so daß wir neben dem kontinuierlichen Spektrum auch helle Emissions- und dunkle Absorptionslinien sehen müssen. Die entstandene Atmosphäre hüllt weiterhin den festen oder flüssigen Kern ganz ein, und wenn bei dem Zusammenstoß die ganze Masse nicht auf Sonnentemperaturen, nur etwa auf Jupitertemperaturen gebracht worden ist, sehen wir schließlich von dem ganzen neuen Stern gar nichts mehr. Doch ist hiergegen der Einwand erhoben worden, einem solchen Vorgang könnte nicht eine so schnelle in wenigen Monaten vor sich gehende Abkühlung folgen. Demgegenüber ist aber zu bedenken, daß schon das Einstürzen eines kleineren Weltkörpers in eine Sonne ihre Ausstrahlung entsprechend verändern muß, und daß schließlich doch mit allen möglichen Größen ineinander stürzender Weltkörper gerechnet werden muß, in Anbetracht der fast unermeßlichen Zahl bestehender Weltkörper. Durch das Einstürzen eines Marses in einen Jupiter würde dieser auch zu einem neuen Sterne werden.

Zöllner hat die Anschauung vertreten, bei sonnenähnlichen Körpern erfolge von Zeit zu Zeit eine vermehrte Schlacken-, dh. Fleckenbildung; dann brechen die Schlackendecken wieder einmal zusammen und der Körper flamme von neuem auf, strahle sein hellstes Licht aus. Dagegen wird von Seeliger das Aufleuchten eines neuen Sternes auf das Hindurchfahren eines Weltkörpers durch dichtere kosmische Wolken zurückgeführt. Hiermit ist die Tatsache in Übereinstimmung, daß sich unter Umständen von dem neuen Stern, wie zb. von der Nova Persei, konzentrische hell leuchtende Wellen ausbreiten; wahrscheinlich sehen wir in diesem Falle das Licht selber sich fortpflanzen und immer entferntere kosmische Wolken beleuchten. Ist dies wirklich der Fall, sehen wir das Licht selber sich von einem Stern ausbreiten, so können wir durch Messung der Bogenlänge, auf der es in einer bekannten Zeit fortschreitet, die Parallaxe des betreffenden Sternes und seine Entfernung von unserem Sonnensystem berechnen, vorausgesetzt daß wir die leuchtende Welle senkrecht zum Visionsradius sich ausbreiten sehen. Sonst würde die Parallaxe zu klein gefunden.

Die Sternhaufen und Nebelflecke.

Die Nebelflecke sind besonders seit der Einführung der Photographie in sehr vielen Punkten aufgeklärt worden. Zahlreiche Nebel sind nur Sternhaufen, die wir aber mit unseren Fernrohren nicht auflösen können, während andere Nebel etwas wesentlich anderes sind als Sternhaufen.

Sehr viele Sternhaufen sind mehr oder weniger kugelförmig, andere haben dagegen oft ganz merkwürdige Formen. Fig. 136 stellt

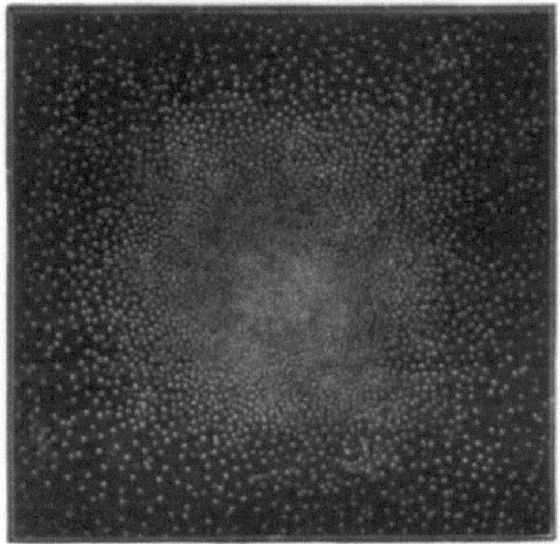

Fig. 136. Sternhaufen im Centauren.

Fig. 137. Sternhaufen im Herkules. Nach Trouvelot.

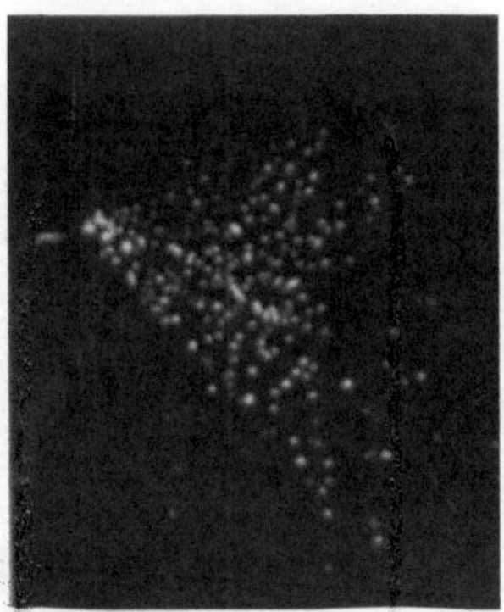

Fig. 138. Keilförmiger Sternhaufen in den „Zwillingen“.
(Aus Arrhenius, Werden der Welten I.)

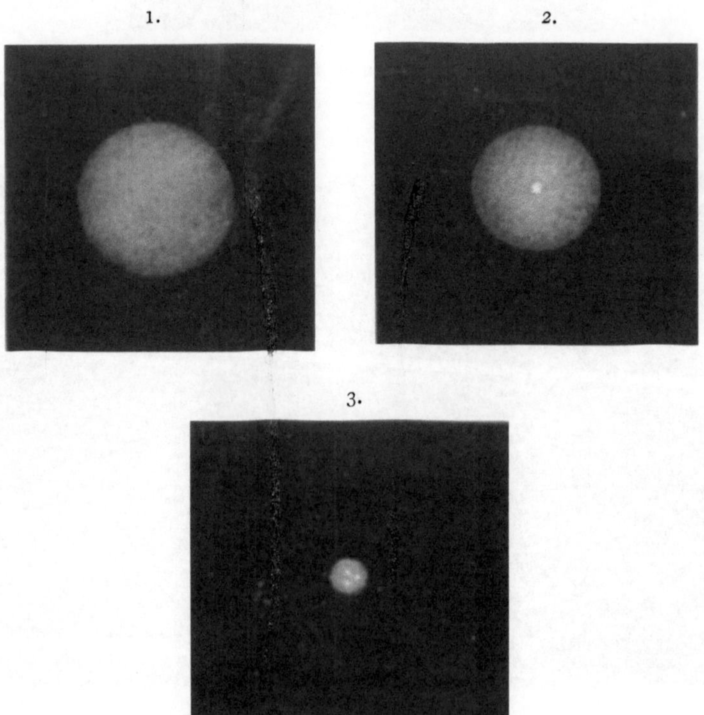

Fig. 139. Planetarische Nebel, in den Fischen (1), im großen Bären (2) und in der Andromeda (3).

zb. den ziemlich kugelförmigen Sternhaufen im Centauren, Fig. 137 den Sternhaufen im Herkules, Fig. 138 den keilförmigen Stern-

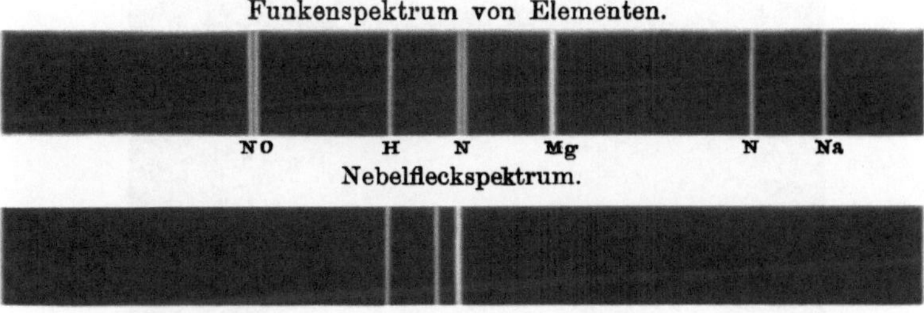

Fig. 140. Vergleichung des Spektrums eines Nebels im Drachen mit einem Funkenspektrum.

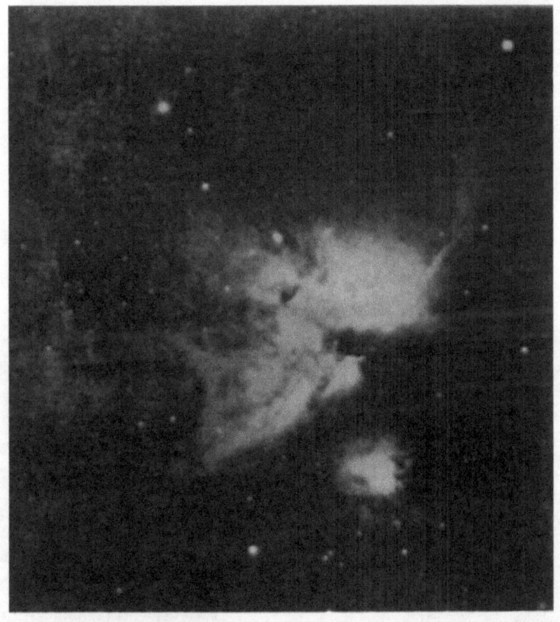

Fig. 141. Orionnebel.
Nach einer Aufnahme des Potsdamer Observatoriums.
(Aus Newcomb, Pop. Astronomie.)

haufen in den Zwillingen dar. Manche Sternhaufen sind genauer untersucht worden; so hat man zb. in einem derselben unter etwa 900 Sternen 129 veränderliche gefunden. Dort erfolgen also wahr-

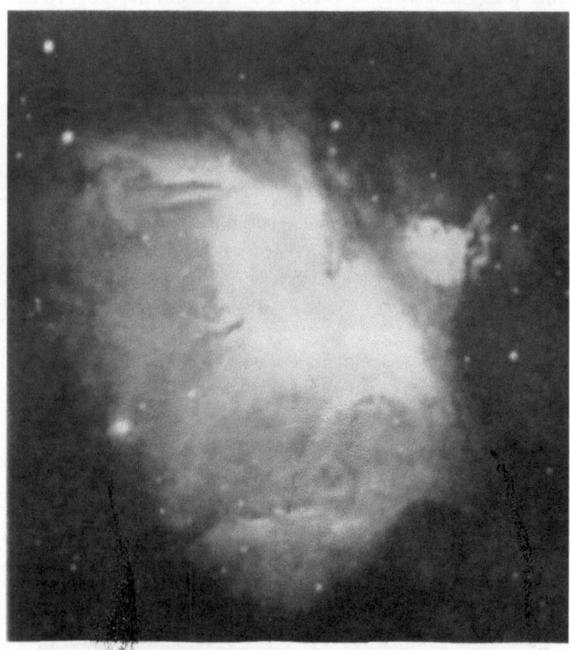

Fig. 142. Orionnebel. Nach einer Aufnahme der Lick-Sternwarte.

Fig. 143. Spiralnebel in den Jagdhunden. Nach J. Herschel.

Fig. 144. Spiralnebel in den Jagdhunden. Nach H. C. Vogel.

(Fig. 143 u. 144 aus Newcomb, Pop. Astronomie.)

Fig. 145.
Spiralnebel in den Jagdhunden. Nach Lord Rosse.
(Aus Newcomb, Pop. Astronomie.)

Fig. 146. Spiralnebel in den Jagdhunden. Nach einer Aufnahme des Lick-Observatoriums.

scheinlich vielfache Zusammenstürze von kleineren Weltkörpern in größere, oder intensive kosmische Wolken stürzen in die Weltkörper ein. Doch sind auch dies nur Hypothesen, etwas sicheres ist hierüber nicht bekannt.

Bei den Nebelflecken unterscheidet man elliptische, planetarische (Fig. 139), spiralige und ringförmige. Dies sind die regelmäßigen, zum

Fig. 147.
Der große Nebel in „Andromeda“. Nach J. Roberts.
(Aus Newcomb, Pop. Astronomie.)

Unterschied von den unregelmäßigen Nebeln; außerdem geben uns natürlich ihre verschiedenen Größen und ihre verschiedenen Helligkeiten Unterscheidungsmerkmale an die Hand. Indessen können sich die Unterscheidungen verschieben, wenn man zu immer stärkeren Fernrohrvergrößerungen übergeht. Man nennt jene aber nur dann Nebelflecke, wenn ihre Spektren helle Linien statt des von dunkeln Absorptionslinien durchzogenen kontinuierlichen Spektrums zeigen. Zwei Spektrallinien: λ 500,7 und λ 495,9 (vgl. Fig. 140) sind bis jetzt nur in Nebeln und noch in einigen neuen Sternen gefunden worden. Man nennt sie deshalb Nebellinien, weil man noch nicht weiß, von welchem Element sie stammen, von einem bekannten oder

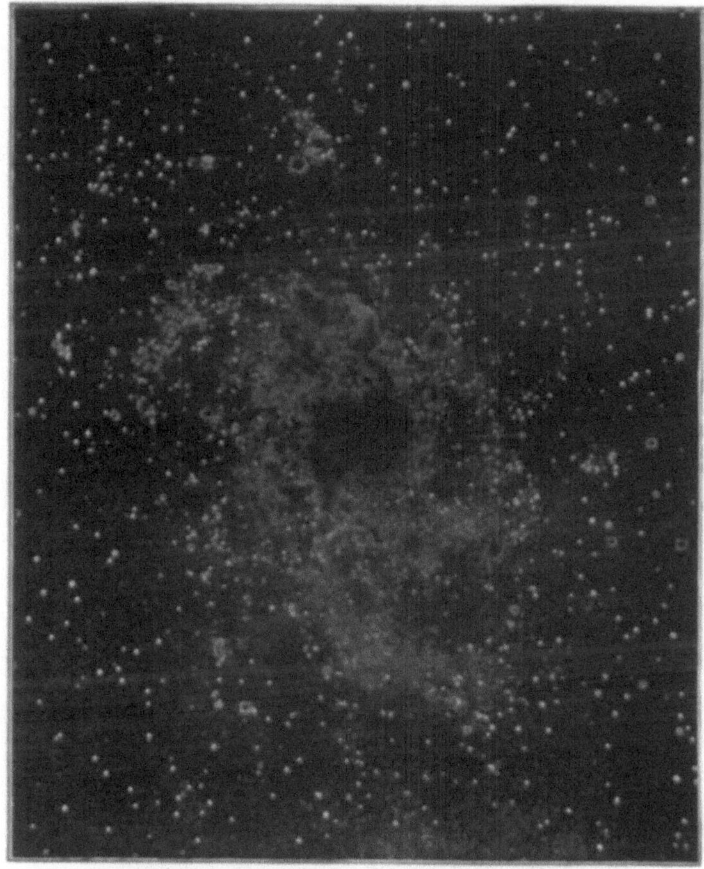

Fig. 148. Spiralnebel im „Dreieck". Aufnahme der Yerkes-Sternwarte. (Aus Arrhenius, Werden der Welten I.)

von einem unbekannten. Außerdem sind aber auch die Wasserstoff- und die Heliumlinien meistens in Nebeln zu sehen.

Der Orionnebel (Fig. 141 und 142) läßt ein Gasspektrum erkennen; doch geben verschiedene Teile desselben verschiedene Linien, ähnlich wie auch die Sonne, mit dem Spektroheliograph untersucht, an ihren verschiedenen Stellen verschiedene Linien gibt und dadurch Fackeln, Protuberanzen und ähnliche Erscheinungen erkennen läßt. Es strahlen also verschiedene Teile des Nebels verschiedene Licht-

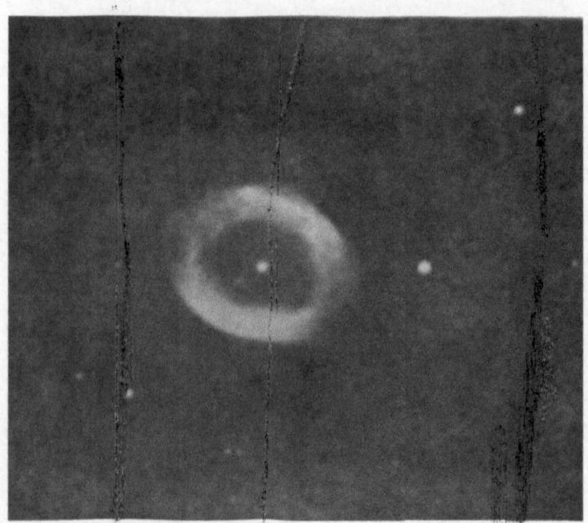

Fig. 149. Ringnebel in der Leier. Nach Keeler. (Aus Newcomb, Pop. Astronomie.)

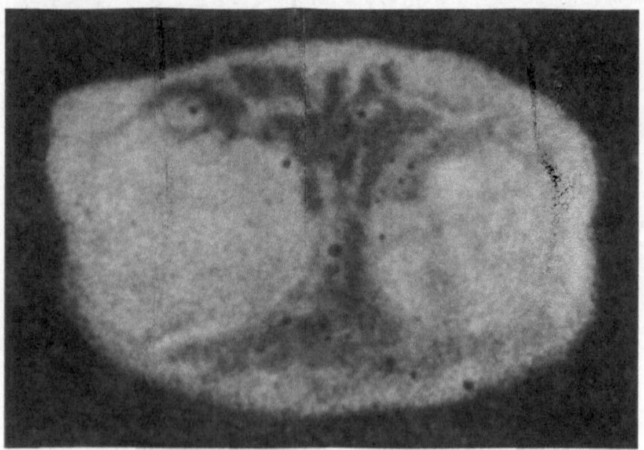

Fig. 150. Der Dumb-Bell-Nebel, nach Secchi.

arten verschieden stark aus; auch das kontinuierliche Spektrum kann im Orionnebel nachgewiesen werden. Man hat daraus gefolgert, dieser Nebel bestehe aus ausgedehnten Gasmassen von wahrscheinlich niedriger Temperatur und in starker Verdünnung.

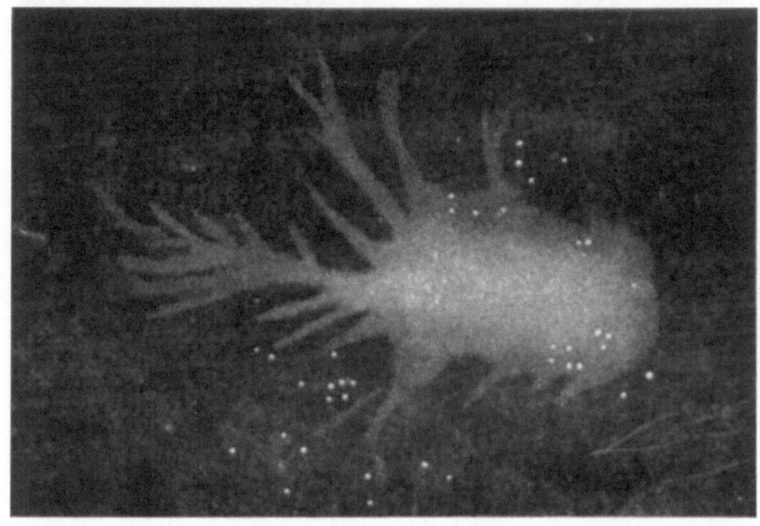

Fig. 151. Der Krabben-Nebel. Nach Lord Rosse.

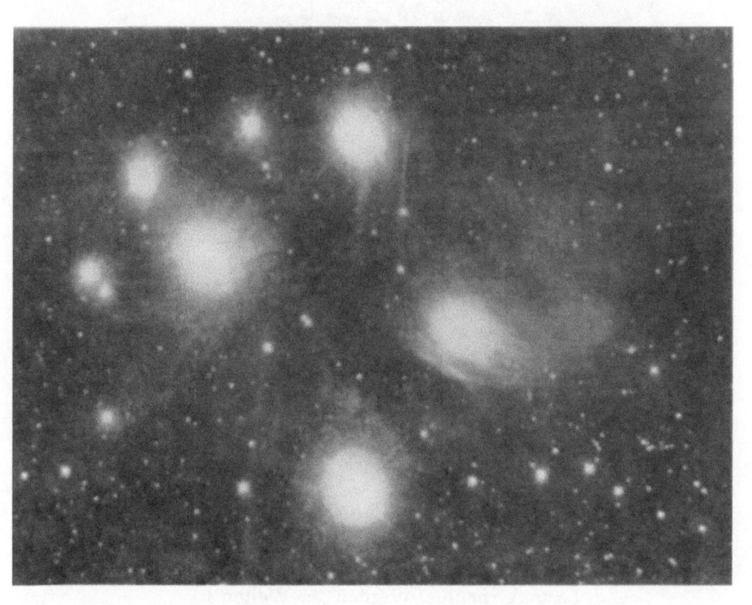

Fig. 152. **Nebel in den Plejaden. Aufnahme der Yerkes-Sternwarte.**
(Aus Arrhenius, Werden der Welten I.)

Fig. 153. Trifid-Nebel im Schützen. Nach einer Aufnahme der Lick-Sternwarte.

Fig. 154. Nebel im Schwan. Nach einer Aufnahme der Lick-Sternwarte.

(Aus Newcomb, Pop. Astronomie.)

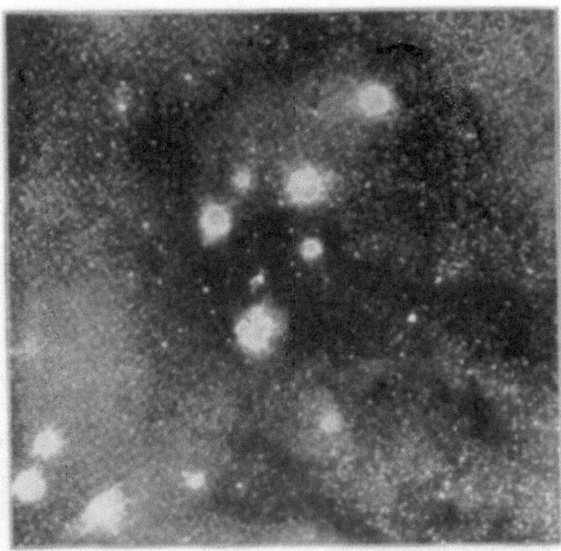

Fig. 155. Großer Nebel neben Rho im „Schlangenträger“. Nach E. E. Barnard (Lick-Sternwarte). (Aus Arrhenius, Werden der Welten I.)

Dieselben Nebel werden von verschiedenen Beobachtern im allgemeinen verschieden dargestellt; diese arbeiten ja auch meist mit verschieden starken Fernrohren, mit verschiedener Auflösungskraft

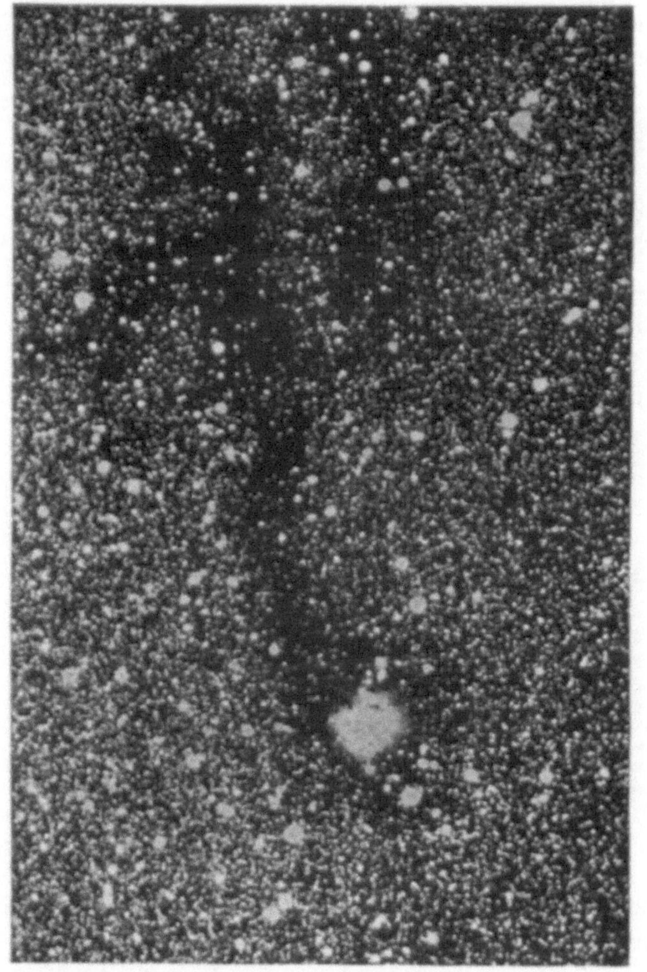

Fig. 156. Nebelfleck und Sternhöhle in der Milchstraße, im Schwan. Nach M. Wolf. (Aus Arrhenius, Werden der Welten I.)

derselben. Die vier Fig. 143—146 zeigen zb. den Spiralnebel in den Jagdhunden in vier verschiedenen Aufnahmen nach Herschel, Vogel, Rosse und nach einer auf dem Lick-Observatorium hergestellten Photographie. Auch die Nebel haben ihre Eigengeschwindigkeiten wie die Fixsterne, aber ihre einzelnen Teile bewegen sich dabei verschieden, wie mit Hilfe des Spektroskops erkannt worden ist. Auch sind veränderliche Nebel gefunden worden, die sich ähnlich verhalten wie die veränderlichen Sterne mit ihren wechselnden Helligkeiten.

Von besonders merkwürdigen Nebeln seien folgende hervorgehoben: Der Orionnebel (Fig. 141 und 142, S. 161/2) hat wahrscheinlich

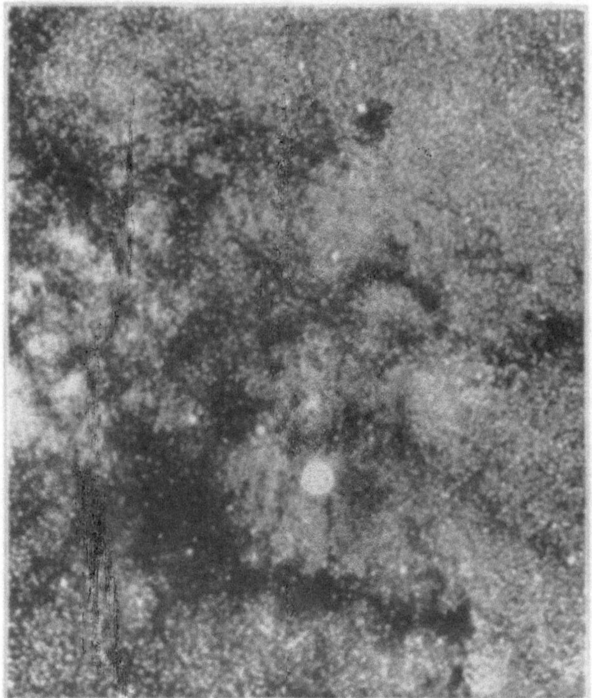

Fig. 157. Milchstraße bei ϑ Ophiuchi.

noch weitherum dunkle kosmische Wolken, die er allmählich gegen seinen Schwerpunkt heranzieht; wie oben erwähnt, läßt er im wesentlichen ein Gasspektrum erkennen. Der Andromedanebel (Fig. 147) ist nach neueren Untersuchungen ein Spiralnebel, den wir von der hohen Kante her sehen; sein Spektrum ist kontinuierlich. Fig. 148 zeigt den Spiralnebel im Dreieck. Der Ringnebel in der Leier, nach Keeler (Fig. 149), hat in der Mitte einen Zentralstern mit einem kontinuierlichen Spektrum nebst hellen Linien; die Ringbestandteile zeigen dagegen im wesentlichen nur ein Gasspektrum. Fig. 150 stellt den Dumb-Bell-Nebel nach Secchi, Fig. 151 den Krabben-Nebel nach Lord Rosse dar. Ähnlich wie der Ringnebel in der Leier verhalten sich die sehr zahlreichen Nebelsterne oder Sternnebel, dh. einfache Sterne mit einer Nebelhülle: die Sterne selber zeigen in der Regel ein kontinuierliches Spektrum, während die Hülle ein Gasspektrum erkennen läßt. Die Nebel in den Plejaden (Fig. 152) sind zum Teil solche Nebelsterne.

Überaus merkwürdige unregelmäßige Nebel sind der Trifidnebel (Fig. 153) im Schützen, der Nebel im Schwan (Fig. 154), der den Eindruck von Cirruswolken macht, und der große Nebel im Schlangenträger mit seinen sternleeren Stellen, nach E. E. Barnard (Fig. 155). Besonders charakteristische Teile der Milchstraße im Schwan, nach M. Wolf, sehen wir in der Fig. 156; sie zeigt uns eine Sternhöhle, einen Nebelfleck und außerdem zahllose Sterne, die uns eben ohne starke Vergrößerung die Milchstraße in ihrem matten Licht erscheinen lassen. Fig. 157 stellt einen anderen Teil der Milchstraße bei ϑ Ophiuchi dar.

II. Unsichere Hypothesen.

Wenn wir uns über den Bau des Weltalls Klarheit verschaffen wollen, so begegnen wir sogleich den allergrößten Schwierigkeiten. Trotz der zahlreichsten astronomischen Messungen, die an Präzision das denkbar Mögliche erreicht zu haben scheinen, sind wir bezüglich dieses Baues doch fast ganz auf Hypothesen angewiesen. Nicht viel besser steht es, wenn wir uns über die Entstehung unseres Sonnensystems mit seinen zahlreichen auffallenden Regelmäßigkeiten Rechenschaft zu geben suchen. Sogar über den Zustand aller Weltkörper außer der Erde, auch des uns am allernächsten befindlichen Mondes, wissen wir außerordentlich wenig. Nur unsere Erde kennen wir genauer, und von ihr auch nur die Oberfläche und den ihr zunächst befindlichen Teil bis zu verhältnismäßig geringer Tiefe hinab.

Das Weltall.

Von den älteren Anschauungen bezüglich des Baues des ganzen Weltalls nennen wir zuerst die von Kant; nach ihm ist das Weltall linsenförmig gebaut, mit seinen Längsausdehnungen liegt es etwa in der Ebene der Milchstraße. Die Sonne befindet sich ungefähr in seiner Mitte und um diese Mitte dreht sich das ganze Universum. Was wir aber hierbei wahrnehmen, ist nur eine Welt, wahrscheinlich existieren noch viele andere Welten, nämlich die Nebelflecke, die nach Kants Ansicht ungeheuer weit entfernte Sternhaufen, also Haufen zahlloser Sonnen sind, die vielleicht auch von Planeten wie unsere Sonne umkreist werden. Kant glaubte an einen ewigen Kreislauf der Materie, die sich gegenwärtig zu Sonnen konzentriere, die nachher wieder zu einem Chaos zerstäube; dann werde eine neue Konzentration beginnen usf., in ewiger Wiederholung.

Kant äußerte sich auch über die Bewohnbarkeit der verschiedenen Körper des Sonnensystems und setzte die wahrscheinliche Beschaffenheit der vernünftigen Wesen auf den anderen Planeten auseinander. Die Stoffe, aus denen die Bewohner der Planeten bestehen, sowohl Tiere wie Pflanzen, seien um so leichter und feiner, die Elastizität ihrer Körpergewebe, die Zweckmäßigkeit ihres Körperbaues sei um so größer, die geistigen Eigenschaften seien um so höher, je weiter der betreffende Planet von der Sonne entfernt ist. Denn auf dem Jupiter mit seinen zehn Stunden Rotationsdauer wäre unsere Natur zu grob, wir brauchen ja schon zehn Stunden nur für den Schlaf. Auf dem Jupiter seien die Monde lediglich zur Freude der dortigen Bewohner da, die nur Tugenden, keine Sünde kennen.

In gewisser Beziehung ähnlich sind die Anschauungen, die schon Wright etwa fünf Jahre vor Kant entwickelt hat. Die Milchstraße ist nach ihm etwas ähnliches wie die Ekliptik: alle Sterne befinden sich in einer mittleren Ebene der Milchstraße oder ihr doch sehr nahe, und sie bewegen sich darin um eine noch nicht entdeckte Zentralsonne; auch unsere Sonne kreist nach ihm mit zahllosen anderen Sonnen um die Zentralsonne. Diese Vermutung ist aber durch die Messungen in keiner Weise bestätigt worden.

Noch weiter geht Lambert in solchen Vorstellungen: Die Satelliten kreisen um ihren Planeten, die Planeten mit ihren Satelliten kreisen um ihre Sonne, die Sonnen mit ihren Planetensystemen kreisen um einen weit größeren Weltkörper, der aber dunkel ist, weil wir ihn ja offenbar nicht sehen können; diese dunklen Weltkörper kreisen aber ihrerseits mit ihren Systemen um einen noch größeren Weltkörper usf. bis ins Unendliche. Diese größten Weltkörper sehen wir indessen alle nicht, sie müssen also dunkel sein. Zweifellos ist diese Hypothese gar zu unsicher begründet.

Herschel, der außerordentlich erfolgreiche Astronom (ein Hannoveraner, der aber namentlich in England wirkte, 1738 bis 1822), hat mit großen selbst hergestellten Spiegelteleskopen besonders die Nebelflecke untersucht und gefunden, daß diese noch in einem Entwickelungsstadium begriffen seien, daß sie sich allmählich umwandeln. Er fand Nebel mit diffusem, grünlich phosphoreszierendem Licht und hielt dies für den Urzustand der Nebelflecke. In vielen Nebelflecken beobachtete er einen Kern als Verdichtungszentrum, gelegentlich sah er auch einen wirklichen Stern im Inneren des Nebels. Viele Nebel waren in seinen stärksten Teleskopen direkt als Sternhaufen erkennbar. Alle Nebelflecke wandeln sich also nach Herschels Anschauungen in Sterne um, diese entstehen durch einen Verdichtungsprozeß in jenen ungeheuren Massen phosphoreszierenden Dampfes oder Dunstes. Alle Zwischenstufen fand Herschel in den zahlreichen von ihm untersuchten Nebeln vertreten: Nebel, Sternhaufen, Nebelsterne, Sterne. Die Spektralanalyse hat aber einstweilen diese Vorstellungen nicht als richtig erweisen können. Außerdem hat Herschel selber nie eine vollständige Kosmogonie aufgestellt, wie Kant und Laplace.

Über die Ausdehnung des Weltalls suchte sich Herschel durch Abzählen und später durch photometrische Vergleichung der Himmelskörper Klarheit zu verschaffen.

Unter der Voraussetzung, daß im Durchschnitt alle Sterne gleiche Leuchtkraft besitzen, hielt Struve die schwächer leuchtenden Sterne für entsprechend weiter entfernt. Danach müßten uns also die Sterne erster Größe durchschnittlich näher sein als die zweiter Größe usf. Aus dem allgemeinen Anblick des Himmels schloß er ferner, die Sterne seien in parallel zur Milchstraße gelegenen Ebenen immer weniger dicht, je weiter man senkrecht zur Milchstraßenebene nach außen fortschreite, und er konnte zeigen, daß diese Folgerung im allgemeinen mit der Wirklichkeit übereinstimme. Dennoch ist es unmöglich, daraus einen Schluß auf den allgemeinen Bau des Weltalls zu ziehen, weil die Voraussetzung gleicher Leuchtkraft aller Sterne nicht der Wirklichkeit entspricht.

Von weit sichereren Annahmen sind die neueren Forscher ausgegangen. So nahm Seeliger (1910) als Grundlage die bereits bekannten Sternparallaxen an, deren Zahl gegenwärtig allerdings noch nicht groß ist. Daraus leitete er eine Beziehung für die Helligkeitsabnahme mit der Entfernung ab, und er schloß auf nur einige tausend Siriusweiten für die am weitesten entfernten Sterne. Nach ihm gehören alle sichtbaren Sterne, Sternhaufen und Nebel diesem, unserem gleichen Systeme an. Das Vorkommen von Sternen, deren Leuchtkraft größer ist als etwa das Tausendfache der Sonne, ist nach Seeliger wenig wahrscheinlich.

Von Kapteyn rührt die Beobachtung her, daß für die Eigenbewegungen der Sterne zwei Richtungen vorherrschen: erstens die

Richtungen fast parallel zur Milchstraßenebene und zweitens Richtungen, die unter sich diametral entgegengesetzt sind. Er glaubt, es könne Sterne geben, die bis etwa 100000 mal so hell leuchten wie unsere Sonne.

Der Russe Stratanoff hält die Milchstraße für Sternwolken, die sich berühren können, die aber nicht in einem vollständigen Ring zusammenhängen. Auch sonst sind Sternwolken im Raume vorhanden, und unsere Sonne steht selber in einer solchen Sternwolke.

Nach dem Holländer Easton hat die Milchstraße den Bau eines Spiralnebels, und unsere Sonne befindet sich in exzentrischer Lage zu diesem Nebel.

Aus solchen Anschauungen der verschiedenen Astronomen über das Weltsystem hat Newcomb (1902) die wahrscheinlichsten Ergebnisse etwa so zusammengefaßt:

1. Unser Sonnensystem ist wenigstens dem Zentrum des Weltalls nahe; denn die Milchstraße erscheint uns ungefähr als größter Kreis. Auch sehen wir von der Milchstraße aus nach Norden und nach Süden ungefähr gleich viele Sterne.

2. Die Leuchtkräfte der Sterne sind ungeheuer verschieden, sie betragen von dem 10000 oder wenigstens dem 1000fachen der Leuchtkraft unserer Sonne bis zu etwa einem Tausendstel oder Zehntausendstel derselben; jene sind heißer, blauer, weniger dicht als diese.

3. Die blauesten und leuchtendsten Sterne befinden sich besonders in der Milchstraßenregion; je dichter hier die Sterne stehen, um so größer und leuchtender sind sie im allgemeinen.

4. Die Ansammlung von Sternen unseres Weltalls ist in ihrer Ausdehnung begrenzt; vielleicht befinden sich außerhalb von unserem Weltsystem noch andere ähnliche Systeme, wir wissen es aber nicht.

5. Die Begrenzung unseres Weltalls ist wahrscheinlich unregelmäßig. Seine Ausdehnung ist wohl so groß, daß das Licht von uns bis ans Ende des sichtbaren Weltalls über 3000 Jahre nötig hat.

6. Das Weltall erstreckt sich weiter nach den Richtungen der Milchstraßenebene als senkrecht dazu; dennoch ist es in jeder Richtung größer als der Abstand, bis zu dem die Eigenbewegungen der Sterne senkrecht zum Visionsradius bisher meßbar gewesen sind.

7. Es ist nicht möglich zu entscheiden, ob die Anhäufungen in der Milchstraße an den Grenzen unseres Weltalls liegen oder nicht;

doch ist letzteres etwas wahrscheinlicher, weil viele besonders helle Sterne des Milchstraßengebietes uns verhältnismäßig nahe sind.

8. Die Gesamtzahl der Sterne ist nach Hunderten von Millionen zu zählen.

9. Außerhalb der Milchstraße findet man keine besondere Tendenz zur Sternhaufenbildung, vielmehr besteht dort eine ziemlich gleichmäßige Sternverteilung.

Die fortdauernden Veränderungen im Weltall zeigen uns, daß sich unser Weltall nicht in einem Stillstand befindet, daß es sich vielmehr beständig nach einer bestimmten Richtung hin entwickelt. Es wird nämlich erstens durch Meteorite, die in die großen Weltkörper einstürzen, immer Bewegung dieser Meteorite in Wärme, dh. in Bewegung der kleinsten Teilchen, der Molekeln, verwandelt. Zweitens verliert aber auch eine große Zahl von Weltkörpern, nämlich alle Körper von wesentlich höherer Temperatur als der absoluten Nulltemperatur, immer Wärme durch Ausstrahlung. Im ersten Falle wird also Energie konzentriert, im zweiten wird sie in das Weltall zerstreut. Danach findet eine universelle Vergeudung der Energie statt, wie sich Lord Kelvin ausgedrückt hat. Die Sonne strahlt zb. etwa 2,2 Milliarden mal mehr Energie nach allen Richtungen aus, als unsere Erde abfängt. Ebenso strahlen alle anderen Sterne Energie aus, einige derselben vielleicht bis zu 10000 mal mehr als unsere Sonne, nach Arrhenius' Meinung sogar bis zu 50000 mal mehr. Aber der Energievorrat der Welt ist nicht unendlich groß; das Gesetz von der Erhaltung der Energie ist gültig. Man muß sich also fragen, ob alle Wärme auf Nimmerwiederkehr ins Unendliche ausgestrahlt werde, oder ob eine Ursache da sei, die sie wieder zurückführe? Eine solche Ursache ist uns einstweilen jedenfalls unbekannt.

Das Sonnensystem.

Wir haben früher (S. 45) darauf hingewiesen, daß erst Newton mit seinem Gravitationsgesetz den modernen Anschauungen Bahn gebrochen hat. Es wurden aber doch anfangs noch viele Einwände gegen seine Theorie geltend gemacht. Für die Descartesschen Anschauungen wurde der Umstand ins Feld geführt, daß alle Planeten um die Sonne und fast alle Satelliten um ihre Planeten näherungsweise in der gleichen Ebene kreisen. An die Descartessche Wirbelhypothese konnte aber Newton nicht glauben, namentlich weil die Kometen, die doch seinem Gesetz gleichfalls gehorchen, zum Teil rückläufig sind. Newton zog daher die Anschauung vor, ein intelligentes allmächtiges Wesen, also Gott, habe dies wunderbare System erschaffen; bei der Schöpfung habe er den Planeten einen Stoß gegeben, so daß sie nun immerfort in ihren Bahnen um die Sonne kreisen. Dagegen trat aber Leibniz mit aller Entschiedenheit auf, ohne daß er freilich selber eine bessere Erklärung zu geben vermochte. Auch Bernoulli behauptete, das Kreisen der Planeten und ihrer Monde in fast genau derselben Ebene müsse eine einheitliche Ursache haben.

Fig. 158. Zusammenstoß eines Kometen mit der Sonne. Nach Buffons Histoire naturelle. (Aus Arrhenius, Werden der Welten II.)

Ganz besonders groß war die Wirkung, die Buffon (1707—1788) auf seine Zeitgenossen ausübte. In seiner Histoire naturelle stellte er die Hypothese auf, der Zusammenstoß eines Kometen[1]) mit der Sonne (Fig. 158) habe diese in ein Planetensystem verwandelt. Es sei dabei eine Masse etwa vom Betrage des 650. Teiles der Sonnenmasse von ihr losgerissen worden, und daraus seien die Planeten und ihre Monde entstanden. Natürlich mußte der Stoß fast tangential erfolgen, um genügend wirksam zu sein. Die abgetrennten Teile mußten dann im gleichen Sinne ihre Rotationsbewegung beibehalten; daher rotieren die Planeten und die mit ihnen zuerst nur lose zusammenhängenden Monde, die sich

[1]) Im Jahre 1680 ist wirklich ein großer Komet in einem Abstand von etwa dem dritten Teil des Sonnenradius an der Sonne vorbeigegangen, der möglicherweise Buffon und seine Anhänger in ihren Anschauungen bestärkte.

nachher von ihnen loslösten, alle im gleichen Sinne, in dem sie auch um die Sonne kreisen. Gegen diese Anschauung hat Laplace den Einwand erhoben: Wenn solche Splitter von der Sonne weggeflogen wären, dann müßten sie nach dem Gesetz von der Erhaltung des Schwerpunktes auch wieder zur Sonne zurückgekehrt sein; denn ihr Ausgangspunkt in der Sonne wäre doch ein Punkt ihrer elliptischen Bahn, in der sie früher oder später wieder nach diesem Punkte gelangen müßten. Buffon hat darauf entgegnet, durch die Zusammenstöße mit anderen abgelösten Splittern seien die anfangs stark exzentrischen Bahnen in schwach exzentrische und nach und nach in kreisrunde Bahnen übergeführt worden.

Weiterhin folgerte Buffon, die am wenigsten dichten Splitter seien am weitesten weggeflogen, daher seien die äußeren Planeten weniger dicht als die inneren. Diese Behauptung stimmte mit den damals bekannten Eigenschaften der Planeten überein; seit aber die Dichten der übrigen Planeten gleichfalls bekannt sind, liegen die Verhältnisse ganz anders. Es sind nämlich die Dichten wie folgt:

Sonne	Merkur	Venus	Erde	Mars	Jupiter	Saturn	Uranus	Neptun
0,256	0,564	0,936	1,00	0,729	0,230	0,116	0,390	0,430
Dichten damals unbekannt			bekannt				Planeten damals unbekannt.	

Aus seinen Anschauungen hat Buffon ferner den Schluß gezogen, bei den Planeten mit den größeren Äquatorgeschwindigkeiten seien leichter Splitter abgeflogen und somit Monde gebildet worden als bei den anderen. Die damals bekannte Reihenfolge war nämlich folgende:

Für die Äquatorgeschwindigkeit	Jupiter	Erde	Mars
Für die Zahl der Monde	4	1	0

Die jetzt bekannte Reihenfolge ist aber davon ganz verschieden:

Für die Äquatorgeschwindigkeit	Jupiter	Saturn	Erde	Mars
Für die Zahl der Monde. . .	8	10	1	2

Buffons Schlußfolgerungen stimmen also auch hierin gar nicht mit den tatsächlichen Verhältnissen überein.

Nach Buffon war die Sonne zur Zeit ihres Zusammenstoßes mit dem Kometen ein ähnlicher Körper wie jetzt die Erde, hatte also eine abgekühlte Kruste und nur im Inneren einen glühenden Kern. Bei dem Zusammenstoß wurde aber in den Splittern eine so große Wärmemenge entwickelt, daß die entstandenen Planeten glühend-flüssig wurden. Die kleineren Körper und Ringe kühlten sich dann rascher ab als die großen; ebenso mußte es sich bei den Monden verhalten. Buffon hat dementsprechende Versuche mit glühenden Eisenkugeln angestellt und daraus für die Abkühlungszeit des Jupiter 200000, des Saturn 131000, der Erde 75000, des Mondes 16000, endlich der Sonne zwei Millionen Jahre berechnet. Bei der Abtrennung von der Sonne nahmen die Planeten die Luft und den Wasserdampf mit sich, aus diesem entstanden dann die Meere.

Auf die weiteren Schlußfolgerungen Buffons wollen wir hier nicht mehr eingehen, manche von ihnen sind wohl richtig, andere aber nicht. Jedenfalls werden die nahezu kreisförmigen Bahnen aller Planeten und ihrer Monde nach der Buffonschen Hypothese nicht leicht verständlich. Namentlich ist aber einzuwenden, daß die Kometen, wie man jetzt ganz sicher weiß, eine äußerst geringe Masse haben, daß sie also niemals solche Wirkungen, wie sie von Buffon vorausgesetzt wurden, hervorbringen könnten.

Ohne Zweifel hat aber Buffon durch seine Hypothesen auf viele seiner Zeitgenossen und Nachfolger eingewirkt. So hat Kant (1724 bis 1804), der wohl als der erste Begründer der Nebularhypothese genannt werden muß, im Alter von 31 Jahren eine Naturgeschichte und Theorie des Himmels geschrieben, in der er ausschließlich auf dem Newtonschen Gesetze fußend vorzugehen suchte. Seine bewunderungswürdige philosophische Gründlichkeit ist darin allerdings noch nicht zur Geltung gekommen. Auch Kant ging von dem Schlusse aus, es könne kein bloßer Zufall sein, daß alle sechs Planeten und ihre neun Satelliten fast genau in derselben Ebene und im gleichen Sinne um die Sonne kreisen, und daß auch die Sonne selber ungefähr diese Ebene als Rotationsebene habe. Nach Kant ist der Weltraum leer, die Planeten konnten also nicht nach Descartes' Vorstellungen von einem Wirbel erfaßt werden. Aber, einmal im Gange, bewegten sich die Planeten ohne treibende Kraft im Raume weiter. Also war wohl früher einmal ein Wirbel da, der die Planeten in Gang setzte; jetzt aber braucht dieser Wirbel nicht mehr vorhanden zu sein.

Kant nimmt an, am Anfang sei alle Materie aller Körper des ganzen Sonnensystems so weit im Raume zerstreut gewesen, wie jetzt die Planetenbahnen reichen; vielleicht war sie als Staubmasse so verteilt. Nun wirkte die Gravitation nach dem Newtonschen Gesetz auf sie ein. Alles war der allgemeinen Anziehung nach dem Zentrum dieser ganzen Masse, nach ihrem gemeinschaftlichen Schwerpunkt unterworfen, in welchem Zentrum jetzt die Sonne steht. Alle Masse suchte dorthin zu fallen, die spezifisch schwerere mit größerer Wahrscheinlichkeit als die leichtere[1]). Kant schloß weiter: Diese nach dem Zentrum strebenden Teilchen stießen nun miteinander zusammen, und daraus entstanden wegen der zwischen ihnen wirkenden elastischen Kräfte seitliche Bewegungen, die die Teilchen in geschlossenen Bahnen um das Zentrum führten. Solange diese Bahnen noch ungeordnet waren, stießen die Teilchen immer wieder zusammen, bis sie sich schließlich geordnet hatten, bis zuletzt alle im gleichen Sinne und in Kreisbahnen um die Sonne kreisten. Diejenigen Körper hingegen, die zwar in diesen Drehsinn gebracht wurden, dabei aber doch in die Sonne stürzten, brachten die Sonne im gleichen Drehsinn zur Rotation[2]).

Kant setzt nun seine Entwickelungen weiter fort: In den um die Sonne kreisenden Meteorstaubringen waren Stellen größerer Dichte vorhanden; an diesen konzentrierte sich die Materie mehr und mehr, es entstanden Planeten und Kometen. Er glaubt, je geringer die Gravitationswirkung sei, also am weitesten außen, desto größer werde die Exzentrizität der betreffenden Planetenbahn[3]). Kant glaubt außerdem, die Kometen befinden sich alle außerhalb des Saturn, und daraus sei ihre große Exzentrizität zu erklären[4]). Nach Kant müssen

---

1) Dagegen muß eingewandt werden, daß im leeren Raume alle Körper gleich schnell fallen.

2) Hiergegen muß indessen wieder die Frage aufgeworfen werden, warum denn gerade die Rotation im einen Sinne zustande gekommen sei und nicht die im entgegengesetzten Sinne?

3) Dies stimmt aber wieder nicht, namentlich nicht für alle kleinen Planeten, für Merkur, Mars und die kleinen Planetoiden; denn diese weisen bei weitem die stärksten Exzentrizitäten auf.

4) Aber darin weicht seine Anschauung auch von der Wirklichkeit ab, weil ja manche Kometen bis fast an den Sonnenrand herankommen.

überdies die Kometen spezifisch leichter als alle Planeten sein, besonders als der Saturn, welch letztere Behauptung allerdings mit den üblichen Anschauungen von heute ganz gut verträglich ist.

Gegen die erläuterten Entwickelungen Kants hat Faye folgenden Einwand erhoben: Ein Planet, nach Kant aus Meteoriten-Staubringen gebildet, müßte im umgekehrten Sinne, als er es tatsächlich tut, um eine eigene Achse rotieren. Denn wie Fig. 159 zeigt, haben die von außen kommenden Meteorite stets kleinere Geschwindigkeiten als die von innen zum Zusammenstoß mit dem werdenden Planeten kommenden. Ich werde indessen später zeigen, daß dieser Einwand nicht mehr aufrecht erhalten werden kann.

Der Haupteinwand gegen die Kantsche Kosmogonie ist zweifellos der, daß die Rotation des Systems so überhaupt nicht zustande kommen kann. Vielmehr gilt nach den mechanischen Gesetzen allgemein der Grundsatz, daß die Summe aller Rotationsbewegungen des Systems erhalten bleibt. So wie diese Summe jetzt ist, muß sie von Anfang an gewesen sein.

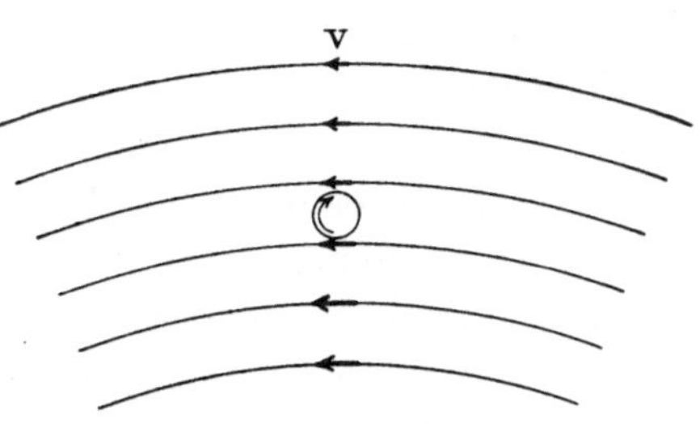

Fig. 159.
Entstehung der Rotation eines Planeten, wenn die Kantsche Kosmogonie richtig wäre. Nach Faye.

Für den Saturn nimmt Kant im besonderen an, seine Masse habe ursprünglich eine große Ausdehnung und bereits eine Rotation um eine eigene Achse gehabt. Bei der Zusammenziehung des Saturnsystems erlangten dann einzelne Teile desselben zu große Geschwindigkeiten. Sie konnten nicht mehr auf den Saturnhauptkörper herunter fallen, blieben zurück, bildeten zum Teil Ringe, zum Teil ringförmige Ansammlungen von Meteoriten; aus diesen entstanden dann die Saturnmonde. Aber Kant glaubt, die inneren Ringteile seien vorher noch in Berührung mit dem Saturnäquator gewesen, sie haben sich von dort aus zu ihrer jetzigen Höhe, zu ihrem jetzigen Abstand von der Saturnoberfläche erhoben, indem sie ihre ursprüngliche Tangentialgeschwindigkeit in gleicher Größe beibehielten[1]). Unter

---

[1]) Diese Anschauung widerspricht natürlich den Keplerschen Gesetzen.

dieser Voraussetzung berechnet Kant die Äquatorgeschwindigkeit des Saturn aus der Umlaufdauer seiner Ringe und findet etwa $6^1/_2$ Stunden, während durch spätere Messungen fast der doppelte Wert, nämlich $10^1/_4$ Stunden, erhalten worden ist.

Die Sintflut erklärt Kant aus einem Wasserdunstring, der einst, den Saturnringen ähnlich, um die Erde kreiste.

Ganz allgemein wurde damals die Sonne als brennende flammende Kugel aufgefaßt. Kant glaubt, sie werde einst erlöschen teils aus Luftmangel, teils wegen der zu starken Anhäufung ausgebrannter Asche. Bei diesem Sonnenbrand sind feinste flüchtige Bestandteile ausgeströmt, die sich als Meteorstaub wieder sammeln und das Zodiakallicht bilden, das nach Kant eine schwache Ringbildung um die Sonne ist.

Diese Kosmogonie Kants, dh. die Hypothese einer Entstehung des Sonnensystems aus kosmischem Staub, aus Meteoriten, ist von anderen Forschern wie Nordenskiöld, Lockyer und von G. H. Darwin weiter entwickelt worden, auch in mathematischer Richtung. Darwin hat gezeigt, daß eine solche Masse bezüglich ihrer Bewegungen ähnliche Eigenschaften hat wie ein Gas. Wir haben ja auch in neuester Zeit durch die Entdeckungen mit dem Ultramikroskop erfahren, daß zb. die Brownsche Bewegung kleinster körperlicher Teilchen ganz den Gesetzen der kinetischen Gastheorie entspricht.

Etwa 40 Jahre später hat dann Laplace ganz ähnliche Betrachtungen über die Kosmogonie angestellt wie Kant. Auch er ist vermutlich durch Buffons Hypothesen auf diesem Gebiete angeregt worden. Er geht von einer scheibenförmigen rotierenden glühenden Sonnenatmosphäre aus, die einst den ganzen Raum des jetzigen Sonnensystems, soweit gegenwärtig die Planeten reichen, ausgefüllt hatte. Von einer solchen Atmosphäre war damals die Sonne umgeben. Nach außen mußte sie den Eindruck eines Nebelsternes, eines Nebelfleckes mit zentraler Verdichtung machen. Die Rotationsbewegung hatte denselben Gesamtbetrag wie jetzt; somit hatte das Ganze eine langsame Achsenbewegung. Nun kühlte sich die Atmosphäre ab, es erfolgte eine langsame Verdichtung. Dem Zusammenschrumpfen der scheibenförmigen Atmosphäre entsprechend nahm dabei die Rotationsgeschwindigkeit zu, so daß stets die Summe aller Rotationsbewegungen konstant blieb. Mit der Rotationsgeschwindigkeit am kleiner werdenden Umfang vermehrte sich auch die Zentrifugalkraft an dieser Stelle, und in einem gewissen Zeitpunkte mußte die Zentrifugalkraft am äußersten Umfang der dort wirkenden Gravitationskraft gerade das Gleichgewicht halten. Dann lösten sich entsprechende Massen als Ring von der übrigen Sonnenatmosphäre ab, und sie kreisten fortan selbständig um die Sonne, in gleichbleibender Richtung, etwa wie die Saturnringe um ihren Planeten kreisen. Wie ein Meteoritenring kreiste der so gebildete Gas- oder Dampfring weiter um den Schwerpunkt des Ganzen. Durch Reibung der Teilchen aneinander kam sodann Gleichheit in die Bewegung, bis alle Teilchen dieselbe Winkelgeschwindigkeit hatten, bis schließlich der ganze Ring wie ein fester kompakter Körper um die ursprüngliche Drehachse rotierte (Fig. 160). Hierauf kühlte sich die innen übrig gebliebene Scheibe weiter ab, zog sich noch mehr zusammen, ein neuer Ring löste sich ab, und so entwickelte sich das System fort und fort, bis für jeden Planeten je ein solcher Ring zustande gekommen war. In der Mitte blieb die Sonne übrig; sie war nun umgeben von vielen konzentrischen rotierenden glühenden Gas- oder Dampfringen, wie dies etwa durch die Fig. 161 dargestellt wird (vgl. übrigens Fig. 147, Andromeda-Nebel). Weiterhin kühlten sich die Ringe ab, zuerst in ihren dichteren Teilen; denn feste und gasförmige Teile bestanden gleichzeitig nebeneinander. Die festen nahmen zu auf Kosten der gasförmigen. Bei vollständiger Gleichheit der Zusammensetzung eines ursprünglichen Gas- oder Dampfringes wäre das Ergebnis dieser Verdichtung ein fester Ring gewesen. Bei irgend welcher Ungleichheit zogen aber die dichteren Stellen alle benachbarten Teilchen stärker an als die weniger dichten; die Anziehung nach dem dichtesten Punkte war am allergrößten. Bei einer gewissen geringen Ungleichmäßigkeit entstand daher ein Ring von kleinen Planeten, es bildeten sich Planetoiden; bei größter Ungleichheit, die am wahrscheinlichsten ist, kam aber die stärkste Anziehung nach dem Punkte zustande, der von Anfang an am dichtesten gewesen war, es entstand ein einziger Planet.

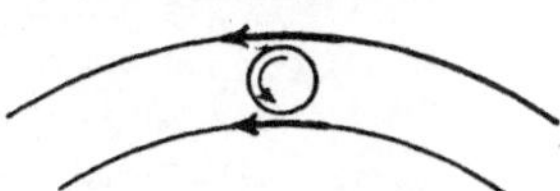
Fig. 160. Entstehung der Rotation eines Planeten. Nach Laplace.

Auch der Planet war anfangs von einer glühenden Atmosphäre umgeben nach der Vorstellung von Laplace, und er rotierte im gleichen Sinne um seine eigene Achse, wie er um die Sonne kreiste; denn in dem gleichsam kompakten Ringe hatten ja die äußeren Teile eine schnellere Bewegung als die inneren (vgl. Fig. 160). Der Planet war also ein Abbild der Sonne und ihrer Atmosphäre im kleinen. Aus der Planetenatmosphäre entstanden daher unter den gleichen Gesichtspunkten, wie wir sie bei der Sonne erläuterten, die Monde. Beim

Fig. 161. Bildung von Ringen und Anziehungszentren in ihnen aus einem Nebelstern. Nach Laplace. (Aus Arrhenius, Werden der Welten II.)

Saturn blieb aber ein Ring so gleichmäßig, daß sich kein Mond daraus bilden konnte, daß er vielmehr ein Ring aus diskret verteilten Meteoriten bleiben mußte.

In der Sonnenatmosphäre gab es so dünne und flüchtige Substanzen, daß ihre Verdichtung zu einem Ring oder zu einem Planeten unmöglich war; diese Substanzen blieben in Berührung mit der Sonne, erstreckten sich aber von ihr außerordentlich weit hinaus. Im Zodiakallicht erkennen wir diese Substanzen. Seine Materie reicht etwa bis zu der Marsbahn (Fig. 162), und sie bildet keinen Widerstand gegen die Planetenbewegung, erstens weil sie so überaus dünn ist, zweitens weil ihre Bewegungsrichtung dieselbe ist wie die der Planeten selbst.

Die Kometen sind Kondensationsprodukte von Nebeln des Weltraums, die von Sonnensystem zu Sonnensystem irren. Gelangen sie in das unserige, so werden sie von unserer Sonne in elliptische, parabolische oder hyperbolische Bahnen gelenkt, umkreisen sie in solchen Bahnen.

Dies ist im wesentlichen die berühmte Nebularhypothese von Laplace, und sie erklärt: die Bewegung aller Planeten und Satelliten nahezu in der gleichen Ebene; die geringen Exzentrizitäten ihrer Bahnen, die ja nahezu kreisförmig sind; den gleichen Bewegungssinn der Rotation und des Kreisens aller Planeten und aller Monde, auch der Sonne selber.

Gegen die Laplacesche Theorie sind aber von Faye, Roche, Darwin, Newcomb und anderen gewichtige Einwände erhoben worden: Es stehe diese Hypothese zum Teil mit Gesetzen der Mechanik,

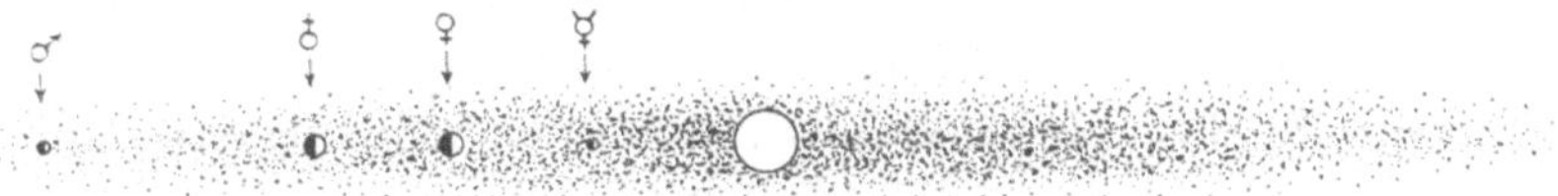

Fig. 162. Innere Planeten bis zum Mars und das Zodiakallicht.

zum Teil mit der Erfahrung im Widerspruch. Von diesen Forschern wurden dann an der Laplaceschen Hypothese entsprechende Verbesserungen vorgenommen, so daß die Widersprüche teilweise beseitigt werden konnten. Übrigens muß bemerkt werden, daß Laplace diese Nebularhypothese nur in einer Fußnote seiner „Exposition du système du monde“ veröffentlicht hat, wahrscheinlich weil er ihre Schwächen selbst erkannte.

Die von Laplace angenommene Abtrennung von Materie, die Abschnürung der Ringe vom rotierenden Gasball, ist, den genannten Einwänden zufolge, in solcher Weise unmöglich. Auch die dargestellte Entstehung von Planeten aus solchen Ringen (Fig. 160) ist unmöglich; denn die abgelösten Teile mußten nach den Keplerschen Gesetzen um das noch nebel- oder dampfförmige Zentrum kreisen. Aus einem solchen Schwarm habe sich dann nie eine kohärente Masse, ein fester Körper bilden können, wurde eingewandt. Gerade der Saturnring sei ein Beweis für diese Behauptung, daß aus einem Meteoritenring kein fester Körper entstehe. Seine Teile bewegen sich vielmehr selbständig nach den Keplerschen Gesetzen um den Saturn, der Saturnring sei kein kompaktes festes Gebilde. Stockwell suchte zu zeigen, daß die

Bildung eines einzigen Körpers aus einem solchen Schwarm überhaupt unmöglich sei. Andererseits wäre bei einer solchen Bildung eine rückläufige Rotation des Planeten zu erwarten, wie schon oben gezeigt wurde (Fig. 159). Gegen diese Schlußfolgerung Stockwells werde ich indessen im III. Abschnitt Stellung nehmen.

Newcomb erhebt einen in folgender Weise begründeten Einwand gegen die Laplacesche Hypothese: Von Laplace wird angenommen, die äußeren Planeten seien zuerst entstanden, von außen nach innen habe ein Fortschreiten der Bildung der Planeten stattgefunden; denn es habe sich ein Ring abgeschnürt, als die Zentrifugalkraft und die Schwerkraft ins Gleichgewicht kamen, und weiterhin habe die Gravitation die inneren Teile nach der Sonne hingezogen. Nach dieser Abschnürung hätte sich aber die Sonnenatmosphäre ohne weitere Abtrennung fast auf die Hälfte zusammengezogen; denn jeder innere Planet ist fast nur halb so weit von der Sonne entfernt als der nächst äußere. Dann wäre also erst wieder die Bildung eines neuen Planetenringes erfolgt usf. Aber eine Kohäsion zwischen den Dampfteilchen ist nicht möglich, und somit konnte auch kein solches Abschnüren einerseits und ein Zusammenhaften andererseits erfolgen. Vielmehr mußte sich, wenn jene beiden Kräfte für irgend ein Massenteilchen der rotierenden Atmosphäre im Gleichgewicht waren, dieses Teilchen von der Scheibe ablösen. Dies gilt für jedes einzelne Massenteilchen, dh. jedes Teilchen löste sich im Augenblick jenes Gleichgewichts ganz selbständig ab. Daher muß man ein fortwährendes Ablösen, ein Lostrennen von materiellen Teilchen aus der Sonnenatmosphäre voraussetzen. Nicht einzelne Ringe wären entstanden, sondern unendlich viele Ringe, dh. eine einzige flache Rotationsscheibe um die Sonne. Das Problem der Umwandlung einer solchen Rotationsscheibe zu Planeten ist bis dahin mathematisch unlösbar; dagegen ist es Poincaré und G. H. Darwin teilweise gelungen, die Gestalt einer rotierenden flüssigen homogenen Masse im Augenblick der Teilung zu berechnen. Die Masse kann nämlich danach birnförmig werden, daraufhin sanduhrförmig, dann kann sie sich in zwei Teile abschnüren. Aber der Sonnenball war allerdings nie eine homogene Gasmasse, noch viel weniger eine homogene Flüssigkeitsmasse.

Als weitere Einwände gegen die Laplacesche Nebularhypothese sind verschiedene tatsächliche Beobachtungen namhaft gemacht worden:

1. Die Rückläufigkeit bzw. die starken Neigungen der Bahnen der Monde des Neptun und des Uranus werden durch diese Kosmogonie nicht erklärt [1]).
2. Der innere Marsmond kreist schneller, als der Mars selber um seine Achse rotiert.
3. Der Erdmond hat einen viel größeren Abstand von der Erde, als die Laplacesche Theorie verlangt.

Um die zweite und dritte Erscheinung zu erklären, hat G. H. Darwin die Wirkung von Flut und Ebbe auf die Himmelskörper untersucht, und er hat gefunden, daß unter Umständen die Rotationsdauer der Planeten und die Umlaufdauer ihrer Trabanten dadurch wesentlich geändert werden können. Es hat zb. die Reibung der durch die Sonne auf dem Mars erzeugten Fluten seine Rotation so verzögert, daß sie langsamer wurde als die Umlaufdauer des inneren Mondes, des Phobos. Zur dritten Erscheinung bemerkte Darwin: Die Erde und der Mond stehen in ihrer gegenseitigen Bewegung unter dem Einfluß der Sonnenanziehung und der durch sie hervorgebrachten Flutwirkungen. Aus dieser Tatsache berechnete er, der Mond sei einst der Erde so nahe gewesen, daß beinahe eine Berührung beider Körper stattgefunden habe, daß beide wie ein fester Körper in etwa drei bis fünf Stunden umeinander kreisten. Der Mond entferne sich also immer mehr von der Erde.

Laplace folgerte übrigens in seiner Exposition du système du monde aus seinen Berechnungen folgendes: Weil alle Planeten in der gleichen Richtung und in fast kreisrunden Bahnen, mit geringen Neigungswinkeln, um die Sonne kreisen, sind die säkularen Änderungen ihrer Bahnen periodisch und nur in engen Grenzen veränderlich. Daher schwankt das ganze Planetensystem fortwährend um einen mittleren Zustand.

Wenn auch die Kant-Laplacesche Nebularhypothese, die auf deduktivem Wege entwickelt worden ist, manche anfechtbaren Punkte enthält, so werden doch von den Astronomen viele Beobachtungen gemacht, die auf induktivem Wege zu einer ganz ähnlichen Nebularhypothese hinleiten.

[1]) Der äußerste Mond des Jupiter und der des Saturn kreisen gleichfalls retrograd um ihre Planeten.

Die Sonne.

Wie für alle Erscheinungen im Weltall, so ist namentlich für die merkwürdigen Erscheinungen auf der Sonne durchaus erforderlich, daß nur die aus der Physik und Chemie bekannten Naturgesetze bei ihrer Erklärung Verwendung finden. Freilich werden auf der Sonne zum Teil ganz andere Bedingungen vorhanden sein, als sie bei uns, im Laboratorium, je herstellbar sind, namentlich bezüglich des Druckes und der Temperatur. Indessen muß doch stets unser Bestreben sein, mit den bekannten Naturgesetzen auszukommen, wenn es irgendwie möglich ist. Doch ist bis jetzt noch keine Hypothese über das Wesen der Sonne bekannt geworden, welche allgemeine Anerkennung gefunden hätte; vielmehr scheint gegenwärtig noch fast jeder Forscher seine besondere Anschauung hierüber zu haben.

Die aus den Zeiten Herschels stammende Theorie von dem kalten Sonnenkern und der glühenden Photosphäre wurde durch Kirchhoff gestürzt, der zuerst das Wesen der Fraunhoferschen Linien aufdeckte und zeigte, daß die Sonne vielmehr ein durchaus im höchsten Maße glühender, außen von heißen Gasen und Dämpfen umgebener Körper sei, und daß sich in seiner Atmosphäre besonders die uns bekannten Elemente befinden, möglicherweise außerdem noch andere unbekannte Elemente. Allerdings glaubte Kirchhoff damals noch an einen glühend-flüssigen Sonnenkern, während man diesen jetzt ziemlich allgemein als durchweg gasförmig annimmt; durch Begründung der Spektralanalyse hat er aber zuerst den richtigen Anschauungen Geltung verschafft.

Wir wollen im folgenden die Anschauungen einiger maßgebenden Astronomen, zum Teil nach ihren eigenen Äußerungen in gekürzter Form wiedergeben, nach den wörtlichen Abdrucken derselben in der neuesten Auflage des Newcombschen Buches aus dem Jahre 1911:

Auf der Kirchhoffschen Anschauung, daß die Sonne eine glühendflüssige Kugel, als Rest eines glühenden, ursprünglich über das ganze Sonnensystem verteilten Nebelballes anzusehen sei, blieb auch Zöllner (Stuttgart) zu jener Zeit stehen. Durch Ausstrahlung kühlen sich die einen Stellen der Sonnenoberfläche mehr ab als die anderen, es entstehen Flecke, dh. Schlacken, die auf der Sonnenoberfläche schwimmen. Durch Temperaturdifferenzen, die über den Schlacken auftreten, wird das Gleichgewicht der oberen Teile der Sonnenatmosphäre gestört; die dadurch hervorgerufenen Kondensationserscheinungen sind die Penumbren der Sonnenflecke. Bei größerer Ruhe und Klarheit der Sonnenatmosphäre ist die Ausstrahlung größer, und es bilden sich leichter Flecke; durch Wolken, durch Herbeiströmen heißer Gasmassen, durch Wärmeleitung aus dem Inneren verschwinden sie aber wieder. Da sich gleichartige Zustände begünstigen, finden sich in der Regel mehrere Flecke zusammen zu Fleckengruppen vereinigt. Die Periodizität der Flecke und ihre Beschränkung auf die äquatorialen Zonen werden auf Gleichgewichtsstörungen der ganzen Sonnenoberfläche zurückgeführt, die etwa alle 11 Jahre große Druck- und Temperaturausgleiche zur Folge haben. Die Protuberanzen werden durch Wirbelstürme hervorgerufen, ebenso wie die Penumbren neben den Flecken; sie sind Gasausströmungen aus dem Sonneninneren in den Außenraum, wie sie durch den ungeheuren Druck im Inneren der Sonne, den er auf etwa 4 Millionen Atmosphären schätzt, in solch unermeßlichen Stärken zustande kommen. Denn so groß ist in jenem Inneren der Druck, daß selbst der Wasserstoff dort nur in glühend flüssiger Form bestehen kann.

Secchi (Rom) äußerte im Jahre 1877 ungefähr folgendes: In der Photosphäre sind Druck und Temperatur so hoch, daß alle Substanzen ihr kontinuierliches Spektrum aussenden, wie wenn sie fest oder flüssig wären. Die Grenze der Photosphäre wird bestimmt durch die Schwerkraft der Sonne und durch die Temperatur, die infolge der Ausstrahlung an der Sonnenoberfläche herrscht. In der Granulation sehen wir die Flammenspitzen der Photosphäre, die über die unteren absorbierenden Schichten hervorragen; das dunkle Netzwerk der Granulation stellt die untere weniger hell leuchtende Schicht dar. Die Chromosphäre ist dagegen die eigentliche Sonnenatmosphäre, in der unten die metallischen Dämpfe, oben die anderen leichteren Gase und Dämpfe gelagert sind. In der Chromosphäre sind sowohl der Druck als auch die Temperatur geringer, so daß dort noch die hellen Emissionslinien ausgestrahlt werden können: das Flash-Spektrum, das man bei totalen Sonnenfinsternissen wahrnehmen kann. Die verhältnismäßig dünne Schicht der Chromosphäre ist zugleich die absorbierende Schicht, die das Zustandekommen der Fraunhoferschen Linien bewirkt. In der Chromosphäre ist vorzugsweise der Wasserstoff enthalten, der enorm emporgeschleudert wird, sodann sehr viel Helium und eine noch dünnere Substanz (Koronium?) mit einer Spektrallinie im grünen, der Koronalinie, welche Substanz noch höher als der Wasserstoff emporgetrieben wird. Wahrscheinlich gibt es außerdem in der Sonnenatmosphäre noch eine andere uns unbekannte Substanz, und alle diese Substanzen sind nach ihrer Dichte geordnet, ohne daß aber, wegen der Diffusion zwischen den verschiedenen Substanzen, bestimmte Trennungsflächen vorhanden wären. Die ganze über der Chromosphäre lagernde, die dünnsten leichtesten Substanzen enthaltende Atmosphäre ist nach Secchi die Korona, die eine Höhe bis zu einem Sonnendurchmesser annehmen kann. Die Korona ist aber nicht sphärisch, sondern höher am Äquator als an den Polen, am höchsten etwa in Breiten von 45°. Wahrscheinlich hängt die Korona sogar mit dem Zodiakallicht zusammen, das uns besonders in tropischen Gegenden wie ein nebelartiger längs der Ekliptik ausgebreiteter Schein erkennbar wird.

An der Basis der Chromosphäre hat der Wasserstoff die Gestalt dünner Flammen, schmaler Fasern, die der Granulation zu entsprechen scheinen. Bei Ruhe auf der Sonnenoberfläche stehen diese Fasern auf ihr senkrecht, sonst aber schief zu ihr, oft symmetrisch gegen die Pole. Doch herrscht dort selten Ruhe: durch chemische Verbindungen, die auf der Sonne entstehen, werden ungeheure Explosionen, Eruptionen der in der Chromosphäre vorhandenen Massen hervorgerufen, die mit gewaltigen Geschwindigkeiten in große Höhen geschleudert werden, die Wasserstoffmassen bis zur Höhe eines Sonnendurchmessers, die metallischen Dämpfe weniger hoch. Dort oben haben diese Dämpfe noch eine höhere Temperatur als die umgebenden Gase, und deshalb senden sie helle Spektrallinien aus. Oben breiten sich solche Gas- und Dampfströme mehr oder weniger aus, viele von ihnen fallen dann wieder auf die Sonnenoberfläche zurück. Es sind dies die Protuberanzen. Ihre Struktur ist die eines Flüssigkeitsstrahles, der aus einer dichteren Schicht herausgeworfen wird und oben diffundiert bzw. wieder herabfällt.

Kommt eine solche Protuberanz in die Sehlinie Erde—Sonne, in den Visionsradius, so erscheint sie uns als Fleck, weil sie nunmehr das Sonnenlicht stärker absorbiert. Beim Herabfallen der oben abgekühlten Dampfmassen, die nun schwerer als die umgebenden Gase und Dämpfe geworden sind, sinken sie tiefer ein und erzeugen eine

Höhlung, weshalb die Flecke vertieft erscheinen. Bei plötzlichen kurzen Eruptionen verschwinden die Flecke schnell wieder, bei großen Eruptionen erscheinen dagegen immer wieder neue Flecke periodisch an derselben Stelle, so daß der gleiche Fleck während mehrerer Umdrehungen bestehen zu bleiben scheint. Durch das Einbrechen der Körner der Granulation in die Vertiefungen des Fleckes entstehen die weidenblätterartigen Formen der Penumbra. Bei den Flecken unterscheidet Secchi drei verschiedene Zustände: Zuerst werden die Substanzen erregt und aufgeworfen, es entstehen Strömungen von Intensitäten, die jeder Beschreibung spotten; dann fallen die Substanzen wieder zurück, es beginnt gewissermaßen ein Kampf zwischen ihnen und den neu aufsteigenden Substanzen, rundliche Vertiefungen entstehen, und von allen Seiten strömt Photosphärenmasse zur Unterdrückung der Vertiefungen herbei; endlich läßt die eruptive Tätigkeit nach, durch das Hereinbrechen anderer Substanzen wird die absorbierende Masse aufgelöst, und der Fleck verschwindet.

Die Fleckenzonen sind nicht immer die gleichen; vielmehr erscheinen zuerst Flecke näher dem Äquator, dann nach und nach in immer größeren Breiten, bis zu einer bestimmten Grenze, nämlich 30° bis höchstens 45°. Nun tritt ein Fleckenminimum ein, nachher beginnt das Auftreten neuer Flecke wiederum in der Nähe des Äquators und schreitet gegen die Pole fort. Die Protuberanzen haben gleichfalls vorherrschende Richtungen gegen die Pole hin, wenn sie schief aus der Sonne herausfahren, wie auch die Flammen der Chromosphäre. Weil die Sonne als flüssige Kugel aufgefaßt wird, folgert Secchi eine ganz allgemeine Bewegung, sogar der Photosphärenmasse gegen die Pole hin.

Über die Ursache der schnelleren Rotationsbewegung der Sonne am Äquator als in größeren Breiten, über die 11jährige Periode der Flecke und über ihren Zusammenhang mit dem Erdmagnetismus hat sich Secchi keine bestimmte Vorstellung gebildet. Wegen der gewaltigen Drucke im Sonneninneren glaubt er aber, der innerste Kern der Sonne sei vielleicht fest, darum sei eine flüssige Schale gelagert, und außen befinde sich die gasförmige Sonnenatmosphäre. Die Temperatur des Sonneninneren schätzt er auf mehrere Millionen Grade. Die Konstanz der Sonnenstrahlung wird erhalten durch die enorme Sonnenmasse, die sich nur langsam abkühlt, durch die Zusammenziehung und daraus folgende Erwärmung der Sonne (nach Helmholtz), durch die Dissoziations- oder Zersetzungswärme der Sonnensubstanzen. Der Ursprung der gesamten Sonnenwärme ist aber durch die Gravitation begründet; durch immerwährende Zusammenziehung wird immer noch weitere Wärme verfügbar.

Ganz andere Anschauungen entwickelte Faye (Paris) im gleichen Jahre: Die Sonnenoberfläche hat in verschiedenen, den Parallelkreisen entsprechenden Streifen wesentlich verschiedene Rotationsgeschwindigkeiten, so daß diese Geschwindigkeiten vom Äquator nach den Polen hin abnehmen. Ferner steigen aus dem Sonneninneren dampfförmige Massen auf, sie kühlen sich durch Ausstrahlung in der Höhe ab, sinken dann wieder herab. Daher entsteht eine doppelte Vertikalbewegung in der Sonnenoberfläche, die aber tiefer an den Polen hinabreicht als am Äquator. Diesen vertikalen Konvektionsströmen ist neben der Zusammenziehung der ganzen Sonnenmasse teilweise die Bildung und Erhaltung der Photosphäre und die Konstanz und lange Dauer ihrer Strahlung zuzuschreiben. Durch die Geschwindigkeitsunterschiede der Streifen kommen nun Wirbel zustande, die den Wasserstoff der Chromosphäre in die Tiefe ziehen, wo er auf größeren Druck und auf höhere Temperaturen gebracht und daraufhin durch die dünnere Wirbelmitte als Protuberanz wieder in die Höhe geschleudert wird. Auch die Flecke entstehen durch diese Sonnenwirbel, die in die Wirbel hineingezogenen Photosphärenmassen kühlen sich ab und erscheinen uns als Penumbren. Für die Fleckenperioden werden Formänderungen im Sonneninneren verantwortlich gemacht. Schließlich hören aber die doppelten Vertikalbewegungen in der Sonnenmasse auf, die Abkühlung der Oberfläche nimmt zu, rasch bildet sich eine feste Kruste auf der Sonnenoberfläche, und bald darauf sinkt die ganze Ausstrahlung auf einen kleinsten Wert herab.

Nach diesen Aussprüchen anderer Astronomen, meistenteils aus dem Jahre 1877, hat sich Newcomb (Washington) selber im gleichen Jahre ungefähr in folgender Weise geäußert:

Es kann nicht wohl angenommen werden, daß die Korona, die zuweilen bis zu mehreren Sonnendurchmessern über die Oberfläche ansteigt, eine wirkliche Atmosphäre sei, aus zwei Gründen:

1. Bei der großen Schwerkraft der Sonne, die etwa 27 mal so groß wie unsere irdische Schwerkraft ist, wäre die Dichtezunahme

einer solchen Atmosphäre von der größten Höhe der Korona bis zur Sonnenoberfläche eine ganz ungeheure, weil mit arithmetischer Verringerung dieses Abstandes die Dichte in geometrischer Progression wachsen muß. Nur ein Gas, das viele Hunderte von Malen leichter als Wasserstoff wäre, könnte dieser Bedingung entsprechen. Ein solches Gas kennen wir aber nicht. Überdies bestätigen die Beobachtungen in keiner Weise eine solche Dichtezunahme der Sonnenatmosphäre.

2. Der große Komet vom Jahre 1843 ging mit etwa 570 km Geschwindigkeit mitten durch die Korona hindurch, mindestens 500000 km weit, ohne dabei irgend einen merklichen Geschwindigkeitsverlust zu erleiden. Unter der Annahme einer gasförmigen Korona ist dies unvereinbar mit der Tatsache, daß Meteorite, die mit ihren mittleren Geschwindigkeiten von nur etwa 50 km in unsere Atmosphäre gelangen, schon in einer Höhe von ungefähr 100 km, also in den allerobersten Luftschichten, glühend werden, an Stellen, wo die Dichte der Atmosphäre noch so gering ist, daß sie nicht einmal den geringsten Teil des Sonnenlichtes zu reflektieren vermag. Denn es ist noch zu berücksichtigen, daß der Widerstand in Gasen und die Wärmeentwickelung mit dem Quadrat der Geschwindigkeit zunehmen. Daher könnte nur eine Korona-Atmosphäre von unglaublich geringer Dichte diesen Bedingungen genügen.

Wir müssen somit annehmen, die Korona bestehe aus voneinander getrennten einzelnen Teilchen, wegen der ungemein intensiven Sonnenstrahlung ganz oder teilweise in Dampfform, welche Teilchen vermöge der in der Nähe ungeheuer wirksamen Sonnenstrahlung intensiv leuchten. Es werden dies entweder Teilchen sein, die von der Sonne weggetrieben, aus ihr herausgeschleudert werden, welche Teilchen aber nachher durch die Sonnenschwerkraft wieder auf die Sonnenoberfläche zurückgezogen werden (allerdings ist es dafür notwendig, Wurfgeschwindigkeiten von etwa 400 km nach allen Richtungen auf diese Teilchen wirkend anzunehmen); oder es sind Teilchen, die durch eine von der Sonne auf sie ausgeübte elektrische Abstoßung kürzere oder längere Zeit oben gehalten werden; oder es sind Schwärme winziger Meteore, die in unmittelbarer Nähe die Sonne umkreisen. Sicher unterliegt die Form der Korona stets großen Änderungen, sogar sehr raschen; denn es hat zb. Gould bei einer Sonnenfinsternis von drei Minuten Dauer Veränderungen in der Koronaform wahrnehmen können. Von diesen Hypothesen hält Newcomb die Meteoritenhypothese für die wahrscheinlichere, weil wir von der Korona ein kontinuierliches Spektrum und sogar die Fraunhoferschen Linien des Sonnenlichtes erhalten, überdies noch polarisiert, so daß es sich kaum um etwas anderes als um reflektiertes Sonnenlicht handeln kann.

Dagegen ist die Chromosphäre die wahre Sonnenatmosphäre, die verhältnismäßig nur bis zu sehr geringer Höhe emporreicht. Auf ihrem Grunde befinden sich die schwereren Metalldämpfe, die das Licht stärker absorbieren und also die Fraunhoferschen Linien erzeugen, oben sind dagegen die leichteren Gase, vorzugsweise Wasserstoff, gelagert. Von dieser Chromosphäre werden ab und zu Teile als Protuberanzen in die Höhe geschleudert, oft in Höhen, die 10 bis 20 mal so groß sind wie der Durchmesser unserer ganzen Erde. Bei den wolkenähnlichen Protuberanzen scheint eine von der Sonne ausgehende elektrische Abstoßung angenommen werden zu müssen. Nun dabei noch diese unglaubliche Glut! „Die alle irdischen Begriffe übersteigende Sonnenglut würde die Erde mit allem Lebendigen und Leblosen in einem Momente zu glühendem Dampf verflüchtigen, der sich vielleicht dem fernen Betrachter als kleines, leichtes, duftiges Wölkchen verriete.“ Ich erinnere dagegen an die Erscheinung des Leidenfrostschen Tropfens, die uns beweist, daß diese Newcombsche Vorstellung durchaus unhaltbar ist.

Die Photosphäre ist wohl eine glühend-flüssige Masse, nicht gasförmig, weil sie ein kontinuierliches Spektrum aussendet. Die in ihr leuchtenden Teilchen sind also wolkenähnlicher Natur, vermutlich sind es in einer glühenden Atmosphäre wie Wolken schwimmende Tröpfchen von Substanzen, die durch Ausstrahlung etwas abgekühlt worden sind. Innerhalb der Photosphäre denkt sich Newcomb die Sonnenkugel nach Faye als riesige Gasmasse, so dicht wie eine Flüssigkeit, von höchster Temperatur, alles in ihr dissoziiert, so daß keine chemischen Verbindungen mehr in ihr bestehen. Diese Gashypothese stimmt mit der beobachteten Erhaltung von Licht und Wärme der Sonne am besten überein.

Im Jahre 1904 hat Charles Young (U. S. America) seine Anschauungen über die Sonne geäußert; er trifft damit wohl am besten die jetzigen Anschauungen der meisten übrigen Astronomen:

Wegen der enormen Gravitationskraft und der ungemein hohen Temperatur der Sonne, die weit über der kritischen Temperatur aller irdischen Substanzen liegt, muß das ganze Innere der Sonne mit Ausnahme einer verhältnismäßig dünnen Oberflächenschicht gasförmig sein. Dennoch ist darin vielleicht nicht alles dissoziiert, wie es früher angenommen wurde; denn gewisse chemische Verbindungen, zb. solche mit Kohlenstoff, bilden sich ungehindert in der größten Hitze des elektrischen Ofens. Bei dem ungeheuren Druck, wie er im Sonneninneren herrschen muß, ist die Dichte aller Substanzen so groß, daß sie zusammen einen Kern von pechartiger Konsistenz bilden müssen, eine halbfeste Kugel, obwohl diese nur aus Gasen besteht. Daher sind auch die Bedingungen für die Bildung der Flecke und der Protuberanzen an gewissen Stellen der Sonne lokalisiert.

Die Photosphäre besteht wahrscheinlich aus Wolken, die durch Kondensation und durch Verbindungen von Sonnendämpfen entstanden sind, da sie durch die Ausstrahlung in den Raum stark abgekühlt werden müssen. Diese Hülle von Kondensationsprodukten wirkt wie ein Auerscher Glühstrumpf: sie strahlt ein kontinuierliches Spektrum aus. Die photosphärischen Wolken schwimmen in den Gasen und Dämpfen der Sonnenatmosphäre wie unsere Wolken in der Luft. Man hat sich aber dabei eine fortwährende vertikale Zirkulation zu denken: die kondensierten Massen sinken herab, erhitzen sich unten und steigen dann wieder empor. Diese vertikal abwärts gerichteten Strömungen üben auf den Kern eine zusammenziehende Kraftwirkung aus, so daß zwischen Wolkenlücken die Gase und Dämpfe wieder emporgetrieben werden. Die Dicke der photosphärischen Schichten beträgt wohl mehrere 1000 km; doch ist hierüber nichts Sicheres bekannt.

Die umkehrende Schicht und die Chromosphäre bilden zusammen die Sonnenatmosphäre, in der die Photosphärenwolken schwimmen. Diese Atmosphäre reicht viel höher hinauf als die photosphärischen Wolken, sie ist aber mehr ein Flammenmeer, wie etwa eine brennende Prärie (nach Langleys Bezeichnungsweise), als wie unsere Atmosphäre. Die unterste Schicht der Chromosphäre ist die eigentliche umkehrende Schicht, sie enthält alle Dämpfe der Substanzen der Photosphäre. Hier und zwischen den photosphärischen Wolken findet die Absorption statt, hier entstehen die Fraunhoferschen Linien. Bei den Sonnenfinsternissen sieht man dann einen

Augenblick diese umkehrende Schicht allein leuchten: es entsteht das Flash-Spektrum. In den oberen Schichten, in der Chromosphäre befinden sich die Gase und Dämpfe, die bei diesen Bedingungen noch nicht kondensiert werden, zb. Wasserstoff, Helium, Calcium, letzteres in einer Form, die besonders die Linien *H* und *K* liefert. Dort befinden sich wohl auch noch andere Gase, die bisher nicht identifiziert werden konnten.

Die Protuberanzen sind ausschließlich chromosphärische Gase und Dämpfe, durch Stürme und aufsteigende Strömungen gehoben, die nun anscheinend in den unteren Regionen der über der Chromosphäre lagernden Atmosphäre der Korona schwimmen. Die metallischen, zb. aus Magnesium, Natrium, Silicium, Eisen bestehenden Protuberanzen werden gelegentlich sehr hoch emporgeschleudert, besonders neben großen Flecken; dann ändert sich ihre Form und ihre Größe sehr schnell und in ihrem Spektrum erkennt man Verzerrungen, Verschiebungen ihrer Spektrallinien. Früher wurde geglaubt, solche Verzerrungen seien nach dem Dopplerschen Prinzip durch Bewegungen im Visionsradius oder durch enorme Druckwirkungen in den Protuberanzen zu erklären; jetzt neigt man wohl eher den Anschauungen von Julius zu, sie für rein optischer Natur zu halten und durch anomale Refraktion in dichten Metalldämpfen zu erklären.

Die Korona hält Young für eine Hülle aus einem leichtesten Gase, vielleicht aus dem Koronium, das wir noch gar nicht kennen, das aber im Spektrum eine charakteristische helle Linie erkennen läßt. Während der Sonnenfinsternisse sind auch einige violette und ultraviolette Linien des Koroniums nachgewiesen worden. Allerdings gibt die Korona außerdem noch das Spektrum des reflektierten Sonnenlichtes und wohl auch noch das rein kontinuierliche Spektrum von glühenden Körpern, also von Selbstleuchtern. Dieses kontinuierliche Spektrum rührt aber von kleinen Partikeln her, die durch irgend eine Repulsionskraft von der Sonne weggeschleudert worden sind, zb. durch eine elektrische abstoßende Kraft oder nach Arrhenius durch den Strahlungsdruck, wie er von Lebedew im Laboratorium experimentell nachgewiesen worden ist. Bezüglich ihrer Anordnung zur Sonnenoberfläche vergleicht er die Korona mit den Nordlichtstrahlen, die aber wohl rein gasförmig angenommen werden müssen.

Die Sonnenflecke sind nach den neuesten Potsdamer Beobachtungen nicht immer Vertiefungen, sondern oft auch Erhöhungen in der Photosphäre. Nahe dem Sonnenrand kann ihre Wärmestrahlung unter Umständen noch größer sein als die der sie umgebenden Sonnenoberfläche. Es könnte auch die Absorption der Sonnenatmosphäre für die leuchtenden Strahlen der Photosphäre größer sein als für die dunklen langwelligen Strahlen der Sonnenflecke. Plausibler ist vielleicht die Annahme, in solchen Fällen ragen die Sonnenflecke hoch über die Photosphäre empor. Dann sind sie wohl eher durch Absorption bewirkt, und zwar nicht durch absorbierende Nebel, sondern durch absorbierende Gase. Es werden zb. die dunklen Linien des Vanadiums und anderer Substanzen verstärkt, und die grünen Teile des Fleckenspektrums können in Banden von dichtgedrängten dunklen Linien aufgelöst werden.

Über die Entstehung der Flecke und ihre Periodizität hat sich Young noch keine feste Meinung gebildet; jedenfalls scheinen ihm alle bisherigen Meinungen darüber noch gänzlich unbefriedigend. Der Grund der Periodizität liegt aber wahrscheinlich doch eher im Inneren der Sonne als außerhalb; dennoch kann nicht bestritten werden, daß auch das letztere möglich wäre. Für die Äquatorbeschleunigung der Sonne adoptiert er die Anschauungen von Salmon und Wilsing, sie sei ein langsam verschwindendes Überbleibsel von Zuständen, die längst verschwunden sind, die aber zur Zeit der Bildung des Sonnensystems vorherrschten. Die hierüber von Emden veröffentlichte Theorie, auf die wir später auch eingehen werden, erscheint ihm nicht überzeugend, weil die Grundannahmen zweifelhaft sind. Betreffs der Erhaltung der Sonnenenergie muß wohl die Helmholtzsche Kontraktionstheorie, die wir demnächst näher betrachten werden, als die der Wirklichkeit am nächsten kommende bezeichnet werden. Gewiß muß aber außerdem auch noch die neugefundene Energiequelle im Radium berücksichtigt werden.

Wir wollen weiterhin die Anschauungen besprechen, die sich einige Physiker über die Konstitution der Sonne gebildet haben. Namentlich zwei neuere Sonnentheorien von Physikern haben Aufsehen gemacht, obwohl sie nach Newcombs Ausspruch „mit allen bisherigen Ansichten über die Vorgänge auf der Sonne in scharfem Widerspruch stehen". Es darf aber hierbei nicht übersehen werden, daß zurzeit auch noch die Anschauungen der Astronomen teilweise außerordentlich stark voneinander abweichen, wie aus dem Vorhergehenden geschlossen werden muß. Soviel steht ja doch wohl fest, daß die maßgebenderen Theorien über das Wesen der Sonne von Physikern ausgegangen sind.

Die alte Herschel-Wilsonsche Theorie von einer Sonne mit einem verhältnismäßig kühlen Kern ist, wie bereits mehrfach erwähnt, durch Kirchhoff gestürzt worden. Aus seiner Spektralanalyse zog er den Schluß, daß die Sonne aus einem glühenden Kern bestehe, der von einer weniger stark glühenden Gas- und Dampfatmosphäre umgeben sei, eine Anschauung, die im allgemeinen allen neueren Sonnentheorien zugrunde liegt, mit dem Unterschiede jedoch, daß man jetzt den Sonnenkern nicht mehr flüssig annimmt, wie Kirchhoff, sondern gasförmig, aber so dicht, daß seine Konsistenz pechartig ist.

Nach Berechnungen, die zuerst von Helmholtz ausgeführt worden sind, liefert die Sonne so viel Wärme, wie wenn stündlich auf jedem Quadratzentimeter ihrer Oberfläche 7500 kg Kohle verbrennten. Wenn der Sonne nicht fortwährend neue Wärme zugeführt würde, so müßte ihre Temperatur jährlich um 4° bis 8° abfallen, sofern ihre spezifische Wärme dem Mittelwert der spezifischen Wärmen unserer Erdsubstanzen gleichkäme, dagegen nur um etwa 2°, wenn sie gleich der spezifischen Wärme des Wassers wäre. Ohne solche Zufuhr wäre also nach einigen tausend Jahren ihre Ausstrahlung beendigt. Die Verbrennungen oder sonstigen chemischen Verbindungen aller Sonnensubstanzen könnten die gegenwärtige Sonnenstrahlung etwa noch weitere 3000 Jahre unterhalten.

Eine immerwährende Zufuhr von Energie fand Robert Mayer in den zahllosen Meteoriten, die mit Endgeschwindigkeiten von nahezu 600 km in die Sonne stürzen. Um die gesamte Sonnenstrahlung in dieser Weise zu erklären, müßte nach bezüglichen Berechnungen in 100 Jahren mindestens eine so große Masse wie die Erdmasse in die Sonne stürzen, in 33 Millionen Jahren sogar eine ganze Sonnenmasse. Bei einer so großen Massenzunahme der Sonne müßte aber nach Scheiner die Länge des Jahres um etwa $^1/_{33}$ Sekunde im Jahre abnehmen, was wohl nicht der Fall ist. Unbegründet erscheint mir indessen der Einwurf Newcombs gegen die Mayersche Annahme: Auf die Erdoberfläche müßten in diesem Falle auch so große Meteoritenmassen stürzen, daß sie selber glühend würde. Denn die Sonne zieht nicht mit ihren Planeten durch ruhende Meteoritenwolken hindurch, wie Newcomb bei seinem Einwand vorauszusetzen scheint, sondern sie ist der Zentralkörper, der alles anzieht, alle Meteorite, so daß diese alle mehr oder weniger direkt nach der Sonne streben. Ein Teil derselben stürzt unmittelbar in die Sonne hinein, ein viel kleinerer Teil trifft auf die Erde. Es stürzen nämlich auf die Sonne so viel mehr Meteorite als auf die Erde, wie eine Kugelfläche mit dem Erdbahnradius größer ist als der Querschnitt der Erde. Denn nur etwa ihrem Querschnitt entsprechend fängt die Erde solche gegen die Sonne stürzende Meteorite ab. Dies gibt etwa 2,2 Milliarden mal weniger Meteoritenmasse für die Erdoberfläche als für die Sonne. Mit anderen Worten: Erst in etwa 2 Billionen Jahren würde sich die Erdmasse durch ein solches Einstürzen von Meteoriten verdoppeln. Auf Oberflächeneinheiten bezogen stürzt danach fast zweihunderttausendmal mehr Meteoritenmasse auf das Quadratmeter der Sonne als der Erde. Weil überdies die Einlaufgeschwindigkeit der Meteorite in die Sonne etwa 10mal größer ist als in die Erde, die dadurch erzeugte Wärmeenergie also 100mal größer, so ergibt sich für die Sonnenoberfläche eine etwa 20millionenmal größere Erhitzung als für die Erdoberfläche. Auch in folgender Weise läßt sich die Unhaltbarkeit der Behauptung Newcombs zeigen: Würde die von der Sonne ausgestrahlte Wärme durch ihr ringsum aus dem Weltall zugestrahlte Wärme ersetzt, so würde die Nachtseite der Erde ebenso erwärmt wie die Tagseite. Wären dagegen die auf die Sonne losstürzenden Meteorite diese Wärmequelle, so bekäme die Nachtseite etwa 100mal weniger Wärme auf diesem Wege als die Tagseite, weil eben die Meteorite beim Einstürzen in die Erde eine etwa 10mal geringere Geschwindigkeit haben als beim Einstürzen in die Sonne.

Eine besonders große Bedeutung wird der Helmholtzschen Kontraktionstheorie zugeschrieben: Durch die Ausstrahlung kühlt sich die Sonne ab, daher verdichtet sie sich. Durch die entsprechende Zusammenziehung wird sie aber wieder heißer, weil dabei potentielle Energie in kinetische Energie übergeführt wird. Helmholtz berechnete aus dem mechanischen Wärmeäquivalent, zum Ersatz für die jetzige Sonnenstrahlung genüge eine Zusammenziehung der Sonne um 60 m im Jahre oder um 6 km im Jahrhundert. Da der Sonnendurchmesser etwa $1^1/_3$ Millionen Kilometer beträgt, ist eine solche Kontraktion gar nicht viel, sie wäre für uns in historischen Zeiten kaum wahrnehmbar. Aber in 5 Millionen Jahren wäre allerdings das Sonnenvolumen nur noch die Hälfte, ihre Dichte wäre fast auf den Wert 3 angewachsen, indessen immer noch nicht der Dichte der Erde, nämlich 5,55 gleich geworden. Rechnet man rückwärts, so findet man nach Helmholtz, bei dem Einstürzen aller Sonnenmasse aus dem Unendlichen bis in das jetzige Sonnenvolumen sei eine so große Wärme-

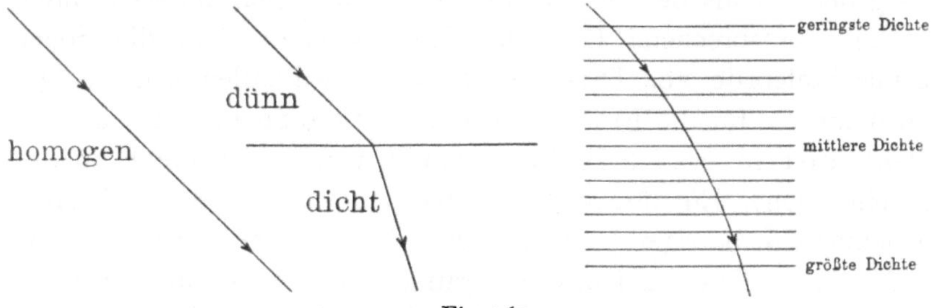

Fig. 163.
Weg eines Lichtstrahles in homogenen und verschieden dichten Substanzen.

menge entstanden, daß damit die gegenwärtige Sonnenstrahlung für etwa 18 Millionen Jahre gedeckt würde. Dies sind zwar recht lange Zeiträume, die Geologen rechnen aber noch mit viel längeren Epochen. Wahrscheinlicher dürfte es nach Helmholtz sein, daß nur während etwa 10 Millionen Jahren eine so konstante Strahlung bestanden hat, wie sie das Vorhandensein von flüssigem Wasser und die Entwickelung von Lebewesen auf der Erde ermöglicht.

Der Sonnentheorie von Schmidt liegt folgende physikalische Tatsache zugrunde: Der Weg der Lichtstrahlen ist geradlinig, wenn

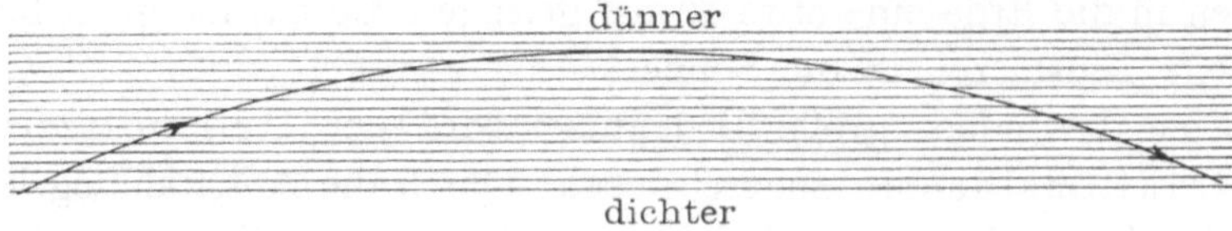

Fig. 164. Gebogener Lichtstrahl in ungleich dichten flüssigen Schichten.

sie eine Substanz von überall gleichbleibender Beschaffenheit, eine homogene Substanz durchsetzen, er erfährt einen Knick an der Übergangsstelle zweier verschieden dichter Medien, und er ist gebogen, wenn sich die Dichte der betreffenden Substanzen stetig ändert; Fig. 163 soll diese Verschiedenheiten anschaulich machen. Solche gebogenen Lichtstrahlen lassen sich experimentell darstellen, wenn man zwei ungleich dichte Flüssigkeiten sorgfältig übereinander lagert und ineinander diffundieren läßt. Fig. 164 zeigt, wie in diesem Falle die seitlich in die Flüssigkeitsschichten hineingeschickten Strahlen verlaufen. Bei den Gasen verhält es sich natürlich ganz gleich wie bei den Flüssigkeiten.

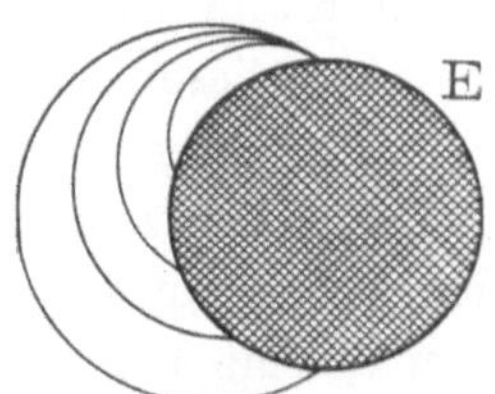

Fig. 165. Gebogene Lichtstrahlen auf einem Weltkörper mit dichter Atmosphäre. Nach Kummer.

Schon im Jahre 1860 sind die gebogenen Lichtstrahlen von Kummer mathematisch behandelt worden. Er kam zu folgendem Schluß: Wenn vermöge geeignet geschichteter, genügend hoher Atmosphäre der Krümmungsradius solcher gebogenen Lichtstrahlen klein genug ist, muß man von jeder Oberflächenstelle des betreffenden Weltkörpers aus seine ganze Oberfläche überschauen können, sogar seine Rückseite (Fig. 165). Kummer unterschied zwei Klassen von Weltkörpern, je nachdem ein solches Überschauen möglich ist oder nicht. Der Fig. 166 zufolge nahm er an, von links fallen Lichtstrahlen senkrecht zur Vertikalebene VV ein, die auf der Ebene der Zeichnung senkrecht stehen möge. ϱ sei der Krümmungsradius des gebogenen Lichtstrahles, r der senkrechte Abstand des Lichtstrahles vom Mittelpunkt des Weltkörpers an seiner Einfallstelle. Bei der ersten Klasse a der Weltkörper ist $\varrho < r$, jenes Überschauen von Q aus ist möglich; bei der zweiten Klasse b ist dagegen $\varrho > r$, das Überschauen von Q aus ist also nicht möglich. Die Erde gehört zu der zweiten Klasse von Himmelskörpern, bei ihr ist das Überschauen unmöglich, beim Jupiter ist es dagegen vielleicht möglich.

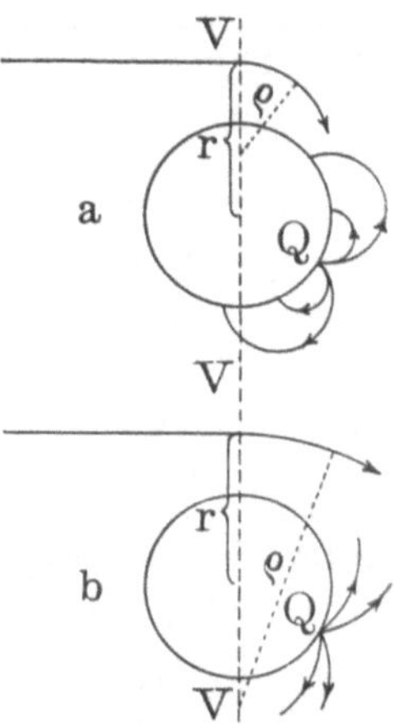

Fig. 166. Gebogene Lichtstrahlen auf Weltkörpern 1. und 2. Klasse. Nach Kummer.

Schmidt hält die Sonne für einen glühenden leuchtenden Gasball mit von innen nach außen kontinuierlich abnehmender Dichte, wobei die inneren dichtesten Schichten wohl ein kontinuierliches Spektrum aussenden, wie feste und flüssige Körper von gleicher Dichte. Ähnlich wie die Dichten sollen sich auch die Brechungsverhältnisse der Gasschichten von innen nach außen allmählich ändern. Lichtstrahlen also, die von innen ausgehen, müssen im allgemeinen, wenn sie nicht radial austreten, gekrümmte Bahnen einschlagen. Wegen ihres großen Durchmessers gehört die Sonne nach Schmidt zum Jupitertypus, da ja ihr Radius sogar 109 mal so groß wie der Erdradius ist.

Aus diesen Anschauungen wird nun von Schmidt weiter gefolgert: Alle Teile des Sonnenballes senden Licht nach allen Richtungen aus. Die aus dem Sonnenkern kommenden Strahlen geben ein kontinuierliches Spektrum, die aus den oberen dünneren Schichten kommenden aber nur ein Linienspektrum. Erstere Lichtstrahlen werden nun, wenn sie unter genügend schiefem Winkel austreten, fast alle wieder zur Sonne zurückgebogen, und dasselbe wird noch gelten für die mittleren Zonen; aus ihnen allen tritt kein Strahl nach außen, wenigstens nicht in Richtungen, die einmal annähernd tangential zur entsprechenden Kugelfläche waren. Eine Kugelfläche, eine Sphäre S (Fig. 167) existiert aber — die kritische —, die dadurch charakterisiert ist, daß für sie der Krümmungsradius tangentialer Lichtstrahlen gleich dem Radius der Sphäre selber ist, also $\varrho = r$. Ein hier einmal genau tangential in der Kugel verlaufender Strahl s kann also nie von ihr weg (Fig. 167), muß vielmehr die Peripherie dieser Sphäre S immerfort umkreisen. Demzufolge ist diese kritische Sphäre die äußerste Grenze des Sonnenteils, von dem aus seinem innersten weißglühenden Kern kommende Strahlen den außen befindlichen Beobachter noch erreichen können. Wie groß dieser Kern hierbei sei, kommt für das Ergebnis nicht in Betracht und ist ja auch nicht bekannt. Außerhalb der kritischen Sphäre sind aber keine weißglühenden Gase des Sonnenkernes mehr zu sehen, nur noch die dünneren Gase der Chromosphäre. Die kritische Sphäre bildet also eine scharfe Grenze zwischen dem Gebiet, aus dem weiß leuchtende Strahlen s' zu uns gelangen, und dem anderen Gebiet, aus dem wir Strahlen s'' mit dem Linienspektrum der Chromosphäre bekommen. Der scharfe Sonnenrand, den wir

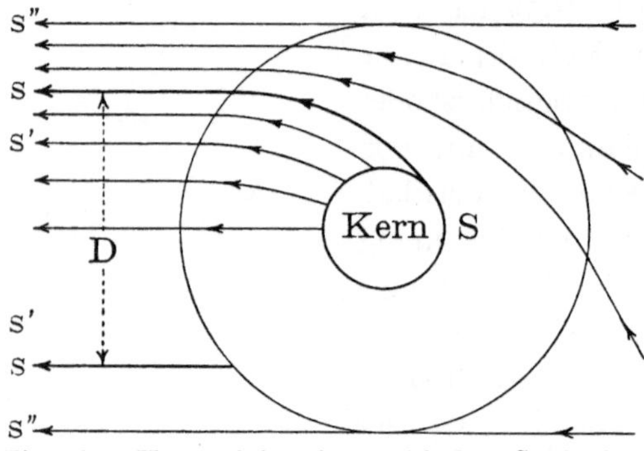

Fig. 167. Konstruktion der „kritischen Sphäre“ S nach der Schmidtschen Sonnentheorie.

erblicken, ist daher nach der Theorie von Schmidt keine reale Grenze zwischen zwei ganz verschieden leuchtenden Teilen der Sonne, sondern eine optische Täuschung, hervorgerufen durch die Strahlenbrechung in der Sonnenatmosphäre. Die Fig. 167 zeigt auch die Grenzstrahlen *ss* der Sonnenatmosphäre nach dieser Theorie, die allerdings in Wirklichkeit nicht so wie gezeichnet, sondern erst nach unendlich vielen Umläufen um die Grenzfläche *S* austreten könnten.

Fig. 168 (= Fig. 74). Protuberanzen der Sonne.

So richtig die Schmidtschen physikalischen Überlegungen an sich sind, so müssen doch gegen seine Sonnentheorie einige Einwände erhoben werden. Wenn die Sonnenatmosphäre nach Schmidts Anschauungen von innen nach außen regelmäßig abnehmende Dichten und Brechungsverhältnisse hätte, so müßte man einen Weltkörper, der eben hinter dem Rande der Sonnenscheibe zu verschwinden im Begriffe ist, verhältnismäßig lange an dieser Stelle stehen bleiben sehen, oder er würde sich doch mit stark verminderter Geschwindigkeit zu bewegen scheinen wegen der Strahlenbrechung in der Sonne (vgl. Fig. 167). Einen Sonnenfleck, der ja oft sehr erhebliche Höhenausdehnungen besitzt, müßte man weit länger sehen als nur während der Dauer einer halben Sonnenrotation, da wir im Bogen um die Sonne herumsähen; bei einer Protuberanz wäre diese verlängerte Sichtbarkeit noch größer, weil sie ja unter Umständen fast um den ganzen Sonnenradius über die Sonnenoberfläche herausragt. Namentlich wolkenartige ruhende Protuberanzen, die man manchmal bis zu 40 Tagen verfolgen konnte, müßten fast während der ganzen Sonnenrotation gesehen werden können. Sodann ist aber sicher auch die Durchsichtigkeit der Sonnenatmosphäre viel zu gering, als daß die Schmidtsche kritische Sphäre zu sehen wäre. Man denke an die ungeheuer ungleichmäßige Sonnenoberfläche, an die Granulation, an die Protuberanzen, wie sie zb. in vorstehender Fig. 168 nochmals vor Augen geführt werden, an die zahlreichen Fackeln, Flecke usf. Die Oberfläche der Sonnenatmosphäre ist so außerordentlich ungleichmäßig, so zerrissen, so wenig streng kugelförmig, daß ein Hineinschauen ganz undenkbar erscheint. Durch unzählige Brechungen, Schlierenbildungen, Dispersionen werden alle Lichtstrahlen abgelenkt, so daß wir von den im Inneren oder hinter der Sonnenatmosphäre liegenden Gegenständen keine scharfen Bilder mehr erhalten können. Vielmehr werden wir im wesentlichen stets die brodelnde Oberfläche der Sonnenatmosphäre selber sehen, sie wird uns als Sonnenscheibe erscheinen. Soweit die von Schmidt angenommenen Wirkungen vorhanden sind, werden sie doch meines Erachtens nur unmerkliche Veränderungen der scheinbaren Größe der Sonnenscheibe bewirken. Wir sehen wahrscheinlich das weiße Licht der glühenden flüssigen, aus den Photosphärendämpfen kondensierten Tröpfchen, das durch die Chromosphärengase in verhältnismäßig dünner Schicht teilweise absorbiert wird.

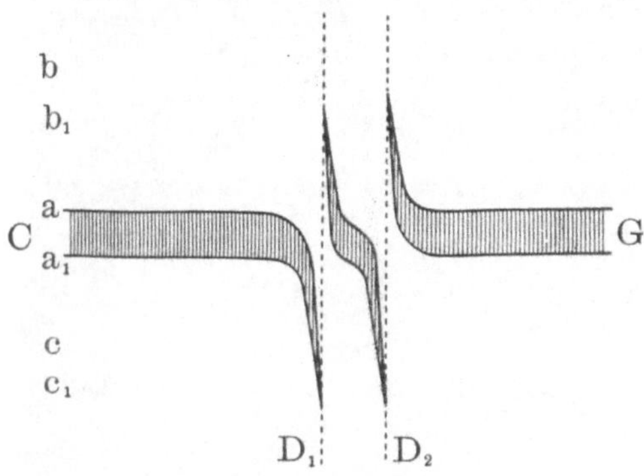

Fig. 169. Anomale Dispersion bei den D-Linien des Natriums.

In Physikerkreisen und teilweise von Astronomen wird auch der Theorie von Julius große Bedeutung beigelegt. Er wendet die Gesetze der anomalen Dispersion auf die Vorgänge an der Sonnenoberfläche an. Nach seiner Anschauung sind die Protuberanzen, die Fackeln und die Flecke gar keine realen Gebilde, sondern nur optische Täuschungen, bewirkt durch Brechung und anomale Dispersion der Strahlen, die von der Photosphäre ausgegangen sind. Unregelmäßige, in den Weg der Lichtstrahlen geratene Gasmassen lenken diese Lichtstrahlen so stark ab, daß sie aus einer ganz anderen Gegend zu kommen scheinen, als es wirklich der Fall ist. Geht nämlich zb. weißes Licht durch Natriumdämpfe hindurch, so wird das Licht der Natriumlinien, also zb. der *D*-Linien absorbiert, so daß die dunklen Fraunhoferschen *D*-Linien entstehen; die den *D*-Linien unmittelbar benachbarten Lichtarten werden aber beispielsweise durch prismatisch geformte Natrium-Gasmassen ganz anders abgelenkt als alle anderen weniger benachbarten, sie erscheinen in stark veränderten Richtungen, gewissermaßen verzerrt (Fig. 169). Daher scheinen auch diese den *D*-Linien benachbarten Lichtarten aus ganz anderen Richtungen herzukommen als alle übrigen Lichtarten. Wäre zb. *S* (Fig. 170) die Schmidtsche kritische Sphäre, so würde ein Beobachter in *O* etwa den Punkt *A*, ein anderer in O_1 etwa den Punkt *B* dieser Sphäre sehen. Befänden sich dann über *A*, etwa in *h*, besonders Natriumdämpfe in der die kritische Sphäre umgebenden Atmosphäre, so könnten sie das von *B* kommende weiße Photosphärenlicht zerlegen und die den *D*-Linien benachbarten Lichtarten auch nach *O* ablenken, so daß man dort — wenn man nur einen beschränkten Teil, etwa aa_1, der Höhe des betreffenden Spektrums (Fig. 169) wahrnähme — beispielsweise nur zwischen den durch *b* und b_1 oder durch *c* und c_1 gehenden Horizontalen zwei scharfe *D*-Linien zu sehen glaubte. In dieser Weise kommen nach Julius die hellen Linien des Flash-Spektrums zustande. Ebenso wären die Protuberanzen, die uns so unermeßlich große Geschwindigkeiten vortäuschen, in Wirklichkeit Vorgängen zuzuschreiben, die sich irgendwo im Sonneninneren abspielen, und die ganz harmloser Natur sind, die uns nur wegen der anomalen Dispersion so verzerrt erscheinen. Bei den Flecken und bei den Fackeln würde es sich ähnlich verhalten.

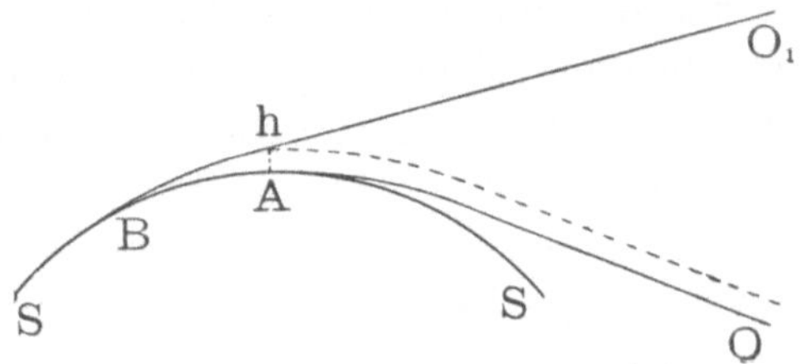

Fig. 170. Ablenkung von Lichtstrahlen neben der kritischen Sphäre *S* nach *O* durch anomale Dispersion. Nach Julius.

Ganz sicher hat Julius recht mit seiner Behauptung, daß mancher Vorgang auf der Sonnenoberfläche vermöge der anomalen Dispersion uns anders erscheint, als er wirklich ist, daß er ein verzerrtes Aussehen bekommt. Wenn aber die Protuberanzen und die anderen Gebilde auf der Sonnenoberfläche wirklich so erscheinen, wie sie uns von den Astronomen dargestellt werden, so müßte die Sonnenatmosphäre nach der Juliusschen Theorie als ebenso durchsichtig wie nach der Schmidtschen Sonnentheorie angenommen werden; sonst könnten wir niemals so regelmäßig geformte Gebilde erblicken, wie die Protuberanzen es gewöhnlich sind. Es ist aber außerdem anzunehmen, daß solche Gebilde durch prismatische Gasmassen gelegentlich völlig zerrissen erscheinen müßten, daß zb. eine metallische strahlenförmige Protuberanz einmal in der Mitte durch solche Brechung zerschnitten erschiene, wie wenn etwa die obere Hälfte derselben an einem ganz anderen Orte stände als ihre untere Hälfte. Solche Zerrbilder sind aber meines Wissens nie beobachtet worden; vielmehr sehen die Protuberanzen immer ganz natürlich aus, wie schwebende Wolken oder wie emporgeschleuderte Sprudel, die dem Gravitationsgesetz gehorchend wieder auf die Sonnenoberfläche zurückfallen. Auch andere Einwände sind gegen die Juliussche Theorie erhoben worden; das muß ihr indessen wohl sicher zugestanden werden, daß die wirklichen Protuberanzengeschwindigkeiten doch in einzelnen Fällen geringer, in anderen Fällen vielleicht größer sind, als sie nur unter der Anwendung des Dopplerschen Prinzipes berechnet worden sind.

An die Vorgänge in unserer Erdatmosphäre lehnt sich Oppolzer in seiner Theorie an. Die Sonnenflecke entstehen nach ihm durch Vertikalströmungen in der Chromosphäre. An den Sonnenpolen bestehen aufwärts gerichtete, in der Nähe des Äquators abwärts gerichtete Ströme. Beim Sinken gelangen die durch Ausstrahlung abgekühlten Massen hinunter auf die heißere Photosphäre, sie werden selber durch das Sinken heißer, sinken daraufhin nicht mehr tiefer hinab. Auch die über ihnen befindlichen Gase sind gesunken, wurden heißer und damit durchsichtiger, so daß sie nun Lichtstrahlen aus größeren Tiefen heraustreten lassen. Man sieht daher jetzt einen dunklen Fleck, über dem die durchsichtig gewordenen heißen Chromosphärengase gelagert sind. Für die Periodizität der Sonnenflecke macht er eine regelmäßige Periode des polaren Aufstroms verantwortlich; bei den riesigen Sonnendimensionen verstreichen Monate oder gar Jahre, bis die entsprechende Strömung zu den Äquatorgegenden gelangt. — Es ist nicht unwahrscheinlich, daß solche Strömungen in der Sonnenatmosphäre vorhanden sind. Daß sich aber durch sie allein alle so überaus merkwürdigen Erscheinungen an der Sonnenoberfläche erklären lassen, erscheint doch wenig glaubhaft. Namentlich die Frage der Periodizität der Flecke wird eigentlich durch jenen Hinweis nur auf den Aufstrom hinübergeschoben, aber keineswegs gelöst.

Auch Emden leitet die Sonnenflecke aus Strömungen in der Sonnenoberfläche ab, jedoch in anderer Weise als Oppolzer. Er geht aus von einer gleichmäßig rotierenden Sonnenkugel mit vertikalen Strömungen. Das Rotationsmoment der oberen Sonnenschichten ist bei gleicher Winkelgeschwindigkeit größer als das der unteren; beim Herabsinken der abgekühlten Schichten bleibt dies Rotationsmoment erhalten. Die herabsinkenden Schichten bekommen also eine schnellere Rotation als die bereits unten befindlichen, und für die aufsteigenden Schichten verhält es sich gerade umgekehrt. Demzufolge berühren sich nach solchen Vorgängen Schichten ungleicher Geschwindigkeiten, es entstehen Diskontinuitätsflächen zwischen diesen sprungweise mit verschiedenen Geschwindigkeiten sich bewegenden Schichten, die zu Wellenbewegungen Veranlassung geben. Die Vorgänge sind ähnlich denen, die Helmholtz für die Erdatmosphäre als Wogenwolken behandelt hat. Durch diese Wellenbewegungen entstehen horizontale Wirbel, aus diesen durch Ansaugen der Photosphärenmasse die vertieften Flecke. Nach jeder Ruheperiode, nach einem Fleckenminimum können sich die Vertikalströmungen länger entwickeln, die Diskontinuitätsflächen beginnen in größerer Tiefe und in höheren Breiten als zuvor, daher entstehen dort wieder die ersten Sonnenflecke, erst nach und nach treten solche näher am Äquator auf. Am Äquator vermehrt sich die Winkelgeschwindigkeit beim Niedersinken der Massen, wie es oben beschrieben wurde; an den Polen ist dagegen von Anfang an jede Winkelgeschwindigkeit Null, es kann also dort auch keine größere Winkelgeschwindigkeit auftreten. Demnach entstehen an den Polen weder Diskontinuitätsflächen noch die daraus hervorgehenden Sonnenflecke.

Ungefähr ebensowenig wie die Oppolzersche scheint die Emdensche Theorie genügend, um die Sonnenflecke und die zahlreichen übrigen besonders eigentümlichen Erscheinungen auf der Sonnenoberfläche zu erklären.

Als die wesentlichste Ursache der gleichbleibenden Sonnenstrahlung ist neuerdings von einigen Forschern das Radium bezeichnet worden.

Ein Gramm Radium gibt in der Stunde 120 Kalorien, im Jahr etwa 1 Million Kalorien ab. Daher würde alle von der Sonne in den Raum ausgestrahlte Wärme ersetzt, wenn nur zwei Milliontel der Sonnenmasse aus Radium bestünden. Indessen muß das Radium diese ungeheuren Energiemengen auch einmal bekommen haben, entweder durch die Wirkung der Schwerkraft und dann wäre durch die Einführung des Radiums als Zwischenglied nicht viel gewonnen, oder durch eine „Erschaffung“ und dann haben Erklärungen von natürlichen Vorgängen keinen Sinn mehr. Ferner zerfällt das Radium in absehbaren Zeiten, wenn auch erst in vielen Jahrtausenden. Vergleichen wir endlich jenen Radiumgehalt der Sonne mit dem auf unserer Erde, so sehen wir, daß der Radiumvorrat auf unserer Erde bedeutend geringer ist. Denn aus einer Tonne Erdreich müßten ja dann zwei Gramm Radium erhältlich sein, was noch lange nicht zutrifft. Sogar die radiumhaltigsten Erdschichten geben eine nur ungefähr hundertmal geringere Ausbeute an Radium.

In der neuesten Zeit hat Arrhenius durch seine Anwendung des Strahlungsdruckes auf die Theorie der Sonne und der Kometen Aufsehen gemacht. Die Granulation der Sonnenoberfläche faßt er zum Teil als Wolken von Ruß, dh. von kondensiertem Kohlenstoff, zum Teil als Wolken von Metallteilchen, zb. von Eisentropfen auf; denn um wolkenartige Gebilde wird es sich wohl handeln, weil doch die kleinsten für uns eben sichtbaren Teile der Sonne immer noch Durchmesser von mindestens 200 km haben müssen. Sehr heftig in der Chromosphäre aufströmende große Zyklonen nennt man Fackeln; wenn ihre Höhe größer wird als etwa 15000 km, heißen sie Protuberanzen; die Flecke sind umgekehrt abwärts gerichtete Strömungen, die sich bei diesem Abwärtsströmen erwärmen. Die herabsteigenden Sonnendämpfe sind daher trocken wie unser Föhn, und durchsichtig, sodaß wir durch die Flecke hindurch einen tieferen Einblick ins Sonneninnere bekommen. Diese von Arrhenius und auch von anderen behauptete größere Durchsichtigkeit der Sonnenoberfläche an der Stelle der Flecke stimmt aber wenig mit dem verhältnismäßig dunkeln Aussehen der Flecke überein, das ja umgekehrt auf eine größere Undurchsichtigkeit schließen läßt.

Arrhenius folgert weiter, weil der violette Teil des Fleckenspektrums besonders stark abgeschwächt werde, sei wahrscheinlich in den Sonnengasen ein feiner Staub vorhanden.

Die sprudelartigen Protuberanzen zeichnen sich durch besonders heftige Bewegungen aus; zum Teil lösen sie sich in der Höhe auf, zum Teil fallen sie auf die Sonnenoberfläche zurück; man hat bei ihnen schon Geschwindigkeiten bis über 800 km im Visionsradius und senkrecht dazu gemessen. Die wie Wolken schwebenden ruhigen Protuberanzen werden dagegen durch den Strahlungsdruck, dh. durch den Druck der Lichtstrahlen der Sonne auf den von ihnen beleuchteten Körper, getragen und sogar von der Sonne weggestoßen. Wir werden auf den Strahlungsdruck demnächst eingehender zurückkommen.

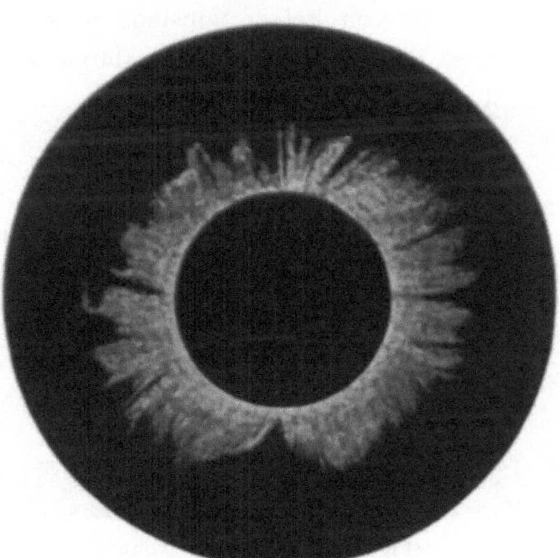

Fig. 171 (= Fig. 66). Sonnenkorona 1870. Nach Davis. 1870 war ein Maximaljahr der Sonnenflecke.

Die Korona ist unter Umständen bis auf den Abstand eines Sonnendurchmessers von der Sonnenoberfläche noch sichtbar, oder sogar noch weiter. Aus den verschiedenen Sonnenaufnahmen schließt Arrhenius auf eine Änderung der Koronaform mit der Sonnenfleckenzahl. Die Sonne wirke wie ein Magnet mit zwei Polen an den Sonnenpolen (Fig. 171—173 = früh. Fig. 66, 69, 70). Durch diese magnetische Wirkung werden die Koronastrahlen von den Polen gegen den Äquator hin abgebogen. Die innere Korona läßt das Spektrum von Gasen, zb. von Wasserstoff erkennen, die äußere Korona gibt dagegen ein kontinuierliches Spektrum, so daß dort auf feste oder flüssige Teilchen geschlossen werden muß, die das Sonnenlicht reflektieren. Aus der strahlenförmigen Beschaffenheit der Korona schließt er auf dort befindliche kleinste Teilchen, die durch den Strahlungsdruck von der Sonne fortgestoßen werden.

Für die Temperatur der am 1. Sept. 1859 aus einem Sonnenfleck hervorbrechenden Sonnenfackeln berechnet Arrhenius etwa 10000 bis 12000°, während als „effektive Sonnentemperatur“ etwa 6200° gefunden worden ist. Daher ist die Temperatur des Sonneninneren sicher höher als die etwa 6200° betragende Temperatur der Photosphäre. Unter der aus der Gastheorie näher begründeten Annahme, daß die Temperaturzunahme von außen nach innen doch mindestens den dritten Teil der Zunahme auf der Erde betragen müsse, berechnet Arrhenius für den Mittelpunkt der Sonne eine Temperatur von sechs Millionen Grad. Gewiß ist nach unseren gegenwärtigen Erfahrungen die kritische Temperatur von keiner Substanz so hoch wie diese Sonnentemperaturen, so daß man also auf ein durch und durch gasförmiges Sonnen-

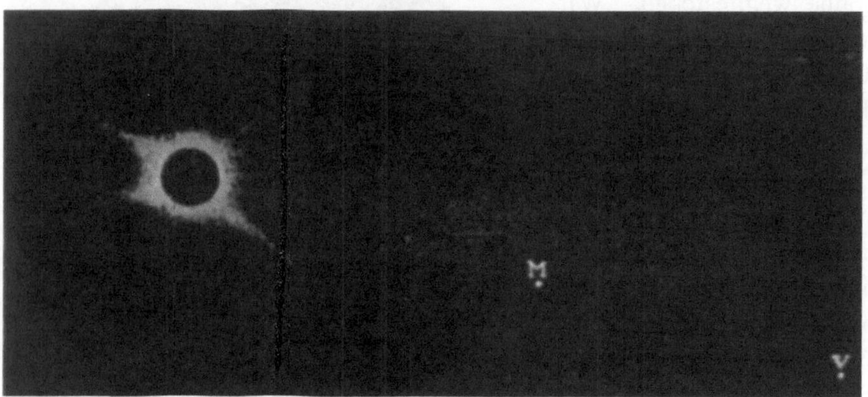

Fig. 172 (= Fig. 69). Sonnenkorona 1898. Nach Maunder. 1898 war durch mittlere Sonnentätigkeit ausgezeichnet.

innere schließen muß. Wegen des enormen Druckes muß sich aber doch die Sonnenkugel ähnlich wie eine zähflüssige Masse verhalten; trotz ihrer ungeheuren Temperaturen ist ja doch ihre Dichte etwa 1,4, also etwas größer als die Dichte des Wassers (= 1). Damit stimmt die gelegentlich überaus große Zeitdauer der Sonnenflecke überein, die schon etwa einundeinhalb Jahr lang an derselben Stelle beobachtet werden konnten.

Die Sonnenenergie ist nach Arrhenius unzweifelhaft chemischen Ursprunges; denn die chemischen Verbindungen und noch mehr die chemischen Dissoziationen sind doch immer noch die kräftigsten bekannten Wärmequellen. Bestünde zwar die Sonne ganz aus Kohle, so würde die Verbrennung des gesamten Kohlenstoffes der Sonne ihre gegenwärtige Strahlung nur für etwa 4000 Jahre aufrecht zu erhalten vermögen. Nun treten aber gewisse Elemente erst bei sehr hohen Temperaturen zu chemischen Verbindungen zusammen, und sie verbrauchen dann enorme Wärmemengen, nach unseren Erfahrungen im allgemeinen um so größere, je höher ihre Verbindungstemperaturen sind. So wird erst bei hoher Temperatur Ozon aus dem Luftsauerstoff, ferner Salpetersäure aus dem Stickstoff und dem Sauerstoff der Luft gebildet, letzteres zb. bei etwa 3000°. Noch weit kompendiösere und energiereichere Verbindungen entstehen in dem so unermeßlich

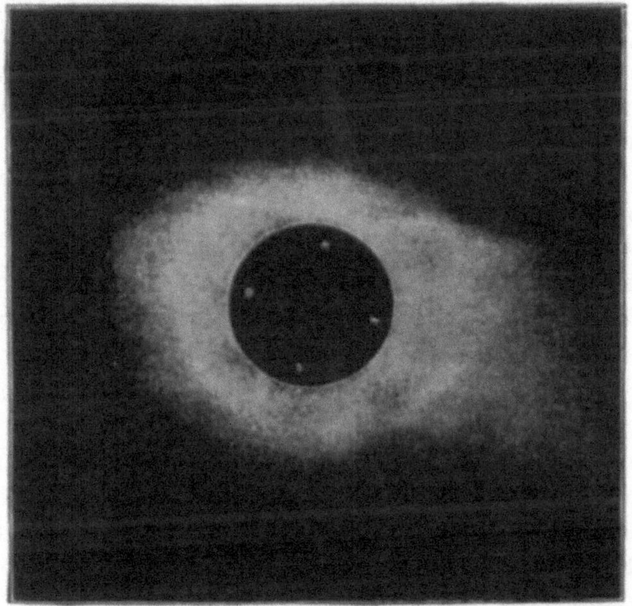

Fig. 173 (= Fig. 70). Sonnenkorona 1900. Nach Langley und Abbot. Das Aussehen der Korona in Minimaljahren der Sonnenflecke angebend. (Fig. 171—173 aus Arrhenius, Werden der Welten I.)

heißen und dichten Sonneninneren, bei vielen Millionen Grad Temperatur und einigen Milliarden Atmosphären Druck; die von solchen Verbindungen aufgenommenen Wärmemengen verhalten sich zu den Wärmemengen unserer irdischen Verbindungen ungefähr so wie die Temperaturen der Sonne zu den Temperaturen, bei denen die irdischen Verbindungen entstehen. Daß es tatsächlich so energiereiche Verbindungen gibt, zeigt uns das Radium, das bei seinem Zerfall in seine Endprodukte eine Wärmeentwickelung von einigen Milliarden Kalorien pro Gramm zustande kommen läßt, ungefähr ein viertelmillionenmal mehr als ein Gramm Kohlenstoff bei seiner Verbrennung. Wenn nun die so entstandenen Produkte aus dem Sonneninneren durch Strömungen an die Sonnenoberfläche getragen werden, wobei sie sich vielleicht bis auf 1000° abkühlen, so kommen ihre Dissoziationen zustande, und die ungeheuren von ihnen aufgenommenen Energiemengen werden wieder frei. Diese erzeugen nunmehr die gewaltigen und unglaublich schnell veränderlichen Protuberanzen. Solche chemischen Verbindungen, die an der Sonnenoberfläche zerfallen, sind wohl die gewaltigsten Explosions- und Sprengmittel, die man sich denken kann, Dynamit und Pikratpulver erscheinen dagegen nach Arrhenius nur wie ganz harmlose Spielzeuge. Die in solchen Verbindungen des Sonneninneren steckenden Sonnenenergien sind so ungeheuer groß, daß sie die gegenwärtige Sonnenstrahlung noch für viele Billionen Jahre zu unterhalten vermögen.

Eine sehr große Bedeutung legt Arrhenius, wie schon erwähnt, dem Strahlungsdruck bei. Zuerst wurde das Vorhandensein eines solchen Druckes von Kepler angedeutet, auf Grund der Newtonschen Emissionshypothese des Lichtes, nach der das Licht aus von der Lichtquelle fortgeschleuderten kleinsten Teilchen bestehen sollte. Daß diese einen Druck auf die von ihnen getroffenen Körper ausüben müssen, war ja auch fast selbstverständlich. Genauer hat dann Euler den Strahlungsdruck formuliert. Maxwell hat ihn später aus seiner elektromagnetischen Lichttheorie seiner Größe nach berechnet; er kam zu dem Ergebnis, der Druck des Lichtes auf die Flächeneinheit sei gleich der in der Volumeneinheit enthaltenen Energie der Lichtstrahlung. Diese Beziehung wurde später von Lebedew und nachher auch von Nichols und Hull experimentell bestätigt. Im Jahre 1892 hat Lebedew diesen Strahlungsdruck zuerst auf die Kometenschweife angewandt, die er sich als aus gasförmiger Materie bestehend dachte. Im Jahre 1900 suchte dann Arrhenius auch noch andere himmlische Erscheinungen durch den Strahlungsdruck zu erklären.

Die bezüglichen Berechnungen über den Strahlungsdruck rühren von Arrhenius und in strengerer Form von Schwarzschild her. Nach denselben erfahren vollkommen reflektierende Kügelchen von 0,0015 mm Durchmesser und von der Dichte 1 (Wasser) einen so großen Strahlungsdruck durch die Sonne, daß dieser mit der auf dieselben einwirkenden Gravitation im Gleichgewicht steht. Je kleiner dann die Kügelchen werden, um so stärker werden sie abgestoßen durch den nunmehr überwiegenden Strahlungsdruck, bis zu einem Durchmesser von 0,00016 mm herab. Werden die Kügelchen noch kleiner, so nimmt der Strahlungsdruck wiederum ab, und bei Molekeln ist nach diesen Rechnungen überhaupt kein Strahlungsdruck mehr vorhanden. Wenn die Kügelchen das Licht nur teilweise reflektieren, so ist der Strahlungsdruck auch geringer, bei vollkommen absorbierenden Kügelchen ist er nur noch halb so groß. Übrigens hat Lebedew seither Versuche angestellt, aus denen er sogar auf einen die Molekeln selber, also auch die Gase wegstoßenden Strahlungsdruck geschlossen hat.

Arrhenius schließt nun weiter: Die Sonne ist sehr reich an ultraviolettem Licht. Durch dasselbe werden bekanntlich alle Gase teilweise ionisiert, in positive und negative Ionen gespalten. Ebenso ergeht es den Sonnengasen. Nun haben die Ionen die Eigenschaft, Dämpfe, ganz besonders Wasserdampf, zu kondensieren, und zwar mehr die negativen als die positiven Ionen. Die flüssigen Tröpfchen, die sich um die negativen Ionen gebildet haben, fallen daher, wenn sie groß genug geworden sind, herab, oder sie werden bei genügender Kleinheit durch den Strahlungsdruck erfaßt und von der Sonne weggetrieben, sie nehmen die negative Elektrizität mit sich, die positive bleibt auf der Sonne zurück; die beiden Elektrizitäten werden also getrennt. Sind dann die Tröpfchen in den Bereich der kalten Gase gelangt, so entladen sich, nach genügender Aufspeicherung, die beiden Elektrizitäten, dh. es entstehen leuchtende elektrische Gasentladungen bei niederer Temperatur, die nach Stark für die Entwickelung eines kräftigen Lichtphänomens besonders günstig ist. Nach Arrhenius deuten die geradlinigen Koronastrahlen auf die Wirkung dieses Strahlungsdruckes hin. Die Materie wird also durch den Strahlungsdruck unausgesetzt in den Raum hinausgetrieben, in feinster Verteilung, aber doch höchstens so viel, als von außen der Sonne immer wieder zugeführt wird, dh. höchstens 300 Milliarden Tonnen im Jahr, berechnet aus der Zahl von 20000 Tonnen von Meteoriten, die nach seiner Schätzung in jedem Jahre ungefähr auf die ganze Erdoberfläche fallen sollen. Nach diesen Berechnungen würde in Billionen Jahren höchstens der 6000. Teil der Sonnenmasse einerseits ihr zugeführt, andererseits von ihr in den Raum wieder hinausgetrieben.

Schon früher (S. 199) habe ich gezeigt, daß das Verhältnis der auf die Sonne stürzenden zu den auf die Erde auftreffenden Meteoriten nicht richtig berechnet ist, daß vielmehr für dies Verhältnis eine viel größere Zahl, 2,2 Milliarden herauskommt. Dagegen läßt sich ein solches Wegströmen von Materie durch den Strahlungsdruck allerdings denken, jedoch nur, solange die abgestoßenen Tröpfchen eine genügende Kleinheit besitzen. Werden sie, durch Kondensation bei größeren Abständen von der Sonnenoberfläche, größer als 0,0015 mm, so beginnt wieder die Anziehung größer zu werden als die Abstoßung. Daher scheint mir doch nur ein geringer Teil der Materie durch den Strahlungsdruck der Sonne wirklich in den Raum hinausgetrieben werden zu können. Mit dem Hinaustreiben von Materie aus der Sonne durch den Strahlungsdruck ist natürlich ein Energieverlust für die Sonne verbunden, und wenn — nach Arrhenius — ebensoviel Materie in dieser Art und mit gleicher Geschwindigkeit weggetrieben würde, wie ihr andererseits in Form von Meteoriten wieder zuströmt, so würden die Energieumsätze dieser beiden Vorgänge sich gegenseitig nahezu aufheben. Der Verlust wäre sogar größer als der Gewinn, weil die wegströmende Materie heißer sein müßte als die zuströmende.

Der Mond.

Über die Entstehung der Mondgebirge sind verschiedene Hypothesen aufgestellt worden:

1. Sie sollen durch aufstürzende Meteorite gebildet worden sein. Man hat nämlich experimentell gezeigt, daß durch das Herabfallen von festen Körpern auf Pulvermassen ähnliche Formen entstehen. Aber die Mondkrater haben so ungeheure Ausdehnungen, daß an eine derartige Entstehung derselben doch kaum gedacht werden kann.
2. Die Kratergebilde sollen alle durch reine Vulkanwirkungen zustande gekommen sein. Dagegen wird derselbe Einwand erhoben: Unsere größten Erdkrater wären nur wie ein Kinderspiel, verglichen mit den ungeheuer großen Mondkratern.
3. Auf Grund sorgfältiger Studien haben Loewy und Puiseux folgende Theorie aufgestellt: Bei der Erstarrung der glühendflüssigen Mondoberfläche entstanden, als die festgewordene Kruste noch verhältnismäßig dünn war, große Blasen durch einzelne

Gasentwickelungen im Mondinneren; solche Gebilde wurden deshalb besonders groß, weil auf der Mondoberfläche die Schwerkraft etwa fünfmal geringer ist als auf der Erdoberfläche. Als dann die Gase endlich zum Durchbruch gelangten, stürzten die Krusten in der Blasenmitte zusammen und die Ringgebilde blieben zurück. Zum Teil fielen die zusammengebrochenen Teile in die glühende Lava hinein, wo sie wiederum schmolzen. Daraus entstanden dann die Ebenen mitten in den Ringgebirgen. Durch andere Zusammenbrüche der Kruste entstanden andere Einsenkungen, die mit glühender Lava ausgefüllt wurden. Ferner entstanden wirkliche Vulkane, und große Aschenregen strömten aus ihnen heraus, die durch regelmäßige Winde, als der Mond noch eine Atmosphäre besaß, geradlinig fortgetrieben wurden; als solche Aschengebilde fassen die genannten Forscher die hellen Streifensysteme auf der Mondoberfläche auf, die radial von Kratern ausgehen und über Berg und Tal fortziehen ohne Unterbrechung. Zuletzt erloschen die Vulkane, und die jetzt noch sichtbaren Gebilde blieben zurück. Indessen gehen die hier geforderten Gasblasen von 200 km Durchmesser denn doch auch über unsere Vorstellungskraft hinaus.

4. Als letzte Hypothese nenne ich diejenige von Ebert, die von Newcomb folgendermaßen beschrieben wird: „Nach Ebert entstanden diese Gebilde zu einer Zeit, als der Mond noch eine rasche Rotation besaß. In dem glühend-flüssigen Inneren rief die Anziehung der Erde Gezeiten hervor, die das Magma periodisch hoben und senkten. Bei jeder Flut quoll dieses durch noch vorhandene Öffnungen in der festen Kruste empor, überflutete die letztere nach allen Seiten hin und zog sich dann, wenn die Ebbe eintrat, wieder zurück. Dabei blieben aber Teile des Magmas an der Oberfläche, die infolge der Abkühlung erstarrten. Bei der nächsten Flut brandete die von der Öffnung aus nach allen Seiten hin vordringende Welle an den erstarrten Massen empor, bei weiterem Zufluß von Magma überstieg die Flüssigkeit den allmählich entstehenden kreisrunden Wall und setzte neues Material ab. Die Folge davon war, daß der Wall eine sanfte Böschung nach außen, eine steile nach innen erhalten mußte, ganz wie dies bei den Mondkratern der Fall ist. Die zentrale Öffnung

wurde allmählich enger, die Überflutungen geringer, und die letzten Eruptionen schufen schließlich den Zentralkegel des Kraters. Es ist Ebert gelungen, auf experimentellem Wege nach dem auseinander gesetzten Prinzip Gebilde zu erzeugen, die im kleinen die größte Ähnlichkeit mit den Mondkratern besitzen."

Die letztgenannte Ebertsche Hypothese scheint bei den Astronomen mehr und mehr zur Geltung zu kommen, da sie in der Tat über die wesentlichsten Zustände der Mondkrater Rechenschaft gibt. Schon sechs Jahre vor Ebert habe ich die Entstehung der Mondkrater in aller Klarheit auf das Ausfließen des glühend-flüssigen Magmas aus Öffnungen der fest gewordenen Mondrinde, der Gezeitenwirkung zufolge in den Richtungen gegen die Erde hin und entgegengesetzt, zurückgeführt, unter gleichzeitigem Hinweis darauf, daß die Gezeiten des Magmas selber wahrscheinlich in erster Linie die Rotation des Mondes immer langsamer machten und schließlich nahezu zum Stillstand brachten [1]). Meine damaligen, durch die drei hier wiederholten Fig. 174 bis 176 erläuterten Entwickelungen sind in Kürze die folgenden:

Aus der Laplaceschen Nebularhypothese muß der Schluß gezogen werden, daß der Mond früher einmal um eine eigene Achse rotierte. Er war vermutlich ursprünglich eine glühend-flüssige Kugel, die durch Abkühlung allmählich eine fester und fester werdende Rinde bekam. Durch das Zusammenziehen der festen Rinde entstanden Risse, Spalten, und durch diese wurde das von der Rinde zusammengepreßte flüssige Magma herausgepreßt. Nun wirkten außerdem von der Erde aus die Gezeiten, Flut und Ebbe, auf den Mond etwa 80mal stärker ein als vom Mond aus auf die Erde wegen der entsprechenden Massenverhältnisse. Inzwischen war die Mondrinde so dick geworden, so weit erstarkt, daß sie durch ihre eigene Festigkeit ihren Halt gewann (Fig. 174). Wirkte nunmehr die Erde fluterzeugend auf den Mond ein, so wurde in der Richtung gegen die Erde hin das flüssige Magma in Vulkanausbrüchen gegen die Erde getrieben, in der umgekehrten Richtung wirkte die überwiegende Zentrifugalkraft gleichfalls im Sinne vulkanischer Erhebungen, so daß in beiden diametral entgegengesetzten Richtungen Vulkanausbrüche zustande kommen

[1]) L. Zehnder, Über die Rotation der Satelliten, Zeitschr. f. Naturwiss. Halle a. S., **57**, 30—39, 1884; ferner erweitert: L. Zehnder, Die Mechanik des Weltalls, S. 107—114. Freiburg i. B. 1897.

mußten. Dadurch nahm die flüssige Kernmasse immer mehr an Volumen ab, es bildeten sich im Mondinneren Hohlräume, die die Gezeitenwirkungen auch hier im Inneren immer stärker zum Vorschein kommen ließen. Fig. 174 zeigt die Verteilung des flüssigen Magmas im Mondinneren, die Flutwirkungen unter dem Einfluß der Erdanziehung, demnach auch die beiden Richtungen, in denen das Magma in Vulkanausbrüchen vorzugsweise auf die Mondoberfläche überströmte, wenn solche vulkanische Öffnungen dort vorhanden waren. Befanden sich ältere Krateröffnungen nahe den Polen der Mondkugel, so strömte dort das vielleicht auf der Mondoberfläche vorhanden gewesene Wasser in das Mondinnere ein, beförderte die Abkühlung des Magmas, erhitzte sich dabei selber und wurde in diesem Zustande wieder durch die Öffnungen hinausgeschleudert. Auch Luftmengen verhielten sich ähnlich. Fig. 175 und 176 zeigen weitere Fortschritte der Mondabkühlung. In diesem Zustande mußte die Reibungsarbeit, die von der noch rotierenden Mondmasse gegen die Umlagerung des flüssigen Magmas aufzubringen war, um die Flutwelle immer an der richtigen Stelle bestehen zu lassen, enorme Beträge annehmen. Die Rotation mußte also immer stärker verzögert werden. Den größten Reibungswiderstand bot jenes Magma bei seinem letzten Erstarren dar, da sich (Fig. 175, 176) alle noch flüssige Masse in zwei Flutwellen konzentriert hatte, von denen schließlich die eine ganz erstarrte, die andere sich dann über die erstere lagerte (in der Figur punktiert angedeutet), so daß eine entsprechende exzentrische Massenansammlung zustande kam. In dieser letzten Phase ist wohl die etwa noch vorhandene Rotation des Mondes vollends vernichtet worden; sie ging in ein Oszillieren über, von dem vielleicht jetzt noch Spuren in den physischen Librationen

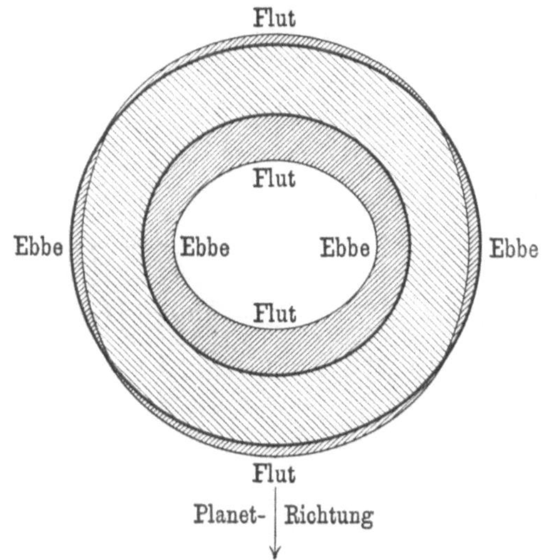

Fig. 174. Flutwirkungen auf der Mondoberfläche und im glühenden Mondinneren.

des Mondes erhalten geblieben sind, möglicherweise unter Änderung der Drehachse. Für letzteres spricht zb. die starke Ansammlung von Mondkratern nahe dem Südpole des Mondes.

Bedenkt man die mächtige Flutwirkung der Erde auf den Mond und die immer langsamer werdende Rotation des Mondes, so erscheinen Vulkane und Krater, wie wir sie auf dem Monde sehen, durchaus nicht mehr übermäßig groß. Eine einzelne Mondrotation mag vielleicht ursprünglich einen Tag, dann nach und nach zwei und mehr Tage, dann eine Woche, einen Monat, ein Jahr und noch länger ge-

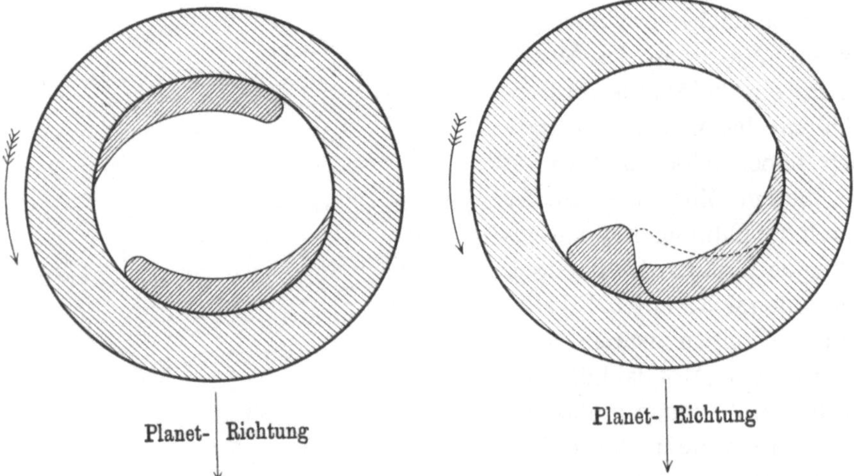

Fig. 175. Zwei Flutwellen glühenden Magmas im rotierenden Mond.

Fig. 176. Erstarrende Flutwellen glühenden Magmas im rotierenden Mond.

dauert haben. Dementsprechend zog die Erde in ungemein langen Zeiten das flüssige Magma durch Vulkanöffnungen aus dem Mondinneren heraus, ungeheure Flächen mit demselben überschwemmend. Trat dann Ebbe ein, so sank der flüssig gebliebene Teil wieder zurück, ins Mondinnere hinein, durch die Mondschwerkraft hereingezogen. Der erstarrte Rand dieses Ergusses blieb zurück, zuerst als ganz niederes Ringgebirge; aber nach jeder Rotation wiederholte sich der gleiche Vorgang, immer höher wurde der erstarrte Wall, immer höher das sich bildende Ringgebirge, in dessen Innerem das zurückbleibende Magma nach seiner Erstarrung eine Ebene bilden mußte. Den in solcher Weise im Mondinneren zustande gekommenen Hohlräumen entsprechend hat der Mond eine geringere Dichte als die Erde. Denn wenn sogar die Meteorite im allgemeinen ungefähr die Dichte der Erde besitzen, da sie im wesentlichen aus Eisen und Gestein bestehen, so werden wohl auch die auf dem Mond vorhandenen Substanzen unseren Erdsubstanzen in ihrer Zusammensetzung analog sein, so daß wir die mittlere Dichte der Mondsubstanzen als der der Erdsubstanzen wenigstens nahe gleich annehmen dürfen. Dann aber müssen sich im Mondinneren Hohlräume befinden; daher wird auch der Mondschwerpunkt nicht genau im geometrischen Mittelpunkt der Mondkugel liegen. Wenn solche Hohlräume im Inneren des Mondes vorhanden sind, so mußten sich alle Mondflüssigkeiten und die auf dem Monde verbliebenen Gase zuletzt in diese Hohlräume zurückziehen, so daß für uns jetzt auf dem Monde keine Atmosphäre mehr sichtbar ist, obwohl sich immer noch einzelne Gasreste dort im Mondinneren befinden können.

Bei den beschriebenen Vulkanausbrüchen blieben an der Oberfläche nicht die erstarrten Metalle, sondern die leichteren geschmolzenen Massen zurück, also geschmolzene Gesteinsmassen, wie Schlacken eines Hochofens, wie Laven. Daher kann ein Teil der Mondoberfläche lavaartig oder glasartig sein, wie sie von Ebert gedeutet worden ist, und da der Mond wegen der großen Erdnähe doch jedenfalls nie eine sehr dichte Atmosphäre und nie besonders viel Wasser besaß, konnte diese glasige Mondoberfläche nie durch Verwitterung wesentlich verändert werden.

Für die Entstehung der hellen Mondstreifen können wohl die Anschauungen von Loewy und Puiseux im allgemeinen als zutreffend angenommen werden. Bei den Vulkanausbrüchen wurden Asche und Bimssteine emporgeschleudert, ungeheuer hoch, der geringeren Schwerkraft des Mondes zufolge. Im Vulkaninneren waren die mitgerissenen Gase und Dämpfe noch auf ein kleines Volumen zusammengepreßt. Sie dehnten sich explosionsartig aus, als sie aus der Krateröffnung hervorbrachen, und dies um so stärker, da keine Mondatmosphäre hemmend auf sie einwirkte. Daher wurden Asche und Bimssteine in ungeheure Entfernungen ziemlich geradlinig nach allen Richtungen fortgeschleudert, doch nicht ringsum in gleichmäßiger Verteilung, sondern ungleichmäßig, strahlenförmig, weil die Krateröffnungen offenbar ungleich hohe mehr oder weniger ausgezackte Ränder hatten, so daß durch die tiefer eingesenkten Randstellen der Krater besonders starke Aschenströme zustande kamen. So mußten radiale Streifen entstehen, die wir als die streifenartigen hellen Gebilde erkennen.

Von Zeit zu Zeit glaubte man auf der Mondoberfläche Veränderungen wahrzunehmen; doch werden diese Beobachtungen nicht als sicher bezeichnet, namentlich weil sie zu klein seien, um gesehen zu werden. Denn nur Gegenstände von mindestens 1 km Ausdehnung seien für uns wahrnehmbar. Indessen müßten wir jeden dort befindlichen Gegenstand, sogar einen punktförmigen Körper sehen, wenn er nur hell genug leuchtet. Wir sehen ja auch einen Stern, obwohl er sich bei der stärksten Vergrößerung doch immer nur als ein Punkt abbildet. Es ist also denkbar, daß zb. eine ursprünglich sehr stark lichtreflektierende glasartige Fläche durch einen aufstürzenden Meteorit so sehr zerstört würde, daß sie uns nachher viel weniger sichtbar wäre als vorher, oder daß sie unseren Blicken sogar vollständig entschwände. Würde umgekehrt eine bisher von Asche überdeckte spiegelnde Schmelzfläche durch vorbeisausende die Mondoberfläche streifende und dadurch erhitzte meteorische Massen von Asche befreit, so könnte sie für uns den Eindruck eines neu entstandenen Gebildes machen.

Daß der Mond keine Atmosphäre habe, schließt man auch aus folgendem Grunde: Gemäß der kinetischen Gastheorie sollen alle Gasteilchen bei einer gewissen nicht sehr hohen Temperatur die Mondoberfläche verlassen und gegen die Erde hinfliegen. Analog soll es sich bei den anderen Weltkörpern verhalten. Stoney fand, die Erde könne nicht dauernd freien Wasserstoff und freies Helium festhalten, der Mars und der Merkur können keinen Wasserdampf, der Mond aber könne überhaupt gar keine Gase dauernd festhalten, nur der Neptunmond behalte einigermaßen eine dichtere Atmosphäre.

Indessen ist diese Behauptung sicher nicht richtig. Denn die Berechnung Stoneys hat als Voraussetzung stets die Gültigkeit des Maxwellschen Gesetzes der Geschwindigkeitsverteilung unter den Gasmolekeln, welches einerseits sehr große Geschwindigkeiten, die im Grenzfall sogar unendlich groß werden könnten, andererseits sehr kleine der Null nahe Geschwindigkeiten vorsieht, beide Grenzgeschwindigkeiten allerdings mit unendlich geringer Wahrscheinlichkeit, während für gewisse mittlere Geschwindigkeiten die Wahrscheinlichkeit am größten ist. Dies Gesetz ist in aller Strenge nicht richtig, namentlich aber in diesem Falle nicht anwendbar, welchen Einwand ich schon früher a. a. O.[1]) erhoben habe. Es sind nämlich erstens sehr große Geschwindigkeiten, die zb. die Lichtgeschwindigkeiten um ein Vielfaches übertreffen, überhaupt unmöglich, die wirklichen Geschwindigkeiten können nur in gewissen engeren Grenzen verschieden sein. Sodann ist aber zweitens zu bedenken, daß sich durch Ausstrahlung gegen den Weltraum, dem die absolute Nulltemperatur von — 273^0 zugeschrieben wird, die äußersten Schichten aller Gase auf diese Temperatur abkühlen werden. Denn sonst hätten sie ja noch meßbare Molekulargeschwindigkeiten und würden sich mit diesen entsprechend weiter von dem betreffenden Weltkörper entfernen. Daher werden sich dort, an jedem Atmosphärenumfang, Molekelaggregate von 2, 3 und mehr Molekeln bilden; alle Molekeln, die sich mit so kleinen Geschwindigkeiten bewegen, wie sie es bei nahezu 0^0 absoluter Temperatur tun müssen, und die sich dann berühren, haften nämlich aneinander, vereinigen sich eben zu Molekelaggregaten. Dadurch werden nun erst recht alle übermäßig großen Geschwindigkeiten der übrigen Molekeln verringert. Denn Molekeln mit besonders großen Geschwindigkeiten, die solche Molekelaggregate treffen und sie wieder zersplittern, verlieren dadurch ihre übermäßig großen Geschwindigkeiten, sie verlieren sie auch, wenn sie andere Molekeln zur Dissoziation bringen, sie in ihre Atome auflösen. Daher stehen die wirklichen Molekulargeschwindigkeiten in jedem Gase, ganz besonders aber am äußersten Umfang der Atmosphäre eines Weltkörpers ihrem gemeinschaftlichen Mittelwert viel näher, als es das Maxwellsche Gesetz der Geschwindigkeitsverteilung angibt. Dementsprechend kann jeder Weltkörper eine umfassendere Atmosphäre besitzen, als Stoney gefolgert hat, und diese Atmosphäre ist außen um so schärfer begrenzt, je gleichmäßiger die Temperatur der Weltkörperoberfläche, je ruhiger und unbewegter diese Weltkörperoberfläche selber ist. Dagegen kann allerdings ein fremder Weltkörper dem eben betrachteten so nahe kommen, daß er dessen Atmosphäre deformiert und zu sich herüberzieht. Es besitzt zb. die Sonne eine abgesehen von Protuberanzen usf. außen scharf begrenzte Atmosphäre, die alle, sogar die leichtesten Gase enthält; für die Erde ist nachgewiesen worden, daß sie — entgegen der Stoneyschen Behauptung — weit

[1]) Zehnder, Die Mechanik des Weltalls, S. 47. Freiburg i. B., 1897.

außerhalb unserer gewöhnlichen Luftatmosphäre noch eine mächtige Wasserstoffatmosphäre enthält, die an ihrem Umfange gleichfalls scharf begrenzt sein muß. Auch die Venus hat eine außen scharf begrenzte Oberfläche, ebenso alle äußeren Planeten, wie zb. aus ihrer großen Albedo hervorgeht. So hat jeder frei im Weltraum befindliche Weltkörper, jeder Planet, jeder Satellit, ja sogar jeder Meteorit seine Atmosphäre, wenn nur seine Temperatur eine entsprechende ist. Daß dem Maxwellschen Gesetze zufolge eine Atmosphäre bis ins Unendliche reiche, ist meines Erachtens eine durchaus unrichtige Behauptung.

Die Planeten.

Durch ähnliche Gezeiten, also Flutwirkungen der in ihrem Inneren befindlichen Magmamassen, wie bei dem Monde kann auch der Merkur wegen seiner großen Sonnennähe seine selbständige Rotation um eine eigene Achse eingebüßt haben, wenn er eine solche Rotation einmal besaß. Ferner läßt die geringe Albedo des Merkur darauf schließen, daß er seine Atmosphäre und wohl überhaupt alle bei seiner verhältnismäßig hohen Temperatur verdampfbaren Substanzen im wesentlichen an die Sonne verloren hat. In seinem Inneren werden aber seiner geringen Dichte zufolge Hohlräume und auf seiner Oberfläche ähnliche Kratergebilde entstanden sein wie auf dem Monde; seine Hohlräume würden dann noch von Flüssigkeiten und von Dämpfen erfüllt sein, weil die darin herrschende Mitteltemperatur des Merkur immerhin wesentlich geringer sein wird als seine Oberflächentemperatur auf seiner der Sonne zugekehrten Seite. Auch auf seiner von der Sonne abgewendeten Seite, die nach dem Weltall hin ihre Wärme ausstrahlt, können sich Gase und Dämpfe halten, so daß dort eine beständige Kondensation der auf der Merkur-Sonnenseite verdampften Substanzen statthaben muß.

Über eine Rotation der Venus gehen die Ansichten der Astronomen ganz auseinander. Hätte die Venus keine selbständige Rotation um eine eigene Achse, so würde ihre Sonnenseite am heißesten, ihre beständige Nachtseite am kältesten sein, ähnlich wie beim Merkur. Weil aber die Venus zweifellos eine starke Atmosphäre hat, würden in diesem Falle die Winde sehr gleichmäßig Luft und Wolken von ihren erwärmten Oberflächenteilen nach ihren kälteren Teilen hinüberführen. Dann aber müßten wir offenbar einen entsprechend strahligen Verlauf der Wolkenbildungen auf der Venus erkennen; denn die Venus ist nicht nur wesentlich größer als der Merkur, sondern sie kommt auch unserer Erde bedeutend näher. Da solche Strahlen auf der Venus nie beobachtet worden sind, hat sie wohl auch ihre selbständige Rotation.

Es liegt nahe, vom Monde aus auf die Zustände zu schließen, die vermutlich auf dem Mars herrschen. Denn der Mars ist nicht viel größer als der Mond; er ist ferner, wenn die Laplacesche Nebularhypothese die Entstehungsweise der Planeten einigermaßen richtig wiedergibt, älter und daher vielleicht sogar kälter als der Mond. Für Lebewesen wären also die Lebensbedingungen auf dem Mars kaum eher erfüllt als auf dem Monde. Auch darin besteht noch ein großer Unterschied zu ungunsten des Mars, daß dort die ihm von der Sonne zugestrahlte Wärme etwa $2^1/_4$ mal geringer ist, weil der Mars etwa den anderthalbfachen Abstand von der Sonne hat wie die Erde und ihr Mond. Demnach muß wohl die mittlere Marstemperatur um ein bedeutendes tiefer sein als die des Mondes, vermutlich etwa 50^0 tiefer. Wahrscheinlich sind also die weißen Marsflecke, die wir an seinen Polen von Zeit zu Zeit sehen, gar keine Schnee- oder Eismassen, sondern in den festen Zustand übergegangene andere Gase, zb. Kohlensäure oder vielleicht sogar Luft. Wären die weißen Marsflecke Schnee oder Eis, so müßte daraus zweifellos auf einen noch glühenden Marskern oder etwa auf einen starken Radiumgehalt des Mars geschlossen werden; denn sonst, nur durch die zugestrahlte Sonnenwärme allein, ließe sich die Konstanthaltung solcher höheren Temperaturen und das Abschmelzen der ganzen Polarflecke doch kaum denken.

Schon früher haben wir erwähnt, daß die auf der Marsoberfläche sichtbaren Gebilde von manchen Forschern als reell, von anderen aber nur als optische Täuschungen aufgefaßt werden. So gilt dies namentlich für die Marskanäle. Um auch die Farbenerscheinungen auf den verschiedenen Marsoberflächengebieten zu erklären, haben einige Forscher angenommen, die von ihnen vermuteten Marsbewohner seien in der Intelligenz viel weiter fortgeschritten als wir Erdbewohner; wegen des großen Wassermangels auf dem Mars bauen daher die Marsbewohner wirkliche Kanäle, um das auf den Polen im Winter gefallene und gefrorene Wasser, das im Sommer dort schmelze, über die ganze Marsoberfläche zu leiten und dadurch den Pflanzenwuchs dort noch zu ermöglichen. Die etwa bis zu 200 km breiten „Kanäle“ seien also nicht wirkliche Kanäle von solcher Breite, aber doch durch schmalere Kanäle bewirkte Vegetationsstreifen. Die Verdoppelung der Kanäle fassen sie dann als Inbetriebsetzung von Neben- und Gegenkanälen auf. Doch müssen wohl diese Vermutungen als Phantasiegebilde bezeichnet werden, die nicht die mindeste Wahrscheinlichkeit haben. Vor allen Dingen spricht der Umstand dagegen, daß man so wenig Wolken auf dem Mars sehen kann. Das Bewässerungswasser müßte doch einmal in Wolkenform durch die Marsatmosphäre wieder gegen die Marspole befördert werden. Daher ist das Vorhandensein wirklicher Kanäle auf dem Mars, die uns als die Marskanäle sichtbar würden, außerordentlich unwahrscheinlich.

Die Anschauung, daß diese Marskanäle überhaupt gar nicht realen Bestand haben, ist besonders von Cerulli vertreten worden, und viele andere Astronomen haben ihm recht gegeben. Danach sind die Marskanäle eine rein physiologische Erscheinung, die bei sehr geringer Sichtbarkeit von Objekten leicht eintritt. Betrachtet man nämlich kleine Flecke im Gesichtsfeld, die wegen ihrer geringen Lichtwirkung nur mit Mühe zu sehen sind, so ist man geneigt, sie durch gerade oder durch regelmäßige Linien zu verbinden. Je größer dann die Lupe oder das Fernrohr genommen wird, mit denen man beobachtet, um so weniger erkennt man diese Linien. Man kann die genannte Erscheinung leicht an Rasteraufnahmen wahrnehmen; beispielsweise sieht man mit bloßem Auge in einer solchen Aufnahme einen deutlichen Kopf mit allen charakteristischen Linien des Gesichts, der Haare usf. Nimmt man aber stärkere und stärkere Vergrößerungsgläser, so erkennt man immer mehr die kleinen Rasterflecke, während die charakteristischen Linien immer mehr verschwinden und zuletzt absolut nicht mehr zu erkennen sind. Davon kommt es her, daß die neueren Astronomen, die mit viel mächtigeren Fernrohren beobachten als Schiaparelli, von wirklichen scharfen Linien auf dem Mars, wie sie dieser italienische Astronom gesehen hat, nichts wissen wollen.

Indessen verlaufen doch die Marskanäle nicht gar so zufällig, wie es nach dieser Anschauung eigentlich der Fall sein müßte. Es ist sehr wahrscheinlich, daß man gelegentlich die kleinen Flecke, die tatsächlich auf dem Mars sichtbar sind, bei ganz zufälliger Verteilung derselben zu einem Kreis oder zu einer Ellipse verbinden würde, oder zu einem Quadrat, zu einem Dreieck usf.; denn alle diese Gebilde sind uns sehr bekannt, wir sehen sie sehr häufig und sind auch nur zu leicht geneigt, sie aus einer Menge kaum sichtbarer kleiner Flecke herauszulesen als die Verbindungslinien verschiedener Flecke. Solche Gebilde erkennt man aber auf der Marsoberfläche nicht, sondern man sieht mit nicht zu großen Fernrohren gelegentlich Linien, die sich weithin über die Marsoberfläche erstrecken, oft als größte Kreise der Marsoberfläche, Linien, die sich manchmal zu mehreren in einem einzigen Punkte treffen, die von „Meeren" ausgehen, nicht mitten auf einer hellen Fläche plötzlich aufhören. Wenn auch diese Linien öfters unscharf erscheinen, wie von Nebeln verschleiert, so sah sie doch Schiaparelli in der Regel scharf begrenzt, freilich nie alle Kanäle auf einmal, sondern immer nur die einen oder die anderen Kanäle oder Gruppen derselben.

Wenn vielleicht den Linien auf dem Mars doch irgend eine tatsächliche Bodenbeschaffenheit der Marsoberfläche zugrunde liegt, so könnte man daran denken, der Mars sei wie unser Mond ein ganz kalter starrer und daher äußerst spröder Körper, und er sei etwa durch Einstürzen eines Planetoiden, der wie der Eros gelegentlich besonders nahe an ihm kreiste, oder durch Einstürzen eines seiner Monde in Stücke zersprengt worden. Denn ein Zusammenprallen mit einem nur kleinen Planetoiden von beispielsweise etwa 10 km Durchmesser mit einer verhältnismäßig noch geringen Relativgeschwindigkeit von zb. etwa 1 km (Kanonenkugelgeschwindigkeit) mußte doch schon ungeheure Wirkungen hervorbringen. Die Bruchstellen der Marskugel „verwarfen sich" dabei gegeneinander, und an den entstandenen Erhebungen treten nun häufig regelmäßige Luftströmungen mit Wolken aus flüssigen oder fest gewordenen Luftteilchen auf, die uns die Marskanäle bald einfach bald verdoppelt vortäuschen. Solche Luftströmungen müssen auf dem Mars viel regelmäßiger als bei uns verlaufen, weil der Mars an und für sich wesentlich kälter ist als die Erde, und weil er überdies von der Sonne einen größeren Abstand hat als wir. Bei einem solchen Einsturz eines Planetoiden würde wohl dieser und seine nähere Umgebung geschmolzen sein; die Bruchstücke des Mars wären dann besonders an ihren Ecken und Kanten geschmolzen, die mit der schon geschmolzenen Masse zur Berührung kamen, so daß sie dort abgerundete Ecken erhielten.

Von den äußeren großen Planeten weiß man noch viel zu wenig, als daß man umfangreichere einigermaßen begründete Hypothesen über ihre Bodenbeschaffenheit oder über ihr Inneres aufstellen könnte. Vielleicht haben sie in ihrem Inneren einen noch heißeren Kern als unsere Erde; dementsprechend befindet sich in ihren Atmosphären mehr Wasserdampf als bei uns.

Der berühmte rote Fleck des Jupiter dürfte möglicherweise auf einen vom Jupiter herbeigezogenen und in ihn hineingestürzten größeren Planetoiden zurückzuführen sein. Wenn der Jupiterkern an und für sich noch sehr heiß ist, so konnte der entstandene glühende Fleck lange Zeit durch die Jupiterwolken hindurchstrahlen. Auch würde die dünnere bereits fest gewordene Jupiterhülle an dieser Stelle dauernd schwächer sein als an anderen; beim allmählichen Zusammenschrumpfen dieser Jupiterhülle würden also hier die häufigsten Vulkanausbrüche zustande kommen, so daß jahrelang an der betreffenden Stelle zeitweise wieder ein roter Fleck zu sehen wäre.

Von den Saturnringen haben wir bereits S. 125 gesprochen. Die über ihre Zusammensetzung aus Meteoriten von Cassini aufgestellte Hypothese ist namentlich durch Seeligers Entwickelungen und durch Müllers Beobachtungen in einer Weise begründet worden, daß sie kaum mehr unter die „unsicheren Hypothesen" eingereiht werden darf.

Die Kometen.

Als feststehend kann angenommen werden, daß die teleskopischen Kometen einfach Wolken von Meteoriten sind, dh. Meteoritenhaufen oder Meteoritenschwärme, wie wir früher (S. 147) schon erwähnt haben. Bei den großen Kometen, die mit Schweifen versehen sind, liegen aber die Verhältnisse weit verwickelter. Über die Frage, warum sich leuchtende Gase in ihnen befinden, hat sich Vogel folgendermaßen ausgesprochen:

In den festen Teilen der Kometen, in den Meteoriten sind Gase okkludiert, die bei der Annäherung an die Sonne frei und zugleich erhitzt werden. Die Sonne wirkt dann auf diese Teilchen elektrisch erregend ein, sie werden glühend und senden das charakteristische Kometenspektrum aus. Dafür, daß dem so ist, führt Vogel Versuche an, die er mit Kometenbestandteilen, dh. mit Meteoritenstücken ausführte: er erhitzte sie im Vakuum, während er einen elektrischen Strom durch sie hindurchschickte; unter solchen Umständen erhielt er das Bandenspektrum der Kometen.

Den Schweif halten die Astronomen für eine Art Dampf- oder Rauchsäule, die sich aus dem Kern entwickele, aus folgenden Gründen:

1. Eine Kohäsion zwischen dem Kopf und dem Schweif ist undenkbar, dazu ist die Schweifdichte viel zu gering, sie ist ja ohne Zweifel wesentlich geringer als die des allerdünnsten Gases.
2. Die kleinsten Sterne vermag man noch durch den Schweif hindurch wahrzunehmen, auch wird ihr Licht durch die Schweifmaterie nicht abgelenkt, nicht gebrochen.
3. Beim Periheldurchgang eines Kometen, der mit Geschwindigkeiten bis annähernd 600 km in der Sekunde erfolgen kann, geht der stets von der Sonne abgewandte Kometenschweif mit ungeheurer Geschwindigkeit so um die Sonne herum, daß er immer nahezu diametral von ihr abgewandt bleibt. Allerdings könnten sich auch die Rauchwolken nicht so ungeheuer schnell bewegen; indessen hat man sich vorgestellt, daß es immer wieder andere Teilchen seien, die sich aus dem Kern neu entwickeln, und daß dann diese Teilchen sogleich die neue Richtung einschlagen.

Daß die leuchtende Kometenmaterie zuerst gegen die Sonne ausströmt, dann in den Schweif übergeht, daß sie sich also verbreitert und umbiegt, wird von verschiedenen Astronomen auf verschiedene Ursachen zurückgeführt:

Kepler nahm an, die Sonnenstrahlen selber üben eine abstoßende Kraft auf die Kometenmaterie aus;

Olbers glaubte, sowohl von der Sonne als auch vom Kometenkern wirken abstoßende Kräfte, Repulsivkräfte auf die Schweifmaterie ein;

Bessel war im allgemeinen derselben Ansicht, nahm aber elektrische abstoßende Kräfte an, die vom Kometenkern auf die Schweifmaterie ausgeübt werden, sowie polare Kräfte, die von der Sonne ausgehen und die nähere Kometenkernhälfte anziehen, die fernere abstoßen, wodurch eben das merkwürdige Pendeln besonders der gegen die Sonne ausströmenden Materie zustande komme;

Zöllner hat diese elektrische Theorie noch weiter entwickelt;

Bredichin bekannte sich zu ganz analogen Anschauungen, hat aber außerdem die einzelnen Schweifrichtungen durch verschiedenartige aus dem Kometenkopf ausgetriebene Substanzen zu erklären gesucht.

Das Innere des Schweifes ist nach Bredichin hohl, wegen der auf die Teilchen wirkenden elektrischen Repulsivkraft. Aus der Richtung und aus der Form der Schweife hat Bredichin für viele Kometen sogar die Größe der Repulsivkraft berechnet und für diese dann drei Typen aufgestellt. Die Repulsivkräfte bezogen auf die Gravitation als Einheit, ferner die Anfangsgeschwindigkeiten der zuerst in der Richtung gegen die Sonne hin sich bewegenden Teilchen in Kilometern sind nämlich nach diesem Forscher für die drei Typen I, II, III die folgenden:

Type	Repulsivkraft	Anfangs-geschwindigkeit
I	36 bis 18	10 bis 3 km
II	2,2 „ 0,5	2 „ 0,9 „
III	0,3 „ 0,1	0,6 „ 0,3 „

Nun nimmt er an, die verschieden leichten Gase und Dämpfe strömen mit diesen verschiedenen Geschwindigkeiten aus: der Type I entsprechen Wasserstoff, der größten Repulsivkraft vielleicht ein noch viel leichteres unbekanntes Gas; der Type II Kohlenstoffgase, Natrium usf.; der Type III die Metalldämpfe zb. Eisen; die erstgenannten Gase würden am genauesten die von der Sonne abgewandte Richtung des Radiusvektors einschlagen, die Metalldämpfe aber am wenigsten. Neuerdings an Kometen beobachtete Erscheinungen würden aber enorme solche Repulsivkräfte voraussetzen, die viel tausendmal größer wären als die Gravitation. Auch sonst sind Erscheinungen gefunden worden, die sich mit der Bredichinschen Theorie in Widerspruch befinden, so daß eigens neue Hypothesen hierfür aufgestellt werden müßten.

Das Wesen dieser Repulsivkraft ist nach Bredichin elektrischer Art, nach Arrhenius ist das Wirkende dagegen der Lichtdruck. Die näheren Angaben über die Größe des wirkenden Lichtdruckes haben wir früher bei der Behandlung der Sonnentheorie nach Arrhenius gemacht (S. 212/3). Wie dort, so soll auch hier die verdampfte Materie durch den Strahlungsdruck des Lichtes in einer von der Sonne abgewandten Richtung vom Kometenkern weggetrieben werden. Die periodisch wiederkehrenden Kometen haben meistens bei jedem neuen Erscheinen wieder kleinere Schweife, und darin findet man eine Bestätigung der Ansicht, daß wirklich Kometenmaterie verdampfe oder verdunste.

Es darf wohl als sichergestellt angenommen werden, daß der Kometenkern nur aus einer Wolke von Meteoriten besteht. Dafür sprechen seine geringe Masse, die auch bei der größten Annäherung an einen Planeten oder an einen Mond nie irgend einen Einfluß auf diese durch Gravitationswirkung hat erkennen lassen, sowie der weitere Umstand, daß schon öfters Kometenköpfe in zwei Teile zerfallen sind. Auch das Hindurchtreten der Erde durch den Schweif des Halleyschen Kometen, das im Jahre 1910 stattgefunden hat, ließ keine sichere Wirkung erkennen, obgleich allerorten danach geforscht worden ist. Führe dagegen ein Kometenkern direkt auf unsere Erde los, so müßte wohl eine entsprechend große Zahl von Meteoren in die Erscheinung treten, zahlreiche Meteorsteine würden wahrscheinlich auf die Erde fallen, und diese könnten immerhin am betreffenden Ort eine größere lokale Zerstörung hervorbringen.

Die Erde.

Sogar auf unserer Erde selber haben wir noch mit vielen unsicheren Hypothesen zu rechnen, namentlich bezüglich des Erdkerns und der Erdatmosphäre. So ist man über den Ursprung der atmosphärischen Elektrizität, der Polarlichter, des Erdmagnetismus und über ihren Zusammenhang mit den Sonnenflecken noch vollständig im Ungewissen, also ganz auf Hypothesen angewiesen. Weil während der Nordlichter starke elektrische Ströme in Telegraphenleitungen fließen und die Magnetnadel beständig zuckt, ist man auf die Vermutung gekommen, die Nordlichter verdanken ihre Entstehung elektrischen Entladungen in den betreffenden Regionen der Atmosphäre. Man glaubt, es seien zweifellos Kathodenstrahlen, die so hell leuchten und die sich durch Krypton und andere seltene Gase der Luft in jenen Regionen der Atmosphäre entladen. Ihre Ursache wird von einigen darin gesucht, daß die ganze Erde ein negativ elektrisierter Körper sei, der Kathodenstrahlen in den Weltraum aussende. Indessen muß man dieser Hypothese den Einwurf machen, daß gerade in den hohen Breiten, gerade in der Nähe des magnetischen Nordpols am meisten Kathodenstrahlen austreten. Die warme, namentlich die von der Sonne beleuchtete Luft ist doch viel stärker ionisiert, leitet also viel besser als die kalte unbeleuchtete Luft der Polarnacht. Die Nordlichter treten aber besonders an den dunkeln Stellen der Erdoberfläche auf, sie werden in der Polarnacht am häufigsten beobachtet.

Wegen des Einflusses der Sonnenflecke auf diese Erscheinungen wurde der Ursprung der sich in den Polarlichtern entladenden Elektrizitäten von anderen auf der Sonne gesucht. Die Sonne sei es, die Kathodenstrahlen aussende. Solche Kathodenstrahlen gelangen dann bis zur Erde und treten als Polarlichter in die Erde ein. Auch hier erheben wir einen Einwand; denn es ist doch ganz unverständlich, warum die Kathodenstrahlen wiederum gerade die Umgebung der magnetischen Pole der Erde zu ihrem Eintritt bevorzugen sollten, da doch, wie schon vorhin erwähnt, die Luft dort am wenigsten ionisiert ist, also die Elektrizität am wenigsten leitet. Außerdem treten die Polarlichter an dem Erdpole häufiger auf, der von der Sonne weiter abgewandt ist. Der Ursprung der Polarlichter scheint also durch diese beiden genannten Hypothesen nicht aufgedeckt zu werden.

Im Jahre 1883 habe ich über die atmosphärische Elektrizität[1]) eine andere Hypothese aufgestellt und zu zeigen versucht, in welcher Weise die genannten Erscheinungen miteinander zusammenhängen können. Da die gleichnamigen Elektrizitäten sich abstoßen, so schienen mir die elektrischen Entladungen in Nord- und in Südlichtern und in den Blitzen auf eine gemeinsame Ursprungsstelle hinzuweisen, die gerade von diesen Stellen möglichst weit entfernt liegt, also auf einen Ursprung der atmosphärischen Elektrizität, wenigstens ihres wesentlichsten Betrages, in den Tropen. Es ist ja allgemein bekannt, daß bei den Vulkanausbrüchen starke Elektrizitätsmengen erzeugt werden. Die aus dem Vulkan hervorbrechenden erhitzten Dämpfe reiben sich an den Wandungen der Vulkanöffnungen und erzeugen wohl dadurch die tatsächlich beobachteten bedeutenden Elektrizitätsmengen. Dementsprechend treten auch bei Vulkanausbrüchen in der Regel ungemein heftige mit Blitzen und Regengüssen verbundene Gewitter auf. Daß namentlich durch Reibung von Wasserdampf an festen Wandungen große Elektrizitätsmengen entstehen, wissen wir außerdem von der Dampfelektrisiermaschine her. In ähnlicher Weise müssen die warmen wasserhaltigen Winde in den Tropen, die

[1]) L. Zehnder, Dinglers polytechn. Journal 1883, **248**, 141—155; **249**, 395—403.

dort meistens in großer Regelmäßigkeit wehen, durch Reibung der von ihnen mitgeführten Wasserdampfteilchen an der Erdoberfläche große Elektrizitätsmengen erzeugen, wie ungeheure Dampfelektrisiermaschinen. Wie bei diesen entsteht die negative Elektrizität am festen Körper, also an der Erdoberfläche, die positive Elektrizität im Wasserdampf. Beide Elektrizitätsarten werden von ihren Erzeugungsstellen, von den Reibungsflächen möglichst weit abgestoßen. Daher geht die negative Elektrizität vom Tropengürtel durch die Erdoberfläche nach den möglichst weit entfernten Erdpunkten, also insbesondere nach den beiden Erdpolen hin, sie sammelt sich dort, erreicht dort die größte Spannung; die positive Elektrizität, die an die Wasserdampfteilchen gebunden ist, wird dagegen von der Erregungsfläche in die Höhe abgestoßen und in die obersten Regionen der Atmosphäre getrieben, wo die Wasserdampfteilchen vermutlich erstarren. Diese Elektrizitätsmenge bildet den Hauptbetrag der atmosphärischen, der Luftelektrizität.

Die entgegengesetzten Elektrizitäten, die einerseits an der Erdoberfläche haften, andererseits in der Luft schweben, suchen sich nun wieder auszugleichen. Ein großer Teil derselben entlädt sich schon in der heißen Zone in Form von zahlreichen Blitzen an Stellen, an denen keine wesentliche Elektrizitätserregung, also keine starke elektrische Abstoßung stattfindet; daher gibt es in den heißen Zonen so sehr starke Gewitter. Bezüglich der weiteren Entladungen verhalten sich nun aber die beiden verschiedenen Erdkugelhälften verschieden. Auf der warmen Sommerseite der gemäßigten Zone ist die Luft feucht, die Erdoberfläche stärker beleuchtet, die Luft ist stärker ionisiert, elektrisch besser leitend; die negative Erdelektrizität geht teilweise in die Luft über und steigt empor, die positive Luftelektrizität nähert sich der negativen von oben her, sie senkt sich herab. Zwischen beiden kommen Entladungen zustande, in größeren oder geringeren Höhen, je nachdem die eine oder die andere Elektrizitätsart schon einen größeren Weg zurückgelegt hat. Solche Entladungen erscheinen uns als Blitze, von Donner begleitet, oft auch nur als stille Entladungen, bald zwischen einer uns nahen Wolke und der Erdoberfläche, bald hoch oben zwischen zwei Wolken, wo eben gerade die größte Spannungsdifferenz herrscht. Je nach der vorher stattgehabten Entladung beobachten wir unmittelbar über uns eine mit positiver oder eine mit negativer Elektrizität geladene Wolke. Der größte Teil der aus den Tropen nach dieser Erdkugelhälfte abgeströmten Elektrizität entlädt sich also, soweit er nicht schon in den Tropen durch Blitze sich ausgeglichen hat, in gleicher Weise in der gemäßigten Zone; in die Nähe des Erdpols gelangt infolgedessen kaum eine größere Elektrizitätsmenge. Auf der Winterseite der gemäßigten Zone und in der Polarregion ist dagegen die Luft kalt, trocken, wenig ionisiert, weil sie nur wenig von der Sonne bestrahlt wird. Daher finden auf dieser Seite nur in den Tropen selber noch regelmäßige Blitzentladungen statt, in der gemäßigten Zone schon gar nicht mehr. Der Wasserdampf, an den die positive Elektrizität gebunden ist, breitet sich also über die ganze betreffende Hälfte der Erdatmosphärenkugel aus, steigt bis in ihre höchste Höhe hinauf; aus den Wassertröpfchen werden Eiskriställchen, die durch Abstoßung unter sich bis in die Nähe des Erdpols getrieben werden, wo sich ja nun auch die negative Erdelektrizität in ihrer größten Spannung befindet. Hier ist ein weiteres Ausweichen der Eiskriställchen mit ihren positiven Ladungen nicht mehr möglich. In den höchsten Höhen der Tropen hielten sich bezüglich dieser Eiskriställchen die elektrische Abstoßung von den gleichnamigen Elektrizitätserregungsflächen und die Anziehung durch die Schwerkraft teilweise noch das Gleichgewicht. Am Erdpol wirken aber umgekehrt die Schwerkraft und die elektrische Anziehung durch die negative Erdelektrizität im gleichen Sinne auf sie ein, beide Kräfte suchen die Eiskriställchen gegen die Erdoberfläche herunter zu ziehen. Die Potentialdifferenzen, die elektrischen Spannungen sind hier am Pol größer als in der gemäßigten Zone, es kommen größtenteils stille Entladungen aus höchsten Regionen bis nach der Erdoberfläche hin zustande, die uns nun als Polarlicht erscheinen. Ganz besonders häufig werden die Entladungen in den Schichten geringeren Luftdruckes sein, wo dieser der größten elektrischen Leitfähigkeit entspricht. Es ist unwahrscheinlich, daß die Entladungen erst am Erdpol selber zustande kommen, weil die negative, in der Erde aufgespeicherte Elektrizität in einem weiten Bereich in der Nähe der Pole etwa dieselbe Größe der Spannung besitzen wird, so daß eine gewisse größere Polarzone stärkster elektrischer Spannung den Erdpol umgibt. Die positive Luftelektrizität wird sich dann an der Stelle in erster Linie entladen, wo sie auf dem kürzesten Wege und am leichtesten in die Nähe der negativen Erdelektrizität gelangt. Also finden die Hauptausgleiche durch Polarlichter nicht genau an den Polen, sondern in einer gewissen Zone geringerer geographischer Breite statt.

In demselben Sinne wie der Mond hinter der Erdrotation, so bleibt auch die Erdatmosphäre namentlich in ihren höchsten Regionen etwas hinter der Erdoberfläche zurück, schon weil die Umfangsgeschwindigkeit an der äußersten Grenze der Atmosphäre nicht größer als die Erdumfangsgeschwindigkeit am Äquator sein kann; die östlichen Winde am Äquator sind also vorherrschend. Mit der Atmosphäre bleibt die in ihr aufgespeicherte positive Luftelektrizität hinter der Erdoberfläche zurück, und zwar um so mehr, je höher sie emporsteigt (Sternschnuppen sind ja bis zu Höhen von 100 km und mehr gemessen worden). Diese Relativbewegung statischer Elektrizität gegen den festen Erdkern hat magnetische Wirkungen zur Folge, wie jeder elektrische Strom; sie wirkt richtend auf Magnetnadeln ein, nach den bekannten Versuchen von Rowland über die Ablenkung einer Magnetnadel durch bewegte statische Elektrizität; sie macht auch das vielfach in der Erdrinde vorhandene Eisen magnetisch. Durch die vereinte Wirkung der atmosphärischen elektrischen Ströme und des magnetischen Eisens der Erdrinde entsteht der Erdmagnetismus. Dem Umdrehungssinn dieser elektrischen Ströme um den Erdkern entsprechend muß am geographischen Nordpol der Erde ein magnetischer Südpol, am geographischen Südpol ein magnetischer Nordpol entstehen, wie es tatsächlich der Fall ist. Doch nicht genau fallen die geographischen und die magnetischen Pole zusammen, weil die von der Verteilung von Wasser und Land, von Höhenzügen und Niederungen, von Wüsten und bewachsenen Flächen usf. abhängigen Reibungsflächen der Tropen, die am meisten Elektrizität erzeugen, nicht genau nach Parallelkreisen gleichmäßig angeordnet sind, was ja nur einem ganz merkwürdigen Zufall entsprechen könnte. Demzufolge korrespondieren auch die Polarlichtentladungen mehr mit den magnetischen als mit den geographischen Erdpolen.

Nach dieser Hypothese erscheint ein Einfluß der Sonnenflecke auf die atmosphärische Elektrizität und damit auf die Polarlichter und auf den Erdmagnetismus verständlich: Hat die Sonne keinerlei Flecke, so bleibt ihre Strahlung konstant, ebenso die davon herrührende Beeinflussung der Luftelektrizität und der damit zusammenhängenden elektrischen und magnetischen Erscheinungen auf der Erde. Treten dagegen große Sonnenflecke auf, so ändert sich mit ihnen die Sonnenstrahlung. Zwar kann nicht gesagt werden, die Gesamtstrahlung der Sonne sei beim Vorhandensein von Sonnenflecken größer oder kleiner als sonst, aber die Änderungen dieser Strahlung sind doch wohl größer, als wenn sich keine Flecke auf der Sonne befänden, der verstärkten Sonnentätigkeit entsprechend. Daher ändern sich der Wärmezustand und die Feuchtigkeitsmengen der Luft besonders in den Tropen, an den Haupterregungsflächen der atmosphärischen Elektrizität stärker als sonst. Wenn demnach zu gewissen Zeiten besonders große Elektrizitätsmengen erzeugt werden, müssen wir einen sofortigen Einfluß der entsprechenden Sonnenflecke auf die Polarlichter und auf den Erdmagnetismus wahrnehmen, weil die nun mehr als sonst erzeugten negativen Elektrizitätsmengen von den Tropen auf kürzesten Wegen durch die Erdoberfläche hindurch nach den Polen fließen, dort größere Spannungsdifferenzen hervorbringen und also zu vermehrten Polarlichtern Veranlassung geben, während sie sich zugleich auf ihrem Wege als Erdströme in Telegraphenleitungen bemerkbar machen, den Erdmagnetismus und die Magnetnadel beeinflussen. Es muß sich überdies ein langsamer Einfluß geltend machen, weil die entsprechend mehr als sonst erzeugte positive Luftelektrizität in die höchsten Höhen der Atmosphäre emporsteigt und erst nach ungeheuren Umwegen über die gemäßigte oder gar über die kalte Zone zur Entladung kommt, weil sie also erst nach Wochen, vielleicht sogar nach Monaten die verstärkte Wirkung erkennen läßt.

Da die Sonnenflecke mit der ganzen Sonne in etwa 26 Tagen um ihre Drehachse rotieren, müssen wir eine 26tägige Periode bei unseren elektrischen und magnetischen Erscheinungen wahrnehmen. Es ist ferner verständlich, daß in der Erzeugung der Luftelektrizität und daher auch in den verwandten Erscheinungen eine tägliche, eine jährliche, vielleicht auch eine vom Mond abhängige ungefähr monatliche Periode zustande kommt. Durch die Abwechslung der von der Sonne vorzugsweise bestrahlten Flächen müssen solche Perioden entstehen. Während einer Erdrotation werden zb. abwechslungsweise Flächen der Kontinente Asien, Europa, Afrika, Amerika, Australien und die dazwischen liegenden Meeresflächen bestrahlt. Dieser Wechsel muß eine tägliche Periode zur Folge haben und zwar selbstverständlich eine ganz andere im Sommer als im Winter, so daß damit zugleich die Notwendigkeit einer jährlichen Periode nachgewiesen ist. Steht nämlich die Sonne über der südlichen Halbkugel senkrecht, so überwiegen die Meeresflächen über die Festlandsflächen, wodurch eben entsprechend geringere Änderungen hervorgebracht werden müssen. Eine etwa mit dem Mondumlauf zusammenhängende Periode müßte auf die veränderten Flutwirkungen zurückgeführt werden, die Sonne und Mond in der Erdatmosphäre erzeugen, je nachdem sich ihre Wirkungen gegenseitig verstärken oder schwächen.

III. Meine Nebularhypothese.

Hilfsberechnungen.

Bevor ich meine eigenen Hypothesen über die Entwickelung des Weltalls darlege, die ich mir im Laufe von 30 Jahren gebildet und die ich teils in einzelnen Aufsätzen, teils in Büchern [1]) veröffentlicht habe, will ich hier auf einige Größen von besonderer Bedeutung für die Klarheit des Folgenden etwas näher eingehen, damit wir uns wenigstens über die hier in Betracht kommenden Größenverhältnisse eine bestimmte Vorstellung machen können.

Wir betrachten einen kleinen Körper, etwa einen Meteorit, der sich in so großer Entfernung von der Sonne befinden möge, daß er von ihr, entgegen der Wirkung anderer benachbarter Sonnen, eben noch angezogen wird. Er bewegt sich dann also gegen die Sonne hin, und wenn er nicht schon eine bestimmte Anfangsgeschwindigkeit besessen hat, wird er unter fortwährender Zunahme seiner gegen die Sonne gerichteten Geschwindigkeit schließlich mit etwa 600 km Geschwindigkeit an der Sonnenoberfläche ankommen und in sie hineinstürzen. Wir wissen dies aus den Beobachtungen von Kometen, die äußerst nahe an der Sonne vorbeigeflogen sind, und auch aus der Rechnung. Diese Geschwindigkeit, seine Einlaufgeschwindigkeit in die Sonne, läßt sich berechnen durch Gleichsetzung der kinetischen

[1]) Vgl. L. Zehnder, 1. Über die Entstehung einer Rotation der Planeten, Zeitschr. f. Naturwissensch. **57**, 461, Halle a. S. (1884); 2. Über den Bau der Kometen, Kosmos **1**, 186 (1884); 3. Über die Entwickelung des Weltalls und den ewigen Kreislauf der Materie, Kosmos **1**, 28 (1885); 4. Die Mechanik des Weltalls, Freiburg i. B. und Tübingen 1897 (2. Ausgabe 1910); 5. Die Entstehung des Lebens, Freiburg i. B. und Tübingen 1899—1901 (2. Ausgabe 1910); 6. Das Leben im Weltall, Tübingen 1904 (2. Ausgabe 1910); 7. Über das Wesen der Kometen, Physikal. Zeitschr. **11**, 242 (1910); 8. Über Elektronen, Relativitätsprinzip und Äther, Verh. d. D. Physikal. Gesellsch. **14**, 438 (1912); 9. Über die Strahlung der Gase, Verh. d. D. Physikal. Gesellsch. **15**, 1317 (1913).

Energie $^1/_2 mv^2$, die der Körper von der Masse m und der Geschwindigkeit v (Fig. 177) bei der Ankunft an der Sonnenoberfläche gewonnen hat, und der Arbeit, die von der Sonne an ihm geleistet worden ist, oder damit gleichbedeutend, der potentiellen Energie cMm/R, die er bei seiner Annäherung von weit draußen bis zur Sonnenoberfläche verloren hat, wobei M die Masse der Sonne, R ihren Radius, c eine vom gewählten Maßsystem abhängige Konstante bezeichnet. Denn nach dem Gesetz von der Erhaltung der Energie wird bei der Herbeiziehung des Meteorits fortwährend seine potentielle Energie in kinetische verwandelt. Die Sonnenmasse ist

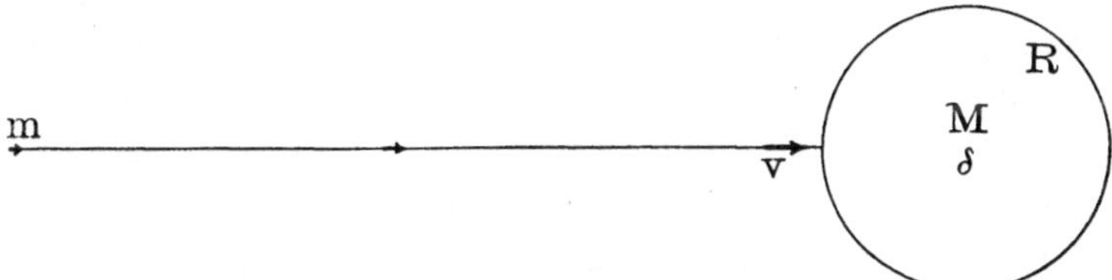

Fig. 177. Anziehung kleiner Teilchen durch große Weltkörper

$$M = {}^4/_3 R^3 \pi \delta,$$

wenn δ die mittlere Dichte der Sonnenmaterie bezeichnet. Daher bekommen wir die Gleichung:

$$^1/_2 mv^2 = cMm/R = {}^4/_3 cmR^2 \pi \delta.$$

Wir erkennen aus dieser Gleichung, daß die Einlaufgeschwindigkeit v eines kleinen Körpers, zb. eines Meteorits, in einen großen Weltkörper, zb. in die Sonne, unter anderem dem Radius R dieses großen Weltkörpers direkt proportional ist:

$$v/R = konst.$$

Nehmen wir also an, nur um ein Urteil über die im Weltall möglichen und gegebenenfalls vorkommenden Geschwindigkeiten zu bekommen, die anderen sonnenähnlichen Weltkörper haben dieselbe mittlere Dichte δ wie unsere Sonne, oder sie haben doch einmal zu einem gewissen Zeitpunkt diese Dichte gehabt, oder sie werden sie einmal noch bekommen, so werden sich nun in dem betreffenden Zeitpunkt die Einlaufgeschwindigkeiten von Meteoriten in solche Sonnen direkt zueinander verhalten wie die Radien dieser Sonnen, $v/v_1 = R/R_1$. Würde sich die Sonne, die wir als hocherhitzten durchweg gasförmigen Körper auffassen, bis zur Dichte unserer Erde zusammenziehen, zb. nach entsprechender Abkühlung, so wäre ihre Dichte in runder Zahl viermal so groß; dementsprechend wäre in unserer Gleichung statt δ der Wert 4δ einzusetzen, und das Verhältnis v/R würde doppelt so groß. Nun hat die Sonne einen Durchmesser von 1390000 km, die Einlaufgeschwindigkeit in dieselbe ist wohl etwas über 600 km; wäre die Sonne bei gleichbleibendem Durchmesser kalt und hätte sie dabei die Dichte der Erde, so wäre die Einlaufgeschwindigkeit zweimal größer, also rund 1200 km. Wir wollen, um nur wenigstens die Größenordnung jederzeit im Auge zu behalten, für die folgenden Betrachtungen den soeben erhaltenen Ergebnissen entsprechend näherungsweise annehmen, die Einlaufgeschwindigkeit in einen kalten Weltkörper von der Größe unserer Sonne und von der Dichte unserer Erde wäre 1390 km, also numerisch gleich dem tausendsten Teil ihres Durchmessers. Aus der oben aufgestellten Gleichung müssen wir dann allgemein schließen, daß stets, soweit das Newtonsche Gravitationsgesetz gültig bleibt, die Einlaufgeschwindigkeit eines kleinen Weltkörpers in einen wesentlich größeren kalten Weltkörper dem tausendsten Teil des Durchmessers dieses größeren Weltkörpers numerisch gleichkomme. Wäre der größere Weltkörper ein glühender Gasball von der Dichte der Sonne, so würde die Einlaufgeschwindigkeit nur halb so groß ausfallen. Dabei haben wir noch die Annahme gemacht, alle Weltkörper bestehen, wie uns die Spektralanalyse und die auf die Erde gefallenen Meteorite zu zeigen scheinen, im wesentlichen aus denselben Elementen, so daß die mittlere Dichte aller kalten Weltkörper ungefähr dieselbe wäre.

Wir wollen ferner untersuchen, wie die Wärmeentwickelung durch aufstürzende kleinere Weltkörper, zb. Meteorite, auf anziehende größere Weltkörper mit der Größe dieser letzteren ansteigt. Wird ein Meteorit von der Masse m Gramm durch solche Anziehung auf die Geschwindigkeit v cm gebracht, so ist seine kinetische Energie $\frac{1}{2}mv^2$. Er möge mit dieser Geschwindigkeit auf den größeren Weltkörper stürzen; dabei verwandle sich seine kinetische Energie vollständig in Wärme, und es werde nicht nur seine eigene Masse m, sondern auch noch ein entsprechender nächstbenachbarter Teil des größeren Weltkörpers, auf den er unmittelbar gestoßen ist, auf die höhere Temperatur T gebracht. Wir nehmen der Einfachheit halber an, dieser gestoßene Teil habe gleichfalls die Masse m, und die beiden Massen m seien vor dem Zusammenstürzen absolut kalt gewesen, wie alle kleineren Massen, die sich allein weit draußen im Weltraum befinden; es sei also T die absolute Temperatur der beiden Massen m unmittelbar nach dem Zusammenstürzen. In der Festsetzung dieser Gesamtmasse $2\,m$, die ausschließlich erwärmt wird, liegt natürlich eine ganz willkürliche Annahme, die der Wirklichkeit niemals entspricht. Vielmehr wird zweifellos eine viel größere Masse des Weltkörpers an der Erwärmung teilnehmen, und sie wird dafür auf eine weniger hohe Temperatur gebracht. Wir wollen jedoch hier nur in runden Zahlen rechnen, die uns wenigstens über die Größenverhältnisse eine Schätzung erlauben. Bezeichnen wir also mit σ die mittlere spezifische Wärme der zu erwärmenden Massen $2\,m$, so ist die entwickelte Wärmemenge in Kalorien: $2\,m\sigma T$. Daher wird

$$^1/_2\,m v^2 = 2\,m \sigma T A,$$

wenn A das mechanische Wärmeäquivalent bezeichnet. Die Masse m fällt aus der Gleichung heraus, und wir erhalten, wenn wir alle Größen im cm-gr-sek-System messen und demzufolge $A = 41\,890\,000$ einsetzen:

$$v^2 = 4 \sigma T \,.\, 41\,890\,000.$$

Für die spezifische Wärme σ der zusammenstürzenden Massen müssen wir nun eine Annahme machen. Die Meteorite bestehen in der Regel zum großen Teil aus Eisen, dessen spezifische Wärme etwa 0,1 beträgt; zu einem kleineren Teile aus Mineralien, deren spezifische Wärmen zb. 0,2 bis 0,3 betragen können; zu einem noch kleineren Teil aus Flüssigkeiten und Gasen, die aber bei der absoluten Temperatur Null nur im festen Zustand vorkommen werden, wobei zb. die spezifische Wärme des wohl noch ziemlich häufig vorkommenden Eises etwa = 1, die des Wasserstoffs = 3,4 zu setzen ist. Um nicht zu hoch zu gehen und doch im Endergebnis bequeme runde Mittelwerte zu bekommen, die leicht im Sinn behalten werden, wähle ich für σ einen den spezifischen Wärmen des Eisens, namentlich aber der Mineralien nahekommenden Mittelwert 0,24, so daß sich die Gleichung verwandelt in

$$v^2 = 4\; T \,.\, 10\,000\,000.$$

Nun wollen wir wissen, welche Geschwindigkeit v erforderlich ist, um die beiden in Betracht gezogenen Massen zb. um $T = 1000$ Grade zu erhitzen bzw. von Null Grad absolut auf 1000 Grad absolut oder auf 727 Zentigrade zu bringen. Wir erhalten:

$$v^2 = 4 . 10000000000 \text{ oder } v = 200000 \text{ cm} = 2 \text{ km}.$$

Bei einer Einlaufgeschwindigkeit von 2 km erhitzt also die einstürzende Masse sich selber und eine ihr gleich große Masse des Körpers, auf den sie gestürzt ist, um 1000 Grad absoluter Temperatur. Zu einer Einlaufgeschwindigkeit von 2 km gehört ein (kalter) Weltkörper von dem tausendmal größeren Durchmesser 2000 km, also ein Weltkörper, der nur etwa die Hälfte des Durchmessers unseres Mondes hat.

Schließlich wollen wir noch eine Anschauung dafür zu gewinnen suchen, wie sich die Umlaufzeiten von Meteoriten um kleine Weltkörper, wenn den letzteren etwa die Größe der Marsmonde oder der Planetoiden zukommt, oder wenn sie Meteoritenhaufen von einer entsprechend geringen Gesamtmasse sind, aus dem 3. Keplerschen Gesetz ergeben. Wir haben für eine genügend geringe Masse des kleineren angezogenen Körpers, so daß diese nicht auch noch berücksichtigt zu werden braucht, das 3. Keplersche Gesetz in der Form angeschrieben:

$$E^3/U^2 = \textit{konst.}\, M \quad \text{(S. 49)},$$

worin E die halbe große Bahnachse, U die Umlaufzeit des angezogenen Körpers und M die Masse des anziehenden Zentralkörpers bezeichnet. Gehen wir von der Sonne aus und betrachten die Erde als angezogenen Körper, so können wir für E rund 150 Millionen Kilometer, für U 365 Tage einsetzen. Wie groß müßte nun danach zb. die Zentralmasse des anziehenden Körpers sein, wenn um ihn kleine Meteorite in Kreisbahnen von nur $E_1 = 150$ km Radius umliefen, und wenn ihre Umlaufzeit nur $U_1 = 3{,}65$ Tage betrüge? In der Gleichung für das 3. Keplersche Gesetz wird durch Einsetzen dieser anderen Werte E^3 trillionenmal kleiner, U^2 zehntausendmal kleiner, also ihr Quotient und damit auch die Masse des anziehenden Zentralkörpers, der diese Umlaufzeit im gegebenen Abstand bedingt, hundertbillionenmal kleiner als die Sonnenmasse oder rund 300 millionenmal kleiner als unsere Erdmasse. Durch Kubikwurzelausziehen ergibt sich daraus etwa die Zahl 670, dh. der betreffende anziehende Zentralkörper hätte bei gleicher mittlerer Dichte, wie sie unsere Erde hat, einen etwa 670 mal kleineren Durchmesser als unsere Erde oder rund 20 km Durchmesser. Befände sich also draußen im Weltraum, weit entfernt von allen Sonnen, ein

Meteoritenhaufen von 20 km Durchmesser, ebenso dicht wie unsere Erde, und hätte dieser einen weiteren Meteorit eingefangen, so daß letzterer um ihn kreisen müßte, so würde der einzelne Meteorit, wenn er durch irgend eine Wirkung gerade zu einer Kreisbahn von 150 km Radius gezwungen würde, diese Bahn in 3,65 Tagen durchlaufen. Seine fortschreitende Geschwindigkeit längs seiner Bahn berechnet sich daraus zu rund 3 m. Der Weg 3 m in der Sekunde gibt schon eine recht ansehnliche Geschwindigkeit und kommt etwa der doppelten Geschwindigkeit eines guten Fußgängers gleich. Würde ein ganzer Meteoritenring in demselben Abstand, in einer Kreisbahn von 150 km Radius, um denselben Zentralkörper kreisen, so müßte seine Masse bei dem 3. Keplerschen Gesetz mit berücksichtigt werden. Wäre zb. die Ringmasse gleich groß wie die Masse des Zentralkörpers, so würde die Umlaufzeit $\sqrt{2} = 1{,}47$ mal kleiner. Oder wäre nur ein Ring von dieser Masse allein vorhanden und durch irgend eine Wirkung zum Kreisen in einem Kreise von 150 km Radius gezwungen worden, so müßte er immerfort um seinen eigenen Schwerpunkt mit einer Umlaufzeit von 3,65 Tagen kreisen, auch dann, wenn sich gar keine Masse in seinem Schwerpunkt selber befände. So könnten entsprechend langsamer kreisende Saturnringe ohne den Saturn selber bestehen bleiben. Aber in diesen Schwerpunkt würden doch allmählich fremde Meteorite hereingezogen, wie wenn wirklich Masse dort vorhanden wäre.

Das Chaos als Anfangszustand.

Als Ausgangspunkt unserer Entwickelungen nehmen wir das Chaos, nach einer im folgenden gegebenen Definition desselben, und wir suchen ausschließlich die bekannten Gesetze der Physik und Chemie auf dieses Chaos anzuwenden. Allerdings kommen wir dabei gleich am Anfang in Verlegenheit: wir müssen von vornherein die Annahme machen, daß sich die uns bekannten Gesetze extrapolieren lassen. So haben wir zb. niemals einen Körper bei der absoluten Temperatur Null Grad untersuchen können; wir wissen nur, wie er sich bei höheren Temperaturen verhält. Allerdings ist man in den letzten Jahren sehr weit gegen den absoluten Nullpunkt vorgerückt: mit Wasserstoff und mit Helium ist man dieser Temperatur schon bis auf einige wenige Grade nahe gekommen. Daraufhin hat man für zahlreiche Substanzen die Zustandsänderungen untersucht, wenn man sie immer weiter abkühlte und sie schließlich dem absoluten Nullpunkt ganz nahe brachte. Aber diesen Grenzwert selber erreichte man eben nie, und so muß man sich also mit der Annahme behelfen, daß man die bei den tiefsten Temperaturen gefundenen Gesetzmäßigkeiten bis zum absoluten Nullpunkt anwenden, mit anderen Worten, daß man extrapolieren dürfe [1]).

Das Chaos, von dem wir ausgehen wollen, definieren wir nun folgendermaßen: Ein Raum, der in allen Richtungen etwa 1000mal so groß sei wie der alle unsere sichtbaren Fixsterne, Sternhaufen und Nebel enthaltende, wie der Raum also, der sich von uns aus nach allen Richtungen nicht wesentlich mehr als einige tausend Siriusweiten erstreckt (den neuesten Messungen und Berechnungen der Astronomen zufolge), sei gleichmäßig mit Materie in feinster Verteilung erfüllt. Dieser feinsten Verteilung möge die Auflösung aller Substanzen in ihre Molekeln entsprechen, oder, wenn wir noch weiter gehen wollen, sogar die vollständige Dissoziation aller Molekeln in ihre Atome. Von einer weiteren Aufteilung der Atome in noch kleinere Bausteine, wie sie neuerdings den Erscheinungen der Radioaktivität zufolge für viele oder gar fast für alle chemischen Elemente für möglich und wahrscheinlich gehalten wird, wollen wir hier absehen, weil dadurch am Gang unserer Entwickelungen doch nichts Wesentliches geändert würde; nur der Ausgangspunkt derselben würde etwas verschoben werden.

Der vollständigen Auflösung aller Substanzen in ihre Elemente und aller Elemente in ihre Atome entspricht in gewissem Sinne der Gaszustand, wenigstens für den Fall, daß die diesen Atomen zukommenden, nach allen möglichen Richtungen gleich wahrscheinlichen Geschwindigkeiten mindestens so hohe Werte besitzen, wie sie der

[1]) Es ist durchaus nicht gesagt, daß diese Extrapolation wirklich erlaubt sei. Man könnte sich zb. denken, gewisse Atome, die bei der absoluten Kälte, bei der absoluten Temperatur Null zu einem festen Körper verbunden seien, indem sie absolut ruhen, können nur unter verhältnismäßig großem Energieaufwand in einen fast beliebig wenig warmen Zustand übergeführt werden, in dem sie dann eine gewisse Beweglichkeit gegeneinander besitzen. Dieser Übergang von dem absolut kalten zu einem beliebig wenig warmen Zustand würde also eine Art latenter Wärme erfordern, ähnlich wie der Übergang einer Substanz aus dem festen in den flüssigen und der aus dem flüssigen in den gasförmigen Aggregatzustand. Daß zb. bei der Ablösung von Helium-Atomen aus festen Atomverbänden derselben mit anderen Atomen noch viel größere Energiemengen in Betracht kommen können, als uns die Chemie lehrt, zeigen die radioaktiven Vorgänge.

Gaszustand erfordert. Dieser Fall wäre beispielsweise vorhanden, wenn sich unsere ganze Masse des Chaos durchweg im Zustande glühender Gase und Dämpfe befände. Indessen erscheint es wenig wahrscheinlich, daß eine so ungeheuer ausgedehnte glühende Gasmasse jemals bestanden habe, und daß sie einst der Ausgangspunkt unseres Weltsystems gewesen sei. Wenn wir nämlich berechnen, wie groß die Dichte der Substanz einer Kugel vom Durchmesser der Neptunsbahn wäre, wenn sich alle Massen der Sonne und der sie umkreisenden Planeten, Monde, Meteorite usf. in gleichmäßiger Verteilung in ihr befänden, so erhalten wir rund gerechnet nur 40 Billiontel der Dichte des Wassers, also eine so unermeßlich kleine Dichte, daß wir uns davon kaum eine Vorstellung machen können. Dennoch vermögen wir Gase auf so geringe Dichte zu bringen; sie würden in der Barometerleere bei Zimmertemperatur nur Drucke von etwa 40 Milliontel Millimeter Quecksilbersäule hervorbringen. Dieser geringen Dichte entspricht auch ein vorzügliches elektrisches Isolationsvermögen der Gase, so daß dieselben nur noch von elektrischen Entladungen außerordentlich hoher Spannungen durchsetzt werden können. Daher würden diese Gase nicht so leicht zu elektrischem Leuchten erregt werden. Sie könnten aber vielleicht thermisch leuchten, wenn nämlich die Geschwindigkeiten ihrer Molekeln bzw. Atome zb. viele Kilometer in der Sekunde betrügen. Bei jedem Zusammenstoß zweier Atome würde dann wohl das Licht ausgestrahlt, das die Gasmasse leuchtend erscheinen ließe. Durch die Lichtstrahlung selber müßte aber die Temperatur eines solchen ungeheuer weit ausgebreiteten Gasballes verhältnismäßig rasch abnehmen und dem absoluten Nullpunkt zustreben. Aus diesem und aus anderen Gründen, die aus dem folgenden hervorgehen werden, wollen wir die Annahme so großer fortschreitender Geschwindigkeiten aller Atome nicht machen. Vielmehr nehmen wir an, diese fortschreitenden Geschwindigkeiten der Atome der Gasmassen unseres Chaos seien ursprünglich Null, also verschwindend klein gewesen. Der Wärmezustand solcher Substanzen entspricht natürlich der absoluten Nulltemperatur.

Unser Chaos bestehe also aus in ihre Atome aufgelösten Gasmassen in unermeßlich feiner gleichmäßiger Verteilung; diesen Gasmassen komme die absolute Temperatur Null Grad zu. Die Atome seien entsprechend kleine mit gleichartiger Masse gleichmäßig erfüllte Volumina.

Der Raum, in dem sich alle Atome befinden, sei entweder ganz leer, wie neuerdings die Anhänger der Relativitätstheorie annehmen, oder er sei vom Weltäther erfüllt, der mir für die Fortpflanzung elektrischer und optischer Störungen doch unerläßlich zu sein scheint. Einstweilen brauchen wir allerdings die tatsächliche Existenz des Äthers nicht vorauszusetzen.

Die Gravitation und die Elastizität.

Ohne äußere Wirkungen würde sich der Zustand in unserem betrachteten Chaos nie verändern, weil ja alle Atome weit voneinander entfernt wären und durchweg keine fortschreitenden Geschwindigkeiten besäßen. Nun wirkt aber die allgemeine Gravitation auf sämtliche Atome ein. Alle diese Massenteilchen ziehen sich gegenseitig an, und sie werden gegen den Schwerpunkt der ganzen chaotischen Masse hingezogen. Sie erhalten also Geschwindigkeiten, die größer und größer werden, wenn sie auch ursprünglich noch so klein gewesen sind, nur kleinste Bruchteile von Millimetern in der Sekunde betragen haben. Diese Geschwindigkeiten könnten zuerst durchweg nur Richtungen gegen den Schwerpunkt des ganzen Chaos gehabt haben. Dennoch müssen sich einmal, da und dort, Atome begegnen, sie stoßen also aufeinander, haften vielleicht aneinander oder prallen voneinander ab. Die letzteren Atome lenken sich gegenseitig aus ihren ursprünglichen Richtungen ab in alle möglichen anderen Richtungen, vermöge ihrer Zusammenstöße, und es entsteht schließlich ein scheinbar regelloses Gewirr von nach allen Richtungen sich bewegenden Atomen, die je länger je mehr miteinander zusammenstoßen und sich immer wieder in andere Richtungen ablenken. Dieses Gewirr von Atomen entspricht einigermaßen unserem Gaszustand, jedoch vorerst noch bei außerordentlich niedriger Temperatur.

Wir haben von Zusammenstößen von Atomen gesprochen, von Zusammenprallen, von Ablenken in andere Richtungen. Diesen Vorstellungen liegt bereits eine Hypothese zugrunde: Wir nehmen an, die Atome üben nicht nur die anziehenden Kräfte der Gravitation aufeinander aus, sondern außerdem auch abstoßende Kräfte. Solche abstoßenden Kräfte der Atome haben meines Erachtens wahrscheinlich ihren Ursprung in einer der Atomsubstanz selber eigentümlichen Elastizität. Allerdings kennen wir einstweilen die elastischen Wirkungen nur bei ganzen Atom- bzw. Molekelaggregaten, dh. bei ganzen Körpern, die unseren Messungen unmittelbar zugänglich sind. Wir müssen aber, glaube ich, annehmen, daß schon der Atomsubstanz selber, also den Atomen an sich eine eigene Elastizität zukomme. Hätten sie diese nicht, wären sie vielmehr absolut starre Körperchen, so müßte die Kompressibilität aller Elementarsubstanzen schließlich Null werden, wenn man sie bis zum absoluten Nullpunkt abkühlen könnte. Außerdem müßten aber die Atome, wenn sie absolut starr wären, bei jedem Zusammenstoß mit jedem anderen Atom zersplittern, weil dabei unendlich große Kräfte entständen; die Atome müßten sich immer mehr aufsplittern, in immer kleinere Atome von kleinerem Atomgewicht zerfallen, was offenbar nicht der Fall ist. Daher erscheint mir die Forderung unabweisbar, schon der Substanz der Atome an sich komme eine besondere vollkommene Elastizität zu, die zur Folge hat, daß die zusammenstoßenden Atome nach dem Stoß zurückprallen und sich wieder voneinander entfernen. Wer diese Hypothese nicht machen will, wird sich dennoch längst mit der offenkundigen Tatsache abgefunden haben, daß sich aufeinanderstoßende Atome nach dem Stoß wieder voneinander entfernen in derselben Weise, wie wenn sie einen elastischen Stoß erhalten hätten.

Die Zusammenballung der Atome.

Wir betrachten zwei beliebige Atome, die mit ihren allmählich durch die Zusammenziehung der ganzen chaotischen Masse immer größer werdenden Geschwindigkeiten zusammenstoßen und sich nachher wieder voneinander entfernen. Wären im unermeßlichen Raum nur zwei einzelne Atome vorhanden, würden sie durch ihre eigene Gravitationswirkung schließlich aufeinander stoßen und nachher wieder auseinander fahren, so müßten wir schließen, daß sie sich nach dem Stoße nicht mehr so weit auseinander bewegen, wie sie ursprünglich waren, bevor sie sich gegenseitig heranzogen. Es geht dies aus ihren Energieverhältnissen hervor. Denn während ihrer gegenseitigen Anziehung haben sie kinetische Energie gewonnen, einen gleichen Betrag an potentieller Energie, die ihrem ursprünglichen gegenseitigen Abstand eigentümlich war, verloren. Nun müssen aber durch den Zusammenstoß elastischer Körper, großer wie kleiner, auch der Atome, elastische Schwingungen irgendwelcher Art in diesen Körpern entstehen. Größere

Körper lassen zb. bei ihrem Zusammenstoß einen Ton oder ein Geräusch wahrnehmen. Ein Teil der elastischen Schwingungen wird auch dann noch bestehen, wenn beide Atome schon wieder voneinander abgeprallt sind, und die Energie dieser Schwingungen wird dann in den umgebenden Raum ausgestrahlt. Diese Schwingungsenergie ist der kinetischen Energie der Atome bei ihrem Zusammenstoß entnommen worden. Daher entfernen sich beide Atome mit verminderten kinetischen Energien voneinander, sie können also auch nicht durch Umwandlung der ihnen nun noch verbliebenen kinetischen Energie in potentielle wieder bis zum ursprünglichen Abstand sich entfernen. Mit anderen Worten: die beiden Atome stoßen nach einer gewissen wenn auch noch so langen Zeit sicher von neuem zusammen, verlieren wieder einen Bruchteil ihrer neuerdings gewonnenen kinetischen Energie, der als Schwingungsenergie in den Raum ausgestrahlt wird; sie entfernen sich das nächste Mal noch weniger voneinander und schließlich bleiben sie aneinander haften.

Nun befinden sich in unserem Chaos nicht zwei, sondern unermeßlich viele Atome. Da und dort stoßen zwei dieser Atome zusammen, verlieren einen Teil ihrer kinetischen Energie, der in Schwingungsenergie übergeht. Durch den Zusammenstoß sind die Atome in andere Richtungen abgelenkt worden, und viele von ihnen werden nun in den Bereich von ganz anderen Atomen gelangen, sie werden das nächste Mal mit anderen Atomen zusammenstoßen, an ihnen wieder einen Teil der ihnen ursprünglich innewohnenden Energie einbüßen usf. Für den Gesamterfolg ist es aber belanglos, ob immer dieselben oder immer wieder andere Atome zusammenstoßen. Das Endergebnis ist dasselbe: mit der Zeit haften da und dort zwei Atome aneinander, es bilden sich überall im ganzen Chaos Atomaggregate von je zwei Atomen, dann solche von drei und mehr Atomen. Denn je mehr Atome sich zusammengelagert haben, um so mehr ziehen sie neue Atome zu sich herbei wegen ihrer größeren Masse, um so leichter geschieht die Anlagerung neuer Atome wegen ihrer größeren Oberfläche, wegen ihrer geringeren mittleren fortschreitenden Geschwindigkeiten. Immer größer werden daher die entstehenden Atomaggregate; immer mehr Atome ballen sich zusammen.

Welcher Art werden nun diese Atomaggregate sein, von welchem Aggregatzustand, von welcher chemischen Beschaffenheit?

Wir haben die Anfangstemperatur des ganzen Chaos gleich der absoluten Nulltemperatur angenommen. Wenn nun auch die Atome, wie oben bemerkt, allmählich größere Geschwindigkeiten erreichen, so geht diese Veränderung doch anfangs außerordentlich langsam vorwärts, so daß die Atomgeschwindigkeiten zuerst nur Bruchteile von Millimetern in der Sekunde betragen; dem Gaszustand mit so geringen Geschwindigkeiten entsprechen aber so geringe Temperaturen, daß wir ihn vom Zustand des absoluten Nullpunktes kaum unterscheiden können. Erst bei einer Molekulargeschwindigkeit von etwa 1 m für Luft kommen wir der Größenordnung nach auf etwa einen tausendstel Grad absoluter Temperatur. Wenn nun bei so tiefer Temperatur zwei Atome aneinander haften, so müssen wir voraussetzen, daß sie sich fest aneinander legen, ohne die Fähigkeit, freie Drehungen um Achsen auszuführen, die durch ihr Inneres gehen. Das heißt: Das aus ihnen gebildete Aggregat befindet sich im festen Aggregatzustand; denn dem flüssigen Aggregatzustand entspräche schon eine höhere Temperatur, mit freien Drehungen der einzelnen Atome um eigene Achsen.

Eine Molekel entsteht aber doch aus zwei solchen aneinander haftenden Atomen im allgemeinen nicht, also auch keine chemische Verbindung, aus folgenden Gründen: Auf experimentellem Wege ist festgestellt worden, daß bei sehr tiefen Temperaturen chemische Verbindungen viel weniger leicht zustande kommen als bei höheren, zb. bei unseren Zimmertemperaturen. Diese Versuche erscheinen uns allerdings für unseren Fall nicht ganz beweisend. Denn wenn wir Substanzen bei so tiefen Temperaturen zu chemischer Verbindung bringen wollen, so liegen die Verhältnisse doch etwas anders. Wir werden gasförmige Substanzen nehmen, um mit dem von uns betrachteten Falle der aneinander haftenden verschiedenen Atome möglichste Ähnlichkeit zu gewinnen. Allein mit solchen gasförmigen Substanzen kommen wir dem absoluten Nullpunkt schon gar nicht nahe, höchstens mit Wasserstoff und Helium, und diese beiden Substanzen gehen unseres Wissens zusammen keine chemische Verbindung ein. Außerdem ist noch zu bedenken, daß in Gasen in der Regel schon zwei gleichartige Atome zu einer Molekel verbunden sind. Sollte also aus zweierlei Gasen mit zweiatomigen Molekeln eine neue chemische Verbindung entstehen, so müßte der chemische Verband der Molekeln beider Gase zuerst gelöst werden. Nur in statu nascendi der Atome der beiden Gase und bei einer Temperatur, die weniger als einen Grad vom absoluten Nullpunkt abweicht, könnte der Nachweis erbracht werden, daß zwei solche verschiedenartige Atome bei so tiefer Temperatur doch wie ein fester Körper aneinander haften, wenn sie auch miteinander keine chemische Verbindung eingehen. Ein solcher Versuch ist natürlich nie durchzuführen. Aber sehr wahrscheinlich wäre sein Ergebnis das erwartete, wir können uns kaum etwas anderes vorstellen.

Wir erkennen also, daß wir bei dem beschriebenen Aneinanderhaften von Atomen im allgemeinen keine chemischen Verbindungen derselben zu erwarten haben. Daß unser Chaos ursprünglich nur Atome enthalten solle, daß alle Molekeln dissoziiert, und daß die Atome aller Elemente in gleichmäßigster Weise verteilt, also vollständig gleichmäßig miteinander vermischt sein sollen, haben wir ja ausdrücklich angenommen. Daher werden die verschiedenartigsten Atome bei den vorkommenden Zusammenstößen und bei den schließlich daraus folgenden Berührungen aneinander haften, Atome, die eine chemische Verwandtschaft zueinander haben, ebensowohl wie solche, die sich vollständig indifferent zueinander verhalten, die anscheinend niemals zu einer chemischen Verbindung zu bringen sind. Alle diese Atome frieren bei so tiefen Temperaturen einfach zusammen.

Wenn nun aber bei diesem Aneinanderhaften, bei dieser Anlagerung zu Atomaggregaten zwei Atome gleicher Art, die sich zu einer Molekel eines Elementes vereinigen könnten, wie zwei Wasserstoffatome, zwei Sauerstoffatome usf., oder zwei Atome, die zusammen eine Molekel einer chemischen Verbindung liefern könnten, wie ein Chloratom und ein Wasserstoffatom usf., zufällig nebeneinander zu liegen kommen, werden sie dann zu einer Molekel zusammentreten, also die chemische Verbindung zustande kommen lassen?

Ich glaube, daß diese Frage im allgemeinen mit Nein zu beantworten sei. Hätten zwar alle Atome Kugelform und wären sie außerdem in ihrem Inneren vollständig homogen, so müßte man allerdings erwarten, daß bei der Anlagerung zweier Atome, die sich chemisch verbinden können, eine solche Verbindung tatsächlich eintrete, namentlich bei der Temperatur des absoluten Nullpunkts, bei der sich die Atome einander ganz besonders nahe anzulagern scheinen. Nun ist es aber sehr wahrscheinlich, daß die Atome n i c h t Kugelform haben, in der Regel wenigstens nicht. Schon aus den Arbeiten van 't Hoffs über das asymmetrische Kohlenstoffatom ersieht man, daß dies Atom entweder in seinem Inneren nicht homogen ist oder nicht Kugelform hat; vielleicht ist beides nicht der Fall. Aber auch die neuesten radioaktiven Untersuchungen sprechen gegen die Kugelform der Atome, wenigstens für alle diejenigen, welche sich vorstellen, beim radioaktiven Zerfall werden Atome aufgesplittert, nicht etwa nur neue eigenartige chemische Verbindungen derselben gelöst. Wenn sich also Atome aufsplittern, so können sie nicht vor der Aufsplitterung und nach derselben immer wieder Kugelform haben. Daher muß man meines Erachtens durchaus mit der Wahrscheinlichkeit rechnen, daß die Atome in der Regel nicht Kugelform haben. Dagegen halte ich es für sehr wahrscheinlich, daß Atome, die wirklich kleinste Bausteine sind, die sich durch kein Mittel, auch nicht durch Mittel, wie sie die Natur selber in den extremsten Fällen zu bieten vermag, aufsplittern lassen, daß solche Atome durchweg aus gleichartiger homogener elastischer Materie bestehen.

Wenn nun Atome nicht Kugeln sind, sondern anders begrenzte Körperchen, vielleicht solche, die wenigstens teilweise von ebenen Flächen begrenzt sind, so ist klar, daß es von der Art der Zusammenlagerung zweier Atome, die eine genügende Affinität zueinander haben, um sich chemisch verbinden zu können, abhängen wird, ob sie sich bei der betreffenden Temperatur wirklich verbinden oder nicht In einer Wassermolekel zb. werden sich also nach unserer Vorstellung zwei Wasserstoffatome in ganz bestimmter Orientierung mit einem Sauerstoffatom zusammenlagern. In einer Eismolekel kann diese Orientierung unter Umständen anders sein. Dafür scheint der Umstand zu sprechen, daß das Wasser in der Nähe des Gefrierpunktes seine Dichte in anomaler Weise ändert, und daß die Dichte des Eises weit geringer ist als die des Wassers von gleicher Temperatur. Auf eine bestimmte Orientierung der Atome in den Molekeln und daher auf nicht kugelförmige Atomformen muß man wohl auch aus den Kristallbildungen der reinen Substanzen bzw. aus der Kristallisation vieler Elemente wie Kohlenstoff, Schwefel usf. schließen. Wollte sich nun freilich bei der im Vorhergehenden beschriebenen Anlagerung von Atomen aneinander das eine Atom einmal rein zufällig genau in derselben Orientierung an ein anderes Atom anlagern, in der diese beiden Atome zusammen eine Molekel bilden, nämlich die Molekel der betreffenden chemischen Verbindung, so wäre allerdings die Möglichkeit des Zustandekommens einer solchen Molekel gegeben.

Indessen könnte noch ein Umstand in Betracht zu ziehen sein, den wir bisher unberücksichtigt gelassen haben. Man weiß, daß alle festen Körper, die sich einige Zeit in gewöhnlicher Luft befunden haben, von einer mehr oder weniger zusammenhängenden Wasserhaut überzogen sind. Diese Wasserhaut läßt sich nur sehr schwer entfernen; ist sie aber einmal beseitigt, so könnte sich der betreffende feste Körper mit einer Lufthaut überziehen, in ähnlicher Weise wie vorher mit einer Wasserhaut, so daß unmittelbar an der Körperoberfläche Luftmolekel an Luftmolekel angelagert wäre. Bei sehr tiefen Temperaturen, die unterhalb des Siedepunktes der Luftbestandteile, also nahe dem von uns oben unseren Betrachtungen zugrunde gelegten absoluten Nullpunkt liegen, ist die Wahrscheinlichkeit einer solchen Lufthaut noch größer als bei gewöhnlicher Zimmertemperatur. Eine ähnliche Erscheinung bei den Atomen könnte ihrer chemischen Verbindung zu einer Molekel immer noch ein Hindernis entgegensetzen, und eine Art von latenten Wärmen käme in Betracht, um dies Hindernis zu überwinden (vgl. S. 242, Anm.): Wenn nämlich ein Äther existiert, welcher Träger aller optischen und elektrischen Erscheinungen in den nicht von wägbaren Substanzen erfüllten Räumen ist, dh. wenn ein Weltäther oder Lichtäther existiert, so könnte sich jedes Körperatom mit einer mehr oder weniger dichten Ätherhaut, mit einer Ätherhülle überziehen. Diese Ätherhülle würde dann insbesondere bei den tiefsten, dem absoluten Nullpunkt naheliegenden Temperaturen eine vollständige Berührung der beiden Atome und damit ihre chemische Verbindung möglicherweise zu verhindern imstande sein, während sie vielleicht bei höheren Temperaturen, denen stärkere Zusammenstöße der Atome entsprechen, durchbrochen würde und dann die chemische Verbindung leichter zustande kommen ließe. Doch ist darüber nicht das Mindeste bekannt; wir wollen also hier von solchen möglichen aber unbewiesenen Eigenschaften der Atome keinen Gebrauch machen.

Der kosmische Staub.

Bei unseren bisherigen Entwickelungen haben wir uns die Vorstellung gebildet, daß durch langsame Zusammenziehung aller Teile des Chaos da und dort Atomaggregate entstehen, mehr und mehr, solche von zwei, drei und mehr Atomen, daß in diesen Atomaggregaten die Atome fest aneinander haften, daß sie der tiefen Temperatur unseres Chaos entsprechend zusammengefroren sind, daß sie also feste Körperchen darstellen, kleinere oder größere, daß aber in diesen Aggregaten die Atome im allgemeinen regellos und völlig ungeordnet, keinesfalls regelmäßig orientiert, kristallinisch nebeneinander liegen, daß demnach nur selten, vielleicht nur zufällig einmal an der einen oder anderen Stelle des Aggregates eine wirkliche chemische Verbindung zustande gekommen ist, daß sich nur selten eine Molekel aus zwei in einem Affinitätsverhältnis zueinander stehenden benachbarten Atomen gebildet hat.

Die Atomaggregate werden mit der Zeit immer größer, Atome der verschiedensten Elemente lagern sich zu Hunderten, Tausenden, Millionen, Billionen, Trillionen zusammen. Bei der absoluten Nulltemperatur oder ihr doch sehr nahe, dh. kaum einige Grade höher, muß die Anlagerung stets eine feste sein. Durch Zusammenfrieren der Atome und Atomaggregate entstehen feste Körperchen, die wir, wie sie im absolut kalten Weltraum vorkommen, als „kosmischen Staub" bezeichnen. Trillionen solcher Atome sind nötig, um nur ein kleines Staubkörnchen von kaum einem Millimeter Durchmesser zusammenzusetzen.

War unsere ursprüngliche Verteilung der Atome im Chaos wirklich vollkommen gleichmäßig, so muß nun auch die Verteilung der entstandenen Staubkörnchen vollkommen gleichmäßig sein; anderenfalls wird eine ursprüngliche Ungleichmäßigkeit eine immer noch ungleichmäßiger werdende Verteilung der Staubkörnchen nach sich ziehen. Etwas ist aber im Chaos von Anfang an sicher ungleichmäßig gewesen: die Atomgewichte; denn die verschiedensten Atomarten waren ja von Anfang an vorhanden. Es ist leicht zu erkennen, daß durch die Gravitationswirkung die schwereren Atome die leichteren zu sich herangezogen haben, nicht umgekehrt. Wo also die Atome größten Atomgewichtes sind, da entstehen die größten Staubkörnchen; um sie herum bilden sich diese Körnchen. Wie im Großen, so sind auch hier im Kleinen und Kleinsten die Stellen größter Masse die erfolgreichsten Anziehungszentren.

Man könnte denken, die Bildung von Staubkörnchen aus Atomen habe eine Verarmung der Zwischenräume zwischen den einzelnen

Staubkörnchen an Atomen und überhaupt an Materie zur Folge, weil sich alle diese kleinsten Teilchen, Atome und Atomaggregate, immer mehr nach den größeren Massenzentren hinbewegen. Das ist indessen nur teilweise der Fall. Gleichzeitig mit dieser Konzentration nach den einzelnen kleinen Massenzentren hin zieht sich nämlich das gesamte Chaos infolge der Gravitation auch gegen seinen eigenen Schwerpunkt zusammen, und dadurch werden sämtliche Abstände der Massenteilchen voneinander auch wieder entsprechend verkleinert. Ob die eine von diesen Wirkungen größer sei oder die andere, hängt von der ursprünglichen bzw. von der augenblicklichen Massenverteilung ab, dh. namentlich von den Abständen der Atome, der Atomaggregate, der Staubkörnchen voneinander, sowie von der Gesamtausdehnung aller vorhandenen Masse überhaupt.

Die Gravitation der einzelnen Atome aufeinander ist ungeheuer klein, und unermeßliche Zeiträume würden verstreichen, bis sich alle einzelnen Atome in der beschriebenen Weise zu kosmischen Stäubchen vereinigt hätten, wenn erstens alle diese Atome ursprünglich keine ungleich gerichteten Anfangsgeschwindigkeiten besessen und zweitens auch durch andere Wirkungen keine ungleichen und ungleich gerichteten Geschwindigkeiten bekommen hätten. Der erste Fall ungleich gerichteter Anfangsgeschwindigkeiten ist aber wahrscheinlich, wie wir in einem späteren Abschnitt sehen werden, der zweite Fall darf dagegen als Gewißheit bezeichnet werden. Denn vermöge der Gesamtanziehung aller Masse des Weltalls gegen ihr gemeinschaftliches Attraktionszentrum, gegen ihren Schwerpunkt hin entstehen dorthin gerichtete Geschwindigkeiten. Wenn nun, infolge dieser Geschwindigkeiten, zwei Atome einmal zusammenstoßen (zb. anfangs nur solche Atome nahe dem Schwerpunkt, die aus diametral entgegengesetzten Richtungen herkommen und also gegeneinander gerichtete Geschwindigkeiten erhalten), so entfernen sie sich im allgemeinen nach dem Stoße nicht mehr in der Richtung des nach dem Attraktionszentrum des Weltalls gerichteten Radius voneinander, das wäre nur ein besonderer Zufall; vielmehr stoßen sie in der Regel exzentrisch aufeinander und bekommen also seitlich gerichtete Geschwindigkeiten. Daher entstehen allmählich durch die ganze Masse unserer diskret verteilten Materie hindurch unregelmäßige Geschwindigkeiten nach allen möglichen Richtungen neben der vorherrschenden allgemeinen

Geschwindigkeit nach dem Attraktionszentrum des Weltalls hin. Es entsteht also die Unregelmäßigkeit der Bewegung, die auch in jedem uns bekannten Gase als Molekularbewegung vorhanden ist, und die wir hier als die unregelmäßige Atombewegung unseres chaotischen Gases bezeichnen wollen. Dieser Bewegung zufolge entsteht der kosmische Staub aus den einzelnen Atomen schneller, als wenn dieselbe nicht vorhanden wäre.

Wesentlich größer als die Anziehung der einzelnen Atome aufeinander ist natürlich die entsprechende Anziehung ganzer Staubkörnchen, weil ja weit mehr Masse in ihnen konzentriert ist. Die Staubkörnchen ziehen also nicht nur vereinzelte fremde Atome, Atompaare usf. aus allen Richtungen herbei, sondern sie üben auf andere Staubkörnchen noch eine verhältnismäßig stärkere Gravitationswirkung aus. Daher spielen sich bei den Staubkörnchen dieselben Vorgänge ab, wie sie oben eingehend bei den Atomen beschrieben worden sind: unter ihnen besteht eine hin- und hergehende Bewegung, ähnlich der Molekularbewegung der Gasmolekeln. Die Staubkörnchen stoßen, vermöge dieser Bewegung und vermöge ihrer Anziehung durch Gravitation, aufeinander; dabei wird ein Teil ihrer kinetischen Energie in Schwingungsenergie ihrer kleinsten Teilchen verwandelt und ausgestrahlt; die Staubkörnchen fahren mit geringeren Geschwindigkeiten auseinander, als sie beieinander angekommen sind; sie stoßen ein zweites Mal zusammen, ein drittes Mal usf., bis sie schließlich ihre gegeneinander gerichteten Geschwindigkeiten ganz verloren haben und ruhig nebeneinander lagern, bis Staubkornaggregate aus ihnen geworden sind.

Ein wesentlicher Unterschied zwischen der Bildung der Atomaggregate und der Staubkornaggregate besteht aber doch: wenn sich Atome bei der absoluten Temperatur Null Grad aneinander lagern, so muß diese Anlagerung, den experimentellen Untersuchungen bei den tiefsten Temperaturen zufolge, offenbar einen festen Körper geben, bei dem jedes Atom an seine Nachbaratome angefroren, also fest gebunden ist, so daß es beispielsweise ganze Drehungen um eine eigene durch sein Inneres gehende Achse im allgemeinen nicht mehr machen kann. Wenn sich aber Staubkörnchen aneinander lagern, die bereits feste Körper sind, so ist ihre Anlagerung stets eine lose; denn feste Körper können sich ja im allgemeinen nur in drei Punkten berühren. Die Anlagerung der Staubkörnchen aneinander wird daher durch die geringste Erschütterung wieder aufgehoben. Fliegt nur ein drittes Staubkörnchen gegen einen Verband von zwei Staubkörnchen, so wird dieser Verband schon wieder gelöst: alle drei Staubkörnchen fliegen dann bis zu einem gewissen Bereich wieder auseinander und beginnen ihr Spiel des Zusammen- und Auseinanderfliegens von neuem, nur in engeren Grenzen als zuvor, wenn wenigstens die Geschwindigkeit des dritten Staubkörnchens bei seiner Ankunft an dem Paare nicht größer war als die des zweiten bei seiner Ankunft am ersten. So geht nun die Bildung größerer Staubkornaggregate oder „kosmischer Staubhaufen“ weiter vor sich. Immer mehr Staubkörnchen werden von einem solchen bereits bestehenden Staubhaufen herbeigezogen; immer geringer werden die beim Einlaufen eines neuen Staubkörnchens auf alle anderen Staubkörnchen des Haufens übertragenen Geschwindigkeiten. Aber gelöst werden die Berührungen der Staubkörnchen des Haufens doch immer wieder durch jedes neu ankommende Staubkorn. Nach jedem solchen Stoß werden also die Staubkörnchen des ganzen Haufens wieder in anderer Weise gegeneinander orientiert sein. Dies entspricht ganz unseren Erfahrungen: bei tiefen Temperaturen vereinigen sich Staubkörnchen nicht zu zusammenhängenden festen Körpern, außer wenn sehr große Drucke angewandt werden, die zu einem teilweisen oder vollständigen Schmelzen führen.

Eine andere Art des Zustandekommens einer Verbindung von zwei oder mehr Staubkörnchen zu einem festen Aggregat ist aber möglich und wahrscheinlich, sogar bei der absoluten Nulltemperatur. Die Staubkörnchen wachsen nämlich fortwährend durch Herbeiziehen einzelner Atome oder Atompaare oder sehr kleiner Atomaggregate, die ihnen bei dieser Kälte anfrieren. Befindet sich nun ein Staubhaufen an einer Stelle des Weltalls, wo es immer noch zahlreiche Atome oder kleinste Atomaggregate gibt, die sich in seinem Anziehungsbereich befinden, und die er tatsächlich herbeizieht, so lagern sich diese herbeigezogenen Atome überall auf den Oberflächen aller Staubkörnchen des Haufens an, also auch an den Stellen, wo sich je zwei Staubkörnchen berühren. Wenn nun ein größerer Zeitraum verstreicht, bis wieder ein neues Staubkorn von dem Staubhaufen herbeigezogen wird, so können sich inzwischen so viele einzelne Atome, Atompaare usf. an den Berührungsstellen der Staubkörnchen angelagert haben, sie können dort angefroren sein, eine feste Verbindung zwischen den vorher selbständigen Staubkörnchen des Haufens gebildet haben, daß dieses Staubkörnchenaggregat fortan einen einzigen festen zusammengewachsenen Körper ausmacht, der nun von weiteren herbeigezogenen Staubkörnchen bei ihrem Aufstoßen nicht mehr so leicht zerstört wird. Indessen ist wohl die Wahrscheinlichkeit eines solchen Zusammenwachsens von Staubkörnchen zu einem größeren festen Körper weniger groß als die eines fortgesetzten Wachsens der einzelnen Staubkörnchen für sich, weil in der Regel doch ab und zu neu herbeigezogene und einlaufende Staubkörnchen den ganzen Haufen der schon dort befindlichen Staubkörnchen mehr oder weniger durcheinander rütteln und also die etwa gebildeten schwachen Verbindungsbrücken wieder zerstören werden.

Die Meteoritengebilde.

Ein Staubkörnchen wird im Laufe der Jahre, Jahrhunderte, Jahrmillionen immer größer. Wenn es etwa die Größe eines Kieselsteines erreicht hat, nennen wir es Meteorit, ohne freilich mit diesem Namen den Anschein erwecken zu wollen, als sei der Meteorit ursprünglich nicht wesensgleich mit dem Staubkorn. Jedoch wollen wir hervorheben, daß der Meteorit im Vergleich zu dem Staubkorn als ein wesentlich größerer Körper aufgefaßt wird, daß er dementsprechend intensivere Gravitationswirkungen nach außen ausübt. Dennoch sind alle diese anziehenden Wirkungen verhältnismäßig noch sehr gering. Erinnern wir uns der einleitenden Berechnungen zu diesem Abschnitt über die Einlaufgeschwindigkeit kleiner Teilchen in größere Weltkörper, so sehen wir, daß ein Meteorit, der vielleicht im Laufe der Zeiten die nicht unbeträchtliche Größe von 1 m Durchmesser erreicht hat, andere kleine Massenteilchen, zb. Atome, Staubkörnchen oder kleinere Meteorite, erst auf eine Einlaufgeschwindigkeit von 1 mm zu bringen vermag. 1 mm ist aber ein kleiner Weg und diesem Weg in der Sekunde entspricht eine sehr geringe Geschwindigkeit. Stößt ein kleiner Meteorit mit dieser Geschwindigkeit auf einen großen Meteorit von 1 m Durchmesser, so werden vermöge dieses Stoßes in beiden Körpern noch keine anderen Veränderungen vor sich gehen als die bisher betrachteten, dh. es werden Schwingungen erzeugt, wenn auch in sehr geringer Intensität, und die entsprechende Schwingungsenergie wird ausgestrahlt.

Jeder Meteorit zieht aber nicht nur Atome und Staubkörnchen herbei, durch seine Gravitationswirkung, sondern auch andere Meteorite. Die größeren Meteorite ziehen die kleineren zu sich heran. Es entstehen also Meteoritenhaufen von Hunderten, von Millionen solcher Meteorite. Je größer diese Massenansammlungen zu Meteoritenhaufen werden, um so mehr sind sie nunmehr imstande, neue Meteorite aus allen Richtungen zu sich heranzuziehen. Wie wir im Vorhergehenden (S. 251/2) auseinandergesetzt haben, wird aber bei dem Wachsen der Meteorite der Raum um sie herum nicht notwendig ärmer an Materie, sondern er wird vielleicht sogar reicher daran. Es hängt dies ganz davon ab, mit welcher Geschwindigkeit die Massenkontraktion zu Meteoriten, mit welcher anderen Geschwindigkeit die Kontraktion aller Massen des ganzen Weltalls gegen ihr gemeinsames Attraktionszentrum, gegen ihren Schwerpunkt hin zustande kommt. In jedem Fall wachsen die großen Meteoritenhaufen unausgesetzt auf Kosten kleinerer Meteoritenhaufen, einzelner Meteorite, Staubkörnchen und einzelner Atomaggregate oder Atome, die sich in ihrem Anziehungsbereich befinden. Die Atome und kleinsten Atomaggregate lagern sich dabei direkt auf den Meteoriten, auf den Staubkörnchen an, durch solches Anfrieren wachsen die Meteorite, die Staubkörnchen immer mehr. Ein Zusammenwachsen der verschiedenen Meteorite und Staubkörnchen des Haufens zu größeren festen Körpern wird jedoch vorerst immer unwahrscheinlicher, je größer die Gesamtmasse wird, weil dieser Massenzunahme entsprechend immer mehr neue Meteorite herbeigezogen werden, die den Haufen bei jedem neuen Einlaufen durcheinander rütteln und die durch Zusammenfrieren entstandenen Brücken also wieder vernichten.

Nun treten uns noch andere Vorgänge, die sich in größeren Meteoritenhaufen abspielen müssen, klar vor Augen. Nehmen wir an, ein kugeliger Meteoritenhaufen habe allmählich im Laufe ungemessener Zeiten einen Durchmesser von 1 km erhalten. Dann ist die Einlaufgeschwindigkeit neuer Meteorite, die aus größten Entfernungen von ihm herbeigezogen worden sind, schon 1 m groß geworden. Wir müssen aber außerdem noch die Geschwindigkeiten berücksichtigen, die alle Meteorite dadurch erhalten, daß sie insgesamt gegen das allgemeine Attraktionszentrum des ganzen Weltalls herangezogen werden, welche Geschwindigkeiten mit der Zeit infolge der Zusammenstöße der verschiedensten Meteorite untereinander zum Teil in andere Geschwindigkeitskomponenten nach allen möglichen Richtungen umgewandelt werden. Die Gesamtbewegungen der Meteorite sind also den Molekularbewegungen in Gasen ganz ähnlich, ihrem Wesen nach sogar fast gleich. Daher sind noch andere größere Geschwindigkeiten möglich, mit denen einzelne Meteorite in Meteoritenhaufen einlaufen. Aber schon das Einlaufen eines größeren Meteorits mit etwa 1 m Geschwindigkeit in einen Meteoritenhaufen wird diesen kräftig aufrütteln. Die dabei entwickelte Stoßwirkung wird direkt übertragen auf einen oder auf einige wenige Meteorite des Haufens, die unmittelbar getroffen worden sind. Sie übertragen die Stoßenergie teilweise auf ihre Nachbarn, von diesen wird sie noch weiter übertragen, und schließlich hat der ganze Meteoritenhaufen die gesamte Stoßenergie aufgenommen. Wir erkennen daraus zweierlei Wirkungen: Erstens ist der Rückstoß des zuerst getroffenen Meteorits auf den einlaufenden Meteorit geringer, der Übertragung der Stoßwirkung auf andere benachbarte Meteorite zufolge, als wenn der ganze Meteoritenhaufen ein einziger elastischer fester Körper wäre, und demzufolge wird auch der eingelaufene Meteorit mit wesentlich geringerer Geschwindigkeit zurückgestoßen, als wie er angekommen ist, er wird verhältnismäßig bald dem ganzen Meteoritenhaufen bleibend angehören. Zweitens aber werden infolge des mit Stoß verbundenen Einlaufens eines neuen Meteorits alle Meteorite des ganzen Haufens mehr oder weniger auseinander fahren; hatten sie sich vorher in vollkommener Ruhe aneinander gelagert, so haben sie nun geringe Bewegungen erhalten, mit denen sie hin- und herfahren, in allen möglichen Richtungen von Meteorit zu Meteorit, etwa wie sich die Atome, die Molekeln in einem Körper bewegen, ihrer Molekularbewegung zufolge. Bedenkt man, mit wie geringer Gravitation die Meteorite eines solchen Haufens beisammengehalten werden, so erkennt man leicht, daß kleinen derartigen Stoßwirkungen schon ein erhebliches Auseinanderfahren des ganzen Haufens entsprechen muß, so daß zb. nach einem heftigen Einlaufen eines Meteorits in den Haufen die einzelnen Meteorite des letzteren in Abstände von Meterweite auseinander getrieben werden. Jeder Meteorit beschreibt dann der Richtung des ihn zuletzt treffenden Stoßes zufolge eine Ellipse um den Schwerpunkt des Meteoritenhaufens, bis er wieder mit einem anderen

Meteorit zusammenstößt und in eine neue elliptische Bahn abgelenkt wird. Daher wird bei genügender Wirkungsfähigkeit des einlaufenden Meteorits der zuvor ruhig lagernde Meteoritenhaufen in einen Meteoritenschwarm verwandelt, in dem alle Meteorite, ähnlich wie die Mücken eines Mückenschwarmes umeinander, namentlich aber um den ihnen allen gemeinsamen Schwerpunkt des ganzen Haufens schwärmen. Zuletzt aber wird ihre entsprechende kinetische Energie durch Zusammenstöße der einzelnen Meteorite untereinander wieder völlig vernichtet, und aus dem Meteoritenschwarm wird wieder ein Meteoritenhaufen mit ruhig nebeneinander gelagerten Meteoriten.

Noch auf einen anderen Vorgang müssen wir Bedacht nehmen, den wir bisher in keiner Weise berücksichtigt haben: Wenn Meteorite in einen Meteoritenhaufen einlaufen, so wird dies im allgemeinen nicht zentral, sondern exzentrisch geschehen. Wäre allerdings nur dieser einzige Meteoritenhaufen im ganzen Weltall vorhanden, würde nur er allein einen einzigen entfernten Meteorit herbeiziehen, der keine andere als höchstens eine radial nach dem Meteoritenhaufen hin gerichtete Anfangsgeschwindigkeit besessen hätte, so müßte das Einlaufen des Meteorits ein zentrales sein; in allen anderen Fällen erfolgt es aber exzentrisch. Stellen wir uns vor, daß in dem Zustande des Weltalls, den wir bisher in unseren Darlegungen sich entwickeln ließen, bereits viele Millionen von Meteoritenhaufen vorhanden seien. Sie alle haben ihre Eigengeschwindigkeiten, deren Hauptkomponenten wohl im wesentlichen gegen den Schwerpunkt des ganzen Weltalls hin gerichtet sind; andere Komponenten stehen aber auf diesen Richtungen senkrecht. Daher haben die Meteoritenhaufen auch noch seitliche Geschwindigkeiten relativ zueinander. Ebenso haben ja alle Meteorite selber, ferner alle Staubkörnchen, alle Atomaggregate und Atome seitliche Geschwindigkeiten außer den Geschwindigkeiten, die sie allmählich nach dem Zentrum des ganzen Weltalls hinbringen. Daraus ist ersichtlich, daß jeder Meteorit im allgemeinen exzentrisch in einen größeren Meteoritenhaufen einlaufen muß. Daher wird durch den neu einlaufenden Meteorit eine Rotationsbewegung auf den Meteoritenhaufen übertragen, der ganze Meteoritenhaufen nimmt eine sich mehr und mehr ausgleichende Rotationsbewegung an. Eine solche Rotationsbewegung bleibt dem System, nämlich unserem Meteoritenhaufen, viel länger erhalten als die weiter oben behandelte Bewegung des

Schwärmens der Meteorite, wenn nur einmal Ordnung in den Meteoritenhaufen gekommen ist. Denn im leeren, höchstens vom Äther erfüllten Raume, in dem ja diese Vorgänge alle stattfinden, wirkt keine erhebliche Reibung und auch keine andere bekannte Ursache einer solchen Rotation entgegen. Unermeßliche Zeiten wird also ein solches System um eine durch seinen Schwerpunkt gehende Achse weiter rotieren.

Betrachten wir beispielsweise einen Meteoritenhaufen von 20 km Durchmesser, der nach unserer früheren Rechnung (S. 238) einzelne Meteorite oder kleinere Meteoritenhaufen mit 20 m Einlaufgeschwindigkeit zu sich heranzieht. Wäre der Einlauf eines großen oder einiger großer Meteorite ein sehr exzentrischer, so würden die äußersten getroffenen Meteorite des Haufens mit Geschwindigkeiten von vielleicht mehreren Metern hinausgeworfen. Durch Zusammenstöße der Meteorite untereinander würde die Rotationsbewegung allmählich eine gleichmäßige. Schließlich könnten unserer einleitenden Berechnung (S. 241) zufolge zb. die am weitesten hinausgeworfenen Meteorite in 150 km Abstand vom Schwerpunkt des Meteoritenhaufens mit etwa 3 m Geschwindigkeit in ungefähr 3,65 Tagen in Kreisbahnen um den zentralen Meteoritenhaufen kreisen.

Bei genügend heftigen derartigen exzentrischen Zusammenstößen können ganze Meteoritenringe von großen Meteoritenhaufen abgelöst werden, die fortan in ähnlicher Weise um diesen Haufen kreisen, wie die Saturnringe um den Saturn. Zieht dann dieser Meteoritenhaufen weiterhin Meteorite und kleinere Meteoritenhaufen herbei, die genügend exzentrisch und mit großen Geschwindigkeiten einlaufen, so entstehen wieder Rotationen um ganz andere Achsen, es entstehen unter Umständen neue Ringe in Ebenen, die von der Ebene des zuerst gebildeten Ringes vollständig abweichen. Wenn dabei nur die Ringdurchmesser wesentlich voneinander verschieden sind, stören sich solche Ringe gegenseitig nur wenig. Sie werden sich aber doch — wenn auch wegen des geringen Betrages der in Betracht kommenden Gravitationskräfte erst im Laufe unermeßlicher Zeiten — gegenseitig in dieselbe Bahnebene hereinziehen, so daß schließlich daraus eine einzige rotierende Meteoritenscheibe entsteht. Wie geringfügig aber die zuletzt genannten Wirkungen sind, erkennen wir an unseren Planeten, Monden, periodischen Kometen und Meteoritenringen, deren

Umlaufebenen in historischen Zeiten meines Wissens nicht nachweislich einander genähert worden sind.

Es ist selbstverständlich, daß durch die beschriebenen Vorgänge nicht ein Überschuß einer Rotationsbewegung in bestimmtem Sinne neu entstehen kann. Wenn also unser ursprüngliches Chaos vollkommen gleichmäßig gemischt war und nicht selber schon als Ganzes eine Rotationsbewegung besaß, so kann es eine solche nicht erhalten, wenn auch noch so viele exzentrische Zusammenstöße in seinen einzelnen Teilen zustande kämen. Vielmehr muß dann aus der Summe aller Rotationsbewegungen wieder Null entstehen. Würde sich also in diesem Falle alle Masse schließlich in einen einzigen Zentralkörper vereinigen, so könnte dieser doch zuletzt keine eigene Rotation aufweisen, sondern alle von den in ihn gestürzten Massen auf ihn übertragenen Rotationsbewegungen müßten sich gegenseitig wieder aufheben. Anders wäre es aber, wenn das ganze Chaos, von dem wir ausgegangen sind, in entsprechender Weise Unregelmäßigkeiten der Verteilung der Materie, der Anfangsgeschwindigkeiten oder gar schon eine anfängliche Rotationsbewegung besessen hätte.

Es soll noch besonders darauf hingewiesen werden, daß dieselben verschiedenartigen Bewegungen, die wir hier für die Meteoritenhaufen und ihre Bestandteile nachgewiesen haben, auch schon bei Haufen von kosmischen Staubkörnchen, von Atomaggregaten eintreten müssen. Wir haben sie aber nicht dort, sondern erst hier bei den größeren Meteoriten behandelt, weil in diesem Falle die entstehenden Bewegungen doch viel anschaulicher und leichter zu verfolgen sind.

Ferner soll noch auf einen charakteristischen Unterschied zwischen Meteoritenhaufen, Meteoritenschwärmen und Meteoritenscheiben aufmerksam gemacht werden. Ein Meteoritenhaufen ist undurchsichtig, er verdeckt hinter ihm befindliche Objekte. Er hat auch nahezu dieselbe mittlere Dichte wie ein gleich großer fester kalter Weltkörper, abgesehen von den kleinen Zwischenräumen zwischen seinen Meteoriten und Staubkörnchen. Ein Meteoritenschwarm ist dagegen weit weniger dicht, weil große Zwischenräume zwischen benachbarten Meteoriten durch das Schwärmen derselben entstehen werden. Die mittlere Dichte eines Meteoritenschwarmes, dessen Teile mit größerer Energie durcheinander gerüttelt worden sind, durch kräftiges Hereinstürzen herbeigezogener Körper, kann vielleicht nur ein Tausendstel der Dichte des kompakten Meteoritenhaufens betragen oder gar nur ein Milliontel, wenn zb. die mittleren Abstände der Meteorite dieses Schwarmes voneinander in allen Richtungen zehnmal bzw. hundertmal größer sind als die Meteoritendurchmesser selber. Dann aber ist der Meteoritenschwarm teilweise durchsichtig: Sterne können durch ihn hindurchgesehen werden. Noch weit mehr wird dies zutreffen für rotierende Meteoritenscheiben, weil die Rotationsbewegungen derselben zur Folge haben, daß diese Scheiben sehr weit ausgebreitete Systeme von äußerst geringer mittlerer Dichte bilden, die dementsprechend eine große Durchsichtigkeit erlangen müssen. Würde zb. bei so geringer Dichte immer nur ein Meteorit auf jede nach einem Stern hin gerichtete Gesichtslinie entfallen, so wäre der Meteorit erst dann imstande, uns den Stern, etwa eine an 10 Billionen Kilometer von uns entfernte Sonne wie die unserige, zu verdecken, wenn er selber 1,4 km Durchmesser hätte und nur 10 Millionen Kilometer von unserer Erde entfernt wäre, viermal weniger als die Venus bei ihrer größten Erdnähe. Würde er sich aber außerdem noch mit der gewöhnlichen Meteoritengeschwindigkeit von beispielsweise etwa 40 km in der Sekunde bewegen, so wäre das Auslöschen des Sternlichtes ein so außerordentlich kurzes, daß wir es wohl niemals nachzuweisen imstande wären.

Die Entstehung der Sonnen.

Jeder Meteoritenhaufen wird immer größer, da er fortwährend Materie in jeder Form an sich heranzieht. Es werden von ihm herbeigezogen: Atome und Atomaggregate, die seine Staubkörnchen und Meteorite durch Anfrieren zum Wachsen bringen, Staubkörnchen, die sich schließlich nach langdauernden inneren Bewegungen im Meteoritenhaufen in die von den Meteoriten übriggelassenen Lücken hineinlegen, ferner Meteorite und kleinere Meteoritenhaufen, die ihn, den großen Meteoritenhaufen, in einen Meteoritenschwarm oder in eine rotierende Meteoritenscheibe verwandeln, wie wir oben auseinandergesetzt haben. Wenn nun ein kugeliger Meteoritenhaufen einen Durchmesser von 10 km erreicht hat, also eine solche Größe, daß er für uns zwar in der Entfernung des Mondes, aber noch nicht in der kleinsten Entfernung der Venus oder des Mars ohne besonders intensive Beleuchtung sichtbar wäre, so hat doch die Einlaufgeschwindigkeit der herbeigezogenen fremden Meteorite bereits den Betrag von etwa 10 m angenommen. Diese Geschwindigkeit ist schon eine recht beträchtliche, denn sie entspricht 36 km in der Stunde, dh. etwa der mittleren Geschwindigkeit eines Güterzuges. Wenn aber ein in voller Fahrt begriffener Güterzug auf einen ruhig stehenden Zug fährt und mit ihm zusammenstößt, so entstehen bekanntlich große Verheerungen. Dasselbe gilt offenbar für die Meteorite. Durch das Einlaufen neuer Meteorite werden die Meteorite des ganzen Haufens nicht nur teilweise durcheinander gerüttelt, sondern sie können sogar zertrümmert werden. Vor allen Dingen kommt aber nunmehr ihre durch den Zusammenstoß bewirkte Temperaturerhöhung in Betracht. Die mit solcher Heftigkeit zusammenstoßenden Meteoritenteile erhitzen sich wie das Eisen, das mit einem Hammer kräftig geschlagen wird. Es werden Temperaturen erzeugt, die an den Stoßstellen, wenn diese klein sind, schon Hunderte von Graden über dem absoluten Nullpunkt liegen können. Bei diesen Temperaturen entstehen aber bereits chemische Verbindungen. Bis dahin waren alle Atome regellos ohne bestimmte Orientierungen nebeneinander gelagert, in den absolut kalten Meteoriten, wie es gerade der Zufall mit sich brachte, und nur selten kam möglicherweise eine einzelne Molekel zustande (S. 247/8). Jetzt aber, bei den da und dort entstandenen höheren Temperaturen, wirken benachbarte Atome, die sich verbinden können, und die nun durch die höhere Temperatur eine größere Beweglichkeit erhalten haben, so daß sie zeitweise in der richtigen Orientierung nebeneinander liegen, in diesem Sinne durch ihre Affinität aufeinander ein: sie verbinden sich zu Molekeln. So bilden sich wohl zuerst die Molekeln der zweiatomigen Gase, die bei den tiefsten, dem absoluten Nullpunkt nahen Temperaturen noch gasförmig oder flüssig sind, wie zb. Wasserstoff, Stickstoff, Sauerstoff, die aber durch Berührung mit den noch absolut kalten Meteoriten der Umgebung im allgemeinen rasch wieder in fester Form sich niederschlagen müssen. Es entstehen vielleicht auch andere chemische Verbindungen im Inneren der erwärmten Meteorite, wenn geeignete Atome nebeneinander liegen, denen bisher nur noch eine freiere, nun durch die höhere Temperatur gegebene Beweglichkeit gefehlt hat, um in der der Molekel eigenartigen Orientierung nebeneinander zu treten. Ferner werden Umlagerungen der Molekeln vieler Substanzen zustande kommen, so daß eine langsame Kristallisation erfolgt, wie wir sie da und dort bei festen Körpern, bei Metallen und Mineralien in vielen Erdschichten antreffen. Meteorite also, die ein oder mehrere Male stärker erwärmt worden sind, weisen nun durch ihr Inneres hindurch, vielleicht in Adern oder in Schichten, chemische Verbindungen aller Art auf, auch solche, die dabei gar nicht schmelzen oder gasförmig werden, sondern fest bleiben; diese Substanzen können den langsamen Umwandlungen zufolge bereits eine Kristallstruktur erkennen lassen.

Je größer unser Meteoritenhaufen wird, um so größer wird die Einlaufgeschwindigkeit neuer Meteorite in denselben, um so größer wird dabei auch die Erwärmung der zusammenstoßenden Meteorite, um so mehr chemische Verbindungen kommen zustande. Viele von diesen Verbindungen sind aber mit Wärmeentwickelung verbunden, so daß entsprechend größere Erwärmungen der umgebenden Meteoritenmassen eintreten. Manche chemische Verbindungen erfolgen unter Explosionserscheinungen, wobei die Meteorite weit auseinander getrieben werden können, so daß sich der Meteoritenhaufen dadurch wieder in einen Meteoritenschwarm verwandelt. Die durch die chemischen Verbindungen erzeugten Wärmemengen geben den Anstoß zu weiter um sich greifenden chemischen Vereinigungen, so daß nunmehr die ganze Meteoritenmasse nach und nach ein Gemenge von chemischen Substanzen wird, die in verschiedenen Aggregatzuständen nebeneinander bestehen können, je nach ihren augenblicklichen Temperaturzuständen. Es ist dabei zu beachten, daß bei verschieden hohen Temperaturen verschiedene chemische Verbindungen derselben Atome am stabilsten sind. Daher können bei Temperaturänderungen chemische Verbindungen in ganz andere chemische Verbindungen übergehen. Da nun im allgemeinen jede Substanz ihren besonderen Schmelzpunkt hat, so fließen die gleichartigen Substanzen zusammen, sobald ihr Schmelzpunkt erreicht ist. Ebenso fließen beim Erstarren die Substanzen nach Möglichkeit zusammen, die noch flüssig sind, während andere Substanzen bereits erstarrten. Was also von kosmischem Staub, von Meteoriten bisher vielleicht noch so sehr gleichmäßig aus den verschiedensten Atomen gemischt erschien, bei ihrer festen Zusammenlagerung, das scheidet sich jetzt mehr und mehr in verschiedene Substanzen, die sich ihrer Dichte, ihrem Aggregatzustand entsprechend mehr oder weniger übereinander lagern. Sogar die gasförmigen Substanzen, die am leichtesten ineinander diffundieren, lagern sich im wesentlichen ihrer Dichte entsprechend übereinander an; es bildet sich eine Atmosphäre um den Meteoritenhaufen. Kommen bei den genannten chemischen Verbindungen sehr hohe Temperaturen und entsprechende Lichterscheinungen zustande, wie zb. bei den Verbrennungen, so strahlen die betreffenden so stark erhitzten Teile des Meteoritenhaufens sichtbares Licht aus, sie können gesehen werden. Wenn dabei die leuchtenden Teile fest oder flüssig sind, so geben sie das kontinuierliche Spektrum, gasförmige leuchtende Teile geben das zugehörige Gasspektrum, das unter Umständen zum Teil allerdings auch kontinuierlich sein kann.

Ein Meteoritenhaufen von 100 km Durchmesser bedingt eine Einlaufgeschwindigkeit von 100 m, ein solcher von 2000 km Durchmesser bereits 2 km. Wir haben bei unseren einleitenden Berechnungen (S. 240) gesehen, daß Meteorite von solchen Geschwindigkeiten schon durch die ihnen innewohnende kinetische Energie — also ganz abgesehen von der Möglichkeit, chemische Verbindungen von großer Temperatursteigerung hervorzurufen — ihre eigene Masse und eine gleich große Masse des Meteoritenhaufens, der sie herbeigezogen hat, auf etwa 1000° absoluter Temperatur oder 727 Zentigrade zu erhitzen vermögen. Alle Stellen dieses Meteoritenhaufens also, an denen Meteorite einstürzen, erhitzen sich bis zum Leuchten. Denn 727 Zentigrade entsprechen bereits einer ansehnlichen Glühtemperatur, schon bei etwa 400° fangen ja die Substanzen zu leuchten an. Daher geht von solchen leuchtenden Stellen ein kontinuierliches Spektrum aus. Entstehen aber dabei noch chemische Verbindungen, kommen Verbrennungen zustande, brechen Flammen hervor, so geht von diesen das Gasspektrum aus. Das Gesamtlicht der getroffenen und leuchtenden Stellen kann ein kontinuierliches Spektrum geben, in dem sich hellere Emissionslinien, außerdem aber auch Absorptionslinien befinden.

Wir erkennen, daß ein Meteoritenhaufen von 2000 km Durchmesser, wenn er bisher noch ein solcher geblieben ist, durch das Herbeiziehen weiterer Meteorite stellenweise glühend wird, schmilzt, zusammenbackt und dabei ein entsprechendes Spektrum aussendet. Ein um so größerer Teil von ihm wird glühend, je mehr Meteorite in seiner Umgebung sich befinden und von ihm herbeigezogen werden können, je mehr derselben auf ihn stürzen und in ihn einlaufen. Je größer er wird, um so mehr solcher Massen zieht er herbei, um so rascher wird er glühend und vereinigt er sich zu einem kompakten Weltkörper. Aber auch schon ein einziger heftig in einen kalten Meteoritenhaufen einstürzender Meteorit kann wie ein ins Pulverfaß fallender Funke wirken; chemische Verbindungen werden eingeleitet, diese erzeugen Wärme, erhitzen alle anderen Substanzen der Meteorite, und rasch erreicht die ganze Meteoritenkugel eine hohe Temperatur, die bis zum Leuchten der kompakt werdenden Kugel führen kann. Sehr wahrscheinlich ist einst unser Mond in dieser Weise aus einem kugeligen Meteoritenhaufen entstanden (vgl. S. 286). Einen noch größeren fortdauernd glühenden und beständig Licht ausstrahlenden leuchtenden Körper nennen wir eine Sonne.

Je größer eine Sonne wird, um so mehr zieht sie von allen Seiten Massen herbei. Nun sind zwei Fälle zu unterscheiden; erstens: in der Umgebung der Sonne befinden sich noch so viele meteorische Massen, daß die Sonne durch das Herbeiziehen derselben immer stärker erhitzt wird, daß sie immer stärker leuchtet, oder zweitens: die herbeigezogenen Massen reichen nicht aus, um die hohe Sonnentemperatur bei der beständigen Lichtabgabe dauernd zu erhalten, die Sonne kühlt sich ab. Die ziemlich allgemein gemachte Voraussetzung, alle Sonnen des Weltalls kühlen sich fortwährend ab, sie werden immer kälter, erscheint ungerechtfertigt. Sonnen können sich unseren vorhergehenden Entwickelungen zufolge abkühlen, sie können sich aber auch erhitzen.

Befinden sich etwa zwei Weltkörper, zwei Sonnen ungleicher Größe einander sehr nahe, kreist zb. die kleinere Sonne um die größere, so ziehen beide Sonnen gemeinsam neue Massen aus der ganzen Umgebung herbei, die größere Sonne zieht aber mehr Masse in sich herein als die kleinere; der größere Weltkörper vergrößert sich eben stets auf Kosten des kleineren. Daher wird mit großer Wahrscheinlichkeit die größere Sonne heißer als die kleinere. Im übrigen ist es aber, eben wegen des beständigen Herbeiziehens fremder Massen, unwahrscheinlich, daß viele Weltkörper von der Größe unserer Sonne dunkle Körper bleiben. Hierbei ist jedoch noch folgendes zu bemerken: Nach dem Stefanschen Strahlungsgesetz ist die Strahlung einer Sonne der vierten Potenz ihrer effektiven absoluten Temperatur proportional. Demnach wird die effektive Temperatur einer Sonne im allgemeinen nicht zu hoch ansteigen können, weil eben sonst der Sonne durch Ausstrahlung in vermehrtem Grade Energie entzogen wird.

Unsere Sonne hat einen so großen Durchmesser und eine so große Masse, daß die Einlaufgeschwindigkeit herbeigezogener meteorischer Massen etwa 600 km beträgt, eine fast nicht mehr vorstellbare Geschwindigkeit. Ein mit dieser Geschwindigkeit begabter Meteorit würde zb. von Berlin bis Amsterdam in einer einzigen Sekunde, rund um die Erde herum in wenig mehr als einer Minute fliegen. Mit solchen Geschwindigkeiten fliegende Meteorite bringen durch ihre Stoßwirkungen ungeheure Erhitzungen von vielen Millionen von Graden hervor. Denn nach unseren einleitenden Berechnungen (S. 239) ist die erzeugte absolute Temperatur dem Quadrat der Einlaufgeschwindigkeit proportional. Da die Einlaufgeschwindigkeit 600 km 300 mal größer ist als 2 km, so gehört also zu ihr, rund gerechnet, eine $300^2 = 90000$ mal höhere absolute Temperatur als 1000°, dh. etwa 90 Millionen Grad. Demnach ist es verständlich, daß unsere Sonne gegenwärtig allgemein als durch und durch gasförmiger Weltkörper aufgefaßt wird. In ihrem Innersten werden doch wohl alle Substanzen vollständig dissoziiert sein; näher ihrer Oberfläche können dagegen gewisse chemische Verbindungen bestehen bleiben, wie Ozon, Salpetersäure usf., die sich besonders bei hohen Temperaturen bilden. Vielleicht werden durch die ungeheuren beim Einstürzen von Meteoriten auf große Weltkörper entwickelten Energien auch die radioaktiven Substanzen aufgebaut.

Stürzen meteorische Massen mit solchen Geschwindigkeiten in unsere gasförmige Sonne hinein, so erzeugen sie nicht nur an der Stelle ihres Einstürzens ungeheure Temperaturen, sondern sie bringen außerdem vermöge ihrer Geschwindigkeiten mächtige Umwälzungen auf der Sonnenoberfläche hervor. Die Geschwindigkeiten solcher Meteorite sind nämlich etwa 600 mal größer als die unserer Kanonenkugeln. Daher müssen an den Stellen, wo meteorische Massen in die Sonne hineingestürzt sind, Schußkanäle entstanden sein, in denen sich kurz nach dem Einstürzen keine Sonnenmasse mehr befindet. Schon in einer Sekunde hätte ein solcher Schußkanal eine Länge von 600 km erreicht, wenn die Meteorite in ihrem Fluge nicht gehemmt würden. Aber die von den meteorischen Massen getroffenen gasförmigen Sonnenmassen werden zusammengepreßt, vor ihnen hergeschoben; sie weichen aus, bringen die umgebenden Massen auf entsprechende gewaltige Überdrucke. Diese Sonnenmassen machen sich dann frei gegen den

Schußkanal hin, und schießen durch den Schußkanal empor hoch über die Sonnenoberfläche hinaus. Sie bilden die sprudelartigen Protuberanzen (Fig. 178, 179 besonders unten, Fig. 180), wenn kompakte größere meteorische Massen, große Meteoritenhaufen in die Sonne eingestürzt sind, sie bilden die wolkenartigen Protuberanzen (Fig. 179 besonders oben, 180 besonders unten, 181), wenn es mehr diskret über größere Flächen der Sonnenoberfläche verteilte meteorische Massen waren, die eingestürzt sind. Denn die letzteren kleineren Massen dringen viel weniger tief in das Sonneninnere ein als die ersteren kompakteren Massen.

Für diese Anschauung, daß die Protuberanzen solchen äußeren Wirkungen auf die Sonne ihren Ursprung verdanken und nicht inneren Vorgängen, sprechen viele Gründe. Vor allen Dingen ist nicht verständlich, wie die schief aus der Sonnenoberfläche austretenden Sprudel (vgl. Fig. 178—180) durch innere Sonnenvorgänge ausgelöst werden sollten. Kämen im Sonneninneren Explosionen von so gewaltiger Wirkung zustande, daß Sprudel von Tausenden oder gar von Hunderttausenden von Kilometern entständen, so würden doch diese Sprudel radial, etwa wie in Fig. 182, nicht schief aus der Sonne austreten müssen; für schiefen Austritt spricht gar kein ersichtlicher Grund, namentlich nicht in einer durchweg gasförmigen Sonnenmasse. Sodann sind die ungemein großen Geschwindigkeiten des Emporsteigens von Protuberanzen, die oft Hunderte von Kilometern betragen, leicht verständlich, wenn die Protuberanzen durch meteorische Massen emporgeworfen werden, die selber Geschwindigkeiten von etwa 600 km haben. Größere Geschwindigkeiten als 600 km sind

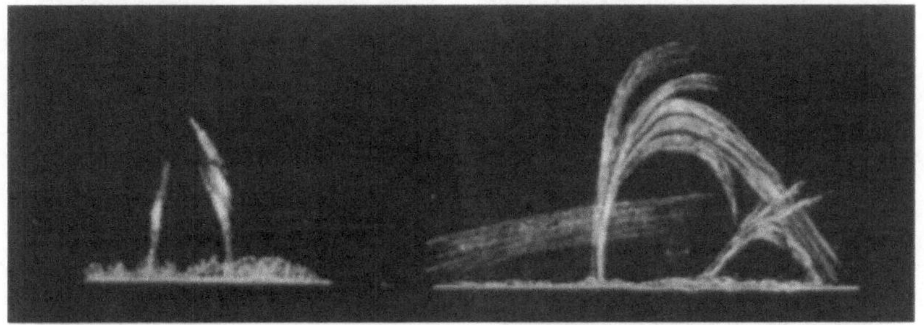

Fig. 178 (= Fig. 72). Sprudelartige Protuberanzen. (Aus Newcomb.)

Fig. 179 (= Fig. 73). Sonnenprotuberanzen.

bei Protuberanzen wenig wahrscheinlich, weil sich sonst die betreffenden Massen wieder ganz aus dem Bereich der Sonnenanziehung entfernen würden; denn nun wären ja diese Geschwindigkeiten größer als die der Sonne zukommende Einlaufgeschwindigkeit. Solche Überschüsse von Protuberanzen-Geschwindigkeiten über 600 km, falls sie tatsächlich beobachtet werden, wären also wohl, der Juliusschen Anschauung entsprechend (S. 204), der anomalen Dispersionswirkung zuzuschreiben[1]) (vgl. auch Anm. S. 120).

Fig. 180 (= Fig. 74). Protuberanzen der Sonne.

Man könnte einwenden, auf der Sonne seien nur Vorgänge an Massen zu beobachten, die mindestens 200 km lineare Ausdehnung haben, und meteorische Massen von solchen Dimensionen stürzen doch sicher nur sehr selten in die Sonne. Indessen müssen wir auch den allerkleinsten in unmittelbarer Umgebung der Sonne befindlichen Körper sehen, wenn er nur hell genug leuchtet. Wir können ja auch von keinem einzigen Fixstern den Durchmesser mit optischen Mitteln messen, und dennoch sehen wir ihn. Einen Fixstern von der Größe unserer Sonne können wir in einem Abstand von 1500 Lichtjahren noch optisch nachweisen, obwohl sein Durchmesser uns dann 100 millionenmal kleiner als der Sonnendurchmesser erschiene, dh. nur etwa so groß wie ein Meteoritenhaufen von 14 m Durchmesser im Sonnenabstand. Das Einstürzen solcher

[1]) Kinematographische Sonnenaufnahmen dürften wohl noch wesentliche Aufklärungen über die Vorgänge auf der Sonnenoberfläche bringen.

Meteoritenhaufen in die Sonne können wir aber nicht mehr als große Seltenheit betrachten, wenn wir uns erinnern, daß über zweimilliardenmal mehr Meteorite auf die Sonne stürzen als auf unsere Erde (S. 199).

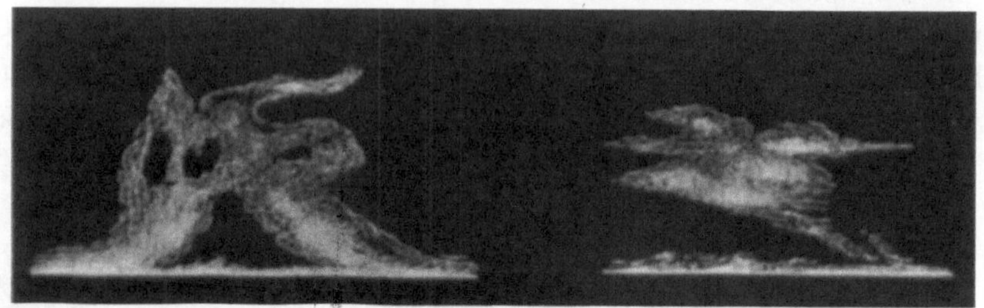

Fig. 181 (= Fig. 71). Wolkenartige Protuberanzen. (Aus Newcomb.)

Daher entsprechen meines Erachtens die überaus zahlreichen Protuberanzen auf der Sonnenoberfläche, die wie feurige Zungen oder wie glühende Grashalme aussehen, wirklichen Sprudeln, hervorgerufen durch meteorische Massen, die an den betreffenden Stellen in die Sonne hineingestürzt sind, unter denselben Winkeln, unter denen die Sprudel austreten. Wahrscheinlich sind aber die hervorbrechenden gasförmigen Sprudel wesentlich größere Gebilde, sie haben größere Querschnitte als die einstürzenden teilweise noch festen Meteorite oder Meteoritenhaufen. Die Sprudel werden sich außerdem bezüglich ihrer Querschnitte immer mehr ausdehnen, je länger sie sich außerhalb der Sonnenoberfläche, also unter dem äußerst geringen Druck des Weltraumes befinden. Ein Teil der sprudelartigen wird sich also in wolkenartige Protuberanzen verwandeln.

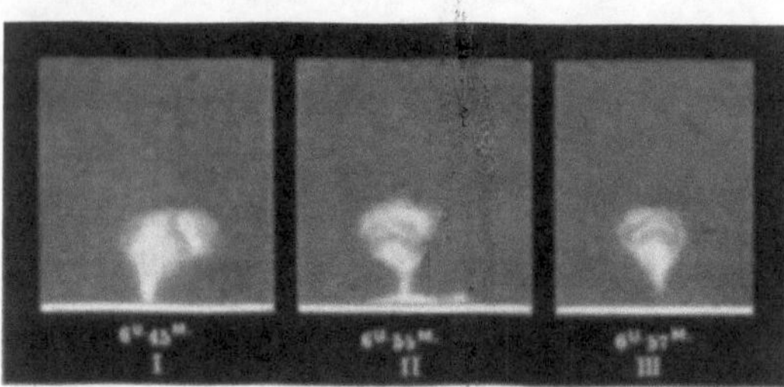

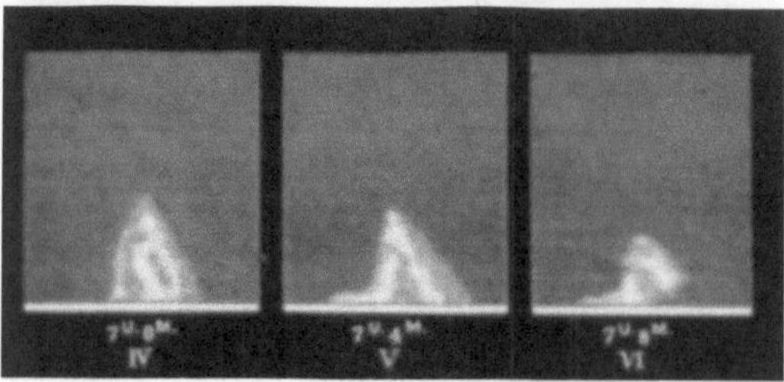

Fig. 182 (= Fig. 75). Sprudelartige Protuberanz.

Außerhalb der Sonnenoberfläche ist die Temperatur wesentlich niedriger als in der Sonne selber. Gase und Dämpfe von Protuberanzen, die sich dort befinden, unterliegen allerdings von einer Seite her der ungeheuren Strahlung der Sonne. Von der entgegengesetzten Seite her wirkt aber auf sie die tiefe Temperatur des Weltalls, dh. dorthinaus geben sie einen erheblichen Teil ihrer Wärme ab. Daher kühlen sich die aus der Sonne hervorbrechenden Gase ab, sie gehen chemische Verbindungen ein. Die Dämpfe kondensieren sich zu Tröpfchen, die größer und größer werden. Nun beginnt auf sie der Strahlungsdruck zu wirken. Haben die Tröpfchen Durchmesser bekommen, die nach Schwarzschild bei vollkommener Reflexion größer sind als 0,00007 mm[1]), so werden sie von der Sonne durch das von ihr ausgehende Licht abgestoßen, erheben sich also noch höher über die Sonnenoberfläche. Dadurch werden sie aber noch mehr abgekühlt und vereinigen sich zu noch größeren Tröpfchen. Immer stärker werden sie dann von der Sonne abgestoßen; immer größer werden sie durch Kondensation. Aber von einer gewissen Größe an nimmt die Abstoßung durch den Strahlungsdruck wieder ab, und wenn sie Durchmesser von 0,0015 mm[1]) erreicht haben, was voraussichtlich nicht sehr lange dauern wird, so hört diese abstoßende Wirkung des Lichtdruckes auf: die Tröpfchen fallen gegen die Sonne zurück, werden vielleicht in größerer Sonnennähe wieder aufgelöst, wieder verdunstet, so daß sie wochen-, ja monatelang bald auf- bald absteigend über der Sonnenoberfläche schweben bleiben. Solcher Art sind die wolkenartigen Protuberanzen. Aber schließlich fallen sie wohl doch auf die Sonnenoberfläche zurück, ein Regen glühender Tropfen, ganz ähnlich unserem irdischen Regen von Wassertropfen. Es erscheint auch denkbar, wie Arrhenius meint, daß ein Teil dieser Tröpfchen vollständig von der Sonne weggetrieben wird in den Raum hinaus. Jedoch halte ich diesen Anteil für verschwindend gering, verglichen mit dem, der in Wolkenform auf- und absteigt, ähnlich unseren irdischen Wolken kondensierten Wassers. Derartige Wolken an der unmittelbaren Sonnenoberfläche selber werden uns vermutlich den Eindruck der Granulation machen; sie werden uns als die eigentliche Photosphäre der Sonne erscheinen.

[1]) Diese Größenbestimmung gilt nur für die Wellenlänge des Natriumlichtes.

Eine große Sonne wie unsere Sonne übt eine ungemein viel größere Anziehung auf alle Massen ihrer Umgebung aus als ein kleiner Meteoritenhaufen mit seiner verhältnismäßig geringen Masse. Daher zieht eine Sonne alle kleineren kosmischen Massen zu sich heran, von den einzelnen Atomen bis zu den größten Meteoritenhaufen aller Art, die wir bisher betrachtet haben. Hätten alle diese Massenteilchen an der Stelle, an der sie in den Anziehungsbereich der Sonne gelangten, keine Anfangsgeschwindigkeiten besessen relativ zur Sonne, oder doch nur eine radial gegen die Sonne gerichtete, und hätten auch die Planeten auf sie keinen weiteren Einfluß, so würden sich alle diese Massenteilchen direkt gegen die Sonne hinbewegen und schließlich in sie hineinstürzen. Daß dies aber nicht die Regel ist, daß auch alle kosmischen Massen weit außerhalb der Neptunbahn gewisse Eigengeschwindigkeiten haben, erkennen wir an den Kometen unseres Sonnensystems, die so selten unmittelbar in die Sonne stürzen, daß in historischen Zeiten meines Wissens noch kein derartiger Vorgang beobachtet worden ist. Indessen kann nicht in Abrede gestellt werden, daß ein Teil der gegen die Sonne sich bewegenden meteorischen Massen sich unmittelbar in die Sonne hineinstürzen muß. Während dieser Bewegung der Meteorite gegen die Sonne hin rücken sie sich auch gegenseitig, seitlich gemessen, immer näher und näher; denn sie ziehen einander an. Benachbarte Meteorite vereinigen sich vermöge ihrer gegenseitigen Gravitationswirkung zu Meteoritenhaufen, oder, wenn die Meteorite sehr zahlreich herbeifliegen, können sich sogar lange Meteoritenschnüre bilden, um so mehr, je näher diese kosmischen Massen an die Sonne herankommen. Aus den Schnüren werden schließlich, ganz nahe der Sonne, dicke Meteoritenstränge. In Meteoritensträngen, die aus Meteoriten mit allen möglichen seitlichen Anfangsgeschwindigkeiten hervorgegangen sind, heben sich ihre seitlichen (tangentialen) Geschwindigkeitskomponenten gegenseitig auf, nur ihre auf die Sonne hingerichteten (radialen) Komponenten bleiben übrig, so daß sie sich eben direkt in die Sonne stürzen müssen (vgl. Fig. 183).

Betrachten wir nun die Meteorite, Meteoritenhaufen, -schnüre und -stränge bei ihrem Herannahen an die Sonne etwas genauer! Sind dieselben auf den Erdabstand an die Sonne herangekommen, so müssen sie — vermöge der auf sie wirkenden Sonnenstrahlung — etwa die mittlere Temperatur unseres Mondes angenommen haben, der sich ja auch, ohne eine Eigenwärme zu besitzen, im Erdabstand von der Sonne befindet. Die mittlere Temperatur des Mondes kann als Mittelwert zwischen seiner höchstmöglichen Temperatur: + 100 Zentigrad, während seiner 15tägigen Sonnenbestrahlung, und seiner tiefstmöglichen Temperatur: — 273 Zentigrad, während seiner 15tägigen Nacht, also zu etwa — 87 Zentigrad angenommen werden. Aber nur beständig rotierende Meteorite würden ganz auf diese Mitteltemperatur gebracht; Meteorite oder Meteoritenhaufen dagegen, die der Sonne immer dieselbe Seite zukehrten, würden wie der Mond auf der Sonnenseite etwa + 100, auf der Schattenseite — 273 Zentigrad Temperatur zeigen.

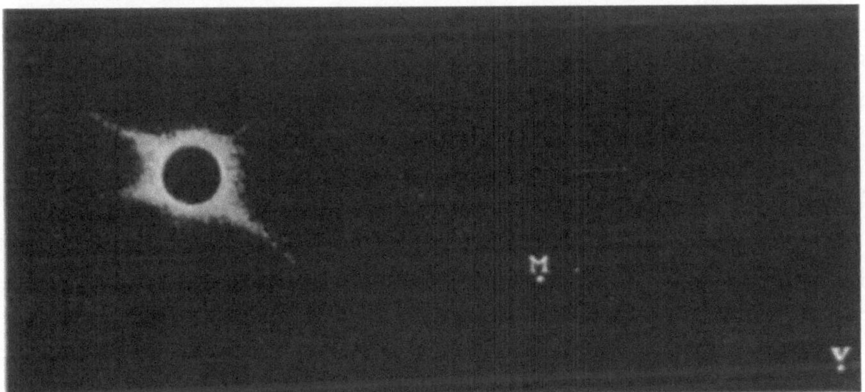

Fig. 183 (= Fig. 69). Sonnenkorona 1898. Nach Maunder. (Aus Arrhenius I.)

Bei solchen Temperaturen — 87 bis + 100° sind nun aber schon viele chemische Verbindungen möglich. Die mit Wärmeentwickelung verbundenen chemischen Verbindungen rufen weitere solche Verbindungen hervor: die ganze Meteoritenmasse wandelt sich um. Manche von diesen Verbindungen sind flüssig, manche gasförmig. Wenn die Molekulargeschwindigkeiten dieser Gasbestandteile, der höchsten vorhandenen Temperatur der Meteorite, die sie umschwärmen, entsprechend, eine gewisse Größe erreicht haben, so können die Gasmolekeln nicht mehr von den Meteoriten durch ihre Gravitationswirkung gefesselt werden; sie entfernen sich also von ihnen, schlagen je nach ihren Anfangsgeschwindigkeiten beim Verlassen der Meteorite ihre eigenen Bahnen ein, werden aber wohl zum großen Teil von der

Sonne selber oder von ihren Planeten oder Satelliten oder von anderen meteorischen Massen, die sich auch gegen die Sonne hinbewegen, wieder eingefangen; nur ein kleinerer Teil wird dabei das Sonnensystem ganz verlassen und sich einem anderen solchen System zuwenden.

Je näher nun die Meteorite an die Sonne herankommen, um so wärmer werden sie, um so mehr chemische Verbindungen entstehen in ihnen, um so mehr von ihren Substanzen werden flüssig und gasförmig. Daher strömen aus solchen Meteoriten fortgesetzt Gase und Dämpfe aus, die um so schneller ihre Meteorite verlassen, je höher ihre Molekulargeschwindigkeiten und je kleiner ihre Meteorite sind. Da aber fortdauernd Gase und Dämpfe neu entwickelt werden, je mehr sich die Meteorite bei ihrer Annäherung an die Sonne erwärmen, so sind sie alle von eigenen Atmosphären der verdampfenden Substanzen umgeben. Bei den kleinen Meteoriten sind freilich diese Atmosphären sehr vergänglich, sie bilden sich aber immer neu, solange noch verdampfbare Substanzen in ihnen vorhanden sind; bei großen Meteoritenhaufen können dagegen größere Atmosphären von Dämpfen mit geringen Molekulargeschwindigkeiten dauernd um sie herum erhalten bleiben. Es ist wohl einleuchtend, daß diese Atmosphären Linsenwirkungen ausüben müssen. Gewiß können wir einzelne Meteorite, die sich gegen die Sonne bewegen, nicht sehen; denn so hell werden sie von der Sonne doch nicht beleuchtet. Auch kleinere Meteoritenhaufen sehen wir in der Regel noch nicht, nur sehr große, wie sie zb. als teleskopische Kometen bezeichnet werden, sind sichtbar. Wenn nun aber durch solche Atmosphären von Meteoriten oder Meteoritenhaufen, die wir selber noch nicht sehen können, die Sonnenstrahlen in ein konzentrierteres Lichtbündel zusammengezogen werden, so werden uns nun alle Meteorite, die von dem konzentrierteren Lichtbündel getroffen werden, in ihrer Gesamtheit eher sichtbar sein als alle anderen Meteorite, die sich nur neben diesem Lichtbündel befinden, gerade so wie ein heller, ins verdunkelte Zimmer dringender Lichtstrahl uns durch unzählige Stäubchen sichtbar wird, die er beleuchtet, die uns aber neben dem Lichtstrahl oder auch im vollständig hellen Zimmer absolut unsichtbar bleiben; nur durch Kontrastwirkung können wir also in diesem Falle den Lichtstrahl sehen. Eine Meteoritenatmosphäre vom zehnfachen Durchmesser des Meteorits konzentriert das Licht zb. auf einen nahe dem Brennpunkt des Lichtbündels befindlichen Meteorit so stark, daß er etwa in der hundertfachen Helligkeit beleuchtet erscheint.

Die soeben beschriebenen Erscheinungen werden um so intensiver, je näher die Meteorite und Meteoritenhaufen gegen die Sonne vorrücken, weil ihre Atmosphären durch das heftigere Verdampfen verstärkt werden, weil ferner die Gesamtmasse der die Sonne umschwärmenden Meteorite dort größer ist, so daß mehr solcher Meteorite in die konzentrierten Lichtbündel eintreten und also diese Bündel sichtbar werden lassen, und weil endlich dort die Beleuchtung durch die Sonnenstrahlen an sich schon stärker ist. Daher muß die nächste Umgebung der Sonne eine strahlige Struktur erkennen lassen, wie wir sie bei der Korona (vgl. Fig. 184, 185, 186) wahrnehmen; denn teils werden die Meteoritenhaufen radiale von der Sonne wegweisende Schatten auf weiter entfernte Meteorite werfen, teils aber müssen die von ihnen erzeugten Lichtbündel in der Regel eine unmittelbar von der Sonne wegweisende Richtung haben. Demzufolge entstehen mehr oder weniger radiale Strahlenbündel um die Sonne herum, und zwar genau radiale Strahlen da, wo die lichtbrechenden Atmosphären Kugeln oder linsenförmige Gebilde sind, deren optische Achsen mit Sonnenradien zusammenfallen; dagegen entstehen schief zu den Sonnenradien verlaufende Strahlengebilde, wenn der allgemeinere Fall eintritt, daß das genannte Zusammenfallen von optischen Achsen und Sonnenradien nicht erfolgt, wenn also entsprechende Ablenkungen der Lichtstrahlen zustande kommen. Dabei soll nicht etwa angenommen werden, die Meteorite und Meteoriten-

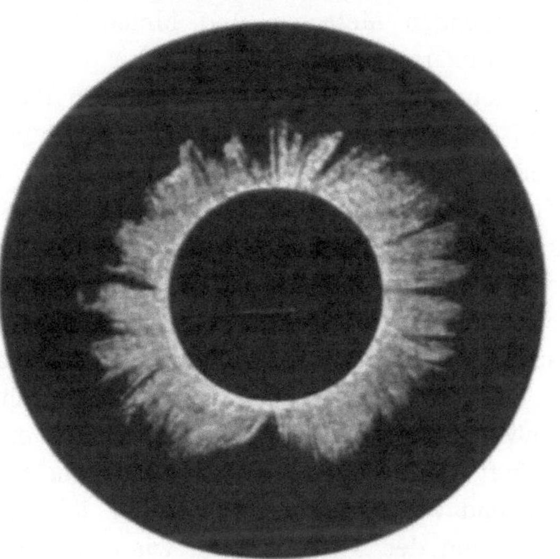

Fig. 184 (= Fig. 66). Sonnenkorona 1870. Nach Davis. (Aus Arrhenius I.)

haufen, die wir hier unseren Betrachtungen zugrunde legen, bewegen sich alle unmittelbar auf die Sonne zu. Dies muß durchaus nicht der Fall sein. Sie können vielmehr Bahnen mit solchen Exzentrizitäten beschreiben, daß sie wie Kometen um die Sonne herumfahren und nachher wieder in größte Entfernungen davonfliegen, bis sie vielleicht schließlich doch wieder zurückkehren und ihre Bahn von neuem beschreiben. Soviel ist aber gewiß, daß die aus dem fernen Weltraum herbeigezogenen und zum erstenmal in die Sonnennähe gelangenden Meteorite und Meteoritenhaufen größere bzw. dichtere Atmosphären entstehen lassen als die Meteorite, die schon längst, meistens in immer kleiner werdenden Bahnen, um die Sonne kreisen, und die daher alle ihre Gase und leichter verdampfbaren Substanzen bereits verloren haben. Dagegen sind es die letzteren Meteorite, die in so ungeheurer Zahl in der Nähe unserer Sonne vorhanden sind, sie beständig umschwärmen, daß sie uns die oben erläuterten durch Meteoritenatmosphären gebildeten konzentrierten Lichtbündel objektiv sichtbar werden lassen. Bedenken wir ferner noch, daß die aus dem Weltraum gegen die Sonne herangezogenen Meteorite vermöge ihrer zunehmenden Erwärmung chemische Verbindungen entstehen lassen, auch Verbrennungen, die mit Leuchterscheinungen verknüpft sind, daß sie in unmittelbarer Sonnennähe schließlich sogar glühend werden, so erkennen wir leicht, welches zusammengesetzte Spektrum der Sonnenkorona wir erwarten müssen:

1. vermöge ihrer von der Sonne beleuchteten festen und flüssigen Meteoritenmassen das kontinuierliche von den Fraunhoferschen Linien durchzogene Sonnenspektrum;
2. vermöge ihrer selbstleuchtenden glühenden Teile ein kontinuierliches Spektrum;
3. vermöge ihrer selbstleuchtenden verbrennenden Substanzen die entsprechenden Emissionslinien;
4. vermöge ihrer vorhandenen, wenn auch vielleicht spärlichen Gasmassen die entsprechenden Absorptionslinien.

Eine Sonne mit solcher Korona erscheint entfernten Beobachtern offenbar als kugeliger Nebelstern, wenn die Masse der sie umschwärmenden Meteorite groß genug ist, und wenn genügend viele von diesen Meteoriten in irgend einer Weise selbstleuchtend sind.

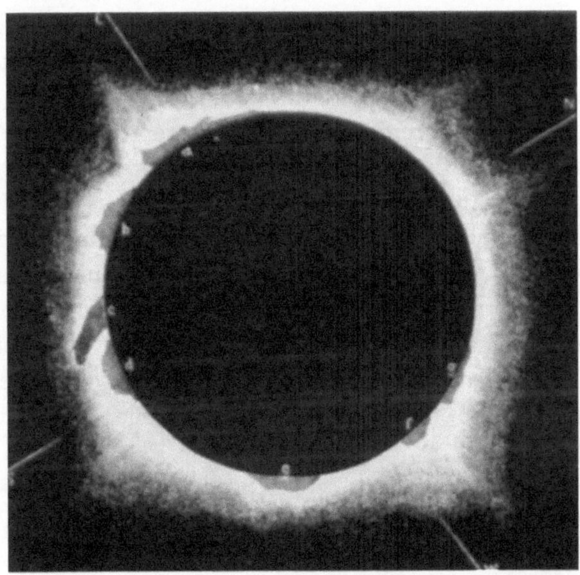

Fig. 185 (= Fig. 16). Sonnenkorona 1879. Nach Eastman. (Aus Newcomb.)

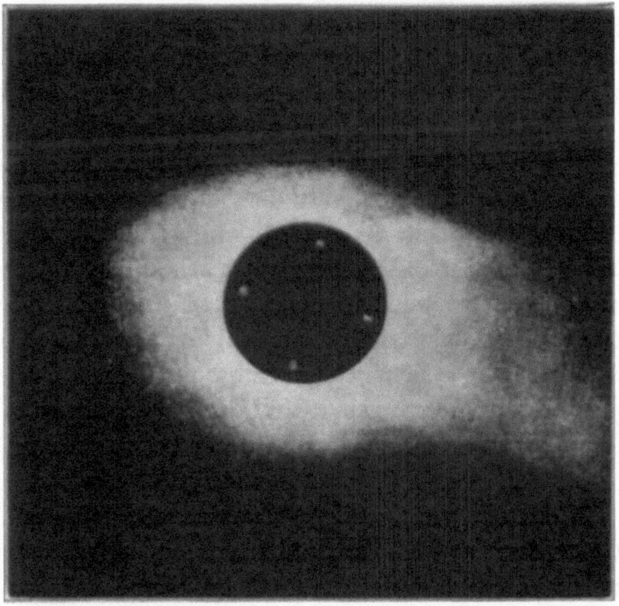

Fig. 186 (= Fig. 70). Sonnenkorona 1900. Nach Langley und Abbot. (Aus Arrhenius I.)

Einen gewissen Unterschied unter den einzelnen Meteoriten möchte ich hier nochmals besonders hervorheben: Meteorite nämlich, die einmal einer höheren Temperatur ausgesetzt, die also einmal in der Nähe einer Sonne waren, oder die auf einen anderen etwa gleich großen Meteorit mit verhältnismäßig großer relativer Geschwindigkeit gestoßen sind, so daß sie sich stark erhitzten, bestehen im wesentlichen aus einzelnen mehr oder weniger zusammenhängenden chemischen Verbindungen, die bei der späteren Abkühlung kristallinische Struktur längs Adern oder Schichten angenommen haben; Meteorite dagegen, deren Temperatur den absoluten Nullpunkt nie erheblich überschritten hat, bestehen nur aus regellos zusammengefrorenen Atomen und Atomaggregaten, ohne daß dabei chemische Verbindungen von Belang entstanden sind.

Die effektive Temperatur unserer Sonne ist zu etwa 6000 Zentigrad ermittelt worden, dh. die Sonne strahlt ebensoviel Wärme und Licht aus, wie wenn ihre sichtbare Oberfläche ein absolut schwarzer Körper von der genannten Temperatur wäre. Ähnliche Temperaturen von mehreren Tausend Grad fand man für andere Sonnen. Daraus kann natürlich nicht der Schluß gezogen werden, die Sonne habe durch ihr ganzes Innere hindurch die Temperatur 6000°. Vielmehr haben wir ja die Sonne als durch und durch gasförmigen Weltkörper aufgefaßt, und ein solcher unterliegt den Gesetzen der kinetischen Gastheorie. Wie der Druck, so nimmt die Temperatur der Sonnensubstanzen gegen die Sonnenmitte hin ungeheuer zu; diese Temperatur würde bis zum Sonnenzentrum schon um ein paar Millionen Grad zunehmen, wenn auch die Temperaturzunahme mit der Tiefe nicht größer wäre als im Durchschnitt bei unserer Erdatmosphäre nahe der Erdoberfläche, nämlich etwa 3° auf jeden Kilometer. Bei so unermeßlichen Temperaturen im Sonneninneren sind wohl sicher alle Sonnensubstanzen weit mehr als auf ihre kritischen Punkte erhitzt. Gleichzeitig muß aber der innerste Teil der Sonne wegen des enormen dort auf viele Millionen Atmosphären zu bemessenden Druckes „quasifest“ sein, dh. alle Atome bzw. Molekeln sind einander trotz ihrer ungeheuren Molekulargeschwindigkeiten von vielen Hundert Kilometern in der Sekunde doch so nahe benachbart wie in vielen festen Körpern, so daß Konvektionsströme im Inneren der Sonne außerordentlich erschwert sind. Daher hat man denn vielfach dem Sonneninneren mit

Recht eine pechartige Konsistenz zugeschrieben. Schon vermöge dieses ungeheuren Druckes allein, der aus der Gravitationswirkung hervorgeht, muß ein genügend großer Meteoritenhaufen, etwa von Sonnen- oder Erden- oder auch nur Mondgröße, im Inneren in einen festen Körper zusammengepreßt, seine innersten Teile müssen zermalmt und dabei so erhitzt werden, daß chemische Verbindungen entstehen, die den ganzen Meteoritenhaufen in einen kompakten Weltkörper zu verwandeln imstande sind, ganz besonders dann, wenn etwa noch die Strahlung eines sehr nahen strahlenden Weltkörpers, einer Sonne, die Temperatur auf ein höheres Niveau bringt.

Außen aber, an der äußersten Sonnenoberfläche, müßte die Temperatur der Sonnengase dem absoluten Nullpunkt gleich sein, weil ja die in die Höhe geworfenen Sonnengase oben, wo sie umkehren, einen Augenblick keine fortschreitenden Geschwindigkeiten mehr haben. Sicher sind dort die Temperaturen erheblich niedriger als 6000°; viele Atome — vielleicht auch Molekeln — vereinigen sich zu Tröpfchen. Diese aber werden einerseits von der ungeheuer heißen Sonne bestrahlt, die ja darin einem 6000° heißen strahlenden Körper gleichwertig ist; andererseits strahlen sie selber Licht und Wärme gegen das Weltall aus, dem wir, sofern sich nicht weiter außen in der Sonnenumgebung noch zahlreiche erhitzte Meteorite befinden, auch hier die absolute Temperatur Null beilegen müssen. Somit werden wir uns wohl vorstellen, den einzelnen Atomen oder Molekeln, die sich eben von der Sonne so weit entfernt haben, als es ihren radialen Eigengeschwindigkeiten zufolge möglich war, entspreche zwar die absolute Temperatur Null; den Atomaggregaten, Molekelaggregaten, Tröpfchen aber, die sich dort außen gebildet haben, entsprechen Temperaturen, die mehr oder weniger in der Mitte zwischen der absoluten Nulltemperatur und der effektiven Sonnentemperatur liegen. Aus dieser Temperatur der äußersten Sonnenoberfläche und der weit höheren Temperatur des Sonneninneren, das zwischen den einzelnen Teilchen der Sonnenoberfläche hindurch seine Strahlung schickt, entsteht dann die kombinierte, die „effektive“ Temperatur der ganzen Sonnenstrahlung, welche Temperatur experimentell eben zu etwa 6000° bestimmt worden ist.

Wir haben früher erkannt (S. 273), daß die Gase vermöge ihrer hohen Molekulargeschwindigkeiten von kleinen Weltkörpern leicht verloren werden können. Jede einzeln vorhandene Molekel einer gasförmigen Substanz, die an der Oberfläche eines Meteoritenhaufens eine größere fortschreitende vom Schwerpunkt dieses Haufens weggerichtete Geschwindigkeit hat als die dem Meteoritenhaufen zukommende Einlaufgeschwindigkeit, verläßt diesen für immer, wird dann draußen von irgend einem anderen kleinen oder großen Weltkörper eingefangen. Was für die Meteoritenhaufen gilt, ist für alle anderen Weltkörper gültig, also auch für die Sonnen. Nun entspricht aber beispielsweise bei unserer Sonne mit ihrer Einlaufgeschwindigkeit von etwa 600 km diese Geschwindigkeit als Molekulargeschwindigkeit bei dem leichtesten Gase Wasserstoff einer Temperatur von rund Millionen Grad. Die effektive Sonnentemperatur beträgt aber nur einige tausend Grad. Daher werden alle unsere bekannten Gase von der Sonne zurückgehalten, und nur ein sehr viel leichteres Gas als Wasserstoff, wenn es vorhanden wäre, könnte auf der Sonnenoberfläche nicht mehr dauernd bestehen. Ein solches hypothetisches Gas, das man Nebulium nannte, könnte die Ursache der merkwürdigen Nebellinien sein, welche man noch nicht mit Linien bekannter irdischer Elemente identifizieren konnte. Dies Gas würde sich also nur auf den absolut kalten Meteoriten anlagern können, es würde dort anfrieren, oder es würde von noch weit größeren Sonnen als unserer Sonne in ihren Anziehungsbereich gezogen werden. Wahrscheinlicher ist es aber, daß die Nebellinien Substanzen zukommen, die sich von den uns bereits bekannten Substanzen nicht wesentlich unterscheiden, oder die mit ihnen sogar identisch sind, daß wir aber diese Substanzen noch nicht unter die Versuchsbedingungen zu versetzen vermochten, in denen sie die Spektren mit den „Nebellinien" geben.

Die Entstehung eines Sonnensystems.

Die Sonnen ziehen sich an wie die Meteoritenhaufen, wie die kleinen und kleinsten Weltkörperchen. Wenn sich zwei Sonnen bleibend im gegenseitigen Anziehungsbereich befinden, wenn sie also in Ellipsen um ihren gemeinsamen Schwerpunkt kreisen wie die Doppelsterne, so werden wir schließen, daß im Lauf der Zeiten ihre Bahnen kleiner und kleiner werden. Denn jede Sonne zieht unausgesetzt von allen Seiten kosmische Massen zu sich heran, um so mehr, je größer sie bereits ist; ihre Eigenmasse wird immer größer, also wird auch ihre

Anziehung auf andere Sonnen immer größer. Sodann finden alle bewegten Körper, auch die Sonnen im Weltall, zb. durch kosmischen Staub, einen gewissen Widerstand, der sie allmählich näher und näher an den sie anziehenden Körper heranrücken läßt. Endlich zieht sich überdies das gesamte Weltall fortwährend zusammen, so daß sich auch aus diesem Grunde alle Massen näher rücken. Demnach wird aus den beiden betrachteten Sonnen ein Doppelstern mit Rotationsdauern von Jahren, dann von Monaten, und schließlich, vielleicht nach Jahrtausenden, nach Jahrmillionen, stürzen die Sonnen ineinander, sie vereinigen sich zu einer einzigen Sonne.

Es ist außerordentlich unwahrscheinlich, daß ein Zusammenstürzen zweier Sonnen genau zentral erfolge. Sogar unter den vielleicht tausend Millionen unserer Sonnen, die in so ungeheuer großen Entfernungen voneinander und dabei doch mit so großen Geschwindigkeiten in ihren Bahnen dahinziehen, ist die Wahrscheinlichkeit eines zentralen Zusammenstoßes fast Null. Jeder schließliche Zusammensturz zweier Sonnen wird also das Ende eines Kreisens beider Sonnen umeinander in immer kleineren Bahnen sein. Dann muß aber die ungeheure Rotationsenergie, die den beiden Sonnen vermöge ihres Kreisens umeinander kurz vor dem Zusammenstoß noch innewohnte, diesem System nach dem Zusammenstoß erhalten bleiben.

Die glühenden Sonnengase werden beim Zusammenstoß beider Sonnen nach allen Richtungen auseinanderstieben; wegen der dabei vorkommenden Unregelmäßigkeiten, Zuckungen, Schwingungen der ganzen Sonnenkörper infolge des Stoßes entsteht ein rotierendes Spiralsystem. Bei diesem Vorgang des Auseinanderstiebens wollen wir nun die verschiedenen Komponenten der Bewegung senkrecht zur Rotationsebene und in dieser, sowie von letzteren wieder die Radial- und die Tangentialbewegungen auseinander halten. Alle Massen nämlich, die senkrecht zur Rotationsebene aus dem Sonnenpaar hinausgeschleudert worden sind, verlieren ihre großen Geschwindigkeiten dabei mehr und mehr, bis zu Null. Dadurch, wenn sie wirklich alle ihre Geschwindigkeiten verloren haben, sind sie kalt geworden, keine glühenden Gase und Dämpfe mehr; sie kondensieren sich also, fallen wieder zurück gegen den gemeinschaftlichen Schwerpunkt, den Mittelpunkt der neuen Sonne, erhitzen sich dabei von neuem, prallen mit anderen von der anderen Seite zurückfallenden Massen des Sonnenpaares zusammen, werden infolgedessen wiederum zurückgeschleudert, und so geht das Spiel hin und her, vielleicht viele Male; aber verhältnismäßig schnell hat diese pulsierende Bewegung ihr Ende erreicht, sie ist in eine allgemeine gleichmäßige Wärmebewegung umgewandelt worden.

Anders verlaufen die Vorgänge bei den Massen, die längs der Rotationsebene hinausgeschleudert worden sind. Ihre Radialkomponenten verhalten sich allerdings ähnlich wie die vorhin behandelten Komponenten senkrecht zur Rotationsebene, sie verschwinden nämlich bald, nachdem sie gleichsam durch gedämpfte Schwingungen in andere Komponenten nach allen möglichen Richtungen und zuletzt in eine allgemeine Wärmebewegung umgewandelt worden sind. Aber ihre Tangentialbewegungen, die in der Richtung des ursprünglichen Kreisens beider Sonnen umeinander in entsprechendem Maße über die entgegengesetzt gerichteten Bewegungen vorherrschen, bleiben dem System erhalten. Nachdem sich alle Ungleichmäßigkeiten des Systems der beiden ineinander gestürzten Sonnen möglichst ausgeglichen haben, besteht nun dieses im wesentlichen noch aus einer großen flachen rotierenden Scheibe, in deren Mitte sich eine größere Massenansammlung von glühenden Gasen befinden wird. Nur eine flache Scheibe konnte aus den beiden zusammenstürzenden Sonnen hervorgehen, vielleicht mit ungleichen Massenansammlungen in verschiedenen Abständen, also vielleicht mit Ringen, aber nicht eine kugelförmige Gasmasse, wegen der dem System innewohnenden Rotationsenergie, und die Scheibe wurde um so ausgedehnter, erhielt einen um so größeren Durchmesser, je schneller die beiden Sonnen bei ihrem Zusammensturz umeinander kreisten. Ohne Rotation wäre allerdings ein kugelförmiges, aber viel kleineres Gebilde aus dem Zusammensturz hervorgegangen, nämlich eine einzige Sonne. Aus der großen flachen rotierenden Scheibe entsteht aber weiterhin ein Planetensystem wie das unserige, wie ich im folgenden zeigen werde.

Wir fassen eine flache rotierende Scheibe ins Auge, im Durchmesser wesentlich größer als die Neptunbahn, deren Hauptmasse, etwa der Masse unserer Sonne entsprechend, sich im Scheibenzentrum befinde, wenn auch in ihrer Dichte noch lange nicht der Dichte unserer Sonne gleich, während eine etwa der Masse aller unserer Planeten gleichkommende Masse in der Scheibe gleichförmig ausgebreitet sei. Wird diese ganze große flache Scheibe ursprünglich durchweg gasförmig und glühend gewesen sein? Ich glaube nicht! Wenn wir nämlich die Dichte berechnen, welche die Planetenmasse bei dieser Ausbreitung durch das ganze Scheibenvolumen haben mußte (S. 243), so finden wir auch bei der Voraussetzung einer geringen Scheibendicke so kleine Beträge für diese Dichte, daß wir an ein Glühen eines solchen dünnen Gases nicht zu glauben vermögen — ganz abgesehen von der raschen Abkühlung glühender Gasmassen durch die Ausstrahlung. Vielmehr mußten namentlich die weiter von dem Scheibenzentrum entfernten Substanzen schon bei dem Auseinanderstieben ihre hohen Temperaturen eingebüßt haben. Denn sie verloren nicht nur ihre Radialgeschwindigkeiten, sondern auch alle anderen mit diesen in Wechselbeziehungen stehenden nach beliebigen Richtungen gerichteten Geschwindigkeiten. Nur die der Rotationsbewegung der ganzen Scheibe eigentümlichen Tangentialgeschwindigkeiten blieben ihnen erhalten, die aber keiner hohen Temperatur entsprechen können, weil alle benachbarten Massenteilchen nahezu gleiche solche Tangentialgeschwindigkeiten besitzen mußten, so daß keine Relativbewegungen zwischen ihnen bestehen blieben. Daher wollen und müssen wir uns vorstellen, alle Substanzen unserer ganzen großen flachen Scheibe haben ihre früheren hohen Temperaturen verloren, sie seien kalt geworden, nur in der Mitte befinde sich noch der heiße Sonnenkern.

Wenn alle Massenteilchen der Scheibe kalt sind, dabei aber um den Schwerpunkt der Scheibe, um die gemeinschaftliche neue Sonne kreisen, so müssen sie auch noch den Keplerschen Gesetzen Genüge leisten. Jedes einzelne Teilchen muß diesen Gesetzen gehorchen. Wir dürfen nicht annehmen, daß die Teilchen Drucke aufeinander ausüben, die sie veranlassen, in kompakten Ringen so um die Sonne zu kreisen, daß allen Teilchen eines solchen Ringes dieselbe Winkelgeschwindigkeit zukommt, so wie es von Laplace angenommen worden ist.

Nun verfolgen wir die Vorgänge des Zusammenballens ganz ähnlich, wie wir es in den vorangehenden Abschnitten für das Chaos getan haben. Waren die einzelnen Massenteilchen der flachen rotierenden Scheibe zuerst nur Atome oder vielleicht zum Teil Molekeln, so entstehen nun zuerst Atomaggregate oder Molekelaggregate, es entstehen kosmische Staubkörnchen, ferner Meteorite, so daß schließlich eine mächtige Meteoritenscheibe um die Sonne kreist, wobei sich jeder Meteorit nach Maßgabe der Keplerschen Gesetze bewegt. Aber die Atom- und

Molekelaggregate, die Staubkörnchen und Meteorite kreisen nicht nur um die Sonne, sondern sie rotieren außerdem um eigene Achsen. Denn sie sind alle durch Zusammenstöße kleinerer Teilchen entstanden, und bei diesen Zusammenballungen haben wir schon früher gezeigt (S. 258), daß im allgemeinen Rotationen auftreten müssen. Indessen verhält sich die Sache hier doch noch wesentlich anders als dort. Die Rotationen sind nicht vollständig willkürlich, dem Zufall anheimgegeben, so daß im Durchschnitt alle beliebigen Rotationsachsen und Rotationsrichtungen gleich stark vertreten wären. Vielmehr herrschen die Rotationsachsen vor, die der Rotationsachse der ganzen Scheibe parallel sind, und demnach auch die Rotationen im Sinne der ursprünglichen Rotation der ganzen Scheibe.

Um dies zu zeigen, betrachten wir vorerst statt unserer ungeheuren Meteoritenscheibe eine ebenso große Meteoritenkugel, die sich um eine eigene Achse dreht wie die Scheibe; im Kugelmittelpunkt befinde sich hier wie dort die Sonne. Jeder Meteorit unserer großen Meteoritenkugel kreise den Keplerschen Gesetzen zufolge in einem Kreise um dieselbe Kugelachse. Im Inneren der Meteoritenkugel denken wir uns eine zu ihr und zur Sonne konzentrische Kugeloberfläche; nahe dieser Kugeloberfläche kreise in ihrer Äquatorebene ein Meteorit außen um sie herum, und ebenso nahe innerhalb der Kugeloberfläche kreise ein ebenso großer Meteorit. Beide Meteorite ziehen sich nach und nach an, bis sie eben zur Berührung kommen. Dann muß das Meteoritenpaar im allgemeinen im Sinne der Rotation der ganzen Meteoritenkugel um eine ihnen beiden zugehörige Achse rotieren. Denn für die Umlaufdauer des außen befindlichen Meteorits, wenn diese durch die Keplerschen Gesetze bedingt sein soll, kommt nicht nur die Sonnenmasse allein, sondern außerdem die ganze Masse aller Meteorite in Betracht, die sich innerhalb der durch diesen äußeren Meteorit gedachten konzentrischen Kugeloberfläche befindet, die ganze außerhalb befindliche Hülle bleibt dagegen bekanntlich wirkungslos; das Entsprechende gilt für den inneren Meteorit mit der durch ihn gedachten konzentrischen Kugeloberfläche. Nun ist aber diese letztere Kugeloberfläche kleiner, sie enthält demnach weniger Meteoritenmasse als jene erstere. Daher hat der unter der Gravitationswirkung einer größeren Masse stehende äußere Meteorit stets eine größere Geschwindigkeit in seiner Bahn, als wenn er nur unter derselben Gravitationswirkung wie der innere Meteorit stände. Berühren sich also schließlich beide Meteorite in jener mittleren gedachten Kugeloberfläche, vermöge ihrer gegenseitigen Anziehung, so muß der von außen kommende Meteorit mit einer etwas größeren, der von innen kommende mit einer etwas kleineren (tangentialen) Geschwindigkeitskomponente nach der Richtung ihrer Kreisbahn in der gedachten mittleren Kugeloberfläche ankommen, als wenn sie sich von Anfang an in diesem Abstand bewegt hätten. Daraus folgt eine Rotation der beiden Meteorite um eine ihnen eigene gemeinschaftliche Achse im Sinne der Rotation der ganzen Scheibe. Wollte man einwenden, die beiden Meteorite könnten sich schließlich so kräftig anziehen, daß doch eine ganz andere als die hier vorausgesehene Rotation resultiere, so müßte man doch zugeben, daß bei einer ungeheuren Zahl von Meteoritenpaaren, die sich in solcher Weise gebildet haben, im Durchschnitt viel mehr Rotationen in der obenerwähnten Richtung entstanden sein werden als in allen anderen Richtungen; denn die Summe aller ursprünglichen Rotationsmomente muß dem System erhalten bleiben. — Das Ergebnis ist das analoge, wenn wir uns nun die Meteoritenkugel in die flache Meteoritenscheibe durch Kontraktion senkrecht zur Rotationsebene zusammengezogen denken; nur werden dabei die beschriebenen Wirkungen noch kräftiger, weil durch die größeren nahe der Äquatorebene befindlichen Massen die Gravitationskomponenten nach den Radialrichtungen dieser Ebene noch verstärkt werden.

Was hier im kleinen gilt, muß auch im großen gültig sein. Aus vielen einzelnen Meteoriten bilden sich im Inneren der großen flachen rotierenden Meteoritenscheibe, der Haupt-Meteoritenscheibe, wieder selbständige rotierende kleinere Meteoritensysteme verschiedener Größen aus, die alle kleineren Massenteilchen zu sich heranziehen; die größeren Meteoritensysteme ziehen die kleineren Systeme herbei. Schließlich zieht ein besonders großes Meteoritensystem der Haupt-Meteoritenscheibe alle kleineren Massen, die nahezu in demselben Abstand um die Sonne kreisen, zu sich herbei. Immer rascher erfolgt das Herbeiziehen neuer Massen, je größer die Massenansammlung in diesem besonders großen Meteoritensystem bereits geworden ist. Wenn seine Masse groß genug und die zugehörige Einlaufgeschwindigkeit herbeigezogener Meteorite auf Kilometergröße angewachsen ist, so fliegen zuletzt fast unausgesetzt von allen Seiten die kräftig angezogenen Meteorite herbei, sie stürzen in den Kern des Meteoritensystems hinein. Dieser wird dadurch warm und wärmer, chemische Verbindungen entstehen in ihm, Verbrennungen steigern die Wärme, sein zentraler Teil wird glühend-flüssig, bei genügender Temperatursteigerung vielleicht sogar glühend-gasförmig, ähnlich wie die Sonne. Es entsteht ein Planet.

Der weiter außen befindliche Teil dieses besonders großen Meteoritensystems rotiert weiter, unter beständigem Anwachsen durch die von außerhalb herbeigezogenen Meteorite. Denn von den in dies Meteoritensystem einstürzenden Meteoriten laufen viele so exzentrisch ein, daß sie den Kern des Systems gar nicht treffen, sondern nur um ihn kreisen, und von diesen Meteoriten kreist dann ein Überschuß im Sinne der Rotation der Haupt-Meteoritenscheibe, den weiter oben durchgeführten Überlegungen entsprechend. Die weniger zahlreichen Meteorite, die im umgekehrten Sinne kreisen würden, werden durch andere im richtigen Sinne kreisende Meteorite gestört, stoßen mit ihnen zusammen und fallen dann näher an den Kern des Systems heran oder in den Kern hinein. Nun ballt sich der noch um den Kern rotierende Teil dieses Meteoritensystems in ähnlicher Weise allmählich zusammen, wie sich das betrachtete Meteoritensystem selber aus der Haupt-Meteoritenscheibe zusammengeballt hat, und dies Zusammenballen führt schließlich zur Entstehung von Satelliten, die bei genügender Größe ihrerseits auch wieder zu einer glühend-flüssigen Kugel zusammenschmelzen können, namentlich wenn sie von dem nahe benachbarten noch glühenden Planeten reichlich Wärme zugestrahlt erhalten.

In der beschriebenen Weise wird das Planetensystem unserer Sonne entstanden sein. Es ist dabei nicht gesagt, daß sich zuerst im größten Abstand von der Sonne eine größere Massenansammlung bildete, die zu einem rotierenden Meteoritensystem und schließlich zum Planet Neptun wurde; vielleicht ist es sogar umgekehrt. Denn in jenem Abstand waren wohl ursprünglich die Massen weit weniger dicht als näher der Sonne. Es könnten auch in verschiedenen Entfernungen von der Sonne fast gleichzeitig Planeten entstanden sein. Aber die Geschwindigkeitsunterschiede der um die Sonne kreisenden Meteorite sind um so kleiner, je weiter außen sie sind; dementsprechend konnten sich dort außen, wo dieselben Meteorite einander länger benachbart blieben, diese leichter zu einem größeren System zusammenballen. Sobald nun einmal außen größere Massenansammlungen, also rotierende Meteoritensysteme oder Planeten vorhanden waren, wirkten sie auf die innen befindlichen Meteorite der gesamten rotierenden Haupt-Meteoritenscheibe ein. Sie erzeugten Trennungslinien in ihr, so daß aus der Scheibe rotierende Meteoritenringe entstanden, wie wir sie beim Saturn noch sehen können [1]). Diese Ringe kontrahierten sich dann allmählich, verdichteten sich, wie oben beschrieben, zu einem rotierenden und um die Sonne kreisenden Planeten. Wegen dieser Beeinflussung der Meteorite der Haupt-Meteoritenscheibe durch die bereits gebildeten äußeren Planeten besteht für die Abstände der inneren Planeten von der Sonne eine gewisse Gesetzmäßigkeit: das mit Ausnahme des äußersten Planeten Neptun ziemlich gut mit den wahren Abständen übereinstimmende Titiussche Gesetz. Bei den Saturnringen müssen wir erwarten, daß ihre Trennungslinien immer größer, die einzelnen Ringe immer schmaler werden, und daß sich zuletzt jeder Ring verhältnismäßig rasch zu einem neuen Saturntrabanten aufrolle, der bei diesem intensiv verlaufenden Vorgang und bei genügender Massenansammlung vielleicht noch glühend-flüssig werden kann; ist dagegen die Masse hierfür nicht mehr genügend, so bleibt er unter Umständen ein kugeliger Meteoritenhaufen, in dem die Meteorite schließlich so dicht beieinander liegen bleiben, daß er sich für uns von einer festen Kugel doch nicht mehr unterscheiden läßt. Allerdings mögen bis zur Beendigung dieser Vorgänge in den Saturnringen vielleicht noch Jahrtausende verstreichen.

Ebenso wie der Saturn könnten die äußeren Planeten Uranus und Neptun noch Meteoritenringe haben, weil von ihnen, wegen der viel größeren Abstände voneinander, noch nicht alle in ihrer Zone kreisenden Meteorite vollständig eingefangen werden konnten. Wir würden aber solche Ringe kaum sehen, weil sie zu dünn sind, zu wenig Meteorite enthalten, weil sie außerdem wegen der größeren Entfernungen von der Sonne zu wenig beleuchtet sind und wegen des größeren Abstandes von der Erde überhaupt zu wenig wahrgenommen werden können.

Je größer der Abstand eines Planeten von der Sonne ist, um so geringer ist seine fortschreitende Geschwindigkeit in seiner Bahn um

[1]) Auch die Entstehung einer Meteoritenscheibe aus einem Spiralsystem (S. 281) deutet darauf hin, daß Ringe in ihr zustande kommen mußten.

die Sonne, nach dem 3. Keplerschen Gesetz, um so geringer sind also auch die gleich großen Geschwindigkeiten aller dort in gleichem Abstande um die Sonne kreisenden Meteorite. Daher sind dort, wie wir im Vorhergehenden schon bemerkt haben, die Geschwindigkeitsunterschiede von benachbarten Meteoriten, die nur in annähernd gleichen Abständen um die Sonne kreisen, gleichfalls geringer als näher an der Sonne. Daraus folgt, daß das Bestreben zur Bildung eines rotierenden Meteoritensystems, dessen Achse gerade der Rotationsachse der großen ursprünglichen Haupt-Meteoritenscheibe parallel ist, im allgemeinen um so geringer ist, je weiter außen sich der Planet befindet. In unendlich großem Abstand von der Sonne wäre ja ein solches Bestreben gar nicht mehr vorhanden. Diesem Umstand ist es wohl zuzuschreiben, daß zb. die Bahnen der Uranusmonde fast senkrecht auf der Ekliptik stehen, und daß der Neptunmond sogar retrograd um seinen Planeten kreist. In diesen großen Entfernungen von der Sonne können sich überdies zwei oder mehr rotierende Meteoritensysteme gleichzeitig in wenig verschiedenen Sonnenabständen gebildet haben, und durch das schließliche Zusammenstürzen zweier oder mehrerer solcher Systeme zu einem einzigen größeren Meteoritensystem oder zu einem Planeten konnte dessen letzte Rotationsebene um so mehr eine zufällige sein, je weiter außen sich der ganze Vorgang abspielte. Auch zb. die Anomalie des äußersten Saturnmondes Phöbe, der retrograd kreist, zeigt, daß nur das Bestreben vorhanden ist, ein Rotationssystem im Sinne der Rotation der ursprünglichen Haupt-Meteoritenscheibe zu bilden, aber keine absolute Notwendigkeit. Beim Zusammenstürzen der Meteorite zu einem Meteoritenhaufen entsteht ja nicht immer eine Rotation im Sinne der Rotation der ursprünglichen großen Haupt-Meteoritenscheibe (vgl. S. 285), sondern nur ein Überschuß von Rotationen in diesem Sinne. Ein Teil der Meteorite gelangt zum Kreisen im umgekehrten Sinne; diese rückläufigen Rotationen werden aber in der Regel durch Zusammenstöße mit anderen rechtläufigen Meteoriten vernichtet, so daß schließlich nur noch der Überschuß an rechtläufigen Rotationen übrig bleibt. Wäre aber einst ein Meteoritenhaufen längere Zeit selbständig zwischen Jupiter und Saturn oder zwischen Saturn und Uranus um die Sonne gekreist, so lange, bis die großen Massenansammlungen in diesen Planeten im wesentlichen bereits erfolgt waren, und wäre er dann erst vom Saturn in dem Augenblick eingefangen worden, als er sich eben zwischen beiden betreffenden Planeten befand, so mußte er unter diesen Umständen rückläufig um den Saturn kreisen. Denn in dieser Lage war, dem 3. Keplerschen Gesetz entsprechend, seine augenblickliche Geschwindigkeitsdifferenz bezüglich des Saturns diejenige eines retrograd kreisenden Satelliten.

Nimmt man nach meiner bisherigen Beschreibung als besonders wahrscheinlich an, die Meteoritenringe, in die sich die große Haupt-Meteoritenscheibe durch Einwirkung der zuerst entstandenen äußeren Planeten teilte, seien außen am breitesten, innen nahe der Sonne am schmalsten ausgefallen, so muß man in Anbetracht des Umstandes, daß die Materienansammlung in der Scheibe nahe der Sonne offenbar wesentlich dichter war als weit von ihr entfernt, den Schluß ziehen, die Planetenmassen werden vom Neptun anfangend durchschnittlich immer größer, erreichen ein Maximum — hier beim Jupiter — und werden nachher bis zum Merkur wieder immer kleiner. Diesem wahrscheinlichsten Fall entspricht die Masse des Planeten Neptun nicht ganz, da sie etwas größer als die des Uranus ist; es mag dies damit zusammenhängen, daß sich der Neptun als äußerster Planet dem Titiusschen Gesetz am wenigsten unterordnen konnte, daß er sich deshalb verhältnismäßig zu nahe am Uranus gebildet und diesem zu viel Masse weggenommen hat. Dem genannten wahrscheinlichsten Fall entsprechen aber namentlich die geringen Massen des Mars und der Planetoiden sehr wenig. Vielleicht deutet diese Anomalie auf eine Störung durch eine andere Sonne hin, der unser Planetensystem einmal sehr nahe gekommen ist (S. 153). Eine solche Sonne wäre etwa an der Stelle der kleinen Planetoiden oder des Mars durch unsere große rotierende Meteoritenscheibe hindurchgefahren, bevor sich dort Planeten gebildet hatten; sie hätte den größten Teil der dortigen Meteoriten absorbiert, zu sich herbeigezogen, und nachher würde der mächtige nahe Jupiter das Zustandekommen eines Planeten an jener Stelle verhindert oder beeinträchtigt haben. Die kleinen Planetoiden, die sich seither gebildet haben, unter Umständen immer noch bilden, werden vielleicht vom Jupiter mehr und mehr angezogen, bis er sie schließlich zu seinen Trabanten gemacht oder sogar in seinen Kern selber hineingezogen hat. Eine solche Ursache könnte zb. der berühmte rote Fleck des Jupiter gehabt haben. Bei dem genannten Hindurchtreten einer fremden Sonne durch unser Planetensystem könnte vielleicht auch ein zu ihr gehöriger fremder großer Planet in die Sonne gestürzt sein. Dieser hätte dabei die Entstehung eines neuen kleinen Planetensystems mit anderer Rotationsebene innerhalb der Jupiterbahn zur Folge gehabt. Aber im Lauf der Jahrmillionen wäre dann die Rotationsebene dieses kleineren Planetensystems allmählich durch die äußeren großen Planeten in ihre eigene mittlere Rotationsebene hineingezogen worden. Denn die inneren Planeten, die kleinen Planetoiden eingeschlossen, zeigen die Zu- und Abnahme der Massen von außen nach innen, von der oben gesprochen wurde. Die Neigung der Sonnenrotationsachse zur Ekliptik wäre dann noch ein übriggebliebenes Zeichen dieses Vorganges.

Aus dem Nichtselbstleuchten aller Planeten muß wohl in Anbetracht ihrer Massen der Schluß gezogen werden, daß sie alle aus nahezu kugelförmigen festen Kernen bestehen, deren Oberflächen nicht mehr oder doch nur ausnahmsweise bei vulkanischen Ausbrüchen teilweise Licht aussenden, wobei diese Kerne von mehr oder weniger dichten Gas- und Dampfhüllen umgeben sind. Eine Ausnahme davon wird der Merkur bilden, von dem wahrscheinlich alle verdampften Substanzen bald von der Sonne herbeigezogen werden, ferner die Planetoiden, die völlig kalt sind, so daß sich sogar alle Gase, vielleicht abgesehen von Helium und Wasserstoff, in festem Zustande auf ihnen befinden. Die Zusammensetzung der Meteore, die auf unsere Erde stürzen, läßt uns vermuten, daß alle festen Weltkörper im wesentlichen ungefähr aus denselben Substanzen (Eisen, Mineralien usf.) bestehen wie unsere Erde, daß sie also auch ungefähr dieselbe Dichte haben. Können wir demnach die Oberfläche eines festen Weltkörpers direkt sehen und sein Volumen berechnen, so dürfen wir, wenn seine Dichte zu gering ausfällt wie beim Mars und bei unserem Mond, wohl annehmen, solche Weltkörper haben in ihrem Inneren entsprechend große Hohlräume, in die sich dann auch die Gase und Flüssigkeiten, zb. das Wasser, vor ihrem Festwerden zurückgezogen hätten. Planeten dagegen, deren Oberfläche wir nicht sehen, wie die Venus und alle äußeren großen Planeten, hätten danach einen inneren Kern, etwa von der mittleren Dichte unserer Erde, und die den Kern einhüllende Atmosphäre, die auch die Wärmeausstrahlung des Planeten wesentlich herabsetzt, würde uns also eine entsprechend geringe Dichte des Planeten vortäuschen.

Von der ursprünglichen großen flachen rotierenden Haupt-Meteoritenscheibe unseres Planetensystems ist ein kleiner Rest übriggeblieben, eine sehr flache, sehr dünn mit Meteoriten besäte, in der Ekliptik oder ihr sehr nahe liegende Scheibe, die von der Sonne bis über den Mars hinaus, vielleicht sogar über den Neptun hinaus reicht, von der wir aber nur den innersten von der Sonne am stärksten beleuchteten und zugleich unserer Erde am nächsten befindlichen Teil sehen können. Es ist dies das Zodiakallicht. Alle Meteorite dieser Scheibe kreisen genau so wie die Planeten den Keplerschen Gesetzen gehorchend um die Sonne. Aus ihnen bilden sich gelegentlich Meteoritenhaufen, die uns unter Umständen als kleine Planeten sichtbar werden können. Viele dieser Meteorite stürzen in große Planeten hinein, wenn sie ihnen einmal gar zu nahe kommen, oder sie werden doch zu Satelliten derselben, vermehren die Zahl der Meteorite, die jetzt noch, wenn auch für uns nicht erkennbar, als mehr oder weniger dichte rotierende Meteoritensysteme alle Planeten umkreisen. Dadurch müßte wohl, wie es scheinen möchte, die Zahl der Meteorite des Zodiakallichts immer kleiner werden. Indessen läßt sich denken, daß von der Unmasse von unregelmäßig herbeifliegenden Meteoriten, die von der Sonne eingefangen werden und fortan um sie kreisen müssen, immer wieder viele durch unsere großen Planeten in die Ekliptik hereingezogen, daß ihre Bahnen selber in die Ebene der Ekliptik hereingebracht werden, selbstverständlich unter entsprechendem Energieausgleich zwischen Planeten und Meteoriten. Infolgedessen würde dann das Zodiakallicht über große Zeiträume hin in seinem gegenwärtigen Bestand erhalten bleiben.

Daß unsere Sonne fortwährend kosmische Massen aus allen Himmelsrichtungen herbeizieht, erkennen wir aus den Erscheinungen der Kometen. Einzelne der Sonne zustrebende Meteorite oder kleinere Meteoritenhaufen können wir allerdings nicht sehen, wohl aber genügend große Meteoritensysteme.

Wir wollen nun die Vorgänge verfolgen, die sich bei der Annäherung eines Meteoritensystems an die Sonne und bei ihrer Umkreisung in elliptischer Bahn wahrscheinlich abspielen werden. Etwa im Jupiterabstand oder vielleicht früher oder später erhalten die Meteorite bereits so viel Sonnenwärme zugestrahlt, daß Gase in ihnen entstehen bzw. frei werden: sie bekommen Gashüllen, zuerst aus Helium, dann bei größerer Annäherung solche aus Wasserstoff, Stickstoff, Sauerstoff usf. Je näher die Meteorite der Sonne kommen, je wärmer sie dadurch werden, um so mehr verflüchtigen sich die leichteren Gase von ihnen, verlassen sie mehr und mehr; je größer aber andererseits der Meteoritenhaufen ist, dem der einzelne Meteorit angehört, um so länger vermag er diese Gase durch seine größere Gravitationswirkung zurückzuhalten. Daher entstehen Atmosphären um die einzelnen Meteorite, ganz besonders aber um die großen Meteoritenhaufen herum, von welchen Atmosphären allerdings viele Gase fortdauernd abströmen und ihre eigenen Bahnen einschlagen, in welche Atmosphären aber andererseits mit zunehmender Annäherung an die Sonne, also mit zunehmender Erwärmung, ebenso fortdauernd neue Gase und Dämpfe entwickelt werden, so daß der Bestand der Atmosphären lange Zeit gesichert erscheint. (Entfernen sich später die Meteoritenhaufen wieder von der Sonne, so bleiben ihnen ihre dann noch bestehenden Atmosphären erhalten, weil sich nun Gase und Dämpfe abkühlen und allmählich in flüssiger, dann in fester Form wieder auf den Meteoriten ablagern; ein Teil ihrer Gase und Dämpfe ist ihnen aber doch dauernd verloren gegangen.)

Bei noch größerer Annäherung und Erwärmung durch die Sonne entstehen immer mehr chemische Verbindungen in den Meteoriten, es entstehen Verbrennungen, die zum Teil mit Explosionen verknüpft sind. Davon werden hauptsächlich die Meteorite des Haufens betroffen, die von der Sonne bestrahlt werden, die also der Sonne zugewandt sind. Sie schützen vorerst noch die unter ihnen befindlichen, die inneren Meteorite des Haufens, vor direkter Sonnenbestrahlung. Durch solche Explosionen werden Bewegungen auf alle anderen Meteorite des ganzen Haufens übertragen; die Meteorite stoßen gegeneinander, der Haufen dehnt sich aus, wird größer, die Abstände der Meteorite voneinander werden größer. Dementsprechend wird nun der Haufen, der früher klein, aber undurchsichtig war, durchsichtig, er wird in einen Meteoritenschwarm verwandelt.

Die heftigste Erwärmung findet also auf der Sonnenseite des Haufens statt, dort werden Meteorite und Meteoritenbruchstücke ab und zu durch Explosionen weit weggeschleudert, Hunderte, ja Tausende von Kilometern weit, weil nur eine äußerst geringe Gravitationswirkung sie gegen den Schwerpunkt des Meteoritenhaufens zurückzieht. Diese vom Haufen weggeschleuderten Meteorite können uns nicht vermöge dieses Vorganges allein wesentlich leichter sichtbar werden, als sie es vorher waren. Nur bei sehr großer Zahl würden sie uns in ihrer Gesamtheit wie ein Nebel erscheinen. Nun hat aber jeder von ihnen, abgesehen davon, daß er zeitweise brennende, leuchtende Gase und Dämpfe entwickeln kann, eine kleine Atmosphäre um sich, da er im erwärmten Zustande Gase und Dämpfe abgibt; jeder wirkt also wie ein Brennglas (vgl. S. 274), erzeugt hinter sich ein konzentriertes Lichtbündel, und andere gleichfalls ausgeschleuderte oder sonst dort schwärmende Meteorite, die hinter ihm sind und in sein konzentriertes Lichtbündel eintreten, werden nun von der Sonne stärker beleuchtet als alle übrigen Meteorite im gleichen Abstand; sie werden uns also leichter sichtbar. Daher sehen wir tatsächlich, jedoch nur indirekt, Materie aus dem Kern des Meteoritenhaufens ausströmen, wenn er näher an die Sonne herankommt; wir sehen die Materie an einer gewissen Stelle umbiegen und — in elliptischer Bahn — wieder gegen den Kern zurückströmen. Wären es dagegen nur Gase in äußerster Verdünnung, die aus dem Meteoritenhaufen ausströmen und das Sonnenlicht reflektieren, wie vielfach angenommen wird, so könnten wir diese doch wohl kaum sehen, da sie viel zu wenig Licht zurückwerfen würden. Eine größere Zahl von Meteoriten aber, und ganz besonders mit konzentriertem Licht beleuchtete Meteorite können wir sehen, letztere namentlich vermöge der Kontrastwirkung, wenn sie sich derart in den konzentrierten Lichtstrahlen befinden, daß neben diesen Strahlen keine wesentliche Sonnenbeleuchtung mehr besteht. Kommen dann ab und zu größere Explosionen tiefer im Inneren der Meteoritenhaufen vor, so daß ringsum nach allen Richtungen die Meteorite und Meteoritenbruchstücke gleichmäßig auseinander geschleudert werden, so glauben wir ein Ausströmen von Materie in einer konzentrischen, hellen, kugelförmigen Schicht zu sehen oder, bei mehreren aufeinander folgenden Explosionen, in mehreren solchen Schichten (Fig. 187). Explosionen dagegen, die weniger tief im Inneren des Meteoritenhaufens stattfinden, die also nur die der entsprechenden Stelle unmittelbar übergelagerten, weniger Widerstand bietenden Meteorite in einer einzigen Richtung hinausschleudern können, erscheinen uns als ein Ausströmen von Materie in enger beschränktem Raum, in einer Richtung, mehr oder weniger gegen die Sonne hin (wo ja die stärkste Erwärmung stattfindet), und solche Ausströmungen machen uns den Eindruck gegen die Sonne gerichteter Arme oder Schweife (Fig. 187, 188). Werden solche Meteorite sehr weit hinausgeschleudert, so schlagen sie ihre eigenen Bahnen um die Sonne ein, anderenfalls beschreiben sie Ellipsen um den Schwerpunkt des Meteo-

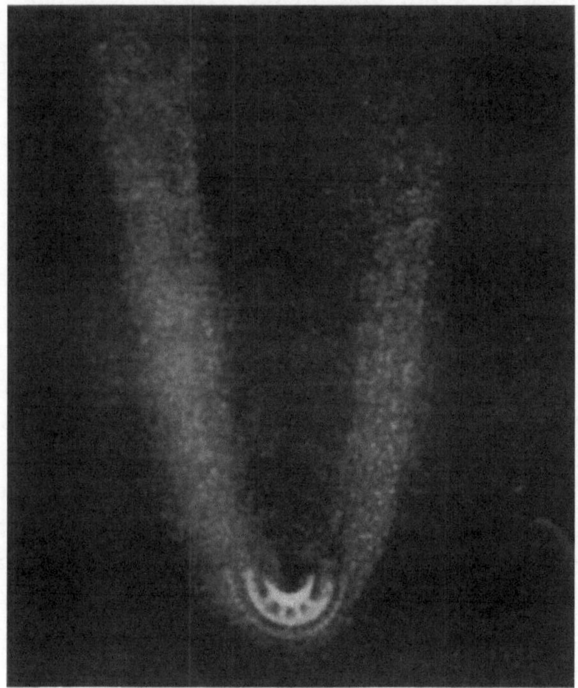

Fig. 187 (= Fig. 110). Kopf des Donatischen Kometen. Nach Bond.

ritenhaufens, bis sie wieder mit dem Kern des Haufens zusammenstoßen und allmählich zur Ruhe kommen.

Wie jeder einzelne der fortgeschleuderten Meteorite seine eigene kleine Atmosphäre mit sich nimmt, die sich bei zunehmender Erwärmung des Meteorites fortwährend aus verdampfenden Substanzen neu regeneriert, so hat der ganze mehr im Zentrum verbliebene Meteoritenhaufen des Systems eine große Atmosphäre, die aus dem Zusammenfließen der kleinen Atmosphären seiner Einzelmeteorite entstanden ist. Auch diese große Atmosphäre verliert wahrscheinlich beständig Gase, sie regeneriert sich aber gleichfalls fortwährend. Die Gase selber vermögen wir um so weniger zu sehen, als jede derartige Meteoritenatmosphäre nur eine außerordentlich geringe Dichte haben kann. Aber trotz dieser geringen Dichte ist sie imstande, das Sonnenlicht zu brechen, wenn auch nur in geringem Maße, und hinter ihr entsteht ein großes konzentriertes Lichtbündel. Alle Meteorite, die in dieses konzentrierte Lichtbündel eintreten, werden uns dann sichtbar, wie die Stäubchen in einem ins dunkle Zimmer dringenden Lichtstrahl (vgl. S. 274). Vom Meteoritenhaufen, der sich uns als Kometenkopf zu erkennen gibt, scheint also ein von der Sonne abgewandter Schweif auszugehen. Der Schweif ist um so regelmäßiger, je kugeliger

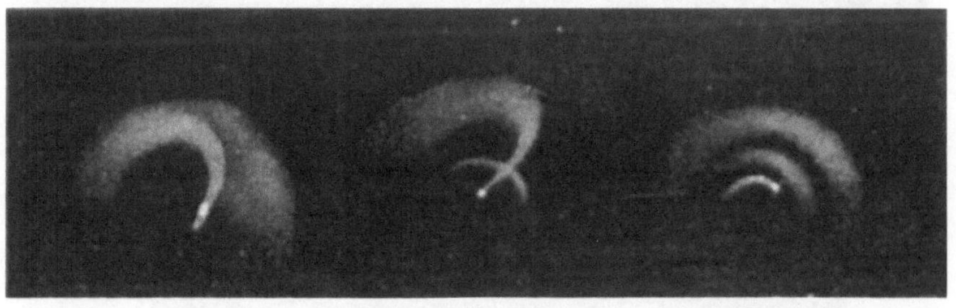

26. Juni 27. Juni 28. Juni

Fig. 188 (= Fig. 111). Kopf des Juli-Kometen 1881 III. Nach M. Thury.

die Atmosphäre, je kugeliger dementsprechend auch der Meteoritenhaufen selber ist, der diese Atmosphäre gebildet hat. Es kann dabei der Fall vorkommen, daß der zentrale kugelige Meteoritenhaufen in den Schweif einen Schatten wirft, so daß die Schweifränder heller als die Schweifmitte erscheinen (Fig. 189).

Wäre die Atmosphäre des Meteoritenhaufens eine vollständige Kugel oder gar als Hülle eines linsenförmigen rotierenden Meteoritensystems (S. 258) eine wirkliche Gaslinse, deren optische Achse in einem gegebenen Augenblick nach der Sonne gerichtet wäre, so könnte der Schweif entweder von Anfang an, dh. vom Kometenkopf an (natürlich nur innerhalb des Gebietes der Sonnenradialstrahlen) divergent sein, bei sehr geringer Dichte der Atmosphäre oder bei geringem Sonnenabstand, oder er könnte bei entsprechend anderen Bedingungen hinter dem Kometenkopf als Parallelstrahlenbündel verlaufen, oder endlich, er könnte dort zuerst konvergent sein, würde hinter dem Kometenkopf

Fig. 189 (= Fig. 115). Donatischer Komet. Nach Bond. (Aus Newcomb.)

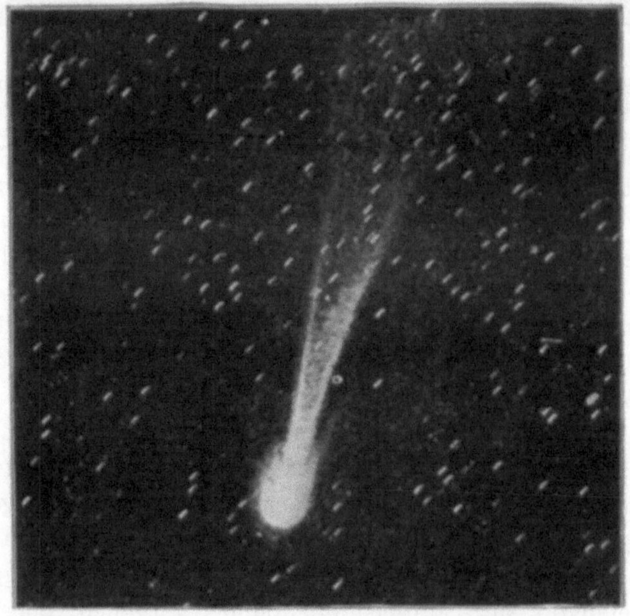

Fig. 190 (= Fig. 117). Swifts Komet 1892 I. (Aus Arrhenius.)

einen Brennpunkt bilden und sich dann erst divergierend weiter in den Raum hinaus erstrecken, bei großer Dichte der Atmosphäre oder bei großem Sonnenabstand. Soweit dabei zahlreiche Meteorite in den Bereich dieses Lichtstrahles gelangen, ist uns der Lichtstrahl selber in den genannten Formen sichtbar, ähnlich wie wir im physikalischen Experiment einen Lichtstrahl durch Einblasen von Rauch sichtbar machen. In manchen Kometenschweifen können wir beispielsweise Brennpunktseigenschaften nachweisen (Fig. 190, 191, 192).

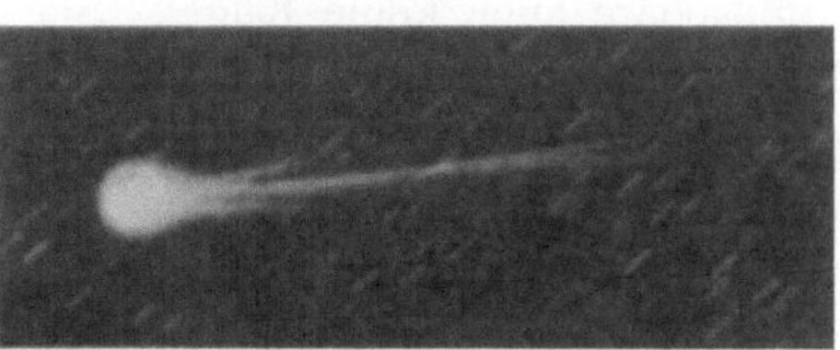

Fig. 191 (= Fig. 122). Komet Borrelly 1903 c. Nach M. Wolf. (Aus der Zeitschrift „Das Weltall".)

Es ist selbstverständlich, daß ein solches Lichtbündel von der Sonne weggerichtet ist, daß es um so genauer diametral zur Sonne nach außen verläuft, je geringer die Geschwindigkeit des das Bündel erzeugenden Kometenkopfes ist. Bei großer Geschwindigkeit des Kometenkopfes kann dagegen der Schweif eine erhebliche Neigung gegen die von der Sonne ausgehende Richtung besitzen, weil sich Kometenkopfgeschwindigkeit und Lichtgeschwindigkeit für die Bildung des Lichtbündels, also des Kometenschweifes, an jeder Stelle zu einer

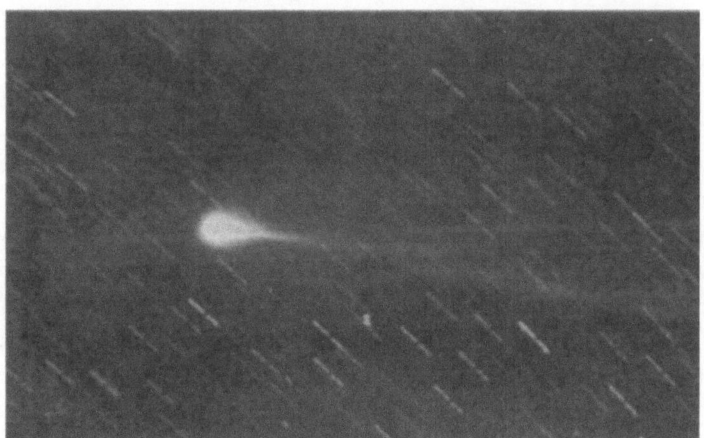

Fig. 192 (= Fig. 123). Komet Borrelly 1903 c. Nach J. M. Smith. (Aus der Zeitschrift „Die Umschau".)

Resultierenden zusammensetzen. Wenn aber der Kometenkopf kein kugeliger, sondern ein unregelmäßiger Meteoritenhaufen oder Meteoritenschwarm ist oder eine rotierende Meteoritenscheibe, so wird seine Atmosphäre auch keine Kugel. Sie kann so unregelmäßig sein, daß das von ihr erzeugte Lichtbündel weit von der Sonnenrichtung abgelenkt wird, daß beispielsweise sogar viele getrennte Lichtbündel hinter dem Kometenkern entstehen.

Weiterhin ist zu bemerken, daß sich ein Parallelstrahlenbündel im leeren Raum theoretisch ungeschwächt bis ins Unendliche erstrecken würde. Von einem Parallelstrahlenbündel werden daher die noch so weit entfernten Meteorite nahezu so hell beleuchtet und so stark erwärmt, wie wenn sie im Kometenkopf selber, also der Sonne entsprechend näher wären. Demnach muß jeder in ein solches Lichtbündel eintretende Meteorit selber wieder seine Gase und Dämpfe entwickeln, er erhält eine Atmosphäre, und alle diese Atmosphären pflanzen das Licht des sie durchdringenden Lichtbündels weiter fort, je nach ihrer eigenen Form und Dichte wieder in regelmäßiger oder unregelmäßiger Weise, wie im Vorhergehenden beschrieben wurde. Daher sind außerordentlich verwickelte Erscheinungen bei den Kometenschweifen zu erwarten, wie sie denn auch tatsächlich beobachtet worden sind und immer wieder beobachtet werden.

Wir wollen einige charakteristische Fälle besonders hervorheben: Ein Kometenkopf kann keinen erheblichen Schweif entwickeln, wenn der ganze Raum, durch den sich das von ihm erzeugte Lichtbündel erstreckt, wenig Meteorite enthält. Dies ist im allgemeinen namentlich der Fall außerhalb des Zodiakallichtes; besonders auffällig tritt diese Erscheinung zutage, wenn ein Kometenkopf der Sonne sehr nahe kommt, wobei er sonst einen verhältnismäßig großen Schweif erhalten sollte, wenn er aber in seiner Sonnennähe gerade über einen Sonnenpol bzw. über einen Pol der Ekliptik hinwegzieht, wo sich am wenigsten Meteorite befinden, wo also auch kein Zodiakallicht ist. Dagegen wird umgekehrt der Schweif besonders schön entwickelt, wenn das Lichtbündel nahezu oder ganz in die Ekliptik fällt, so daß zahlreiche Meteorite des Zodiakallichtes von ihm getroffen werden. Am längsten finden wir den Kometenschweif, wenn er hart an der Erde vorbeigeht; er kann dann von der Sonne bis über die Marsbahn hinausreichen. So schnell wie er in die Zodiakallichtscheibe hineintritt, entwickelt er sich zu ungeheurer Länge, und keine andere Geschwindigkeit als die Lichtgeschwindigkeit ist dann groß genug, um dieses rasche Fortschreiten der Kometenschweiflänge zu erklären. Ein charakteristisches Beispiel hierfür gibt uns der prächtige Komet aus dem Jahre 1843 (Fig. 193), dessen Schweif unserer Erde sehr nahe kam und dann etwa 250 Millionen Kilometer lang wurde, so daß er bis über die Marsbahn

Fig. 193 (= Fig. 114). Großer Komet 1843.

hinausreichte. Auch die ungeheure Geschwindigkeit, mit der ein langer Kometenschweif im Perihel des Kometen herumgeschleudert wird, besonders wenn dies in der Ekliptik liegt, läßt meines Erachtens keine andere Erklärung der Kometenschweife zu als diese optische; durch Rauch- oder Dunstsäulen scheint sie am allerwenigsten gedeutet werden zu können. Demzufolge kann auch das Hindurchtreten unserer Erde durch einen Kometenschweif keine anderen Erscheinungen nach sich ziehen, als eben das Aufleuchten eines Lichtscheins mit sich bringt.

Nun besteht aber der Raum unseres Sonnensystems nicht nur aus dem meteoritenreichen Zodiakallicht und dem meteoritenarmen

Außenraum außerhalb dieser Meteoritenscheibe, sondern es befindet sich in ihm ganz besonders noch eine unermeßliche Zahl von Meteoritenschwärmen und Meteoritenschnüren, die ähnlich wie die periodischen Kometen die Sonne fortwährend umkreisen. Denn Hunderte von solchen Schwärmen sind ja bereits festgestellt, die unsere Erdbahn kreuzen; wie ungeheuer viel mehr derselben[1]) müssen vorhanden sein, die nicht zufällig gerade unsere verhältnismäßig fast linienförmige

Fig. 194 (= Fig. 121). Rordames Komet 1893 II. (Aus Arrhenius.)

Erdbahn schneiden! Trifft nun das von einem Kometenkopf erzeugte Lichtbündel einen solchen Meteoritenschwarm oder eine Meteoritenschnur, so wird die so beleuchtete (und erwärmte) Meteoritenmasse uns den Eindruck eines Knotens, einer Verdickung des Schweifes oder sogar eines Begleiters des Kometen machen, je nachdem der übrige Teil des Schweifes mehr oder weniger zu sehen ist. Durch die vermöge

[1]) Nämlich wohl über 20000 mal mehr, aus den in Betracht kommenden Oberflächen berechnet.

der Erwärmung hervorgerufenen Gasentwickelungen in diesem Knoten, also durch Entstehung von Atmosphären an solchen Stellen kann ferner der Schweif beträchtliche Ablenkungen erfahren (Fig. 194, 195). Solche Begleiter des Kometen sind aber nur scheinbar und verschwinden bald wieder. Wird dagegen der Kometenkern tatsächlich geteilt, durch

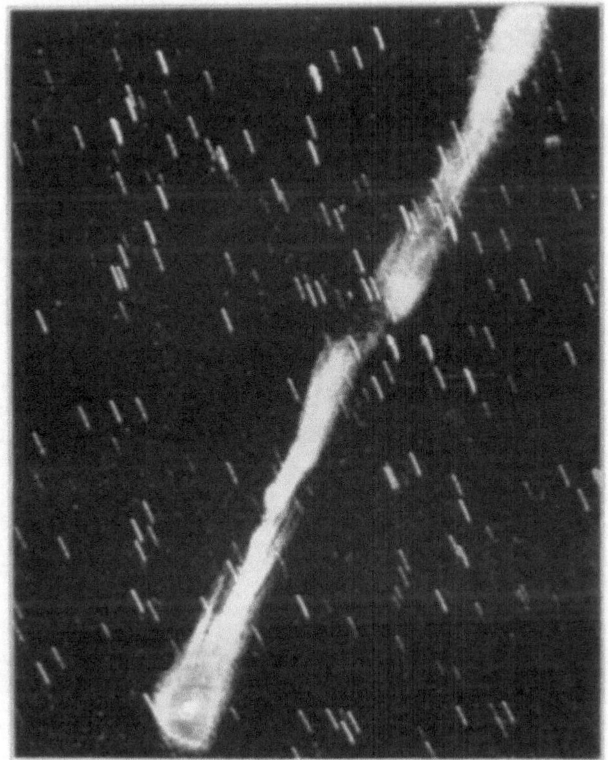

Fig. 195 (= Fig. 120). Rordames Komet 1893 II. (Aus Newcomb.)

ungleiche Sonnenanziehung auf seine näheren und ferneren Teile oder, noch wahrscheinlicher, durch starke Explosionswirkungen in seinem Inneren (S. 263), so entstehen wirkliche Kometenbegleiter, die annähernd in derselben Bahn wie der Hauptkomet die Sonne umkreisen werden (Fig. 196).

Periodische Ausströmungen von Materie aus Kometenköpfen, die vielfach beobachtet worden sind, lassen sich wohl in der Regel auf die Rotationsbewegungen rotierender Meteoritenscheiben zurückführen, deren Perioden etwa nach Tagen zählen können, nach unseren einleitenden Berechnungen (S. 241). Denn in den zentralen dicht aufeinander gehäuften Teilen eines rotierenden Meteoritensystems werden sich beispielsweise an verschiedenen Stellen Gruppen von etwas verschiedenartigen Meteoriten befinden können, die in verschiedener Weise Ausströmungen veranlassen, welche Ausströmungen jedesmal dann auftreten, wenn diese Meteoritengruppen auf der Sonnenseite vorüberziehen. Auch scheinbare pendelnde Bewegungen von

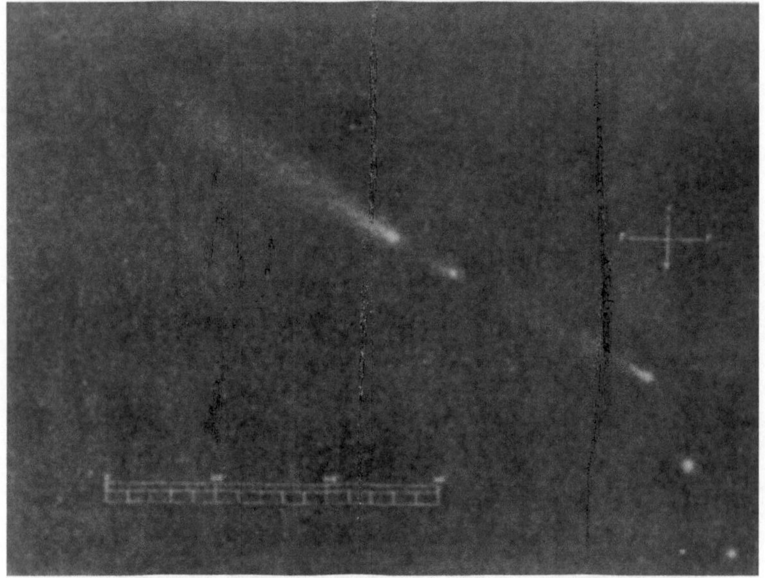

Fig. 196 (= Fig. 116). Brooks Komet 1889 V. (Aus der Zeitschrift „Das Weltall".)

Kometenschweifen können zum Teil so gedeutet werden, wenn das Zurückpendeln nur vermutet, nicht wirklich gesehen wird; zum Teil aber können wirkliche Pendelungen vorkommen. Es bestehe zb. ein Kometenkopf aus einem durch die Sonnenattraktion in der Sonnenrichtung etwas auseinander gezogenen Meteoritenhaufen. Durch senkrecht zur Sonnenrichtung von dem der Sonne am nächsten liegenden Rand des länglichen Meteoritenhaufens etwa durch Explosionen abgeschleuderte Meteoritenmassen, oder umgekehrt durch in dieser Richtung auf den Rand der zentralen Scheibe heftig aufstürzende Meteorite, kann dann dieser Rand und dadurch auch der ganze Meteoritenhaufen in pendelnde Bewegungen um die Sonnenattraktionslinie versetzt werden. Eine auf dem Meteoritenhaufen gelegene, einen gegen die Sonne gerichteten Schweif erzeugende Stelle (S. 295) wird dann mitpendeln; ebenso die ganze um diesen Haufen vorhandene Atmosphäre und der durch diese entwickelte Kometenschweif. Außerdem ist zb. noch ein Pendeln als Präzessionswirkung bei einem rotierenden Meteoritensystem denkbar, das der Sonne sehr nahe kommt, und dessen Rotationsebene nicht durch die Sonne geht.

Die weit ausgedehnte, mindestens bis zum Mars reichende Meteoritenscheibe, die uns als Zodiakallicht erscheint, ist ohne Zweifel, wie bereits früher (S. 291) bemerkt, im wesentlichen der Überrest der ursprünglichen weit dichteren Meteoritenscheibe, aus der sich unser Planetensystem entwickelt hat. Sie ist stets viel dichter in der Sonnennähe als weit von ihr entfernt. Die Meteorite des Zodiakallichtes rücken im Laufe der Zeiten der Sonne immer näher, schon weil ja die Sonnenmasse immer größer wird; dabei werden sie immer dichter gedrängt, vereinigen sich zu (rotierenden) Meteoritenhaufen, und schließlich laufen diese in langsam kleiner werdenden Spiralen in die Sonne ein. Schon vor ihrem vollständigen Einlaufen verlieren sie ihre Gase und leicht verdampfbaren Substanzen an die Sonne. Bei ihrem Einlaufen entstehen meines Erachtens die Sonnenflecke, weil diese Meteoritenmassen doch, solange sie außerhalb der Sonnenoberfläche sind, durch die Sonnenstrahlung allein noch lange nicht auf die ungeheuren tatsächlichen Temperaturen des Sonneninneren, wie sie schon in geringen Tiefen herrschen müssen, gebracht werden können; denn ihre von der Sonne abgewandten Oberflächen strahlen beständig Wärme nach dem absolut kalten Weltall aus. Bei ihrem Einlaufen werden also chemische Verbindungen gelöst, andere Verbindungen entstehen neu. Solche chemischen Verbindungen, zb. Verbrennungen, erkennen wir als Sonnenfackeln.

Den Keplerschen Gesetzen entsprechend kreisen solche Meteoritenhaufen bis zum letzten Augenblick, bis zu ihrem Einlaufen mit immer größer werdenden Geschwindigkeiten um die Sonne; schließlich betragen ihre Geschwindigkeiten mehrere Hunderte von Kilometern in der Sekunde. Laufen sie dann zuletzt nahe dem Äquator in die Sonne ein, so müssen sie, ihren sehr großen Geschwindigkeiten zufolge, den Sonnenäquator in raschere Rotation versetzen, so daß dieser der Rotation der übrigen Sonnenmasse vorauseilt; gegen die Pole hin nimmt die Rotationswinkelgeschwindigkeit der Sonnenmassen allmählich ab.

Die Sonnenachse steht um etwa 7° geneigt gegen die Ekliptik. Daher müßten, wenn sich alle Meteorite genau in der Ebene der Ekliptik bewegten, doch aus der im Vorhergehenden genannten Ursache Sonnenflecke vom Sonnenäquator bis zu 7° nördlicher und südlicher Breite entstehen. Weil aber die Meteoritenscheibe des Zodiakallichtes eine gewisse Dicke senkrecht zur Ebene der Ekliptik haben muß, ist die Zone der Sonne, auf der in der Regel Sonnenflecke auftreten, entsprechend breiter, nämlich mindestens etwa 30° nördlicher und südlicher Breite.

Die 11jährige und die anderen Sonnenfleckenperioden können nach meiner Meinung nur auf Ursachen zurückgeführt werden, die außerhalb der Sonne liegen. Wie aus inneren Ursachen eine solche Periodizität hervorgehen könnte, ist mir unverständlich. Bei zahlreichen Vorgängen, die sich außerhalb der Sonne abspielen, finden wir dagegen Perioden. Alle Umlaufzeiten der Planeten, der Satelliten, der Meteoritenschwärme, der meisten Kometen haben ihre bestimmten Perioden. Demnach werden die in die Sonne einlaufenden Meteoritenmassen, die die Sonnenflecke entstehen lassen, auch ihre Perioden haben. Vielleicht werden diese hervorgerufen durch Meteoritenschwärme entsprechender Periode, die in großer Sonnennähe mit Meteoriten des Zodiakallichtes zusammenstoßen und dann zusammen mit ihnen auf die Sonnenoberfläche hinabfallen.

Unser Planetensystem wird als solches im Laufe der Zeiten ein Ende nehmen. Es liegt wohl am nächsten, zu vermuten, ebenso wie die Meteorite des Zodiakallichtes werden auch die Planeten der Reihe nach in die Sonne stürzen, und zuletzt bleibe nur eine einzige Sonne ohne Planeten übrig. Diese Anschauung hat wohl eine gewisse Wahrscheinlichkeit für sich. Indessen könnten sich doch die Vorgänge auch anders abspielen. Ohne Zweifel wird zwar unsere Erde, wie alle anderen Planeten, durch die immerwährende Massenvermehrung der Sonne schließlich mehr und mehr gegen die Sonne herangezogen; unser Jahr muß demnach schließlich kürzer werden. Es ist aber gleichfalls wahrscheinlich, daß die großen äußeren Planeten, namentlich Jupiter und Saturn, die inneren kleineren Planeten vermöge ihrer

Gravitationswirkung allmählich nach außen ziehen, daß sie ihre Bahnen, ihre Umlaufzeiten zu vergrößern suchen, ähnlich wie die Sonne unsere Mondbahn zu vergrößern imstande war und noch ist. Vielleicht kompensieren sich nun die beiden genannten Wirkungen annähernd derart, daß wir trotz stark zunehmender Sonnenmasse doch keine Verkürzung des Jahres bekommen. Mir will es scheinen, als könnten wohl die beiden innersten Planeten allmählich der Reihe nach unmittelbar in die Sonne einlaufen, die äußeren Planeten aber, vielleicht die Erde eingeschlossen, würden durch den Jupiter nach und nach zu sich herangezogen, sie stürzen sich in ihn, und der größte Planet Jupiter laufe als der letzte in entsprechend längerer Zeit schließlich in die Sonne ein. Aber andererseits ist es auch denkbar, daß die Gravitationswirkungen der äußeren Planeten für die inneren bestimmte Gesetzmäßigkeiten aufrecht erhalten, wie wir sie zb. bei den verschiedenen Satelliten der Planeten Jupiter und Saturn finden, daß diesen Gesetzmäßigkeiten zufolge alle Planeten einander nie sehr nahe rücken, daß sie vielmehr doch in der Reihe ihrer Abstände einer nach dem anderen zuletzt in die Sonne einlaufen. Daß das Einstürzen eines Planeten von der Masse der Erde in die Sonne keine weitere Wirkung hervorbringe, als ein kleines duftiges Wölkchen entstehen zu lassen, wie Newcomb (S. 194) meint, halte ich für außerordentlich unwahrscheinlich. Um die Erdmasse auf Sonnentemperatur zu bringen, müssen denn doch auf der Sonnenoberfläche gewaltige Umwälzungen hervorgebracht werden.

Solche Bahnänderungen in unserem Planetensystem kommen außerordentlich langsam zustande, so daß manche Astronomen hierfür Perioden von sogar Millionen von Jahren und mehr berechnet haben. Aber auch andere Veränderungen können außerordentlich lange Zeiträume in Anspruch nehmen. So sind die Gezeiten, Flut und Ebbe, imstande, die Erdrotation zu verlangsamen. Erinnern wir uns aber, in wie ungeheurer Verdünnung die wägbare Materie den Weltraum erfüllen würde, wenn sie gleichmäßig in ihm verteilt wäre (S. 243), so müssen wir wohl schließen, daß im Bereich der Erdanziehung noch eine ungeheure Masse kosmischen Staubes fortdauernd um die Sonne kreist. Diese ungefähr in der Ekliptik um die Sonne kreisende Masse ist ein Teil des uns sichtbaren Zodiakallichtes; sie stürzt im Laufe der Zeit in die Erde. Das ihr innewohnende Rotationsmoment bleibt erhalten, sie überträgt es auf die Erde, sucht also die Erde schneller rotieren zu machen (S. 285), ganz ähnlich wie die in die Sonne hineinstürzenden Massen des Zodiakallichtes den äquatorialen Sonnengürtel in eine schnellere Rotation versetzen, als sie der übrige Sonnenkörper besitzt (S. 303). Wird infolge der beiden genannten einander entgegenwirkenden Ursachen die Erdrotation schneller oder langsamer werden? Auch hierbei ist, wie bei der Veränderung der Jahreslänge, in historischen Zeiten noch keine Änderung der Länge des Tages festgestellt worden. Durch Vergleichung der Tageslänge mit der Jahreslänge müßte man ganz besonders die Unterschiede mit „astronomischer Genauigkeit" feststellen können, wenn sie vorhanden wären, vorausgesetzt daß nicht etwa die beiden Änderungen des Tages und des Jahres in demselben Sinne erfolgten. Denn auf unsere Uhren allein können wir uns bei solchen Messungen nicht verlassen, weil sie nicht während der in Betracht kommenden Zeiten einen vollkommen gleichmäßigen Gang besitzen. Außerdem gehen ja unsere genauesten Uhren selber, die Pendeluhren, im Laufe der Zeiten doch immer schneller, nach Maßgabe der Zunahme der Erdgravitation, wie sie der allmählich zunehmenden Erdmasse entspricht.

Die Sternenwelt.

Unsere ganze sichtbare Sternenwelt besteht aus vielen hundert Millionen, ja vielleicht sogar aus vielen tausend Millionen Sonnen und aus ungezählten Nebeln. Die fremden Sonnen sind zum Teil größer, zum Teil kleiner als unsere Sonne. Alle diese Sonnen und alle Nebel sind große kosmische Massen; daher sind sie Anziehungszentren für alle in ihrer Umgebung befindlichen anderen Massen, für Trabanten aller Art, für Meteoritenhaufen und Meteorite, für kosmischen Staub, Atomaggregate und Atome. Die Sonnen sowohl wie die Nebel ziehen sich aber auch gegenseitig an, allerdings mit verhältnismäßig geringen Kräften wegen ihrer ungeheuren Abstände voneinander; aber die Wirkungen erstrecken sich über unermeßliche Zeiträume und führen deshalb schließlich doch zu ihrer gegenseitigen Annäherung. Demzufolge haben die Sonnen und ebenso die Nebel gleichfalls ihre Eigengeschwindigkeiten und zwar nicht einmal besonders kleine, im Gegenteil. So hat unsere Sonne wahrscheinlich etwa 20 km Eigengeschwindigkeit in der Sekunde, relativ zum Schwerpunkt der Gesamtheit aller Sonnen des Weltalls — für unsere irdischen Begriffe von Massengeschwindigkeiten schon ein überaus großer Wert; denn die schnellste Kanonenkugel hat ja nur etwa 1 km Geschwindigkeit. Andere Sonnen haben kleinere, wieder andere wesentlich größere Eigengeschwindigkeiten. Beispielsweise hat man bei einem Stern Cordoba Z. eine etwa 12 mal so große Eigengeschwindigkeit wie bei unserer Sonne, also annähernd 250 km Geschwindigkeit gefunden.

Weil diese Eigengeschwindigkeiten der Sonnen zweifellos durch Gravitationswirkungen hervorgerufen worden sind, und weil wohl die hellen Sonnen selber, nicht etwa dunkle unsichtbare unbekannte Weltkörper, die größten Massenansammlungen des Weltalls in kleinsten Räumen sind, erscheint die Vermutung gerechtfertigt, die größten Sonnen haben im allgemeinen die kleinsten Eigengeschwindigkeiten, und umgekehrt die kleinsten Sonnen die größten Eigengeschwindigkeiten. An den großen Eigengeschwindigkeiten würde man also in der Regel die kleineren Sonnen erkennen können.

Die Eigengeschwindigkeiten der Sonnen haben im allgemeinen alle möglichen Richtungen, wenn auch nach den neuesten Messungen einige von diesen Richtungen besonders bevorzugt sind und also noch auf gewisse einheitliche Bewegungen in unserem Sternsystem schließen lassen. Berücksichtigen wir hier nur die Bewegungen der Sonnen nach allen möglichen Richtungen, so werden wir vermuten, in unserem sichtbaren Weltall haben die Sonnen ähnliche gegenseitige Relativbewegungen wie die Atome oder Molekeln in einer kosmischen von keinen Wandungen begrenzten Gasmasse, Bewegungen, wie sie uns in gewissem Sinne ein Mückenschwarm angenähert veranschaulicht. Nur fehlt dort natürlich die Willkür des Einzelnen, die hier im Mückenschwarm mitspielt. In unserem Sternsystem bewegt sich vielmehr jede einzelne Sonne streng nach den Gesetzen der Mechanik. Durch Gravitationswirkungen hat sie ohne Zweifel ihre Geschwindigkeit erhalten. Mit dieser bewegt sie sich geradlinig, wie es scheint, fort, vielleicht durch Millionen von Jahren. Aber benachbarte Sonnen ziehen sie an und lenken sie aus ihrer geradlinigen Bahn ab, so daß sie doch schließlich eine krummlinige Bahn beschreiben muß, wenn uns auch diese, wegen der Kürze der uns zur Verfügung stehenden Beobachtungszeit, nicht erkennbar wird. Könnten wir im Fluge über Millionen von Jahren hinwegeilen, so würden wir erkennen, daß sich jede Sonne nicht geradlinig, sondern in einer äußerst langgestreckten Ellipse um den gemeinsamen Schwerpunkt mit einer anderen Sonne bewegt oder in einer verwickelteren Kurve, wenn sie sich im Anziehungsbereich von mehreren anderen Sonnen befindet. Die einander am nächsten befindlichen Sonnen kreisen daher in unermeßlich großen Bahnen umeinander; oft genug mag eine kleinere Sonne bald in den Anziehungsbereich der einen größeren Sonne gelangen, einen hyperbolischen Bogen um sie beschreiben, dann sich wieder entfernen, weiterhin in den Anziehungsbereich einer anderen großen Sonne geraten und in ähnlichem hyperbolischen Bogen sich um sie herumbewegen, hierauf wieder zu einer anderen Sonne sich wenden usf. Demnach muß unser Sternsystem in der Tat eine gewisse Ähnlichkeit mit einem Mückenschwarm haben.

Die Zeiträume, die für die Bahnen unserer Sonnen erforderlich sind, können wir aus der Eigenbewegung unserer Sonne abschätzen: Das Licht mit seiner Geschwindigkeit von 300000 km in der Sekunde braucht 4,3 Jahre, um von dem uns vermutlich am nächsten befindlichen Fixstern α Centauri bis zu uns zu gelangen; unser Sonnensystem mit nur 20 km Geschwindigkeit würde demnach eine 15000 mal längere Zeit als 4,3 Jahre, dh. 64500 Jahre für diesen Weg gebraucht haben. Oder wenn unser Sonnensystem nicht mit α Centauri, sondern etwa mit Wega, die 40 Lichtjahre von uns entfernt ist, um den ihm und diesem Stern gemeinsamen Schwerpunkt kreisen sollte, so würde auf die Strecke Sonne—Wega eine Zeit von 600000 Jahren entfallen. Wir sehen also, es handelt sich hier der Größenordnung nach um Zeiten, wie sie die Geologen für die größeren Umwälzungen bei unseren Erdformationen in Anspruch nehmen. In der Tat müßten auf unserer Erde in entsprechenden „geologischen Epochen" bedeutende Veränderungen vorgehen, wenn unserem Sonnensystem eine fremde Sonne auch nur etwa bis zum doppelten Abstand Sonne—Erde zeitweise nahe käme. Dieser Fall scheint mir aber gelegentlich in Jahrmillionen sehr wahrscheinlich einmal vorzukommen. Allerdings würde ein solches Ereignis auch auf unsere Planeten bedeutende Störungen hervorbringen müssen. Bei der Annäherung einer fremden Sonne würden sie aber durchschnittlich aus ihren Bahnen im einen Sinne abgelenkt, bei ihrer Entfernung dagegen im anderen Sinne. Außerdem ziehen sich wohl nach einem solchen Ereignis die Planeten im Laufe von Millionen Jahren allmählich doch gegenseitig immer wieder in dieselbe Ebene, ungefähr in die Ekliptik herein, ebenso wie auch ihre Monde, wobei natürlich die Anziehung des Jupiter, als des mächtigsten Planeten, die wirkungsvollste sein muß.

Bei der Bewegung einer Sonne, zb. unserer Sonne, zwischen den anderen Sonnen hindurch wird sie gelegentlich auch Räume antreffen, die von kosmischen Nebeln, von ungeheuren Meteoritenwolken besetzt sind. Dort wird sie sich in entsprechender Weise erhitzen; sie wird in kurzer Zeit so viel Energie aufnehmen können, daß ihr Bedarf für eine nahezu gleichmäßige Ausstrahlung wieder auf Jahrmillionen hinaus gedeckt ist. In solchen Epochen, die unsere Sonne durchgemacht hat, mußte auch eine beträchtliche Erwärmung der Erdoberfläche erfolgen, ungeheure Wassermassen verdunsteten und fielen wolkenbruchartig wieder herab (Sintflut); alle Flüsse traten aus ihren Ufern, schwemmten das Land mit sich, lagerten es an geeigneten Stellen als mächtige Sedimentgebilde ab; sie vernichteten und begruben ganze Generationen des Pflanzenreiches und des Tierreiches (Kohlenlager, Petroleumlager); durch die Massenzunahme der Sonne verkleinerte sich in kurzer Zeit die Umlaufdauer der Planeten, also auch der Erde, und damit die Länge des Jahres. Ähnlich großartige Epochen konnten entstehen, wenn zb. beim Umlauf unserer Sonne um eine fremde Sonne (oder dieser um jene) ein großer Planet der fremden Sonne in unsere Sonne hineinstürzte; oder wenn auch nur ein viel kleinerer Planet auf unsere Erde selber stürzte (Australien?). Nach dem Ablauf eines dieser Ereignisse kann aber unser Sonnensystem wieder auf Millionen von Jahren allen fremden Sonnen und Nebeln bzw. mächtigen kosmischen Wolken fern bleiben, so daß ihre Masse nur noch unmerklich zunimmt, daß die Jahreslänge nahezu konstant bleibt, daß auch die meteorologischen Verhältnisse durch Jahrtausende hindurch fast ganz dieselben bleiben.

Wir haben gesehen (S. 281), daß aus zwei zusammenstürzenden Sonnen ein Spiralsystem entsteht, das sich allmählich in eine flache rotierende Scheibe und schließlich in ein Planetensystem umwandelt. Solcher Spiralsysteme gibt es in der Sternenwelt eine große Zahl. Die uns sichtbaren derselben sind aber von so ungeheurer Ausdehnung und bestehen in der Regel aus so zahllosen Sternen, daß sie nur aus zwei außerordentlich mächtigen zusammenstürzenden Sonnen entstanden sein können, die unermeßlich viel größer als unsere Sonne, vielleicht viele millionenmal größer gewesen sind. Ein solches Spiralsystem wird also noch eine gewisse, wenn auch noch so geringe Rotationsbewegung besitzen. Ballt es sich zusammen, rollt es sich zu einer einzigen großen Sonne auf, so muß diese, dem Prinzip von der Erhaltung der Rotationsbewegung entsprechend, die Rotationsbewegung annähernd zurückerhalten, die jene beiden mächtigen Sonnen im Augenblick des Zusammenstürzens besessen haben. Ein Teil dieser Bewegung kann allerdings allmählich an den Äther verloren gegangen sein, wenn ein solcher Äther wirklich besteht.

Den Entwickelungen der vorhergehenden Abschnitte zufolge vertrete ich die Anschauung, daß die wirklichen Nebel unseres Sternsystems, die also ein Gasspektrum aussenden, nicht ungeheuer weit ausgedehnte glühende Gasmassen sind oder etwa Gasmassen, die unter ganz niedrigem Druck Licht ausstrahlen, vielleicht infolge von elektrischen Erregungen; denn auch für die in Strahlung verwandelte elektrische Energie müßten wir doch eine Quelle angeben können, in der immer neue elektrische Energie entstände. Auch sind die Drucke in so ungeheuer weit ausgedehnten Gasmassen offenbar zu gering, als daß noch ein thermisches oder elektrisches Leuchten der ganzen Gasmasse denkbar wäre (vgl. S. 243). Vielmehr glaube ich, daß es unermeßliche einander durchdringende Triften von Meteoriten seien, welche Meteorite sich zwar in jeder einzelnen Trift in großen Abständen voneinander befinden, welche aber doch mit Meteoriten der anderen Trift an zahlreichen Stellen zusammenstoßen mit ihren großen den relativen Triftbewegungen entsprechenden Geschwindigkeiten. Vermöge dieser Zusammenstöße werden die einzelnen Meteorite hellglühend oder doch zum mindesten warm, chemische Verbindungen, Verbrennungen kommen auf ihnen zustande, und das Licht unzähliger (vielleicht vieler Millionen) diskret verteilter solcher Verbrennungen können wir durch die großen Zwischenräume zwischen allen Meteoriten hindurch sehen; je nach dem kleineren oder größeren Abstand des betreffenden Nebels und nach der Intensität der ausgestrahlten Linien sehen wir ein größeres oder kleineres Linienspektrum, bzw. wir sehen nur einige der hellsten „Nebellinien“. Zwar sind die hellsten Nebellinien zum Teil noch nicht bei unseren irdischen Substanzen nachgewiesen. Dennoch ist es wahrscheinlich, daß ein solcher Nachweis früher oder später gelingen wird. Freilich können wir die Bedingungen des ungeheuer geringen Druckes und der gleichzeitig dem absoluten Nullpunkt naheliegenden tiefen Temperatur in dem Maße, wie sie draußen im Weltall gegeben sind, bei unseren physikalischen Versuchen doch kaum jemals verwirklichen. Andererseits läßt sich aber auch nicht in Abrede stellen, daß möglicherweise noch manche Substanzen nicht entdeckt sind, sogar solche, die sich auf der Erde selber befinden.

Im vorhergehenden Abschnitt haben wir den Fall betrachtet, daß zwei Sonnen einen Doppelstern bilden, daß sie ineinander stürzen, daß aus ihnen ein Planetensystem und zuletzt wieder eine einzelne (rotierende) Sonne entsteht. Ebenso wie Doppelsterne kommen dreifache, mehrfache Sterne und ganze Sternhaufen zustande. Wir müssen weiter schließen, alle Sonnen stürzen schließlich ineinander, vereinigen sich am Ende zu einer einzigen Zentralsonne, die auch alle übrigen kosmischen Massen in sich aufnehme, alle Meteoritensysteme, alle Nebel unseres Weltalls. Würden jedes Jahr nur zwei Sonnen zusammenstürzen, so müßte es dennoch viele Billionen Jahre dauern, bis endlich alle Sonnen und Nebel in eine einzige Zentralsonne vereinigt wären. Denn die Zahl aller Fixsterne wird von manchen Astronomen auf viele hundert Millionen geschätzt, von einigen Forschern sogar auf Billionen, weil jede stärkere Fernrohrvergrößerung uns wieder neue Sterne erkennen läßt. Ferner wird nach den bezüglichen Ermittelungen an Doppelsternen von vielen Astronomen angenommen, die Massen dieser Sonnen seien durchschnittlich etwa doppelt so groß wie die Masse unserer Sonne. Wir werden also kaum zu hoch gehen, wenn wir vermuten, die Gesamtmasse des ganzen Weltalls übertreffe die Masse unserer Sonne um das 1000millionenfache. Würde sich einst alle diese Masse zu einer einzigen Zentralsonne von der Dichte unserer Sonne vereinigt haben, so wäre der Durchmesser dieser Sonne doch nur tausendmal größer als der unserer Sonne; der Durchmesser dieser Zentralsonne wäre noch nicht ganz so groß wie der Durchmesser der Saturnbahn. Nach unseren einleitenden Berechnungen (S. 238) wäre dann aber auch die Einlaufgeschwindigkeit aller zuletzt noch herbeigezogenen Massen in diese Zentralsonne tausendmal so groß als die Einlaufgeschwindigkeit in unsere Sonne, also 600000 km in der Sekunde, das ist ein Wert doppelt so groß als die Lichtgeschwindigkeit, eine kaum mehr vorstellbare Geschwindigkeit bewegter Materie.

Die Einführung elektrischer und magnetischer Vorgänge in die kosmischen Probleme habe ich bei meiner Nebularhypothese in den bisherigen Abschnitten absichtlich vermieden; ich habe mich vielmehr dabei möglichst auf unsere entsprechenden ihrem Wesen nach bekannten irdischen Vorgänge beschränkt. Solange wir nämlich über das Wesen der elektrischen und magnetischen Vorgänge noch völlig im unklaren sind, glaube ich nicht, daß durch ihre Verwendung in kosmischen Fragen wirkliche Klarheit geschaffen werden könnte, außer wenn man in bestimmter Weise anzugeben vermöchte, wie im Kosmos die in Funktion tretende Elektrizität und der Magnetismus tatsächlich erzeugt würden. Auf diese Frage soll nun im nächsten Abschnitt eingegangen werden. Ein Gestirn freilich, auf dem in analoger Weise wie auf unserer Erde Elektrizität entstände und als Polarlicht, Blitz und Gewitter bzw. als Magnetismus in die Erscheinung träte, könnte meines Erachtens die Venus sein mit ihrer heißen wasserdampferfüllten Atmosphäre; auf ihr könnten weit heftigere Blitzentladungen und Polarlichter als auf unserer Erde ihre Nachtseite gelegentlich erhellen (vgl. S. 232). Dieselben Vorgänge wären auch bei den großen äußeren Planeten möglich, ohne freilich für uns jemals nachweisbar zu werden.

Die Ätherhypothese.

Während für unsere bisherigen Vorstellungen über die Entwickelung des Weltalls keine anderen als die allgemein in der Physik und Chemie üblichen Hypothesen nötig waren, betreten wir nunmehr, wenn wir uns der Frage des Vorhandenseins oder Nichtvorhandenseins des Äthers und den damit zusammenhängenden Fragen zuwenden, vollständig den Boden der unsichersten Hypothesen. In den vorhergehenden Abschnitten haben wir den Äther überhaupt noch nicht gebraucht, da wir über die Art, wie zb. die Strahlung, die Ausstrahlung von Licht und Wärme, wie ferner die elektrischen und die magnetischen Erscheinungen zustande kommen, nichts Bestimmtes aussagten. In der Tat ist das Vorhandensein des Äthers oft genug angezweifelt worden, und viele Anhänger der Relativitätstheorie gehen so weit, zu behaupten, der Äther sei nicht nur nicht notwendig zur Erklärung der Strahlung, sondern er sei wirklich nicht vorhanden.

Wenn wir das Vorhandensein des Äthers als Trägers des Lichts, der elektrischen und magnetischen Energien im leeren Raum leugnen, so müssen wir zb. bei der Strahlung annehmen, ihre Energie habe selbständigen Bestand, sie sei in keiner Weise an Massenteilchen gebunden. Dann müßte die Energie selber etwas Stoffliches an sich haben. Man hat ihr auch schon eine atomistische Struktur zugeschrieben; man spricht von Lichtquanten, die vom leuchtenden Körper ausgeschleudert werden. Wir gelangen also zu ganz ähnlichen Vorstellungen, wie sie zur Zeit der Newtonschen Emissionshypothese des Lichts üblich waren, mit dem Unterschied jedoch, daß wir eben diesen als Licht ausgeschleuderten Quanten keine bestimmte Masse, nur Energie zuschreiben. Diese Hypothese gewinnt jetzt anscheinend eine gewisse Berechtigung zu einer Zeit, da man auch die Unveränderlichkeit der Masse anzweifelt und durch neue Definitionen diesen Zweifel zu stärken sucht.

Ich beabsichtige nicht, mich denen anzuschließen, die vom Vorhandensein des Äthers nichts wissen wollen, weil ich glaube, daß der Äther tatsächlich existieren müsse, und weil ich außerdem überzeugt bin, daß man unter dieser Voraussetzung in der Erklärung aller Vorgänge des Weltalls viel weiter kommt als ohne sie. Daher überlasse ich die Aufstellung von Weltanschauungen ohne Benutzung des Äthers den Anhängern der Relativitätstheorie. Ich dagegen ziehe vor, den Äther, den man bis jetzt immer nötig zu haben überzeugt war, in meine weiteren Entwickelungen aufzunehmen und ihm bestimmte Eigenschaften beizulegen.

Man hat bisher durch kein Mittel, durch keinen Versuch die Existenz des Äthers beweisen können. Deshalb wird ja eben sein Vorhandensein geleugnet. Demzufolge hat man auch keinerlei Eigenschaften des Äthers sicherstellen können. Daher dürften wir, wenn wir wollten, dem Äther willkürlich solche Eigenschaften zuschreiben, die für uns die Erklärung aller Vorgänge der Welt möglichst vereinfachen. Ein solches Vorgehen hätte keine Berechtigung; auch wäre dasselbe sehr bedenklich, weil man doch vorerst nur bekannte Vorgänge in dieser Weise erklären würde. Lernte man dann mit der Zeit neue physikalische und chemische Vorgänge kennen, so würden bald diese dem Äther beigelegten willkürlichen Eigenschaften für die Erklärung der neuen Vorgänge nicht mehr ausreichen.

Es ist demnach meines Erachtens nicht nur das Aussichtsreichste, sondern auch das einzig Richtige und Notwendige, dem Äther, da wir von ihm doch nichts Sicheres wissen, nur allbekannte Eigenschaften beizulegen, nur solche Eigenschaften, die andere uns bekannte Substanzen auch haben. Nur für den Fall, daß wir mit den bekannten Eigenschaften in keiner Weise auskämen, müßten wir zu Eigenschaften übergehen, die uns unbekannt sind.

Meine Hypothese über den Äther ist demnach folgende: Der Äther ist eine Substanz wie alle anderen uns bekannten Substanzen, nur außerordentlich viel leichter und feiner als sie; er hat also auch die bekannten allgemeinen Eigenschaften, die allen anderen Substanzen zukommen. Im besonderen ist die Struktur des Äthers atomistisch, der Äther besteht aus einer Unzahl von einzelnen ganz gleichen und äußerst kleinen Atomen. Ferner ist der Äther der allgemeinen Gravitation unterworfen wie alle anderen Substanzen. Sodann ist die Materie, die jedes Ätheratom erfüllt, homogen durch das ganze Volumen des Atoms hindurch, und diese Materie des Äthers an sich hat eine eigene Elastizität wie alle anderen Materien im Inneren der übrigen Atomarten.

Ich bin mir wohl bewußt, daß die Annahme, der Äther von atomistischer Struktur sei der allgemeinen Gravitation unterworfen, sogleich die Schlußfolgerung nach sich zieht, die Gravitation sei eine unvermittelte Fernwirkung. Denn durch Wirkungen des Äthers selber läßt sich nun die Gravitation nicht mehr erklären. Höchstens könnte man die neue Hypothese einführen, außer dem Äther gebe es eine noch feinere Substanz, und die Gravitation sei dann auf Nahewirkungen dieser feineren Substanz zurückzuführen. Indessen scheint mir dieser Ausweg, der die Fragestellung gewissermaßen nur verschiebt, recht bedenklich. Ich stehe vielmehr nicht an, die Gravitation für eine durchaus unvermittelte Kraft, für eine wirkliche Fernwirkung zu halten, die aller Materie anhaftet, die durch nichts vermehrt, durch nichts vermindert werden kann. Dafür scheint mir der Umstand zu sprechen, daß es uns noch durch kein Mittel gelungen ist, an dieser Gravitationswirkung irgend welche Abweichungen von der Gesetzmäßigkeit zu erkennen. Gerade im unermeßlichen Weltall, wo die Wirkungen der Gravitation mit ungeheurer Genauigkeit von den Astronomen beobachtet werden, gilt das Newtonsche Gravitationsgesetz bis zu den äußersten Konsequenzen, und wenn man je glaubte, da oder dort Erscheinungen gefunden zu haben, die dieses Gesetz in Frage stellen, so hat man später doch immer wieder gesehen, daß noch nicht alle dabei in Frage kommenden Vorgänge berücksichtigt waren. Auf einen weiteren Grund, die Gravitation für eine unvermittelte Fernwirkung zu halten, werde ich demnächst zurückkommen.

Wenn der Äther eine Substanz von atomistischem Bau ist wie alle anderen Substanzen, so muß er da oder dort in gasförmigem Zustande vorhanden sein, in dem allen seinen Atomen — vielleicht auch Atompaaren = Molekeln — gewisse Eigengeschwindigkeiten, Atomgeschwindigkeiten bzw. Molekulargeschwindigkeiten zukommen, wobei diese kleinsten Ätherteilchen größere mittlere Abstände voneinander haben, als bei ihren Volumenbeständen durchaus erforderlich ist. Der Äther muß ferner wie eine Flüssigkeit existieren können mit einander berührenden, dennoch frei verschiebbaren und drehbaren Atomen. Er muß wohl auch als fester Körper möglich sein, in dem alle seine Atome zusammengedrückt und dadurch deformiert oder in anderer Weise dicht aneinander gelagert sind, derart daß sie unwandelbar miteinander verbunden erscheinen, daß sie sich also ohne ganz bestimmte äußere Energiezufuhr nicht mehr beliebig weit voneinander entfernen oder gegeneinander verdrehen lassen.

Ist der Äther eine Substanz wie alle anderen Substanzen unseres Weltalls, hat jedes Ätheratom eine gewisse wenn auch noch so kleine Masse, die der Gravitation unterworfen ist, so kann die Welt meines Erachtens nicht unendlich viel Äther haben, da sie sonst eine unendlich große Masse enthielte, was unwahrscheinlich ist. Ganz gewiß ist diese Behauptung, die Welt enthalte nicht unendlich viel Äther und, allgemeiner gesagt, sie enthalte nicht unendlich viel Materie überhaupt, nicht eine logische Schlußfolgerung aus bekannten Zuständen unseres Weltalls; sie wird aber doch gestützt durch die Beobachtungen der neueren Astronomen, die zu der bestimmten Überzeugung gelangt sind, daß wenigstens das unserer Wahrnehmung zugängliche Weltall nicht unendlich groß sei. Denn allerhöchstens einige tausend Siriusweiten soll sich das Weltall nach verschiedenen Richtungen erstrecken können. Daß nicht außerhalb unseres sichtbaren Weltsystems noch andere solche Systeme möglich seien, können wir allerdings nicht behaupten; aber sie wirken, wenn sie vorhanden sind, anscheinend auf uns in keiner Weise ein, und daher haben sie für uns kein weiteres Interesse mehr.

Unsere Voraussetzung, die Menge des Äthers im Weltall sei nicht unendlich groß, zwingt uns anzunehmen, außerhalb unseres wahrnehmbaren Weltsystems gebe es nach jeder Richtung hin eine gewisse Grenze, wo der Äther aufhöre. Nehmen wir dementsprechend an, aller vorhandene Äther erfülle eine ungeheure Kugel, in deren Mitte sich das ganze sichtbare Weltall befinde! Eine andere äußere Begrenzungsform der gesamten Äthermenge des Weltalls, zb. die eines Ellipsoids oder dergleichen, würde übrigens unsere weiteren Schlußfolgerungen nicht beeinträchtigen.

Ist nun wohl der Äther unserer ungeheuer großen Kugel gasförmig, flüssig oder fest? Bedenken wir, mit welchen zum Teil ganz gewaltigen Geschwindigkeiten der Äther von Weltkörpern aller Art durchflogen wird, so erscheint es vollständig ausgeschlossen, dem Äther im großen Weltraume den festen Aggregatzustand zuzuschreiben. Denn das wäre doch ein Widerspruch in sich selbst: im festen Körper lassen sich ja die Atome nicht voneinander trennen, weder dauernd noch vorübergehend. Daher kann der Äther in den Welträumen zwischen den Fixsternen nur flüssig oder gasförmig sein. In diesen beiden Aggregatzuständen wird, vermöge der Gravitation, die äußerste Ätherschicht, die den Umfang unserer großen Ätherkugel inne hat, auf die ihr zunächst befindliche zweitäußere Schicht einen Druck ausüben, diese drückt auf die nächstinnere Schicht usf. bis zum Schwerpunkt des ganzen Weltalls hin. Demnach müssen wir in unserer großen Ätherkugel einen von außen nach innen progressiv zunehmenden Druck erwarten, ganz ähnlich wie bei jeder Gas- oder Flüssigkeitsmasse auf einem Weltkörper, einen Druck, wie er in unserer Erdatmosphäre von ihrer obersten Höhe bis auf die Erdoberfläche, in unseren Meeren von der Meeresoberfläche bis in die größte Tiefe des Meeres, in der Sonne von ihrer Oberfläche bis zu ihrem Zentrum zunimmt und zb. im letzteren Fall viele Millionen von Atmosphären erreicht. In gleicher Weise wird der Ätherdruck von der äußersten Grenze unserer großen Ätherkugel bis zum Schwerpunkt des Weltalls unermeßlich zunehmen, da er zb. im Weltschwerpunkt die ganze Masse der Äthersäule von außen bis innen tragen und also der ganzen auf diese Säule wirkenden Schwere das Gleichgewicht halten muß. Weil auch ein flüssiger Weltäther dem Hindurchfliegen der überaus rasch bewegten Weltkörper doch wohl ein zu großes Hindernis entgegensetzen würde, nehmen wir vorerst an, der Weltäther draußen zwischen den Sonnen befinde sich im gasförmigen Aggregatzustand. Daraus müssen wir dann weiter schließen, daß sich auch von unserer Sonne bis hinaus an die Grenze der ungeheuren Ätherkugel die ganze Äthermasse im gasförmigen Aggregatzustand befinde.

Wir haben von einem Hindernis gesprochen, das der Weltäther dem Hindurchfliegen rasch bewegter Weltkörper entgegensetze. In der Tat muß jede Bewegung im Äther, falls dieser eine Substanz ist, einen gewissen, wenn auch noch so geringen Widerstand finden, sei der bewegte Körper klein oder groß, sei die Bewegung langsam oder rasch. Aber wie bei allen anderen flüssigen bzw. gasförmigen Substanzen wird dieser Widerstand abhängig sein von dem Verhältnis der Oberfläche des bewegten Körpers zu seiner eigenen Masse, ferner in etwa quadratischem Verhältnis von der Relativbewegung des Körpers bezüglich des Äthers. Daher finden die kleinsten Weltkörperchen, nämlich die Molekeln und Atome, im Äther verhältnismäßig einen bedeutend größeren Widerstand als die großen Weltkörper, die Sonnen. Ebenso finden aber die mit vielen, unter Umständen mit Hunderten von Kilometern bewegten Weltkörper im Äther einen verhältnismäßig größeren Widerstand als etwa die Molekeln und Atome unserer Gase bei Zimmertemperatur. Wenn also zb. Kometen mit gegen 600 km Geschwindigkeit an der Sonne vorbeirasen und dabei viele ihrer Substanzen verdampfen lassen, so werden die entstandenen Gase und Dämpfe zum Teil, vermöge des Ätherwiderstandes, zurückbleiben und von der Sonne herbeigezogen. Sehen können wir dies nicht, weil Gase wohl nur bei der höchsten Intensität der Beleuchtung in erheblichem Maße Licht reflektieren; wir könnten sie aber sehen, wenn etwa in diesen Gasen Verbrennungen vorkämen, durch die sie selbstleuchtend würden.

Betrachten wir einzelne Ätheratome an der Grenze der Ätherkugel unseres Weltsystems! Dieselben unterliegen der Wirkung der Gravitation. Nun gilt auch für unsere Ätheratome angenähert mit gewissen Einschränkungen (S. 220) das Maxwellsche Gesetz der Geschwindigkeitsverteilung. Daher bewegen sich dort ab und zu Ätheratome nach außen über die Grenze der Ätherkugel hinaus in den von Äther freien absolut leeren Raum. Würde nun die Gravitation durch den Äther als Nahewirkung übertragen, und nicht durch den absolut leeren Raum hindurch als Fernwirkung, so würden alle Atome, die zufällig einmal über die Grenze der Ätherkugel hinaus geraten wären, wie die eben genannten Ätheratome, für unser wahrnehmbares Weltsystem verloren gehen. Sie würden mit gleichbleibender Geschwindigkeit, mit der sie die Ätherkugel verlassen haben, weiter fliegen, hinaus in die Unendlichkeit. Die Unwahrscheinlichkeit, daß dem so sei, ist nebst anderen Gründen für mich die Veranlassung zu glauben, die Gravitation könne keine Nahewirkung sein, sondern nur eine unvermittelte Fernwirkung.

Ätheratome also, und ebenso alle anderen Massenteilchen, die durch Zufall einmal über die Grenze der Ätherkugel hinausgeflogen sind, werden doch immer wieder durch die Gravitation zurückgezogen, früher oder später. Da ihnen die Gravitation eine Beschleunigung nach innen erteilt, fliegen die Ätheratome, wenn sie sich gegen den Weltschwerpunkt hin bewegen, schneller und schneller, ganz ähnlich wie die Luftmolekeln von unserer Atmosphärenoberfläche bis herunter zur Erdoberfläche schneller und schneller fliegen. Wäre nur unsere Sonne der Weltkörper, der auf die Ätheratome anziehend wirkte, so würde jedes einzelne auf der Sonnenoberfläche ankommende Ätheratom eine Geschwindigkeit von etwa 600 km in der Sekunde annehmen. Wäre dagegen eine große Zentralsonne von derselben Dichte wie unsere Sonne, aber von tausendmal größerem Radius der die Ätheratome herbeiziehende Weltkörper, so müßten wir eine durch diesen bewirkte Ätheratomgeschwindigkeit von 600000 km erwarten. Nun stimmen aber diese beiden Voraussetzungen nicht mit der Wirklichkeit überein. Die gesamte Masse des Weltalls ist vielmehr auf unermeßlich viele Sonnen verteilt, vielleicht auf 1000 Millionen derselben oder noch mehr. Es mag also die wirkliche maximale Ätheratomgeschwindigkeit an der Stelle, an der die Gravitationswirkung ein Maximum ist, zwischen jenen genannten Werten liegen. Wenn andererseits solche ungeheuren Ätheratomgeschwindigkeiten wirklich vorhanden und wenn sie nur durch die Gravitation entstanden sind, so müssen sie wieder bis zu Null abnehmen, falls sich ein Ätheratom nach außen genügend weit (nämlich bis zur Grenze unserer Ätherkugel), aber nicht unendlich weit entfernt. Daraus müßten wir also umgekehrt den Schluß ziehen, daß das Weltall nicht unendlich viel Äther enthalte.

Für unsere Ätherkugel mit ihrem gasförmigen Aggregatzustand des Äthers, mit ihren Ätheratomen, deren Eigengeschwindigkeiten (Molekulargeschwindigkeiten) von außen nach innen bis ins Ungeheure zunehmen, mit ihrem gleichfalls von außen nach innen ins Unermeßliche ansteigenden Druck dieses Äthers, gibt uns unsere Sonne selber in gewissem Sinne ein gutes Bild; denn die Atome der bekannten Substanzen in der Sonne verhalten sich ganz ähnlich wie die Ätheratome in der Ätherkugel. Wir haben gefunden, daß im Innersten der Sonne, dem gewaltigen Druck und der äußerst hohen Temperatur entsprechend, die ja durch das Quadrat der Molekulargeschwindigkeit definiert wird, ein „quasifester" Zustand herrschen müsse: so schnell sich auch die Sonnenatome zwischen zwei Zusammenstößen dort bewegen, so können sie sich doch wegen des unermeßlichen im Sonneninneren herrschenden Druckes nicht von ihren Nachbaratomen entfernen; würde aber dieser Druck plötzlich weggenommen, so müßten alle Sonnenatome wie bei einer ungeheuren Explosion auseinander fahren und gewaltige Wirkungen ausüben. Daher kann das Gleichgewicht der Sonnenatome im Sonneninneren auch als ein „quasilabiles" bezeichnet werden.

Ähnliche Zustände müssen im Inneren unserer mächtigen Ätherkugel herrschen; die Ätheratome haben zb. in unserem Sonnensystem mittlere Eigengeschwindigkeiten von Hunderttausenden von Kilometern, welche Geschwindigkeiten der Größenordnung nach etwa tausendmal größer sind als die Eigengeschwindigkeiten der Sonnenatome relativ zueinander, und der Ätherdruck beträgt vielleicht trotz der geringen Dichte des Äthers viele Tausende von Atmosphären. Daher müssen wir uns den Äther draußen im sogenannten leeren Raum zwischen den Fixsternen, im mittelsten Teil unserer Ätherkugel als quasifest, sein Gleichgewicht als quasilabil (Lord Kelvin) vorstellen. In diesem Zustand bietet wohl der Äther dem Hindurchfliegen von festen Weltkörpern doch einen um so geringeren Widerstand dar, je größer die Eigengeschwindigkeiten der Ätheratome sind. Dieser Widerstand scheint mir von dem Widerstand, den ein weit dünnerer rein gasförmiger Äther bieten würde, der Größenordnung nach kaum erheblich verschieden zu sein. Nach den größeren Weltkörpern hin nimmt dann die Ätherdichte noch stärker zu, so daß um jeden solchen Weltkörper herum eine Hülle quasifesten Äthers vorhanden ist, die sich mit ihm bewegt, wie wenn sie fest mit ihm verwachsen wäre [1]). Weit außerhalb des Weltkörpers, zb. etwa an der äußeren Begrenzungsfläche seiner Atmosphäre, findet dann erst allmählich die Verschiebung gegen den äußeren Äther statt, der sich ja nicht bis zu beliebig großen Abständen so mit dem betreffenden Weltkörper bewegen kann, wie wenn er fest mit ihm verbunden wäre. Doch darf wohl beispielsweise in unserem Planetensystem angenommen werden, die ganze in der Ekliptik befindliche Äthermasse nehme zu einem geringen Betrage am Kreisen der Planeten um die Sonne teil. Wie die großen Weltkörper, so haben wahrscheinlich auch die kleinsten Weltkörperchen, die Atome und die Molekeln, ihre besonderen wenn auch äußerst feinen Ätherhüllen, ähnlich wie jeder feste Körper in der Regel eine Wasserhaut, sonst aber eine Lufthaut hat (S. 250).

Wir haben für den Weltäther den gasförmigen Aggregatzustand in Anspruch genommen. Nun können wir schließen, daß bekannte Vorgänge in Gasen auch im Äther ihr Analogon finden werden. Betrachten wir zb. den Schall, der sich im Gase fortpflanzt! Er ist eine elastische Wellenbewegung, die an einer Stelle des Gases erzeugt worden ist und sich nun ausbreitet. Die Fortpflanzungsgeschwindigkeit des Schalls, die Schallgeschwindigkeit, ist abhängig von der Molekulargeschwindigkeit des betreffenden Gases, sie ist stets etwa $^2/_3$ von dieser Molekulargeschwindigkeit. Übertragen wir diese Beziehung auf den Weltäther! Eine regelmäßige Wellenbewegung im Äther ist das Licht. Die Fortpflanzungsgeschwindigkeit des Lichts beträgt 300000 km. Wenn wir also, da der Äther ein Gas wie andere Gase sein soll, dieselbe Verhältniszahl $^2/_3$ anwenden, so muß die Ätheratomgeschwindigkeit (die ja die Molekulargeschwindigkeit im Äther ist, falls die „Äthermolekeln“ einatomig sind) etwa 450000 km betragen. Wir erhalten also eine Zahl, die innerhalb der Grenzen der Werte liegt, welche wir weiter oben (S. 318) für die Ätheratomgeschwindigkeiten gefunden haben. Diese Zahl ist merkwürdigerweise gleich der Konstanten des bekannten Weberschen elektrodynamischen Grundgesetzes. Der Umstand, daß der Schall in Gasen eine longitudinale, das Licht im Äther dagegen eine transversale Wellenbewegung ist, findet meines

[1]) Daher konnten der bekannte Michelsonsche Versuch mit dem Interferometer und andere ähnliche Versuche (auch der meinige) keine Relativverschiebung des Äthers gegen die Erdoberfläche erkennen lassen.

Erachtens eben darin seine Erklärung, daß der Äther in unserem Wahrnehmungsbereich einen quasifesten Zustand besitzt (S. 319).

Der Gedanke liegt nicht fern, die Analogie weiter zu verfolgen. Clausius hat gefunden, daß die unregelmäßige Molekularbewegung der Körper das sei, was wir Wärme nennen. In demselben Sinne habe ich die Hypothese aufgestellt, daß die unregelmäßige Ätheratombewegung das sei, was wir Elektrizität nennen. Dann ist die Elektrizität gewissermaßen die Wärme des Äthers, und die vielfachen großen Analogien zwischen Wärme und Elektrizität werden selbstverständlich. Ein elektrisierter Körper ist je nach dem Vorzeichen seiner Elektrisierung in bezug auf seine und die ihn umgebende Ätheratombewegung heiß oder kalt, dh. die Ätheratombewegung in ihm ist größer oder kleiner als in seiner unmittelbaren Umgebung; in ihm ist bezüglich seiner Umgebung mehr oder weniger Energie der Ätheratombewegung bzw. ihr gleichwertige Energie aufgespeichert, als wenn er nicht elektrisiert wäre. Der ihn umgebende Raum ist ein (elektrostatisches) elektrisches Feld. Die elektrischen Kraftlinien entsprechen den Richtungen, in denen die mittleren Ätheratomgeschwindigkeiten am stärksten ab- bzw. zunehmen. Befände sich also zb. eine gleichmäßig elektrisierte Kugel mitten in einem sehr großen leeren, dh. nur mit dem Weltäther erfüllten Kugelraum, und hätte diese elektrisierte Kugel eine größere elektrische Energie als der Außenraum, so würden die nach außen verlängerten Radien dieser Kugel die Richtungen darstellen, in denen die Mittelwerte der Ätheratomgeschwindigkeiten am stärksten abnehmen, und dies wären zugleich die Richtungen der elektrischen Kraftlinien.

Nach dem Faradayschen Gesetz wird durch jedes einwertige Ion, das sich bei der Elektrolyse von einer Molekel abspaltet, oder das sich mit einer entsprechenden Atomgruppe zu einer Molekel zusammenlagert, eine ganz bestimmte Elektrizitätsmenge transportiert, welche man in der Neuzeit als ein Elektron bezeichnet hat. Im Einklang mit meiner allgemeinen Hypothese über das Wesen der Elektrizität wird dies Elektron transportiert durch eine bestimmte in allen Fällen gleichen Elektrizitätstransportes gleichbleibende Zahl von Ätheratomen, die sich bei Loslösung eines Ions gleichzeitig von der Ätherhülle der Molekel ablösen, oder die sich bei Bindung eines Ions der Ätherhülle der neu entstehenden Molekel anlagern. Entsprechend der latenten Wärme bei der Vergasung bzw. Verflüssigung der wägbaren Substanzen ist auch hier zur Ablösung der Ätheratome von den Ätherhüllen der Atome eine bestimmte elektrische Energiemenge erforderlich.

Wenn man eine neue Zurückführung der elektrischen Größen auf die mechanischen Grundeinheiten zulassen will, kann man vielleicht mit Erfolg den einen Faktor der elektrischen Energie, die Elektrizitätsmenge, als die Masse der beim Elektrizitätstransport abgelösten Ätheratome, den anderen Faktor, die von ihrem absoluten Nullpunkt an gerechnete elektrische Spannung, als das halbe Quadrat der entsprechenden Ätheratomgeschwindigkeit definieren.

Am Elektrizitätstransport in Gasen sind gleichfalls Elektronen und somit Ätheratome beteiligt. Hierbei scheint nach experimentellen Ergebnissen die Elektrizitätsmenge — und somit auch die Zahl der am Transport beteiligten Ätheratome im Augenblick der Ablösung bzw. Anlagerung eines Ions und eines Elektrons von bzw. an der betreffenden Elektrodenmolekel — dieselbe zu sein wie bei der Elektrolyse. Auf dem Weg durch den Gasraum hindurch stoßen aber diese abgelösten Ätheratome um so häufiger auf andere freie Ätheratome und geben zb. einen Teil ihrer größeren Geschwindigkeit, ihrer größeren elektrischen Energie an sie ab, je größer ihre Geschwindigkeiten sind, und je luftleerer der Raum gemacht ist. Es wäre denkbar, daß nur ein Ätheratom die Elektrizitätsmenge „ein Elektron“ übertrüge, wahrscheinlicher sind es aber, je nach der Masse und der Größe der Ätheratome, deren viele, vielleicht sogar Tausende oder Millionen von Ätheratomen, die zur Übertragung eines einzigen Elektrons erforderlich sind.

Die Maxwellsche elektromagnetische Lichttheorie hat die Lichtschwingungen auf elektrische und magnetische Schwingungen zurückgeführt. Man sagt jetzt im Sinne der Elektronentheorie: die Elektronen schwingen in den Körperatomen oder Molekeln, denen sie zugehören; von diesen — vielleicht unter der Wirkung innerer elastischer Kräfte — schwingenden Elektronen gehen elektrische Wellenbewegungen aus, die uns bei entsprechenden Perioden den Eindruck des Lichtes machen. Nach meiner Hypothese des Wesens der Elektrizität müssen die Ätheratome, die den Elektronen in der Molekel oder im Körperatom zugehören, bei molekularen Zusammenstößen den elastischen Gesetzen zufolge schwingen, und ihre Schwingungen müssen sie als Licht der Perioden ausstrahlen, die eben ihren Schwingungen zukommen. Man sieht somit, daß nach meiner Elektrizitätshypothese zwischen der Maxwellschen elektromagnetischen auf elastisch schwingende Elektronen übertragenen Lichttheorie und der elastischen Lichttheorie kein offenkundiger Unterschied mehr besteht, wenigstens keiner, der sich im Gebiet der Lichtwellenlängen experimentell leicht nachweisen ließe; auf den wirklich noch vorhandenen geringen Unterschied habe ich bereits an anderer Stelle[1]) aufmerksam gemacht. Weiter will ich hier meine Elektrizitätshypothese nicht ausspinnen, da es ja bereits früher eingehend geschehen ist[2]).

Eine Schlußfolgerung aus dem im Vorhergehenden beschriebenen Ätherzustand in unserer großen Ätherkugel ist jedoch zu merkwürdig, als daß ich sie hier übergehen dürfte. Wenn die Ätheratome weit draußen an der Grenze der Ätherkugel im Mittel nahezu die Eigengeschwindigkeit Null haben, und wenn ihre Geschwindigkeiten gegen den Weltschwerpunkt hin mehr und mehr zunehmen, bis sie zb. bei uns den Wert 450000 km erreichen, wenn ferner die Lichtgeschwindigkeit stets nahezu $^2/_3$ der mittleren Eigengeschwindigkeit der Ätheratome ist, dann kann die Lichtgeschwindigkeit nicht überall im Weltall denselben konstanten Wert haben. Bei uns in unserem Sonnensystem, vielleicht auch noch Hunderte oder Tausende von Lichtjahren von uns entfernt, hat sie wohl ungefähr diesen Wert von 300000 km; aber weiter draußen, gegen die Grenze der Ätherkugel hin, muß die Lichtgeschwindigkeit schließlich abnehmen, um an dieser Grenze selber den Grenzwert Null zu erreichen. Wenn sich also von den Sternen Licht nach allen Richtungen ausbreitet, so wird danach seine Geschwindigkeit beim Vorrücken gegen die Grenze unserer Ätherkugel immer kleiner; an der Grenze selber wird sie sogar Null. Das Licht muß offenbar dort reflektiert werden, aber nicht regelmäßig, weil die Äthergrenze keine Spiegelfläche sein kann, sondern diffus, so daß zuletzt von der ganzen Reflexion nur eine verstärkte unregelmäßige Ätheratombewegung übrig bleibt, das also, was nach meiner Elektrizitätshypothese das Wesen der Elektrizität ausmacht. Umgekehrt

1) Zb. Leben im Weltall, S. 28.

2) Mechanik des Weltalls, S. 68 ff.

mag es aber auch andere Stellen des Weltalls geben, wo so viel größere Massen als in unserem Sonnensystem konzentriert sind, daß die Ätheratomgeschwindigkeit und die Lichtgeschwindigkeit dort wesentlich größer sind als bei uns. Darüber, ob die Lichtgeschwindigkeit bei einem weit entfernten Stern gleich groß ist wie in unserem Sonnensystem, könnte günstigenfalls die Ausbreitungsgeschwindigkeit einer Lichtwelle um einen plötzlich aufleuchtenden Stern, um eine Nova, deren Parallaxe genau bekannt ist, näheren Aufschluß geben. Ferner müßte, wegen der Anziehung der Sonne auf den Äther, die Lichtgeschwindigkeit an der Sonnenoberfläche selber etwa 300600 km betragen, wenn sie an der Stelle der Erdbahn 300000 km beträgt, was sich vielleicht einmal nachweisen läßt.

Es mag noch Interesse haben, ein Urteil darüber zu gewinnen, wie groß etwa die Masse des Äthers, verglichen mit der Masse der wägbaren Materie des ganzen Weltalls sei. Der unserer Sonne am nächsten befindliche Fixstern α Centauri ist etwa 50 Billionen Kilometer von uns entfernt. Würde also die Masse der Sonne, deren Radius wir in erster Annäherung zu 700000 km ansetzen, in einer Kugel von 25 Billionen Kilometer Radius gleichmäßig verteilt, so könnten wir schätzungsweise annehmen, die Dichte der wägbaren Materie des ganzen Weltalls zu erhalten, wenn sie in gleicher Weise überall gleichmäßig verteilt wäre, statt in den Fixsternen konzentriert zu sein. Das Verhältnis der Volumen dieser beiden Kugeln ist $\frac{25 \text{ Billionen}^3}{700000^3} = \left(\frac{25}{0,7}\right)^3$ Trillionen oder etwa 45000 Trillionen. Daher würde die Dichte der wägbaren Masse in dieser Kugel nur etwa der 45000 trillionte Teil der Dichte der Sonnenmasse sein oder rund gerechnet $3 \cdot 10^{-23}$, bezogen auf die Dichte des Wassers. Für die Dichte des Äthers sind unter verschiedenen Annahmen gleiche oder etwas größere Zahlen gefunden worden, nämlich zb. 10^{-11} bis 10^{-22}. Wenn sich also, wie es wahrscheinlich ist, unsere Ätherkugel ungeheuer viel weiter erstreckt als das sichtbare Weltall, beispielsweise, um nur eine mögliche Zahl anzugeben, 1000 mal weiter nach jeder Richtung, so würde die Gesamtmasse des Weltäthers der Größenordnung nach mindestens millionenmal größer sein als die Gesamtmasse der wägbaren Materie. Demnach ist auch die Energie, die im Äther aufgespeichert sein kann, durchaus nicht etwa kleiner als die möglicherweise in der wägbaren Substanz aufgespeicherte, sondern wahrscheinlich ungeheuer viel größer.

Wir sind bei unseren Betrachtungen über die Entwickelung unseres Weltalls vom Chaos ausgegangen (S. 241). Diese Entwickelung zielt, soweit wir es erkennen können, darauf hin, daß sich alle wägbare Masse immer mehr konzentriert, daß sie in große Sonnen zusammenströmt, wenn man nicht mit Arrhenius annehmen will, der Strahlungsdruck treibe wieder ebensoviel staubförmige Massen von den leuchtenden Sonnen fort, als ihnen in Form von meteorischen Massen zuströmt. Wären aber die Sonnen einmal erkaltet, so würde dieser Strahlungsdruck nicht mehr in Betracht kommen, und die Gesamtmasse des Weltalls müßte sich doch schließlich in einen einzigen Zentralkörper konzentrieren, der zuletzt verlöschen und als kalter starrer Körper zurückbleiben würde. Die ganze Energie aber, die jetzt noch in der gesamten wägbaren Masse des Weltalls aufgespeichert ist, müßte dann in den Weltraum ausgestrahlt, sie müßte auf den Äther übergegangen sein. Dies wäre das Ende der Welt, wie einst das Chaos der Anfang derselben gewesen wäre. Indessen wird es uns schwer, an einen Anfang und an ein Ende der Welt zu glauben, da doch die Zeit selber weder Anfang noch Ende haben kann.

Wenn meine Hypothese, die unregelmäßige Bewegung der Ätheratome sei das Wesen der Elektrizität, der Wirklichkeit entspricht, so kann man sich denken, daß ein immerwährend in alle Ewigkeit in nicht umkehrbarer Weise sich wiederholender Kreislauf der Welt zustande kommt, wie ich im folgenden zeigen möchte.

Zur Zeit des von uns zuerst betrachteten Chaos sei alle wägbare Masse in gleichmäßigster Verteilung im ganzen Raum der ungeheuren Ätherkugel ausgebreitet gewesen. Auch in diesem Zustande hatten die ganze wägbare Masse und die Äthermasse der Ätherkugel zusammen einen Schwerpunkt, der während der ganzen Entwickelungsvorgänge des Weltalls als ruhend oder — weniger wahrscheinlich — in gleichmäßig fortschreitender Bewegung gedacht werden kann. Weil aber damals alle wägbare Materie nur in unermeßlicher Verdünnung (vgl. S. 243) vorhanden war, konnte die Gravitationswirkung nach diesem Schwerpunkt hin nur außerordentlich viel weniger wirksam sein als jetzt, wo diese Materie schon stark zusammengeballt ist, wo Milliarden oder vielleicht sogar Billionen von Sonnen vorhanden sind. Daher war auch die Ätherkugel selber damals viel weiter ausgebreitet und die Ätheratomgeschwindigkeiten waren dementsprechend zur Zeit des Bestehens des Chaos weit geringer als jetzt. Die Ätheratome hatten durch das ganze Weltall hindurch fast dieselben verhältnismäßig kleinen Geschwindigkeiten. Alle Energie des Weltalls steckte als potentielle Energie in der wägbaren Materie und im Äther. Nun begann die Zusammenballung, wie ich sie oben beschrieben habe. Das Ende derselben ist die Zentralsonne, für die wir eine Einlaufgeschwindigkeit von mindestens 600000 km berechnet haben. Das ist eine Geschwindigkeit der wägbaren Materie, wie sie nach unseren Erfahrungen zurzeit nicht vorkommen kann. Wenn aber solche Geschwindigkeiten zur Zeit des Bestehens einer Zentralsonne vorkommen werden, so haben nicht nur die wägbaren in die Zentralsonne stürzenden Körper diese Geschwindigkeit, sondern auch die gegen die Oberfläche einer solchen Sonne herangezogenen Ätheratome, mit anderen Worten: die Ätheratomgeschwindigkeiten an der Oberfläche der Zentralsonne haben gleichfalls den Betrag von 600000 km erreicht. Die gesamte Masse des Weltalls, die wägbare und die Äthermasse, hat jetzt wohl ihren größten möglichen Betrag an kinetischer Energie gewonnen. Dabei werden alle wägbaren Substanzen wieder in ihre Atome aufgelöst, sie werden alle aufs vollständigste dissoziiert sein.

Nun nehmen aber die Ätheratomgeschwindigkeiten von innen nach außen gleichmäßig ab, bis an die Grenze unserer der Zusammenballung entsprechend kontrahierten Ätherkugel. Wäre der Äther eine wägbare Substanz, so würden wir mit Clausius sagen: An der Oberfläche der Zentralsonne ist diese Substanz am heißesten, sie wird aber nach außen immer kälter, und an der Grenze der Ätherkugel ist ihre Temperatur Null. Da aber der Äther unwägbar ist, können wir bei ihm nicht von Wärme sprechen, wohl aber, meiner oben dargelegten Elektrizitätshypothese zufolge, von Elektrizität. Wir sagen also, der Äther in unmittelbarer Berührung mit der Zentralsonne sei am stärksten elektrisiert, der Äther außen an der Grenze der Ätherkugel sei dagegen völlig unelektrisch. Zwischen diesen beiden Grenzen muß also ein entsprechender elektrischer Spannungsunterschied vorhanden sein, die elektrischen Kraftlinien müssen radial von der Zentralsonne nach außen verlaufen: die ganze Ätherkugel ist ein einziges ungeheures elektrisches Feld. Alle wägbare Substanz ist in der Mitte, in der Zentralsonne konzentriert. Die Eigengeschwindigkeiten der wägbaren Atome der Zentralsonne — ihre „Molekulargeschwindigkeiten", wenn wir bei vollständiger Dissoziation von solchen sprechen wollen — verhalten sich ganz ähnlich wie die Eigengeschwindigkeiten der wägbaren Atome unserer Sonne: sie haben außen im Mittel den Wert Null, im Zentralsonnenmittelpunkt außerordentlich große Werte; diese Werte sind von der in der Zentralsonne vereinigten Gesamtmasse, von ihren Temperaturen und von ihren Dichten, dh. also vom Sonnenradius abhängig; in keinem Falle sind aber diese Geschwindigkeiten der wägbaren Atome in der Zentralsonne auch nur annähernd so groß wie die maximalen Ätheratomgeschwindigkeiten, weil ja beim Zusammenballen fortwährend Energie ausgestrahlt, also von der wägbaren auf die Äthermasse übertragen worden ist. Alle wägbare Masse der Zentralsonne muß nun im Mittel den elektrischen Zustand des dort befindlichen Äthers angenommen haben, mit dem sie dauernd in Berührung ist. Weil die Ätheratomgeschwindigkeiten im Inneren der Zentralsonne bis zu ihrem Zentrum nur noch wenig zunehmen können, ist die wägbare Masse der Zentralsonne fast durchweg gleichnamig elektrisch, unter allen Umständen aber ungleichnamig elektrisch gegen die Grenze der Ätherkugel hin, wo die Elektrisierung absolut genommen Null ist. Daher üben unter dieser elektrischen Wirkung alle wägbaren Atome der Zentralsonne gegenseitige abstoßende Kräfte aufeinander aus. Die elektrisierten Atome der Zentralsonne suchen sich dieser Wirkung zufolge voneinander zu entfernen.

Schließlich mache ich noch die Hypothese, spätestens beim Zusammenstürzen der letzten großen Massen in die Zentralsonne werde diese Elektrisierung der Zentralsonnenatome so groß, daß ihre gegenseitige elektrische Abstoßung ihre Anziehung vermöge der Gravitation überwiege [1]). Es stieben dann alle wägbaren Atome der Zentralsonne auseinander, in dem vorhandenen elektrischen Felde unserer Ätherkugel und solange dieses besteht, bis zuletzt ihre ganze kinetische Energie wieder in potentielle verwandelt worden ist, dh. bis wieder

[1]) Schon beim jetzigen Einstürzen der Meteoritenmassen in die Sonne könnte unter Umständen die Elektrisierung der Sonne so sehr zunehmen, daß dadurch die entsprechend vermehrte Gravitationswirkung zwischen den Sonnenatomen zum Teil kompensiert würde.

der Zustand unseres Chaos erreicht ist, von dem wir bei unseren Darlegungen der Entwickelung des Weltalls ausgegangen sind. Ist also wägbare Materie so weit auseinander gefahren, so verliert damit auch der Schwerpunkt des Weltalls, in dem sich die Zentralsonne gebildet hat, seine ungeheure Gravitationswirkung; die Ätheratome stieben also gleichfalls auseinander und die Ätheratomgeschwindigkeiten werden fast durch die ganze Ätherkugel hindurch nahezu gleich groß, nämlich außerordentlich gering. Damit hat das elektrische Feld unserer Ätherkugel einen entsprechend geringen Betrag angenommen, die Gravitationswirkung gewinnt wieder die Oberhand, und das Spiel des Zusammenballens beginnt von neuem. Wenn diese beschriebenen Bedingungen erfüllt sind, muß die Materie des Weltalls einen ewig sich wiederholenden Kreislauf vollenden.

Die Lichtstrahlung.

Viele Forscher stellen sich gegenwärtig das wägbare Atom als eine Welt im kleinen vor: um das an dieses Atom gebundene positive Elektron oder um die positiven Elektronen desselben kreisen die negativen Elektronen ähnlich wie die Planeten um die Sonne; die Perioden der Umlaufzeiten entsprechen den Perioden der Lichtwellen, die vom Atom ausgestrahlt werden. Indessen sind für das Kreisen der Planeten unendlich viele Perioden möglich, je nach den Abständen derselben vom Zentralkörper, und man sollte denken, bei den unermeßlich vielen Zusammenstößen der Atome müßten während ihrer Lichtstrahlung in einem großen Bereich alle Perioden gleich wahrscheinlich vorkommen. Aber auch aus anderen Gründen vermag ich diese Vorstellung nicht für wahrscheinlich zu halten; vielmehr halte ich an der Ansicht fest, die Elektronen bzw. die Ätheratome, aus denen die Elektronen meines Erachtens aufgebaut sind, seien durch elastische Kräfte an das Atom gefesselt, und diese elastischen Kräfte verbürgen uns die bestimmten Schwingungsdauern der von den Atomen unter sehr verschiedenen Bedingungen ausgestrahlten Lichtarten. Daß die elastischen Kräfte konstante Schwingungsperioden gewährleisten, beweisen uns alle akustischen Schwingungen konstanter Schwingungsdauern der festen Körper. Man wird aber fragen, ob denn die Größenordnung der tatsächlich beobachteten Lichtschwingungen mit der Annahme von elastischen Schwingungen in den Atomen selber verträglich sei? Diese Frage muß unbedingt bejaht werden, wie folgende Rechnungen zeigen:

Ich stelle mir ein nicht mehr in einfachere Atome aufsplitterbares Atom eines chemischen Elementes als ein kleines Körperchen vor, welches eine bestimmte Form besitzt, zb. Kugelform oder Ellipsoid- oder Zylinder- oder Würfel- oder eine parallelepipedische Form, wie Stäbchen, Plättchen usf., und welches durch und durch von homogener elastischer Materie erfüllt ist. Die Fortpflanzungsgeschwindigkeit elastischer Deformationen in wägbaren Körpern ist die Schallgeschwindigkeit. Bei den Schallgeschwindigkeiten spielen die Molekulargeschwindigkeiten in den Körpern eine wesentliche Rolle, namentlich in Gasen, weil in diesen die Atome große mittlere Abstände voneinander besitzen; in festen Körpern tritt dagegen der Einfluß der Molekulargeschwindigkeiten zurück, wobei die Schallgeschwindigkeit in der Regel beträchtlich zunimmt. Die Vermutung ist also wohl gerechtfertigt, daß die Fortpflanzungsgeschwindigkeit elastischer Wellenbewegungen in der Substanz an sich, wie wir sie in den Atomen selber vor uns haben werden, noch größer sei als die in den festen Körpern beobachteten Schallgeschwindigkeiten. Wir wollen indessen hier nur die Schallgeschwindigkeiten in festen Körpern unseren Berechnungen zugrunde legen: in Stahl und in anderen harten Substanzen, zb. in Glas, beträgt sie beispielsweise in runder Zahl 500000 cm in der Sekunde. Nun sind nach den verschiedensten Methoden Atomdurchmesser von der Größenordnung $^1/_{100 \text{ Millionen}}$ cm bestimmt worden. In einem Atom würde also eine elastische Wellenbewegung von der Fortpflanzungsgeschwindigkeit 500000 cm den Durchmesser desselben ($= {}^1/_{100 \text{ Millionen}}$ cm) 50 billionenmal in der Sekunde durchlaufen; die elastische Schwingungszahl eines solchen Atomes für die Hin- und Herschwingungen wäre daher 25 Billionen. Die im Gebiet des wahrnehmbaren Lichtes tatsächlich erhaltenen Lichtschwingungszahlen betragen etwa 3 bis 3000 Billionen in der Sekunde, wie man aus den bisher beobachteten Lichtwellenlängen und aus der Lichtgeschwindigkeit leicht ermittelt. Wir erkennen also, daß wir mit der Hypothese der Mitwirkung elastischer Kräfte bei den Schwingungen der Elektronen oder der kleinsten Atombestandteile ganz in die Größenordnung der Lichtschwingungszahlen hereinkommen. Sind nun die wirklichen Atomdurchmesser noch wesentlich kleiner als die errechneten, die ja wegen der Molekulargeschwindigkeiten stets zu groß erscheinen, weil das rasch bewegte Atom ein viel größeres für andere Atome undurchdringliches Volumen für sich in Anspruch nimmt als ein ruhendes Atom; sind etwa auch die Fortpflanzungsgeschwindigkeiten elastischer Deformationen in der Substanz an sich noch wesentlich größer als unsere größten in festen Körpern gemessenen Schallgeschwindigkeiten; wird endlich berücksichtigt, daß unsere obige Rechnung nur für die Grundschwingungen in den Atomen durchgeführt worden ist, daß aber bei entsprechenden, namentlich bei plötzlichen Zusammenstößen auch zahlreiche Oberschwingungen in ihnen zustande kommen müssen, deren Schwingungszahlen 2, 3, 4, 5..... mal größer sind als die der Grundschwingungen, so wird uns offenbar, daß wir die elastischen Schwingungen in den Atomen durchaus auch für alle höchsten wirklich beobachteten Lichtschwingungszahlen verantwortlich machen dürfen. Andererseits erhalten wir weit geringere Perioden, die bis zu den tiefsten beobachteten Lichtschwingungszahlen herabreichen, wenn wir die Schwingungsperioden für die Molekelbestandteile berechnen, dh. wenn wir für die Schwingungen der ganzen Atome in ihrem Molekelverband diese Perioden aufsuchen.

Schon vor langer Zeit ist für die elastische Lichttheorie die Behauptung aufgestellt worden, die elastischen Schwingungen in den Molekeln und Atomen, welche durch die heftigen Zusammenstöße der Molekularbewegung, besonders bei den höchsten Temperaturen, bei chemischen Umsetzungen, bei elektrischen Entladungen erregt werden, seien die Quellen der Lichtwellenbewegungen. Diese Hypothese ist aber wieder verlassen, durch die elektromagnetische Lichttheorie verdrängt worden, teils weil man sich nicht vorstellen konnte, daß bei verhältnismäßig einfachen, zb. einatomigen Gasen und Dämpfen, die freifliegenden Atome oft Licht von so zahlreichen Schwingungszahlen sollten ausstrahlen können, teils weil alle Lichtwellen im wesentlichen transversale Wellenbewegungen sind, deren Existenzmöglichkeit man in einer elastisch schwingenden Ätherflüssigkeit nicht zugeben zu können glaubte. Wenn ich nun hier für die Schwingungen der Elektronen elastische Kräfte in Anspruch nehme, wenn ich mit meiner Hypothese genau besehen die Anschauung ausspreche, die elastische und die elektromagnetische Lichttheorie unterscheiden sich voneinander gar nicht so sehr, daß wir es experimentell nachweisen könnten, und sogar für manche auf mathematischem Wege gelöste theoretische Fragen falle der tatsächlich noch bestehende feinere Unterschied oft genug gar nicht ins Gewicht, so muß ich mich selbstverständlich über die beiden vorgebrachten Haupteinwände gegen die Annahme äußern, daß in den Atomen und im Äther wirksame elastische Kräfte die Lichtwellenbewegungen hervorrufen.

Schon im vorhergehenden Abschnitt (S. 319) habe ich gezeigt, daß wir nicht umhin können, dem Äther im Bereich unseres Sonnensystems einen „quasifesten" Zustand zuzuschreiben. Ebensowohl können wir diesen Zustand „quasilabil" nennen; denn wenn zb. der Druck plötzlich von einer solchen Stelle weggenommen würde, so müßten alle Ätheratome explosionsartig auseinanderstieben, ganz ähnlich wie es bei den wägbaren Atomen im Inneren der Sonne unter denselben Verhältnissen geschähe. In einem solchen Zustand muß sich aber eben der Äther bezüglich seiner elastischen Schwingungen ähnlich wie ein fester Körper verhalten. Longitudinale Wellen sind in ihm kaum denkbar, weil jede von einem schwingenden Atom ausgehende Kugelwelle longitudinaler Schwingungen die ganze über ihr lagernde Äthermasse in ihren Ausdehnungsphasen zurückschieben, also verdichten müßte, was bei dem ungeheuren Ätherdruck (S. 316) nicht möglich erscheint. Bei transversalen Schwingungen tritt dagegen ein solches Zurückschieben des übergelagerten Äthers nicht ein. Sodann können in unserem quasifesten Äther auch polarisierte Lichtwellen ihre Polarisationsrichtungen auf weiten Strecken beibehalten.

Daß andererseits die elastischen Schwingungen in den Atomen und Molekeln der wägbaren Substanzen eine ungeheure Mannigfaltigkeit von Schwingungszuständen gewährleisten, will ich im folgenden nachweisen. Dabei mache ich wie oben (S. 243) die Annahme, die Atome seien mit vollkommen elastischer homogener Substanz erfüllt. Elastisch muß ja diese Substanz sein, sonst würden die Atome bei jedem Zusammenstoß mit anderen Atomen in kleinere Teile zersplittern; vollkommen elastisch muß sie sein, weil sonst jedes Atom nach jedem Stoß wieder eine andere Atomform besäße.

Denken wir uns zuerst den einfachsten Fall: ein kugelförmiges Atom. Wird es zentral von einem anderen Atom kurz angestoßen, so entsteht in ihm längs seines Durchmessers eine longitudinale fast ungedämpfte Schwingungsbewegung, seine longitudinale Grundschwingung.

Daß die Atomschwingungen im allgemeinen sehr wenig, nur vermöge ihrer Ausstrahlungswirkung gedämpft sind, beweist die bekannte Interferenzfähigkeit des Lichts nach Millionen von Schwingungen. Erhielte nun das Atom einen zweiten gleichen kurzen Stoß, zb. nach Verlauf von $^1/_2, ^3/_2, ^5/_2$...... Schwingungen, so würde dadurch die erste zu jener Grundschwingung gehörige Oberschwingung angeregt; bei anderen entsprechend dazwischen liegenden Zeitpunkten des zweiten Stoßes würden alle möglichen anderen Oberschwingungen angeregt. Wir sehen, daß eine bei unendlich kurzen Anstößen theoretisch bis ins Unendliche reichende Zahl von Oberschwingungen schon in unserem einfachen kugelförmigen Atom möglich ist. Vielleicht können alle Oberschwingungen in dieser Weise wirklich hervorgebracht werden, wenn eben nur die Stoßdauern bei den Atomzusammenstößen kurz genug sind. Übersetzt man diese Vorgänge in die Sprache der Elektronentheorie, so muß man sich vorstellen, ein Elektron oder, wenn mehrere Elektronen an das Atom gebunden erscheinen, die Elektronen schwingen in der Richtung eines bestimmten Durchmessers des Atoms hin und her, und zwar in allen genannten Perioden. Die davon herrührende Schwingungsbewegung würde natürlich als geradlinig polarisiertes Licht wahrgenommen, wenn nicht das Atom während dieser Schwingungsbewegung zugleich um eine eigene Achse rotierte.

Nun sind aber offenbar die zentralen Zusammenstöße der Atome eine seltene Ausnahme, die exzentrischen Zusammenstöße dagegen die Regel. Diese exzentrischen Stöße zerlegen wir in zwei Komponenten, in eine radiale Komponente, die dem vorhin betrachteten Fall des zentralen Zusammenstoßes entspricht, mit demselben Erfolge, und in eine tangentiale Komponente, die entsprechend andere Wirkungen hervorbringt. Wie nämlich die radiale Komponente des Stoßes das Auseinanderfahren der Atome nach dem Stoß zur Folge hat, so bewirkt die tangentiale Komponente ein Rotieren der Atome nach dem Stoß, infolgedessen wir eben das von den Atomen ausgestrahlte Licht nicht als polarisiertes, sondern nur als unpolarisiertes wahrnehmen können. Wie überdies durch die radiale Komponente außer dem Auseinanderfahren der Atome eine elastische Atom-Schwingungsbewegung in der Richtung ihrer Durchmesser einsetzt, an deren Enden der Stoß erfolgte, so hat auch die tangentiale Komponente je eine elastische tangentiale Wellenbewegung um jedes kugelige Atom herum zur Folge, welchen Wellenbewegungen eine andere Periode zukommt als den vorhin betrachteten Schwingungsbewegungen längs der Atomdurchmesser. Würde zb. diese tangentiale Wellenbewegung nur in der alleräußersten Atomoberfläche stattfinden, so könnte ihre Periode, der Wegdifferenz entsprechend, etwa das $\pi/2$fache der Periode der Grundschwingung längs des Durchmessers betragen, sofern die diesen beiden Arten von Wellenbewegungen zugrunde liegenden elastischen Wirkungen sonst ganz gleich wären. Hat nun unser kugelförmiges Atom eine solche tangentiale Wellenbewegung erhalten, und bekommt es an einer bestimmten Stelle einen neuen exzentrischen genügend kurzen Stoß mit gleich gerichteter tangentialer Komponente, nachdem von der ersten Wellenbewegung eben $^1/_2$ oder $^3/_2$, $^5/_2$..... einer Welle vorbeigewandert sind, dh. in der Phasendifferenz π, 3π, 5π usf., so entsteht die erste tangentiale Oberschwingung zu jener vorher betrachteten tangentialen Grundschwingung, und in gleicher Weise kann eine unendliche Reihe von tangentialen Schwingungen um das kugelige Atom herum erzeugt werden; wahrscheinlich entstehen gelegentlich alle diese Oberschwingungen der tangentialen Grundschwingung oder Wellenbewegung um das Atom herum, wenn nur die Stöße in entsprechender Weise, namentlich in entsprechend kurzen Zeiträumen erfolgen. In der Sprache der Elektronentheorie würde man etwa sagen: das Elektron oder die Elektronen rotieren in den betreffenden Perioden um das Atom herum.

Noch eine dritte wesentlich verschiedene Art von Schwingungsbewegungen ist in unserem kugeligen Atom denkbar: Würde ein Atom durch hydrostatischen Druck allseitig gleichmäßig zusammengepreßt oder durch entsprechenden Zug ausgedehnt und dann plötzlich sich selbst überlassen, so müßte es radiale Schwingungen ausführen, bei denen sich alle seine Bestandteile in den radialen Richtungen gleichzeitig nach innen und gleichzeitig nach außen bewegten. Auch solche Wirkungen werden vermutlich bei dem unaufhörlichen Spiel der Atome wirklich eintreten, namentlich in den Zeitpunkten, in denen ein Atom mit einem anderen Atom oder mit einer Atomgruppe zu einem vorübergehenden oder festen Atomverband, zu einer Molekel zusammentritt, oder in denen umgekehrt bisher verbundene Atome durch Dissoziation sich trennen; im ersten Fall werden die Atome gewissermaßen plötzlich auf einen größeren sie zusammenpressenden

Druck gebracht, im zweiten Falle werden sie dagegen von diesem Drucke befreit.

Erhalten die im Vorhergehenden beschriebenen Schwingungsbewegungen eine genügende Intensität, so nehmen wir sie als Lichtwellen wahr. Jeder solchen Wellenbewegung eines Atoms entspräche eine bestimmte scharf abgegrenzte Spektrallinie, wenn das strahlende Atom ruhte und während der Strahlung mit keinem anderen Atom zur Berührung käme. Da es aber unaufhörlich hin- und herzuckt, entspricht seiner Wellenbewegung nach Maßgabe des Dopplerschen Prinzips vermöge seiner fortschreitenden Geschwindigkeit eine nicht vollkommen scharfe, sondern eine um so verwaschenere Spektrallinie, je größer die Molekulargeschwindigkeit des betrachteten leuchtenden Gases oder Dampfes ist.

Da ferner das Atom fortwährend wieder mit anderen Atomen zusammenstößt und dabei starke Deformationen erleidet, werden für die Dauer des Stoßes seine Elastizitätsverhältnisse in ganz erheblichem Maße geändert, so daß sich alle seine Perioden während der Stoßdauer in entsprechender Weise verkürzen. Man denke nur, um für diese Vorgänge ein Bild zu gewinnen, an einen verhältnismäßig großen Klöppel, den man gegen eine Glocke fallen läßt: im ersten Augenblick, solange der Klöppel mit der Glocke in Berührung steht, gibt diese noch keinen reinen Ton, sondern neben ihrem Grundton eine Unzahl von Obertönen. Wir erkennen dies leicht, wenn wir uns den richtigen Ton der Glocke nach dem elastischen Aufschlagen des Klöppels merken, und wenn wir hierauf den Klöppel hart, unelastisch auf die Glocke fallen lassen, so daß er nicht mehr von ihr abspringen kann. Dann gibt die Glocke einen schrillen Klang von sich, und wenn wir genau aufmerken, hören wir eine ganze Reihe von Obertönen, die vom Grundton der Glocke anfangend äußerst schnell bis zu den höchsten Obertönen ansteigt. Ganz so muß es sich bei den Atomen in den Zeitpunkten ihrer Zusammenstöße mit anderen Atomen oder mit Atomgruppen verhalten. Ihre im Vorhergehenden beschriebenen Schwingungen erhalten nach Maßgabe der Innigkeit der Berührung immer kürzere Perioden, so daß also die von solchen Atomen ausgestrahlten Spektrallinien nach der Richtung der kleineren Wellenlängen hin verwaschen erscheinen. Es ist anzunehmen, daß der Heftigkeit der Zusammenstöße entsprechend jede Schwingungszahl hierdurch beispielsweise bis auf ihre Oktave hinaufgetrieben werden kann, vielleicht sogar noch höher, so daß von den Atomen während ihrer Stoßzeit in entsprechendem Bereich ein ganz kontinuierliches Spektrum ausgestrahlt wird. Aber auch nach der Richtung kleinerer Schwingungszahlen hin wird eine gewisse Abschattierung der Spektrallinien unmittelbar nach der Stoßdauer wahrscheinlich sein: ebenso wie die elastische Atomsubstanz durch den Stoß einen Augenblick zusammengepreßt wird, so dehnt sie sich, als Reaktionswirkung, nach dem Stoß einen Augenblick wieder aus, ihre Elastizität ist dabei etwas geringer als im ungedehnten Zustande, und alle Schwingungszahlen werden daher kleiner, dh. die Spektrallinie muß aus diesem Grunde auch nach größeren Wellenlängen hin etwas verwaschen erscheinen. Wahrscheinlich ist aber die letztere Abschattierung doch weniger stark ausgebildet als die erstere.

Je größer die freie Weglänge des strahlenden Atoms zwischen zwei Zusammenstößen mit Nachbaratomen ist, um so wahrscheinlicher ist es, daß das Atom durch Dämpfung, namentlich durch Strahlungsdämpfung vermöge seiner Lichtabgabe nach außen seine Schwingungsbewegung verliert, bevor ein neuer Stoß stattfindet. Daher werden die Atome in Gasen mit großer freier Weglänge, also in verdünnten Gasen, vorzugsweise zu ihren Grundschwingungen angeregt, und diese werden sie ausstrahlen. Es ist überdies wahrscheinlich, daß die Atome bei den elektrischen Entladungen in luftverdünnten Räumen, in Geißlerröhren, bei denen sie alle ganz besonders nach denselben Richtungen hin- und hergeschleudert werden, durchweg größere freie Weglängen durchlaufen als bei der gewöhnlichen Temperaturstrahlung, daß sie dann also bei elektrischen Entladungen geringer Intensität besonders leicht ihre Grundschwingungen annehmen und ausstrahlen. Je dichter aber das Gas ist, und je intensiver die elektrischen Entladungen sind, um so häufiger werden die Zusammenstöße der Atome, um so mehr Oberschwingungen müssen auftreten; bei überaus häufigen Zusammenstößen, wenn die Atome gar nicht mehr frei schwingen können, vorzugsweise bei sehr dichten Gasen, bei flüssigen und festen Körpern, treten die ihren Eigenschwingungen entsprechenden Spektrallinien immer mehr zurück, die Spektrallinien werden immer verwaschener, und schließlich bleibt das kontinuierliche Spektrum allein übrig.

Von großem Einfluß auf die dem Atom erteilte Schwingungsart ist die Stoßdauer. Wäre zb. die Stoßdauer ungefähr gleich oder nur wenig kürzer als die Grundschwingungsdauer des Atoms (ähnlich wie bei einer Glocke mit ihrem geeignet abgeglichenen Klöppel), so wäre nach einem Hin- und Herlaufen der erregten Welle durch das Atom hindurch die Berührung beider Atome eben wieder aufgehoben, das Atom könnte in seiner Grundschwingung frei ausschwingen, und diese Grundschwingung würde vor allen anderen kürzeren Schwingungen bevorzugt, sie würde am leichtesten, ja sogar fast ausschließlich angeregt. Je höher aber die Strahlungstemperatur ist, je kürzer also auch die Stoßdauer ist, um so größer wird die Möglichkeit, daß Oberschwingungen entstehen; denn ein momentaner Stoß würde eine Schwingungsform des Atoms hervorbringen, die einem ganzen Klang entspräche, und die sich also nach dem Fourierschen Satze in zahlreiche neben der Grundschwingung bestehende Oberschwingungen auflösen ließe.

Wäre unser Atom nicht eine Kugel, sondern ein sehr langgestrecktes fast lineares, geradliniges Stäbchen, so würden sich zb. die Schwingungszahlen seiner in der Längsrichtung entstehenden Grund- und Oberschwingungen zueinander verhalten wie alle ganzen Zahlen 1, 2, 3, 4, 5.....; denn ein solches Atom würde einem eindimensionalen Gebilde nahekommen. Ein kugelförmiges Atom muß dagegen als ein dreidimensionaler Körper aufgefaßt werden. Seine Grund- und Oberschwingungen stehen also in weniger einfachen Zahlenverhältnissen zueinander.

Es ist fast undenkbar, daß alle verschiedenartigen Atome der verschiedenen Elemente kugelförmig seien. Schon die Atomumwandlungen bei den radioaktiven Erscheinungen müßten einen solchen Gedanken von vornherein ablehnen lassen. Dann aber werden doch vermutlich die einfachsten regelmäßigen körperlichen Gebilde, wie Ellipsoide, Zylinder, sowohl kurze wie langgestreckte, Tetraeder, Würfel, Parallelepipede, sowohl kurze wie langgestreckte, Polyeder, vielleicht auch noch weniger regelmäßig geformte Scheibchen und Stäbchen als Atomformen anzusprechen sein. Je komplizierter diese Körperformen sind, um so verwickelter wird der Zusammenhang ihrer Grund- und Oberschwingungen, um so größer wird die Zahl der verschiedenen Arten von Grund- und Oberschwingungen. Bei Parallelepipeden zb. werden wir dreierlei verschiedene Arten von Longitudinalschwingungen — nach jeder von den drei Kantenrichtungen hin —, dreierlei verschiedene Arten von Transversalschwingungen, dreierlei verschiedene Arten von Tangentialschwingungen und noch viele andere Schwingungsmöglichkeiten erhalten. Mathematisch wird man diesen Schwingungszahlverhältnissen nur in den einfachsten Fällen beikommen. Aber die experimentelle Lösung der Aufgabe mit gehärteten Stahlkörpern erscheint außerordentlich aussichtsreich. Dann wird man erkennen, daß die so gefundenen Schwingungszahlverhältnisse auch bei den Spektrallinien der Elemente vorkommen. Strahlen dann die Atome gewisser Elemente genau die Spektrallinienserien aus, deren Schwingungszahlverhältnisse mit denen einer Kugel, eines Tetraeders, eines Würfels übereinstimmen, so wissen wir, daß die Atome jener Elemente selber Kugel- bzw. Tetraeder- bzw. Würfelform haben. Ganz abgesehen von der Aufsplitterung radioaktiver Atome halte ich es aber für sehr wahrscheinlich, daß manche Elemente ziemlich unregelmäßige Atomformen haben, so namentlich die magnetisierbaren Elemente Eisen, Nickel, Kobalt. Die überaus zahlreichen von Eisenatomen emittierten Spektrallinien sprechen sehr für ihre unregelmäßigen Atomformen. Mit solchen unregelmäßigen Atomformen habe ich früher [1]) das Wesen des Magnetismus aus meiner Elektrizitätshypothese abzuleiten gesucht.

Wenn wir Licht wahrnehmen, so ist es nie das Licht eines einzelnen Atoms, sondern stets das Licht zahlloser Atome, deren Gesamtheit gleichsam einen leuchtenden Raum bildet. Diese Atome stoßen schon bei Zimmertemperaturen in Gasen von Atmosphärendruck ein paar milliardenmal in der Sekunde auf ihre Nachbaratome. Daher kommen alle ihre möglichen Zusammenstöße gleichzeitig nebeneinander vor, und wir müssen im allgemeinen alle entsprechenden von ihnen emittierten Spektrallinien gleichzeitig nachweisen können; nur werden selbstverständlich die einen Spektrallinien dennoch schwächer, die anderen stärker emittiert, je nach der Häufigkeit und der Intensität des Auftretens der zugehörigen Schwingungen; auch werden die einen Spektrallinien im Gebiet des sichtbaren Lichts liegen, die anderen außerhalb desselben.

[1]) Mechanik des Weltalls, S. 76, Freiburg i. B. 1897.

Betrachten wir einen äußerst kleinen Raum leuchtender Materie, der nur ganz wenige strahlende Atome enthalten möge, vielleicht hundert oder tausend! Mit dem Mikroskop betrachtet wäre dieser Raum für uns immer noch kaum mehr als ein leuchtender Punkt. Könnten wir darin die einzelnen Atome sehen und in ihren Bewegungen genau verfolgen, so würden wir erkennen, daß in jedem ins Auge gefaßten kleinsten Zeitteilchen immer nur eines dieser wenigen Atome einen Stoß| erhält, während sich die anderen Atome augenblicklich auf freier Bahn befinden, ihre freie Weglänge durchlaufen. Das zum Stoß gelangende Atom sendet bei weniger hohen Temperaturen während der Stoßdauer, wie ich im Vorhergehenden gezeigt habe, eine stark verbreiterte Spektrallinie, dh. ein mehr oder weniger weit reichendes kontinuierliches Spektrum aus; nach dem Stoß strahlt es dagegen die seinen Eigenschwingungen entsprechenden durch diesen Stoß angeregten Wellen aus, vielleicht Wellen verschiedener Grund- und Oberschwingungen. Die Atome seiner Umgebung werden aber vom strahlenden Atom beeinflußt. Sie befinden sich auf freier Bahn, sprechen also besonders leicht und stark auf ihre Eigenschwingungen an. Daher sind sie „Resonatoren" für alle ihre Eigenperioden, und weil eben das auf ein anderes Atom stoßende Atom während seiner Stoßdauer, seiner emittierten äußerst verwaschenen Spektrallinie entsprechend, Wellen aller möglichen in diesem Wellenbereich liegenden Wellenlängen aussendet, werden alle Atome seiner Umgebung zu allen ihren in diesem Bereich möglichen Eigenschwingungen angeregt. Das stoßende Atom hat diese Schwingungen alle nur während der äußerst kurzen Stoßdauer, mit anderen Worten: Jede von diesen seinen Schwingungen ist während der Stoßdauer sehr stark gedämpft, nur stoßweise tritt sie auf. Aber die freien Atome seiner Umgebung schwingen in allen ihren Eigenperioden sehr wenig gedämpft. Daher geht die Strahlungsenergie des strahlenden Atoms durch „Stoßerregung" auf die freien Atome seiner Umgebung über; die freien Atome werden durch Resonanz auf ihre sämtlichen möglichen, im entsprechenden Bereich liegenden Eigenschwingungen gebracht, sie nehmen die entsprechende Energie sehr rasch, scheinbar sprungweise, quantenhaft[1]) auf und strahlen sie

[1]) Bei seiner Lichtquantenhypothese hat Planck neuerdings angenommen, die Energie werde quantenhaft emittiert, aber stetig absorbiert. Hier ergibt sich für die freifliegenden Atome annähernd das umgekehrte: quantenhafte Energieaufnahme, aber

nachher, als „Oszillatoren“, ihrer geringen Dämpfung entsprechend in verhältnismäßig langen Zeiträumen stetig wieder aus, ganz ähnlich wie bei dem Senden der drahtlosen Telegraphie mit Stoßerregung: ein schwach gedämpfter elektrischer Schwingungskreis nimmt von einem stark gedämpften gleicher Schwingungen fähigen Schwingungskreis die Schwingungsenergie sehr rasch auf und strahlt sie nachher langsam wieder aus. Daher nehmen wir nicht nur einerseits die über einen großen Wellenbereich verbreiterten verwaschenen, vom stoßenden Atom während seiner Stoßdauer ausgestrahlten Spektrallinien und andererseits während seines Freifliegens die reineren wenig verbreiterten Spektrallinien wahr, die seinen durch den Stoß besonders angeregten Eigenschwingungen entsprechen, sondern wir sehen außerdem gleichfalls verhältnismäßig scharf alle möglichen Spektrallinien, die das Atom in dem genannten Wellenbereich überhaupt ausstrahlen kann, weil die das strahlende Atom umgebenden freien Atome als Resonatoren diese Wellen aufgenommen haben und nachher als Oszillatoren sie wieder ausstrahlen. Von der Verhältniszahl der stoßenden Atome zu den freifliegenden Atomen und von den Energieverhältnissen in diesen beiden Atomarten wird es abhängen, ob wir mehr die einen oder mehr die anderen Spektrallinien, ob wir ausschließlich Emissions- oder außerdem auch Absorptionslinien nachweisen können. Es müssen also zb. die Dichte, die Temperatur, der Dissoziations- und der Ionisierungszustand des leuchtenden Gases von wesentlichem Einfluß auf das am intensivsten zu beobachtende Spektrum sein; daneben werden aber viele andere Spektrallinien desselben Gases auch noch erkannt werden können, wenn sie nur mit genügend feinen Mitteln aufgesucht werden.

Es ist wohl einleuchtend, daß ein neutrales Atom und ein elektrisch geladenes Atom, dh. ein aus einem einzigen Atom bestehendes Ion, ein Atomion, etwas verschiedene Eigenschwingungsdauern haben werden. Denn in einem Atomion befinden sich nach meiner Elektrizitätshypothese die Ätheratome seiner Ätherhülle und damit auch die

stetige Energieabgabe; doch bleibt der Vorgang auch bei der Energieaufnahme in Wirklichkeit stetig, er ist nur verglichen mit dem der Energieabgabe außerordentlich kurz, wie auch bei dem Senden der drahtlosen Telegraphie mit Stoßerregung. Für die zusammenstoßenden Atome ist der Vorgang der Entwickelung strahlender Energie aus anderen Energieformen außerordentlich kurz, teilweise aber auch der Vorgang der Energieausstrahlung, soweit es sich wenigstens um die Energieabgabe an die freifliegenden Atome der Umgebung während der Stoßdauer handelt.

kleinsten Bestandteile des wägbaren Atoms selber je nach seiner elektrischen Ladung in stärkerer oder schwächerer unregelmäßig vibrierender Bewegung als in einem neutralen Atom; die beiden Atomarten sind gleichsam „verschieden warm". Daher werden diese beiden verschiedenen Atomarten während ihrer Zusammenstöße etwas andere verbreiterte, verwaschene Spektrallinien und während ihres Freifliegens ihren verschiedenen Eigenperioden entsprechend etwas andere wenig verwaschene, verhältnismäßig scharfe Spektrallinien emittieren, und von den beiden durch die neutralen Atome und die Atomionen unter Umständen erzeugten Absorptionsspektren wird dasselbe zu sagen sein. Vielleicht sind die merkwürdigen konstanten Differenzen der Schwingungszahlen, die bei manchen strahlenden Atomarten erkannt worden sind, auf die entsprechend ungleichen Eigenschwingungsdauern der neutralen Atome und der Atomionen zurückzuführen.

Die Gase bestehen jedoch im allgemeinen nicht nur aus einzelnen neutralen und elektrisch geladenen Atomen. Bei den einatomigen Gasen wird dies zwar die Regel sein; zwei- und mehratomige Gase haben aber neben den genannten einzelnen Atomen noch die Atomverbände, die Molekeln, mehratomige Gase außerdem noch mehratomige Ionen. Ziehen wir diese Atomverbände in den Kreis unserer Betrachtungen, so werden selbstredend die von uns zu beobachtenden Spektren entsprechend verwickelter, und wir gelangen zu merkwürdigen Aufklärungen im Spektralgebiet.

Betrachten wir zuerst eine aus zwei gleichen Atomen bestehende Molekel, zb. eine Sauerstoffmolekel. Diese unterliegt in einem Gase, namentlich in einem strahlenden Gase, fortwährenden heftigen Stößen von anderen Molekeln oder von dissoziierten Atomen. Ihre beiden Bestandteile, ihre Atome, werden also gegeneinander schwingen, sie werden sich bald aufs innigste berühren, bald werden sie sich so weit voneinander entfernen, als es ihr Molekularverband eben noch zuläßt, je nach der Heftigkeit der erlittenen Stöße. Diese Molekel befindet sich unmittelbar neben den aufeinander stoßenden Atomen, die während ihrer Zusammenstöße bei weniger hohen Temperaturen alle Wellen einer äußerst verbreiterten, verwaschenen Spektrallinie aussenden. Von ihnen wird also die Molekel durch Resonanz, ähnlich wie ihre einzelnen freifliegenden Atome (S. 338), die Energie ihrer Eigenschwingungen rasch, sprungweise, quantenhaft aufnehmen und diese nachher in verhältnismäßig lange dauernden Zeiträumen stetig wieder ausstrahlen. Sie wird auch von den freifliegenden und in ihren Eigenperioden schwingenden Atomen Schwingungsenergie aufnehmen und sie nachher wieder ausstrahlen, falls sie solcher Schwingungen fähig ist. Dies ist aber offenbar der Fall. Denn beim Auseinanderschwingen der Atome in ihrem Molekelverband werden sie immer freier, je weiter sie sich voneinander entfernen; immer mehr werden sie genau derselben Schwingungen fähig wie die ganz freien Atome, und sie nehmen dann solche Schwingungen wirklich auf. Beim Zusammenschwingen der Atome werden dagegen ihre Eigenschwingungsdauern verändert. Unsere Molekel ist ja nichts anderes als ein gekoppeltes System von zwei gleicher Schwingungen fähigen Atomen. Je weiter die Atome auseinander schwingen, um so loser ist die Koppelung; je inniger sie

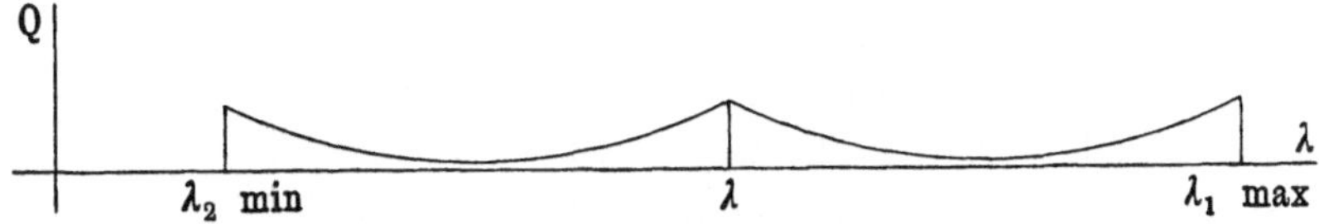

Fig. 197. Entstehung einer Spektralbande durch veränderliche Koppelung des strahlenden Atompaares.

sich beim Zusammenschwingen berühren, um so fester ist die Koppelung. In der Sprache der Elektronentheorie würde man hier sagen, zwei Elektronen seien in veränderlicher Koppelung aneinander gebunden. Dies gekoppelte System steht nun unter Bestrahlung von einfachen gleicher Schwingungen fähigen Systemen. Der Erfolg muß derselbe sein, wie er wohl zuerst durch die experimentellen Ergebnisse der drahtlosen Telegraphie bekannt geworden ist. λ möge die Wellenlänge der einzelnen schwingenden Atome bei der betrachteten Strahlungsart sein. Sind dann die beiden Atome des Molekelverbandes augenblicklich sehr lose gekoppelt, so nehmen sie beide die Schwingungen von der Wellenlänge λ ohne weiteres auf; sind sie beim Zusammenschwingen etwas fester gekoppelt, so entstehen Schwebungen, die Atome schwingen also mit zwei Schwingungszahlen, denen Wellenlängen λ_1 und λ_2 entsprechen, so daß $\frac{\lambda_1 + \lambda_2}{2}$ nahezu gleich λ ist, λ_1 sei dabei größer als λ_2; je stärker aber die Atome zusammenschwingen, um so fester wird ihre Koppelung, um so mehr gehen die Werte von

λ_1 und λ_2 auseinander. Was wird die Folge der Ausstrahlung einer solchen zu ihren Schwingungen angeregten Molekel sein? Ihre beiden Atome verharren am längsten in ihren beiden Grenzlagen des Gegeneinanderschwingens: in der losesten und in der festesten Koppelung; denn hier müssen die Schwingungsrichtungen der Atome gewechselt werden. Daher nehmen die beiden Atome am stärksten die Schwingung von der Wellenlänge λ einerseits und die beiden Schwingungen von den beiden Wellenlängen $\lambda_{1\,max}$ und $\lambda_{2\,min}$ andererseits auf und strahlen sie wieder aus, wobei stets annähernd $\frac{\lambda_{1\,max} + \lambda_{2\,min}}{2} = \lambda$ ist. Je näher eine Wellenlänge einem von diesen Grenzwerten λ bzw. $\lambda_{1\,max}$ und $\lambda_{2\,min}$ steht, um so länger wird ihre Welle von dem gekoppelten System ausgestrahlt. Der Erfolg im Spektrum ist eine ununterbrochene stetige Reihe von Spektrallinien, die vom Maximalwerte $\lambda_{1\,max}$ über den Mittelwert λ bis zum Minimalwerte $\lambda_{2\,min}$ reicht, wobei in $\lambda_{1\,max}$ eine Abschattierung nach kleineren Wellenlängen, in λ eine gleichmäßige Abschattierung nach beiden Seiten und in $\lambda_{2\,min}$ eine Abschattierung nach größeren Wellenlängen hin erkennbar wird. Die Spektrallinien bei den Wellenlängen $\lambda_{1\,max}$, λ, $\lambda_{2\,min}$ müssen als scharfe Kanten eines Bandenspektrums erscheinen. Fig. 197 stellt eine durch die variable Koppelung der Atome entstehende Bande dar; λ bedeuten die Wellenlängen, Q die ausgestrahlten Lichtmengen.

Wir sprachen nur von einer Eigenschwingungsdauer der Atome, von einer Wellenlänge λ. Die Atome sind aber, wie wir im Vorhergehenden (S. 336/7) gezeigt haben, sehr vieler Eigenschwingungen fähig, teils verschiedener Arten derselben, teils können die Atome für jede Schwingungsart noch in ihren Grund- und Obertönen schwingen. Für alle diese Schwingungen ist aber die Molekel bald ein lose, bald ein fest gekoppeltes System von zwei Atomen, die gleicher Schwingungen wie die Einzelatome fähig sind; allerdings wird die Koppelung für verschiedene Schwingungsarten und auch für die Grund- und Oberschwingungen im allgemeinen eine verschieden feste sein. Daher wird nun jede einzelne Wellenlänge λ_a in zwei Wellenlängen λ_{a1} und λ_{a2} mit der annähernden Bedingung $\lambda_{a1} + \lambda_{a2} = 2\,\lambda_a$ aufgeteilt werden, und jede von ihnen wird die soeben beschriebenen Abschattierungen im Spektrum geben (Fig. 198). Aus allen diesen emittierten spektralen Banden, die sich teilweise überlagern müssen, wird also ein kanneliertes Spektrum hervorgehen, von dem aber wohl in den meisten Fällen nur ein Teil sichtbar ist. Sähe man von allen Wellenarten nur die Umgebungen der Kanten, die den λ_{a1}-Wellen entsprächen, so wären alle Kanten des Bandenspektrums nach kleineren Wellenlängen abschattiert (*A*, Fig. 198); sähe man nur die Gebiete der Kanten λ_{a2}, so wären diese alle nach größeren Wellenlängen abschattiert (*C*); sähe man aber die mittleren den λ_a selber entsprechenden Gebiete, so wären alle Kanten gleichmäßig nach beiden Seiten hin abschattiert (*B*).

Man wird aber denken, in jeder anderen Molekel einer größeren leuchtenden Gasmenge schwingen die Atome mit anderer Intensität, jede Molekel strahle also andere solche Banden von ganz verschiedener Breite aus, und durch die Übereinanderlagerung aller dieser Banden entstehe somit ein Spektralbild mit ganz verwaschenen Banden

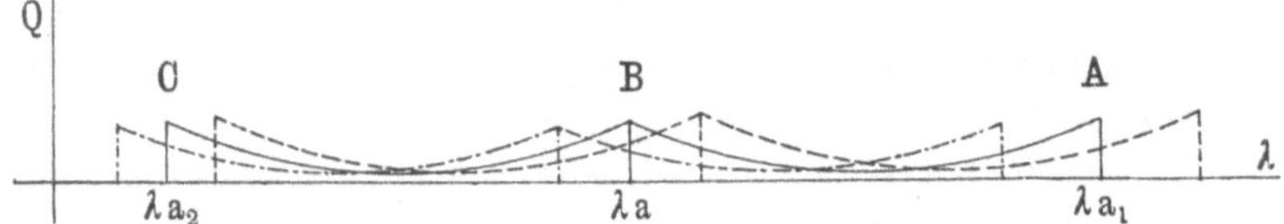

Fig. 198. Entstehung eines kannelierten Spektrums durch veränderliche Koppelung des strahlenden Atompaares.

oder gar ein kontinuierliches Spektrum. Dies kann indessen nicht zutreffend sein, wenn das Gas rein ist, wenn seine Molekeln nur aus je zwei gleichen Atomen bestehen. Denn allen diesen Molekeln kommt einerseits eine einzige Grenzlage mit bestimmter losester Koppelung zu, die Grenzlage unmittelbar vor der Dissoziation der Molekel: der losesten Koppelung entspricht aber für alle Molekeln die betreffende Wellenlänge λ der freien Atome. Diese Kante des Bandenspektrums muß also durch alle gleichartigen Molekeln erzeugt werden, wenn sie stark genug schwingen. Ferner kommt allen Molekeln andererseits eine einzige Grenzlage mit möglichst fester Koppelung zu, die Grenzlage des stärksten Zusammenschwingens unmittelbar nach der Vereinigung zweier Atome zu einer Molekel: der festesten Koppelung entsprechen aber für alle Molekeln die beiden Wellenlängen-Grenzwerte $\lambda_{1\,max}$ und $\lambda_{2\,min}$. Schwingen nun die beiden Atome der Molekeln nicht dauernd zwischen diesen Grenzwerten hin und her, so daß es bei jedem Auseinanderschwingen der Atome zur Dissoziation der Molekel, bei jedem Gegeneinanderschwingen zu einer

Assoziation der Atome zu einer Molekel kommt, so liegen eben die ausgestrahlten Wellenlängen zwischen den genannten Grenzwerten, die Abschattierung wird nur eine allmählichere; aber die Grenzwerte $\lambda_{1\,max}$, λ, $\lambda_{2\,min}$ bleiben erhalten, wir nehmen im Spektrum die entsprechenden scharfen Kanten mit ihren genannten allmählichen Abschattierungen wahr.

In diesen gleichmäßigen Abschattierungen können indessen noch die Spektrallinien zahlreicher Wellenlängen heller oder dunkler sein als ihre Umgebungen; sie können uns als Emissions- oder als Absorptionslinien erscheinen. Denn alle freifliegenden Atome und alle Atome der freifliegenden augenblicklich in schwächerem Schwingungszustand befindlichen Molekeln werden alle Schwingungen, die ihren Eigenperioden entsprechen, besonders leicht und rasch aufnehmen und sie nachher wieder langsam ausstrahlen. Außerdem ist zu berücksichtigen, daß beim Gegeneinanderschwingen der beiden Atome einer Molekel, bei der fortwährenden stetigen Änderung ihrer Elastizitätsverhältnisse, immer solche Verhältnisse eintreten werden, bei denen verschiedene Arten von Atomschwingungen, zb. longitudinale und transversale, oder longitudinale und tangentiale, oder transversale und tangentiale, in ihrer Schwingungszahl miteinander übereinstimmen: diese Schwingungen werden dann besonders leicht angeregt, und sie werden länger als alle anderen bestehen bleiben; ihre Spektrallinien werden also besonders hervortreten. Daher werden wir unter günstigen Umständen auch in dem kannelierten Spektrum noch alle Spektrallinien erkennen können, die den Eigenschwingungsdauern der freifliegenden neutralen Atome, Atomionen und Molekeln entsprechen. Von dem Verhältnis der Zahl der in jedem Zeitteilchen emittierenden zur Zahl der absorbierenden Atome und von ihren Energieverhältnissen wird es abhängen, ob wir diese Linien als Emissions- oder als Absorptionslinien wahrnehmen.

Banden, die aus einzelnen hellen oder dunkeln Spektrallinien bestehen, die bei einer kleineren Wellenlänge eine Kante besitzen und nach der Seite der größeren Wellenlängen hin abschattiert sind, müssen übrigens schon aus jeder Serie einer Grundschwingung mit zahlreichen Oberschwingungen entstehen. Lagern sich mehrere derartige genügend ausgedehnte Banden mit ihren Serien übereinander, so muß ihre Gesamtheit gleichfalls als kanneliertes Spektrum erscheinen, in dem aber alle Kanten nach größeren Wellenlängen hin abschattiert sind.

Es versteht sich von selbst, daß die beschriebenen Vorgänge auf Molekeln aus drei gleichen Atomen oder auf Molekeln ausgedehnt werden können, die aus zwei ungleichartigen bzw. aus noch mehr gleichen oder ungleichen Atomen bestehen. Je ungleichartiger aber die Atome sind, je größer die Atomzahl in der Molekel ist, um so verwickelter werden natürlich die Beziehungen, die von der elastischen Lichttheorie geliefert werden; um so verwickelter werden auch die ausgestrahlten Spektren.

Daß alle möglichen Spektrallinien nicht nur nacheinander, sondern von jeder nicht zu geringen strahlenden Gasmenge gleichzeitig miteinander ausgestrahlt werden, dafür bürgen uns, wie schon S. 337 hervorgehoben, die nach Milliarden in der Sekunde zu zählenden Zusammenstöße jedes einzelnen Atoms mit seinen Nachbaratomen oder Nachbarmolekeln.

Es wird immer eine lohnende Aufgabe sein, weiter nach den Bedingungen zu forschen, unter denen verschiedene Spektren derselben Substanzen entstehen, und Bedingungen zu suchen, unter denen sich Spektren kontinuierlich ändern. Durch Änderung der Entstehungsbedingungen der Spektren, durch Änderung der Dichte der Gase, ihrer Temperatur, durch Untersuchung der Flammenbogen, der Funkenentladungen, des Glimmlichtes, der Anodenstrahlen, der Kanalstrahlen usf. wird es allmählich gelingen, alle Spektren im Laboratorium nachzuweisen, die man bei der Beobachtung fremder Gestirne erhalten hat. Dann wird man auch die Bedingungen anzugeben vermögen, unter denen die Substanzen auf jenen fernen Weltkörpern ihr Licht ausstrahlen.

Würden wir die Lichtschwingungen in den Atomen nicht als einen elastischen, sondern als einen elektrischen Vorgang auffassen wollen, so müßten wir für sie von den bekannten Fortpflanzungsgeschwindigkeiten der Elektrizität in Leitern und Nichtleitern ausgehen. Diese Geschwindigkeiten sind aber gleich den Lichtgeschwindigkeiten und der Größenordnung nach rund gerechnet millionenmal größer als die Schallgeschwindigkeiten. Daher würden wir bei derselben Rechnung wie auf S. 329 auf Lichtschwingungszahlen kommen, die noch millionenmal größer sind, die also im Bereich von beispielsweise 3 bis 3000 Trillionen liegen. Es besteht für mich kein Zweifel mehr, daß die Annahme des tatsächlichen Vorhandenseins von Schwingungen solcher Perioden auch ihre Berechtigung hat, sofern die Atome wirklich von den längst vermuteten Ätherhüllen umgeben sind. So schnelle Schwingungen können aber nur durch überaus kurz dauernde Stöße angeregt werden, und ihre Wellenlängen im leeren Raum müssen der Größenordnung nach im Bereich von 10^{-8} bis 10^{-11} cm liegen, wenn sie bei Licht im Bereich von 10^{-2} bis 10^{-5} cm vorkommen. Wellenlängen von der ungefähren Größenordnung 10^{-9} cm hat man bei Röntgenstrahlen nach verschiedenen Methoden als wahrscheinlich berechnet. Die fast mit Lichtgeschwindigkeiten auf die wägbaren Atome losstürzenden Elektronen bzw. Ätheratome, wie sie zb. in den Kathodenstrahlen, in den β-Strahlen der radioaktiven Substanzen nachgewiesen sind, können solche ungeheuer kurze Anstöße zur Folge haben, die dann den Ätherhüllen der wägbaren Atome entsprechend schnelle Schwingungen einprägen; die von diesen schwingenden Atomätherhüllen ausgestrahlten Ätherwellenzüge beobachten wir eben als Röntgenstrahlen.

Wir erkennen sofort, daß wir nun alle unsere Folgerungen von den Lichtwellen auf die Röntgenwellen übertragen dürfen. Ein fester amorpher von Kathodenstrahlen getroffener Körper sendet ein kontinuierliches Röntgenwellenspektrum aus. Bei den aus einem regelmäßig kristallinisch aufgebauten festen Körper hervorbrechenden Röntgenwellen sind gewisse Wellenarten, den Eigenschwingungsdauern der gleichfalls regelmäßig gelagerten Ätherhüllen entsprechend, besonders bevorzugt; man wird gewisse enger begrenzte Bereiche, Banden emittierter Röntgenwellen erhalten, in denen auch einzelne ziemlich scharf begrenzte Röntgenwellen-Spektrallinien auftreten mögen. Aber reine Röntgenwellen-Spektrallinien erhält man nur da, wo von Kathodenstrahlen getroffene Atome (und Molekeln) von gasförmigen Körpern die Quellen der Röntgenstrahlen sind. Besonders intensiv muß man solche einfache Serien von Röntgenwellen-Spektrallinien erhalten, wenn man in einer Röntgenröhre ohne Verwendung einer Antikathode nur die Gasatome in der Kreuzungsstelle aller Kathodenstrahlen einer kugelförmigen Hohlkathode als Quellen der Röntgenstrahlen benutzt. Mit Hilfe von molekularen Kristallgittern, wie sie Laue vorgeschlagen hat, wird man aus jenen von Kristallen gelieferten Banden und aus diesen von Gasen gelieferten Serien die Spektren von Röntgenwellen erhalten und aus ihnen durch Blenden monochromatische Röntgenstrahlen absondern können. Mit genügend verfeinerten Meßmethoden wird man dann bei den Röntgenwellen alle einzelnen merkwürdigen Beziehungen von Linien- und von kannelierten Bandenspektren auffinden können, wie ich sie im Vorhergehenden für die Lichtwellen näher begründet habe. Durch solche Messungen wird man also imstande sein, Eigenschaften des Äthers, nämlich eben die Eigenschaften der Ätherhüllen der Atome und der Molekeln, experimentell zu enthüllen.

Das Wesen der Kristallisationskraft.

Als wir im Vorhergehenden (S. 247) die Anlagerung der Atome aneinander behandelten, fanden wir, daß diese Anlagerung zuerst eine regellose sein werde, mit anderen Worten, daß bei der absoluten Temperatur Null ein amorpher Körper entstehen müsse. Wenn später die entstandenen Meteorite zusammenstießen, sich erwärmten und wieder abkühlten, schlossen wir, auf unsere Erfahrung bauend, daß nunmehr die amorphen Substanzen zu kristallinischen werden, ohne auf eine tiefere Ursache für diese Umwandlung einzugehen. Was ist nun aber die hier wirksame Kristallisationskraft?

Wir wollen unserer Untersuchung eine einheitliche reine Substanz zugrunde legen. Wird diese Substanz, wenn sich ihre Molekeln bei der absoluten Nulltemperatur aneinander lagern, als Kristall oder als amorpher Körper entstehen? Vermutlich ist das letztere der Fall. Unsere Erfahrung lehrt uns folgendes: Je rascher ein fester Körper entsteht, um so weniger vermag er sich im allgemeinen als Kristall auszubilden; zum mindesten entstehen ja bei sehr rascher Abkühlung einer Flüssigkeit nur kleine Kristalle des festen Körpers, um so kleinere, je plötzlicher die Abkühlung erfolgt ist.

Gehen wir auf die Molekularvorgänge zurück, die sich dabei abspielen werden! Bei langsamer Temperaturerniedrigung einer möglichst erschütterungsfrei gehaltenen flüssigen Substanz entsteht meist eine Unterkühlung unter ihren Gefrierpunkt. Wird dann ein Teil der Substanz fest, so wird Wärme frei, die Temperatur steigt bis zum Gefrierpunkt, und in der Regel setzt dabei die Kristallbildung ein. Gelänge es uns aber, die Temperatur der flüssigen Substanz so stark zu erniedrigen und sie dauernd so tief zu erhalten, dh. die ganze Substanz so stark zu unterkühlen, daß sie durch Festwerden ihren Gefrierpunkt auch in ihren kleinsten Teilchen nicht zu erreichen vermöchte, so bliebe keine Zeit für die Kristallbildung, und die Anlagerung zum festen Körper müßte amorph erfolgen. Der Unterschied zwischen kristallinischer und amorpher Anlagerung besteht ja darin, daß im kristallinischen Körper alle kleinsten Teilchen, vermutlich schon die Molekeln, ganz gleich gerichtet sind, daß sich, wenn man mehrere verschiedene Achsenrichtungen an den Molekeln unterscheiden kann, alle ihre entsprechenden Achsenrichtungen nach denselben Orientierungen gelegt haben, während im amorphen Körper alle Molekeln mit ihren Achsen wahllos, dem Zufall entsprechend durcheinander liegen. Denkt man sich nun ein fest gewordenes Teilchen der Substanz auf der Gefriertemperatur, so hat es die Eigenschaft, daß jede Molekel der Substanz von gleicher Temperatur mit ihm im Gleichgewicht sein kann, sei sie ihm fest oder beweglich, dh. im festen, flüssigen oder gasförmigen Aggregatzustand benachbart. Soll aber die Molekel aus dem flüssigen oder gasförmigen Zustand in den festen übergehen, so muß ihr Wärme entzogen werden. Es erfolgt also nur dann feste Anlagerung, wenn das feste Teilchen so stark unterkühlt ist, daß es sich durch den Wärmegewinn bei der Anlagerung der neuen Molekel nicht über den Gefrierpunkt erwärmt. Sonst ist eine bleibende Anlagerung unmöglich. Nun erkennen wir, daß bei genügend langsamer Abkühlung ein fortwährendes Spiel von molekularen Zusammenstößen erfolgt. Die noch frei bewegliche, dem festen Teilchen benachbarte Molekel wird bei jedem Zusammenstoß mit ihm wieder abprallen, sie wird zurückgestoßen; bei jedem neuen Zusammenstoß wird sie sich in etwas veränderter Orientierung an das feste Teilchen anlegen, und schließlich, wenn durch fortwährenden Wärmeentzug das Teilchen genügend unterkühlt ist, wird die Molekel fest an ihm angelagert bleiben. Dabei ist es belanglos, ob immer dieselbe Molekel gegen das Teilchen anpralle, bis sie an ihm haften bleibt, oder ob von sehr vielen nacheinander anprallenden Molekeln schließlich eine im geeigneten Zeitpunkt sich fest anlagere.

Wir sehen hieraus, daß unter solchen Umständen eine kristallinische Anlagerung der Molekeln auch bei beliebig langsamem Wärmeentzug nicht zustande kommen wird. Daher muß noch eine besondere „Kristallisationskraft“ wirksam sein, wenn Kristalle wirklich gebildet werden. Eine solche die Kristallisation begünstigende Wirkung scheint durch die Eigenschwingungen der Molekeln ausgeübt zu werden, wie ich im folgenden auseinandersetzen will.

Jede Molekel schwingt in ihren kleinsten Bestandteilen bzw. Substanzteilen um so intensiver, je stärkeren Zusammenstößen sie ausgesetzt ist, je stärker die Molekularbewegung, je höher die Temperatur der Substanz ist, der sie angehört. Bei genügend kräftigen Zusammenstößen sind ihre Schwingungen so stark, daß sie sichtbares Licht ausstrahlt. Ob man dabei das Licht als Strahlung elastisch schwingender Teilchen, nach der elastischen Lichttheorie, oder als Strahlung schwingender Elektronen, nach der Elektronentheorie auffaßt, erscheint unerheblich. Wenn nun auch die Empfindlichkeiten unserer lichtaufnehmenden Substanzen, zb. unseres Sehnervs, einen gewissen Schwellenwert besitzen, so daß unterhalb einer gewissen Intensität der Erregung Licht von uns nicht mehr wahrgenommen werden kann, so dürfen wir doch nicht schließen, daß schwächere Lichtwirkungen nicht mehr vorhanden seien; denn wir können zb. mit der photographischen Platte bei genügend langer Expositionszeit noch äußerst schwach leuchtende Sterne und Nebel nachweisen, die wir auch mit den besten Augen niemals zu sehen vermögen. Gehen wir auf die Molekelbewegungen zurück, so müssen wir also annehmen, daß jede Molekel vermöge ihrer Eigenschwingungen jederzeit Licht ausstrahle, allerdings um so weniger, je niedriger die Temperatur der Substanz ist, der sie zugehört. Ist diese Temperatur absolut Null und die Molekularbewegung Null, so ist auch die Lichtstrahlung der Molekel absolut Null.

Die Eigenschwingungen der Molekeln, die in solcher Weise zu Wellenausstrahlungen Veranlassung geben, sind aber verschieden, je nach dem Aggregatzustand der zugehörigen Substanz. Am bestimmtesten sind die Eigenperioden ausgeprägt in gasförmigen, weniger in flüssigen, am wenigsten in festen Substanzen. In den letzteren spielen wieder die kristallinischen Anlagerungen der Molekeln eine besondere Rolle, in der Weise daß bei ihnen zum mindesten gewisse geordnete für alle Molekeln gleichartige Eigenschwingungszustände vorhanden sind. Wir erkennen dies zb. am Absorptionsspektrum kristallinischer Substanzen, das solche bevorzugte Eigenschwingungen aufweist. Außerdem sind die Oberflächenmolekeln fester Körper ausgezeichnet. Sie sind nicht ebenso fest an ihre Nachbarn gebunden wie die im Inneren befindlichen. Daher haben sie zum Teil noch annähernd ihre Eigenschwingungsdauern beibehalten, die sie besaßen, als sie sich im flüssigen oder im gasförmigen Aggregatzustand befanden. Daß dem so ist, schließen wir aus der Oberflächenfarbe der festen Körper. Die Oberflächenmolekeln üben auf das weiße Licht, von dem sie getroffen werden, eine auswählende Absorption aus, sie reflektieren vorzugsweise Licht von den Wellenlängen, die sie nicht völlig zu absorbieren, nicht als Eigenschwingungen aufzunehmen und auf ihre Nachbarmolekeln zu übertragen vermochten.

Wir suchen uns nun über die Schwingungszustände der Molekeln einer Flüssigkeit während ihrer Anlagerung an ein bereits fest gewordenes durch Zufall aus zwei oder mehr gleichorientierten Molekeln bestehendes Teilchen, dh. an einen kleinen Elementarkristall, Rechenschaft zu geben. Die Temperatur entspreche der Gefriertemperatur der betreffenden Substanz. Durch die Zusammenstöße der Flüssigkeitsmolekeln untereinander und mit den Oberflächenmolekeln des festen Teilchens, wie sie der Temperatur des Gemisches entsprechen, werden die Eigenschwingungen aller dieser gestoßenen Molekeln erzeugt. Dabei sind die Eigenschwingungsdauern beiderlei gestoßenen Molekeln, wie oben bemerkt, wenigstens zum Teil einander annähernd gleich. Werden diese Eigenschwingungen auf die Anlagerung neuer gleichartiger Molekeln einen Einfluß haben oder nicht? Um diese Frage zu beantworten, denken wir uns die Molekeln so weit vergrößert, daß wir sie in ihren Schwingungszuständen beobachten können. Oder wir denken uns statt derselben zb. zuerst zwei an ihren Enden fest eingespannte schwingende Stäbe (Fig. 199). Haben beide Stäbe genau gleiche Dimensionen, sind sie an den entsprechend gleichen Stellen gleich eingespannt, schwingen sie also gleich schnell und in gleichen Ebenen, schwingen sie außerdem immer in demselben Augenblick mit derselben Geschwindigkeit und in derselben Richtung, also in gleicher Phase, wie dies in der Fig. 199a angedeutet ist, so kann man beide Stäbe bis fast zur gegenseitigen vollständigen Berührung (der ganzen Länge nach) einander nähern, ohne daß sie sich in ihren Schwingungen gegenseitig stören. Schwingen sie dagegen in ungleicher Phase (Fig. 199b), oder ungleichen Dimensionen zufolge mit ungleicher Schwingungsdauer, so stören sie sich gegenseitig sehr bald bei einem Annäherungsversuch. Nur dann stören sich zwei verschiedenartige schwingende Stäbe gleichfalls nicht bei ihrer Annäherung, trotz ihrer ungleichen Dimensionen, wenn ihre Schwingungsdauern, ihre Schwingungsformen (bei unserem Beispiel ihre Durchbiegungskurven) und ihre Phasen stets gleich sind.

Ähnliches müssen wir bei den Molekeln erwarten. Die Molekeln bestehen im allgemeinen aus zwei oder mehr Atomen gleicher oder ungleicher Art, deren äußere Begrenzungsformen nur ausnahmsweise Kugeln sein werden. Daher haben die Molekeln der Anordnung ihrer

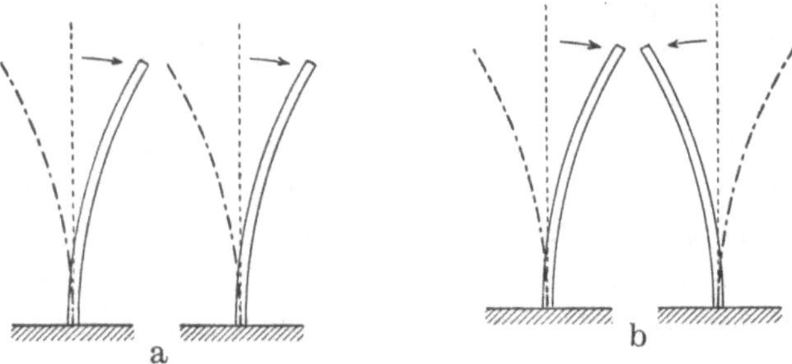

Fig. 199.
Zwei schwingende Stäbe, a in gleicher Phase, b in entgegengesetzter Phase.

Atome zufolge verschiedene Achsen, zb. eine Hauptachse und zwei oder mehr Nebenachsen, wie ein Kristall. Gelangen nun zwei Molekeln in vollkommen gleicher Orientierung, dh. mit parallelen Hauptachsen und ebenfalls gleich orientierten Nebenachsen zur Berührung, so kann im allgemeinen die größte mögliche Annäherung beider Molekeln zustande kommen; diese Annäherung der Molekeln gelingt, mögen sie sich auch in sehr intensivem Schwingungszustande befinden, wenn sie nur im Augenblick der Annäherung möglichst genau in gleicher Phase schwingen. Daher erfolgt die Anlagerung einer neuen Molekel an das bereits fest gewordene Teilchen, dh. an den bereits gebildeten Elementarkristall, im Augenblick gleicher Schwingungsphasen der sich anlagernden Molekel und der Oberflächenmolekel des Kristalls an der Stelle der Anlagerung, und die Anlagerung erfolgt so, daß die korrespondierenden Atome beiderlei Molekeln eine ganz bestimmte

Lage zueinander einnehmen. In der Regel[1]) werden sich diese Molekeln so ineinander fügen, daß ihre gleichartigen Atome bei der betreffenden Temperatur einander möglichst nahe zu liegen kommen. Denn nur gleichartige Atome werden in allen ihren Teilen genau gleiche Schwingungen ausführen.

Wir ersehen aus dieser Betrachtung, daß die Eigenschwingungen der Molekeln bei der Anlagerung wirklich die Wirkung einer Kristallisationskraft haben. Bei den molekularen Zusammenstößen der Flüssigkeitsmolekeln und der Kristallmolekeln werden die ersteren so lange wieder weggeworfen, also abgestoßen, bis sie einmal genau in gleicher Phase und an geeigneter Stelle zur Berührung gelangen; dann kann es zu bleibender Anlagerung kommen, wenn, wie oben erwähnt, der Kristall so weit unterkühlt ist, daß er die ihm bei der Anlagerung zugeführte Energie aufzunehmen vermag, ohne sich über den Gefrierpunkt zu erwärmen.

Es scheint, daß hier dem Zufall eine gar zu große Rolle eingeräumt werde. Allerdings erfolgen ja bekanntlich die molekularen Zusammenstöße in ungeheurer Häufigkeit. Eine der Flüssigkeit angehörende Molekel, die sich in Berührung mit dem Kristall befände und immer dort bliebe, würde beispielsweise bei Zimmertemperatur ein paar milliardenmal in der Sekunde gegen die unmittelbar benachbarte Molekel des Kristalls stoßen. Wäre also nur etwa jede tausendste Orientierung für die Anlagerung günstig, so würde sich die Molekel doch schon in weniger als einer milliontel Sekunde anlagern können. Die Berücksichtigung des bloßen Zufalls scheint also zu genügen, um das merkliche Wachsen des Kristalls verständlich zu machen.

Indessen wird doch die Anlagerung der Molekeln in gleicher Orientierung noch durch einen weiteren Vorgang begünstigt, nämlich

[1]) Von dieser Regel muß es Ausnahmen geben. Zwei oder mehr gleichartige Molekeln können sich der besten Raumausfüllung entsprechend in ungleicher, etwa in symmetrischer Orientierung besonders leicht aneinander lagern. Beispielsweise könnte eine Molekel genau die Form der Hälfte eines regelmäßigen Tetraeders haben: zwei Molekeln in symmetrischer Anlagerung würden dann das regelmäßige Tetraeder selber ergeben. Ein solches Molekelaggregat wird daher ein Elementarkristall sein; dieser wird seine eigenen besonders intensiven Eigenschwingungen haben und wird, wenn er dieselben ausstrahlt, auf andere gleiche Elementarkristalle so einwirken, daß die Anlagerung nur in gleicher Orientierung zustande kommt. Ohne Zweifel hängen Härte, Spaltbarkeit usf. der Kristalle mit solchen molekularen Anlagerungen zusammen.

durch die Resonanz. Der Versuch ist aus der Physik bekannt, daß eine in Schwingungen befindliche Stimmgabel eine andere gleiche der gleichen Schwingungen fähige Stimmgabel durch Resonanz zum Tönen bringt. Dasselbe kann mit unseren beiden ganz gleichen Stäben (S. 351, Fig. 199a) nachgewiesen werden. Versetzt man den einen Stab durch einen Schlag in Schwingungen, so kommt der andere durch Resonanz nach und nach zum Mittönen. Ganz ähnlich muß es sich bei den Molekeln verhalten. Jede Molekel strahlt ihren Eigenschwingungen zufolge ihre besonderen Wellenbewegungen aus, jede andere gleichartige Molekel wird aber diese Wellen zu gleicher Zeit in verschiedenen Phasen ausstrahlen; denn sie wird sich selber zu derselben Zeit in ganz verschiedenem Schwingungszustand befinden je nach der Art der Zusammenstöße, die sie unmittelbar vorher erlitten hat. Sie kann nämlich zentrale, exzentrische und auch tangentiale Stöße erhalten haben. Nach jedem anderen Stoß wird sie wieder anders schwingen und andere Wellenbewegungen besonders stark aussenden. Nun wirkt aber jede strahlende Molekel auf alle anderen benachbarten Molekeln durch Resonanz ein; sie sucht sie gewissermaßen in den gleichen Schwingungszustand zu versetzen. Je näher dabei eine heranfliegende Molekel der strahlenden Molekel kommt, um so stärker wird die Resonanzwirkung; unmittelbar vor der Berührung ist sie am stärksten. Daher ist dann die Wahrscheinlichkeit am größten, daß beiderlei Phasen einander gleich geworden sind.

Die Molekeln, die sich im Zustande stärkster Schwingungen befinden, wirken offenbar am stärksten auf ihre Nachbarschaft ein. Zu diesen Molekeln gehören nun ohne Zweifel die Molekeln des Kristalls, an die sich soeben eine Flüssigkeitsmolekel angelagert hat. Denn letztere hat die ihrer größeren fortschreitenden Geschwindigkeit des flüssigen Zustandes zukommende Energie auf den festen Kristall übertragen: sie und die Kristallmolekeln, an die sie sich angelagert hat, schwingen einen kurzen Zeitraum in verstärkten Eigenschwingungen. In der Tat sind ja auch beim Wachsen von Kristallen gelegentlich kleinste Lichtfünkchen wahrgenommen worden. Die Molekeln selber, die sich soeben dem Kristall angelagert haben, und ihre unmittelbar benachbarten Kristallmolekeln strahlen also eine verstärkte ihren Eigenschwingungen zukommende Wellenbewegung aus, weil sie alle gleich orientiert sind und in gleicher Phase schwingen; sie wirken durch Resonanz auf die heranstürmenden Flüssigkeitsmolekeln ein, zwingen sie in gleiche Phase, so daß die weitere Anlagerung solcher Molekeln schneller erfolgen wird, als wie sie nur dem bloßen Zufall entspräche, den wir anfänglich als maßgebend angenommen haben.

Das Wesen der Kristallisationskraft liegt danach in den Eigenschwingungen der Oberflächenmolekeln der bereits ausgebildeten Kristalle. Zwei gleiche Molekeln legen sich bleibend aneinander, wenn sie dem bloßen Zufall zufolge in gleicher Orientierung mit gleichen Schwingungen gleicher Phase und geringer Amplitude nicht zu heftig zusammenstoßen, und wenn dabei gleiche Atome einander möglichst nahe zu liegen kommen. Hierbei ist zu bedenken, daß die Molekel um so mehr verschiedene Eigenschwingungsmöglichkeiten besitzt, je komplizierter sie aus Atomen aufgebaut ist, daß also in diesem Falle offenbar nur die intensivsten Eigenschwingungen für die Anlagerung in Betracht kommen können[1]). Eine dritte Molekel kann sich nun schon rascher an das Molekelpaar anlagern, weil von diesem gleichschwingenden Paar stärkere Wellenbewegungen ausgestrahlt und demnach stärkere Resonanzwirkungen auf die Umgebung übertragen werden als von einer einzigen Molekel allein. Indessen kann durch zu heftiges Aufschlagen einer dritten Molekel auf unser Molekelpaar dieses auch wieder gesprengt werden. Daher ist vorerst für das Auswachsen des Molekelpaares zu einem wirklichen Kristall noch eine geringere Wahrscheinlichkeit vorhanden. Diese wird aber größer, wenn sich bereits drei Molekeln gleichorientiert fest aneinander gelagert haben, noch größer, wenn das Kristallteilchen aus noch mehr gleichorientierten Molekeln besteht. Je mehr Molekeln sich also in gleicher Orientierung aneinander gelagert haben, um so wirksamer wird der „Kristallisationsherd“. Fremde Molekeln, zb. die Molekeln eines Lösungsmittels, haben dagegen in der Regel nicht dieselben Schwingungsmöglichkeiten wie die Molekeln der zur Kristallbildung

[1]) Bei dem Beispiel der Annäherung unserer beiden schwingenden Stäbe (S. 351) sind auch nur die intensivsten direkt sichtbaren mechanischen Eigenschwingungen derselben von Belang, nicht die unzähligen kleineren akustischen Schwingungen, die wohl immer in jedem Körper stecken, vermöge der zahlreichen Geräusche des Außenraums; auch nicht die Eigenschwingungen der Molekeln und Atome.

gelangenden gelösten Substanz selber. Sie lagern sich dann dem Kristall nicht an, so daß dieser durch sie nicht „verunreinigt" werden kann. Aber Ausnahmen von dieser Regel gibt es allerdings genug.

Aus unseren Entwickelungen kann der Schluß gezogen werden, daß man durch Belichtung eines in seiner Mutterlauge befindlichen Kristalls mit Licht von den Wellenlängen, die den Eigenschwingungen seiner Oberflächenmolekeln entsprechen, einen Einfluß auf die Geschwindigkeit des Kristallwachstums gewinnen muß. Dieser Einfluß wird voraussichtlich ganz besonders begünstigend sein, wenn die Belichtung mit diesen Wellenlängen auch noch in der Intensitätsverteilung der Wellen erfolgt, die den verschiedenen Eigenschwingungen der Molekeln entspricht, und in gleicher Phase. Die Intensität darf allerdings auch nicht zu groß sein; es darf vom Kristall nicht so viel Energie absorbiert werden, daß seine Unterkühlung, von der wir oben sprachen, aufgehoben wird.

Die hier eingehender behandelten Kristallisationsvorgänge beim Übergang aus dem flüssigen in den festen Aggregatzustand kommen sowohl zustande, wenn die Flüssigkeit aus derselben reinen Substanz besteht wie der feste Körper, als auch wenn ein besonderes Lösungsmittel für die kristallisierende Substanz vorhanden ist. Ebenso müssen die Vorgänge im wesentlichen gleich bleiben, wenn Kristallisation beim unmittelbaren Übergang einer Substanz aus dem gasförmigen in den festen Aggregatzustand, also durch Sublimation erfolgt. Endlich müssen auch dann alle hier beschriebenen Vorgänge analog verlaufen, wenn die Molekeln nicht aus zwei oder mehr Atomen bestehen, sondern nur aus einem einzigen, wenn sie also einatomig sind, vorausgesetzt daß in diesem Fall die Atome nicht etwa Kugeln sind ohne verschiedene Orientierungsmöglichkeiten.

Wenn wir nun unsere Ergebnisse auf die Meteorite anwenden, welche weit draußen im Weltraum bei absoluter Kälte entstanden sind, welche sich dann erwärmen, durch heftige Zusammenstöße untereinander oder durch Einstürzen in einen wenig warmen Weltkörper, wie unsere Erde, oder durch Annäherung an eine strahlende Sonne bei ihrem Umkreisen derselben, welche sich aber nachher wieder abkühlen, so erkennen wir, daß dabei die Kristallisationsmöglichkeit und sogar -wahrscheinlichkeit vorliegt. Die Folge der Temperaturerhöhung und darauf folgenden Abkühlung sind langsamere oder schnellere

Umlagerungen vieler Atome und Molekeln, je nach den betreffenden Substanzen sogar schon im festen Aggregatzustand, Umlagerungen, die denen ähnlich sind, welche die Geologen in manchen Gesteinsschichten nachgewiesen haben. Denn je höher die Temperatur wird, um so freier beweglich werden im allgemeinen auch die Molekeln der festen Substanzen. Sind also zb. die Molekeln derselben Substanz in einem Meteorit besonders stark vertreten, so werden die Stellen, an denen zufällig schon zwei oder mehr gleiche Molekeln gleichorientiert aneinander liegen, zu Kristallisationsherden. Diese Molekeln haben vereint übereinstimmende Eigenschwingungen, sie strahlen ihre Wellenbewegungen verstärkt aus, zwingen also benachbarte gleiche Molekeln zu Schwingungen gleicher Phase. Es lagern sich allmählich gleiche Molekeln in gleicher Orientierung an die Kristallisationsherde an. Je nach der Verteilung der betreffenden Substanz im Meteoriten entstehen also zusammenhängende kristallinische Massen oder kristallinische Adern, die sich durch den Meteoriten hinziehen (Fig. 200).

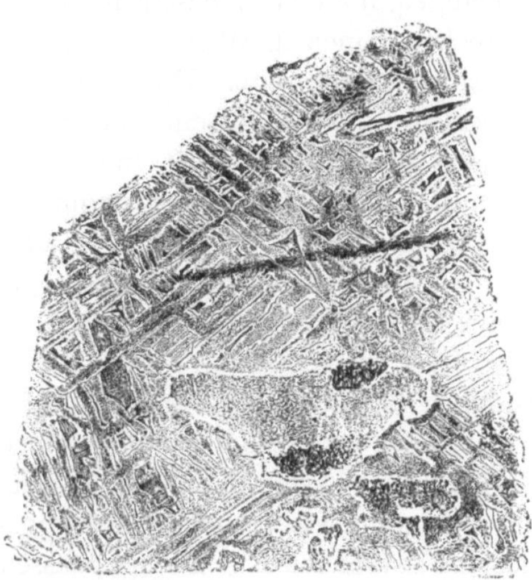

Fig. 200 (= Fig. 126). Eisenmeteorit oder Siderit (geätztes Meteoreisen von Toluca in Mexiko).

Die Entstehung der Lebewesen.

Wenn einerseits das Chaos und andererseits die Zentralsonne mögliche Grenzzustände unseres Weltalls sein sollen, so können wir nicht umhin, zu fragen, wie denn unsere ungezählten Lebewesen entstanden seien? Arrhenius hat den Grundsatz der Panspermie aufgestellt: durch den Strahlungsdruck werden Stäubchen einer gewissen Größe (wenn sie nämlich nicht mehr als 0,0015 mm Durchmesser haben) von den heißen Sonnen weggetrieben, auch belebte Gebilde bzw. Samen von solchen. Diese können nach seiner Anschauung beliebig lange im Weltraum bei der absoluten Kälte desselben bestehen bleiben. Schließlich, nach Hunderttausenden oder Millionen von Jahren, gelangen sie aber auf einen Weltkörper, der ihnen günstige Lebensbedingungen bietet. Dann leben sie auf, entwickeln sich, und auch andere Arten von Lebewesen entstehen aus ihnen. Damit ist natürlich die Frage umgangen, wie sich die belebte Welt aus lebloser Materie gebildet habe. In meine Darlegungen kann aber diese Arrheniussche Hypothese der Panspermie nicht passen. Denn blieben Lebewesen von etwa $^1/_{700}$ mm Durchmesser bestehen, so müßten mit demselben Recht auch unbelebte Staubteilchen von derselben Größe bestehen bleiben, und durch den Strahlungsdruck müßten nicht nur jene Lebewesen, sondern auch diese Staubteilchen der genannten Größe fast durchweg in ungeheure Fernen hinausgetrieben werden. Freilich läßt sich die Arrheniussche Hypothese schwerlich prüfen. Man könnte vielleicht untersuchen, ob die obersten Schichten unserer Atmosphäre absolut keimfrei seien. Aber selbst wenn sie noch Keime enthielten, wäre damit nicht bewiesen, daß diese Keime aus der Außenwelt, aus dem Kosmos in die Erdatmosphäre gelangt seien. Sie könnten ja auch durch aufsteigende Luftströmungen, zb. aus den Tropen, in die größten Höhen gehoben worden sein, ähnlich wie es zb. mit vulkanischem Staub bekanntlich öfters geschieht. Hätten nämlich solche Arrheniussche kosmische Keime nur die gewöhnlichen kosmischen Geschwindigkeiten von 30 bis 40 km in der Sekunde in ihrer Erdnähe, mit denen sie in unsere Erdatmosphäre hereinführen, so würden sie doch im kleinsten Bruchteil einer Sekunde durch Umwandlung der ihnen innewohnenden kinetischen Energie in Wärme vollständig versengt und abgetötet werden. Nur äußerst selten würde also ein solcher Keim die Erdoberfläche in lebendem Zustand erreichen können.

Weil mir die Arrheniussche Hypothese der Panspermie doch gar zu unannehmbar erscheint, will ich im folgenden wenigstens in den wesentlichsten Grundzügen zeigen, wie ich mir die Entstehung der Lebewesen aus der unbelebten Materie zurechtgelegt habe[1]).

Schon früher (S. 336) habe ich darauf hingewiesen, daß nicht alle Atomarten aller Elemente Kugeln sein können. So hat zb. van 't Hoff bewiesen, daß das Kohlenstoffatom gewisse Eigenschaften eines asym-

[1]) Vgl. mein Buch: Die Entstehung des Lebens, Freiburg i. B. und Tübingen, 1899 bis 1901; 2. Ausgabe 1910.

metrischen Tetraeders haben muß. Ebenso würde man bei den Atomen anderer Elemente, wenn man etwa die von ihnen emittierten Serien von Spektrallinien auf die Eigenschaften dreidimensionaler Körperchen zurückzuführen versuchte, finden, daß sie im allgemeinen nicht Kugeln, sondern nur komplizierter geformte Gebilde sein können. Aber namentlich die Kohlenstoffatome spielen ja in der organischen Welt eine hervorragende Rolle. Nun bestehen die wichtigsten Substanzen der Lebewesen, die Eiweißkörper, in der Regel aus Molekeln, die aus überaus zahlreichen Atomen verschiedener Art aufgebaut sind, wobei außer den Kohlenstoffatomen die Wasserstoff-, die Sauerstoff- und die Stickstoffatome in überwiegendem Maße vertreten sind. Als chemische Formel ist beispielsweise für eine Eiweißmolekel $C_{72}H_{106}N_{18}S_1O_{22}$, für Hämoglobin $C_{600}H_{960}N_{154}Fe_1S_3O_{179}$ gegeben worden. Es ist einleuchtend, daß die äußeren Oberflächen solcher Atomverbände, solcher Molekeln nicht rein kugelförmig sein können, um so weniger, als dabei unter den Atomen ganz bestimmte geordnete Anlagerungen bestehen, nicht etwa nur beliebige Anhäufungen mit dem Bestreben, ein möglichst kleines Volumen einzunehmen. Man denke nur an die Kohlenstoffverbindungen, bei denen die Kohlenstoffatome entweder kettenförmig oder ringförmig aneinander geschlossen sein müssen, um die Molekeln der betreffenden Substanzen zu bilden!

Unter den unendlich vielen Molekelarten, die sich aus den Atomen aufbauen können, muß es also solche geben, die in ihrer äußeren Hülle mehr Zylindern ähnlich sind als Kugeln; es muß Stäbchenformen geben, Plättchenformen, Tetraederformen usf. Dies ist so zu verstehen, daß zb. bei Molekeln von tausend Atomen die äußere Hülle nur in roher Annäherung solchen regelmäßigen Formen entspräche. Es ist ja allgemein bekannt, daß die Molekeln viel zu klein sind, als daß wir sie sehen könnten. Gäbe es aber ein optisches Mittel, um eine Molekel von tausend Atomen eben noch zu sehen, so nämlich, daß die Grenze der Wahrnehmbarkeit für die Molekel als Gesamtheit eben noch erreicht wäre, so würden wir also nur die äußere Umgrenzung der Molekel sehen, ebenso wie wir aus der Ferne das Münster einer großen Stadt nur in seinen wesentlichsten Formen, oder wie wir vom Monde auch nur die auffallendsten Flecke sehen können. Gelänge es später, ein optisches Verfahren zu finden, mit dem wir eine viel größere Auflösungskraft erreichten, so könnten wir in der Molekel vielleicht noch die einzelnen Atome sehen, wie wir mit einem Fernrohr noch viele Einzelheiten jenes Münsters oder des Mondes wahrnehmen können. Wir würden dann bei der Molekel erkennen, daß da und dort Atome über die mittlere Begrenzungsfläche der Molekel hervorragen, daß an anderen Stellen Höhlungen in den molekularen Begrenzungsflächen vorhanden sind. Scharf sehen könnten wir freilich weder Molekeln noch Atome, weil sie bei allen uns zugänglichen Temperaturzuständen viel zu rasch vibrieren. Wenn sich nun aber zb. gleichartige solche Molekeln aneinander lagern, wenn sie mit einer genügenden Kraft, mit der Kohäsion, gegeneinander gedrückt werden, so müssen die Wirkungen solcher kleiner Hervorragungen oder Höhlungen verschwinden, und die Anlagerungen müssen so stattfinden, wie wenn nur die größeren wesentlichen Begrenzungsflächen der Molekeln vorhanden wären.

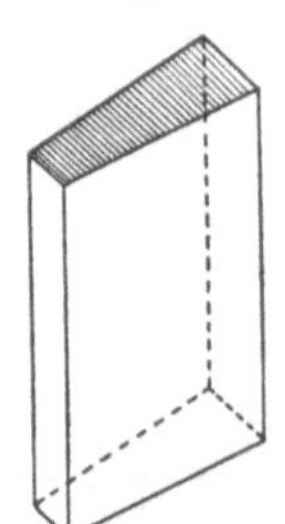

Fig. 201. Prismatische Form einer hochkomplizierten Molekel mit trapezförmigem Querschnitt.

Nun greifen wir von allen möglichen Molekelformen eine solche heraus, die einem langgestreckten Prisma von trapezförmigem Querschnitt entspricht, welche Form in der Fig. 201 (mit schraffiertem Querschnitt) dargestellt ist. Solche Molekelformen müssen möglich sein und tatsächlich vorkommen; namentlich bei den hochkomplizierten tausendatomigen Molekeln muß es deren Millionen und Billionen geben, bei der fast unendlich großen Zahl der Kombinationsmöglichkeiten solcher Atome. Abgeschrägt geformte Backsteine, wie sie zur Aufmauerung von Fensterbogen, von runden Fabrikschornsteinen Verwendung finden, geben uns ein gutes Bild für solche Molekeln. Nun denke man sich, in einem Flüssigkeitsgemisch, das diese Molekelart in reichlichem Vorrat enthält, seien die Bedingungen derart, daß sich die Substanz dieser Molekelart auskristallisieren müsse (S. 347). Es ist klar, daß sich dann Molekel an Molekel in gleicher Orientierung legt wie bei allen Kristallen. So einfach nun diese Molekelform ist, so führt sie doch zu einem Kristall von weniger einfachen Eigenschaften. Man sieht sofort ein, daß durch kristallinische Anlagerung gleicher Molekeln aneinander längs ihrer größten Flächen, an denen offenbar im allgemeinen die Anlagerung am leichtesten erfolgt, Molekelringe, dh. kleine Röhrchen entstehen, wie sie Fig. 202 im Aufriß und Grundriß zeigt. Solche Röhrchen sind natürlich nur ein paarmal größer als die betreffenden Molekeln selber, sie sind daher für uns absolut unsichtbar wie sie. Sie haben aber besondere Eigenschaften, wie sie keine andere Molekelgruppe in dieser Art aufzuweisen vermag. Vermöge ihres kristallinischen Aufbaues sind sie — bei genügender Zahl gleich orientierter Röhrchen — namentlich optisch leicht erkennbar, zb. durch ihre Doppelbrechung, unter Umständen auch durch ihre Drehung der Polarisationsebene des Lichts.

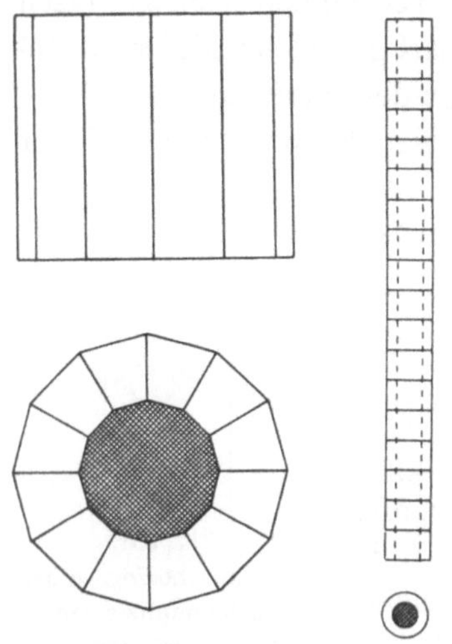

Fig. 202. Fig. 203.

Fig. 202. Molekelring oder Fistelle, eine kristallinische Anlagerung gleicher prismatischer Molekeln mit trapezförmigem Querschnitt.

Fig. 203. Röhrchen aus axial angelagerten Fistellen.

Angenommen, in einem Flüssigkeitsgemisch seien die obengenannten Kristallisationsbedingungen gegeben. Selbstverständlich bleibt dann die Kristallisationskraft nicht bei der Bildung solcher Röhrchen stehen, sondern diese Röhrchen sind nunmehr gewissermaßen die Kristallelemente oder Elementarkristalle für die Entstehung großer Kristalle, die schließlich in den Bereich unserer Sichtbarkeit gelangen. Bei der kristallinischen Anlagerung solcher Röhrchen aneinander verhalten sie sich also ganz ähnlich wie die Molekeln oder wie alle anderen Elementarkristalle: vermöge ihrer Eigenschwingungen und der damit verbundenen Resonanz legen sie sich in gleicher Orientierung möglichst gleichartig aneinander. Dabei können nun verschiedene Fälle eintreten:

1. alle kleinen Röhrchen legen sich koaxial aneinander, es entsteht ein längeres Röhrchen, das schließlich, wenn etwa tausend derselben aneinander gereiht wären, bezüglich seiner Länge in den Bereich unserer Sichtbarkeit gelangen müßte (Fig. 203, gegen die vorherige Fig. verkleinert);
2. alle kleinen Röhrchen legen sich mit parallelen Achsen und parallelen Endflächen nebeneinander, sie bilden eine Ebene, oder

vielmehr eine unsichtbar dünne Membran, die uns aber ihren Breitseiten nach sichtbar wird, wenn Tausende solcher Röhrchen nebeneinander gelagert sind (Fig. 204);

3. beide in 1. und 2. beschriebenen Anlagerungen kommen gleichzeitig vor, und es entsteht entweder — bei größerer Längsausdehnung — ein längeres röhrchenartiges faseriges Gebilde, das aus vielen parallel verlaufenden kleineren Röhrchen von molekularen Durchmessern aufgebaut ist, oder — bei größerer Breitenausdehnung — eine kräftigere Membran, wie auch Fig. 204 sie darstellen mag, welche Membran aber aus jenen kleinen Röhrchen von einer Länge gleich der Membrandicke aufgebaut ist.

Die in 2. und 3. genannten Membranen haben nun die für das organische Reich so außerordentlich wichtige Eigenschaft der Durchlässigkeit. Denn Molekeln von der Größe des Röhrchenhohlraums können durch solche Membranen ungehindert hindurchtreten. Wenn also zb. die Röhrchen eine so große Lochweite besitzen, daß die Wassermolekeln in ihrem Inneren Platz haben, so ist die betreffende Membran für Wasser durchlässig, ohne daß sie deswegen in Wasser irgendwie löslich zu sein braucht. Sind dabei die Röhrchenhöhlungen doch so klein, daß eben nur noch Wassermolekeln durch sie hindurchgelangen, aber nicht mehr die größeren Molekeln, zb. nicht mehr gewisse größere Salzmolekeln, die sich in Wasser auflösen, so ist die Membran „semipermeabel", dh. sie läßt von einer Lösung dieser Salzmolekeln in Wasser nur das Wasser hindurch, nicht das Salz.

Fig. 204. Durchlässige Membran aus parallel nebeneinander angelagerten Fistellen.

Die oben dargestellten Membranen müssen außerordentlich durchlässig sein. Wäre zb. der Lochdurchmesser der Röhrchen nur halb so groß wie ihr äußerer Durchmesser, so wäre doch schon etwa der vierte Teil der ganzen Membranfläche für hindurchtretende Molekeln offen. Die Eigenschaft solcher Durchlässigkeit gewissen Flüssigkeiten gegenüber hat für die Lebewesen, für Planzen und Tiere, die allergrößte Bedeutung. Aber auch noch in anderen Beziehungen führen die Molekelringe, die kleinen molekularen Röhrchen, die wir soeben betrachtet haben, zu wichtigen Eigenschaften der Lebewesen. Daher

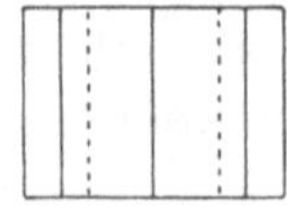
a

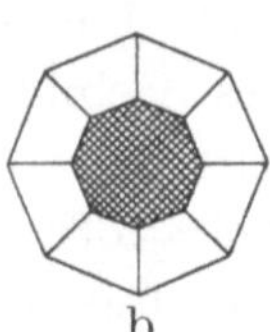
b

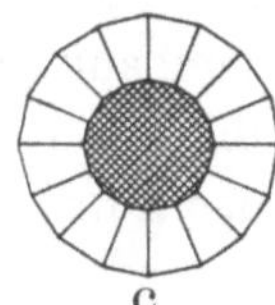
c

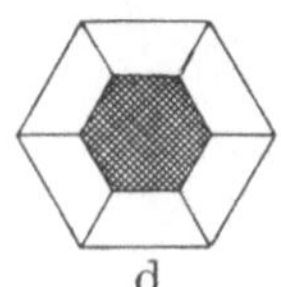
d

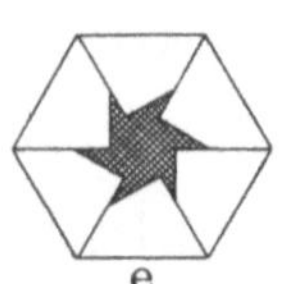
e

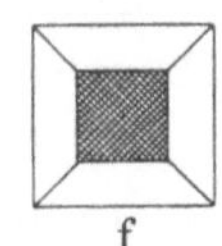
f

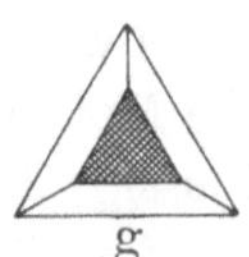
g

Fig. 205. Verschiedenartige Fistellen verschiedener Querschnitte.

habe ich ihnen den Namen Fistellen (fistella, Deminutivum von fistula, also: „kleinste Röhrchen") gegeben.

Ich möchte hier darauf hinweisen, daß wir ähnliche ringförmige Molekelgebilde wie diese Fistellen wahrscheinlich schon im Reich der leblosen Substanzen, nämlich bei den Substanzen der organischen Chemie, vielfach antreffen. Vermutlich gibt es auch ähnliche Atomringe. Es sei nur an den Benzolring erinnert und an die zahllosen Benzolderivate, ferner an die Naphtalinringe usf. Auch viele Zuckerarten scheinen eine spiralige und daher zugleich ringförmige Struktur zu haben, worauf insbesondere die Drehung der Polarisationsebene des Lichts durch diese Zuckerarten hinweist. Indessen kann man sich bei den einfachsten Atomringbildungen auch Gebilde denken, die, obgleich ringförmig, doch keine mittleren Höhlungen besitzen, wie sie die Fistellen haben.

Nur eine einzige mögliche Molekelart habe ich in Fig. 201 dargestellt. Unter den unendlich vielen Möglichkeiten hochkomplizierter Eiweißmolekeln muß es aber noch zahllose andere Molekelarten geben, die gleichfalls zur Bildung von Fistellen führen, zb. solche von gleichem Querschnitt wie dem in Fig. 201 schraffierten, aber dabei von verschiedener Höhe (Fig. 205a); ferner solche von anderem, trapezförmigem Querschnitt, bei dem schon eine geringere Molekelzahl zur Ringbildung genügt (Fig. 205b), oder bei dem umgekehrt eine größere Molekelzahl für die Ringbildung erforderlich ist (Fig. 205c). Besonders merkwürdig sind wohl die Molekelarten, deren trapezförmige Querschnitte zwei Winkel von 60° und zwei Winkel von 120° haben (Fig. 205d); aus ihnen entstehen nämlich Fistellen von regelmäßig sechseckiger innerer und äußerer Begrenzung. Hätten die Molekelquerschnitte zwar außen (Fig. 205e) auch zwei Winkel von 60°, innen aber etwas andere, so würden doch Fistellen aus ihnen hervorgehen können, die außen regelmäßig sechseckige Begrenzungen haben. Solche Fistellen mit regelmäßig sechseckigen äußeren Begrenzungen lagern sich lückenlos aneinander an, füllen die Fläche einer Membran vollständig aus, und sie haben infolgedessen einen besonders kräftigen Zusammenhalt, ebenso wie Fistellen, welche außen nur zu zwei senkrechten Achsen symmetrische Sechsecke oder Quadrate (Fig. 205f) oder Rechtecke oder welche gleichseitige Dreiecke (Fig. 205g) als Querschnittsumgrenzungen haben. Wie sich solche Fistellen zu Membranen zusammensetzen, zeigt Fig. 206a bis e. Auch mit unregelmäßigeren Umgrenzungen lassen sich vollständige Flächenausfüllungen erreichen, wie zb. Fig. 206f zeigt. Dabei sind hier allerdings nicht immer alle Molekeln, die eine Fistelle zusammensetzen, unter sich gleichartig; sie sind es zb. nicht bei den Fistellen der Fig. 206b, d, f (vgl. Fig. 205).

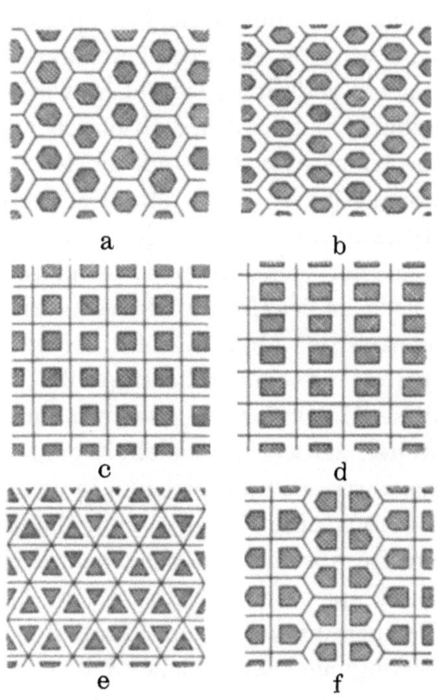

Fig. 206. Durchlässige Membranen aus verschiedenen Fistellen.

Alle hier genannten Fistellen lassen, wenn sie durchaus zylindrisch von oben bis unten verlaufen, bei ihrer Anlagerung nebeneinander durchweg ebene Membranen entstehen. Alle Fistellen dagegen, die außen die Begrenzung eines abgestumpften Kegels haben, sind Bausteine für kugelförmige Membranen (vgl. Fig. 210, S. 378). Haben aber die Fistellen eine gewissermaßen aus Zylinder und Kegelstumpf kombinierte Form in der Weise, daß sie von einer Seite betrachtet zylindrisch, von einer dazu senkrechten Seite gesehen dagegen kegelstumpfförmig aussehen, so entstehen bei gleichorientierter Anlagerung aus ihnen zylindrische Membranen (vgl. Fig. 208, S. 367) usf.

Befänden sich alle diese Molekeln, Fistellen und die aus ihnen hervorgehenden Gebilde aller Art bei der absoluten Temperatur Null, so würde jede Molekel fest an der Nachbarmolekel liegen, nicht die geringste Verschiebung gegen dieselbe käme zustande; alle Molekeln befänden sich miteinander im statischen Gleichgewicht. Dennoch wären Membranen aus derartigen Fistellen durchlässig für fremde Molekeln, aber nur für solche, die genügend Raum in den Fistellenhohlräumen finden, um durch sie hindurchschlüpfen zu können; größeren Molekeln wäre dagegen der Durchgang durch solche Membranen verwehrt. Anders verhält es sich aber, wenn sich unsere Molekel- und Fistellengebilde nicht auf der absoluten Temperatur Null, sondern zb. auf Zimmertemperatur oder auf noch höherer Temperatur befinden. Dann kommt ihnen eine kräftige Molekularbewegung zu, und nur noch ein dynamischer Gleichgewichtszustand ist zwischen ihnen möglich. Man hat sich dieser Molekularbewegung zufolge vorzustellen, daß solche Molekeln millionen- oder gar milliardenmal in der Sekunde, je nach der Molekelgröße, heftig gegen ihre Nachbarmolekeln stoßen, daß sie von ihnen zurückprallen, wieder gegen sie stoßen usf. Wegen dieser Molekularbewegung werden die Hohlräume der Fistellen zeitweise weiter, zeitweise vielleicht so eng, wie sie bei der absoluten Nulltemperatur wären. Befindet sich nun in unmittelbarer Umgebung der betrachteten Membran eine Flüssigkeit mit Molekeln, die eben noch etwas zu groß sind, um im absolut kalten Zustand in die Hohlräume der Fistellen hineinzuschlüpfen, dann kann ihnen dies doch bei entsprechend höherer Temperatur gelingen. Wenn ihnen außerdem die sonst vorhandenen Bedingungen ein solches Hineinschlüpfen erleichtern, nicht etwa unmöglich machen, so kommt dieser Vorgang tatsächlich zustande: in den Augenblicken der größeren Ausweitungen der Fistellenhohlräume gelangen diese Flüssigkeitsmolekeln in die Fistellen hinein. Die Folge davon ist aber, daß nun die Fistellenmolekeln bei ihren molekularen Zusammenstößen vermöge der in die Fistellen hineingeschlüpften fremden Molekeln gar nicht mehr so nahe gegeneinander schwingen können als zuvor. Mit anderen Worten: jede Fistelle ist gegen ihren früheren Zustand aufgetrieben, aufgequollen; die ganze aus diesen Fistellen gebildete Membran oder Substanz ist aufgequollen. Daher zeigen unsere Fistellen in hervorragendem Maße die Eigenschaft der Quellbarkeit, die wir besonders bei den Lebewesen so häufig antreffen. Allerdings können auch viele leblose Substanzen aus dem unorganischen Reich aufquellen. Aber bei den Substanzen der Lebewesen kommen doch weit raschere Quellungen vor, namentlich wenn diese Substanzen, wie hier gezeigt wurde, aus Röhrchen, aus Fistellen aufgebaut sind.

Verschiedene Fistellen verhalten sich bei der Quellung verschieden. Wir betrachten, um dies zu erkennen, die beiden Fistellenarten der Fig. 206b und d. Wenn diese Membranen mit einer Flüssigkeit bespült sind, deren rundliche Molekeln während der Molekularbewegung der Fistellen in diese hineinschlüpfen können, so werden solche Fistellen auch rundlicher, ihre länglichen Querschnitte werden den Fistellenquerschnitten der Fig. 206a und c ähnlicher. Daraus geht nun offenbar hervor, daß sich Membranen mit Fistellen b und d bei einer gewissen soeben genannten Quellungsart durch eine geeignete Flüssigkeit in der vertikalen Richtung unserer Figur ausdehnen, in der horizontalen Richtung dagegen zusammenziehen, dh. in der Richtung der längsten Querschnitts-Symmetrieachse dieser Fistellen sind die aus ihnen gebildeten Membranen kontraktil; Membranen und überhaupt alle Substanzen, die aus derartigen Fistellen aufgebaut sind, zeigen die Eigenschaft der **Kontraktilität**, die namentlich bei den Muskelsubstanzen der Lebewesen eine so wichtige Rolle spielt.

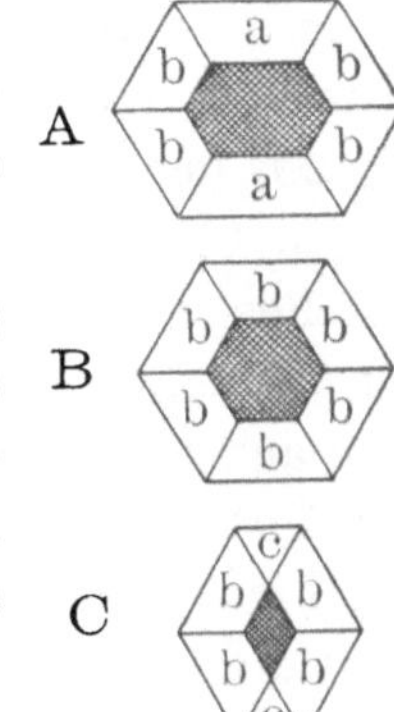

Fig. 207. Verwandlung von Fistellen.

Diese Eigenschaften der Durchlässigkeit, der Quellbarkeit, der Kontraktilität der Fistellengebilde beruhen aber nicht nur auf rein mechanischen Vorgängen, wie sie hier vorerst beschrieben worden sind; vielmehr spielen dabei chemische Vorgänge eine hervorragende Rolle, wie ich an dem Beispiel der Kontraktilität zeigen werde. Eine Fistellenart bestehe nämlich aus zwei Molekeln *a* und vier Molekeln *b*, wie sie etwa schon in der Fig. 206b dargestellt wurde (Fig. 207A). Durch eine geeignete chemische Einwirkung, zb. durch eine hinzugefügte fremde flüssige Substanz, werde die Molekel *a* in die Molekel *b* übergeführt. In der Biologie würden wir eine solche Einwirkung als Reizwirkung bezeichnen. In ihrer Beschaffenheit müssen nämlich die beiden Molekeln *a* und *b* nahe verwandt sein, sie müssen zum größeren Teil schon aus denselben Atomen bestehen, sonst würden sie sich ja auch nicht kristallinisch zu einer einzigen Fistelle aneinander gelagert haben, da sie zu sehr verschiedene Schwingungszustände hätten (vgl. S. 373, Gesamtschwingungszustand). Durch jene chemische Einwirkung also, durch jene Reizwirkung wird nun aus der ungleichmäßig geformten Fistelle eine gleichmäßige, wie dies aus den beiden oberen Fig. A und B in 207 ersichtlich ist. Unter Umständen genügt schon die Abspaltung eines Atoms oder einiger Atome von den Molekeln *a* oder eine Umlagerung eines Atoms aus der Ortho- in die Meta- oder Parastellung usf., um diese Formveränderung der Molekeln *a* in *b* zustande zu bringen. Auch der umgekehrte Vorgang ist möglich: durch eine entsprechende Reizwirkung kann aus der regelmäßigen und gleichmäßig geformten Fistelle mit sechs gleichen Molekeln *b* in Fig. B die ungleichartige Fistelle ***abbabba*** werden, von der wir in A ausgegangen sind, oder eine andere ungleichartige Fistelle ***cbbcbbc*** (Fig. C in 207). Durch Vergleichung der drei in der Fig. 207 gezeichneten Fistellen erkennt man, daß bei diesen Umwandlungen Längenänderungen aufgetreten sind: die unten dargestellten Fistellen erscheinen durch Kontraktion in horizontaler Richtung aus den oberen entstanden. Baut sich also aus solchen Fistellen eine Membran auf, so muß sie die Eigenschaft der Kontraktilität zeigen. Durch den Übergang der oberen in die unteren Fistellen kommt die Kontraktion zustande; die ganze aus solchen Fistellen bestehende Membran zeigt die Kontraktionserscheinung. Dabei braucht die zweite Fistelle, zb. B, nicht ebenso stabil zu sein wie die erste, zb. A; nur beim Zufluß der Reiz ausübenden, dh. chemisch wirkenden Substanz ist sie natürlich stabiler, ohne diese ist aber die erste Fistelle stabiler. Zwischen der zweiten Fistelle B und der dritten C sind die Verhältnisse ganz dieselben. Diese Stabilität wäre beispielsweise rein mechanisch etwa so zu verstehen: bei der Fistelle A sei die Summe aller sechs Flächenwinkel ihrer Molekeln, nämlich der Winkel der beiden ganz oder fast radial verlaufenden Flächen jeder Fistellenmolekel miteinander, welche Summe für die molekulare Anlagerung allein in Betracht kommt, also $2 . a + 4 . b = 360^0$; bei der Fistelle B sei dagegen $6 . b \gtreqless 360^0$. Dann ist diese letztgenannte Fistelle offenbar für die Anlagerung ihrer Molekeln aneinander unter den gewöhnlichen Bedingungen weniger stabil als die erstere. Aber durch die Einwirkung einer fremden Reiz ausübenden Flüssigkeit kann eben die sonst unstabilere Fistelle vermöge geeigneter Querschnittsänderungen ihrer Molekeln zur stabileren werden. Wenn dann die Reizflüssigkeit verschwunden, zb. durch ihre chemische Einwirkung auf die Fistellen etwa umgewandelt und also wirkungslos geworden ist, kehren diese Fistellen, falls sie auch sonst wieder unter ihre früheren Bedingungen gebracht werden, schneller oder langsamer in ihren anfänglichen Zustand zurück.

Fig. 208 stellt eine zylindrische aus solchen kontraktilen Fistellen aufgebaute Membran schematisch dar. Sie zieht sich in der durch Pfeile angedeuteten Achsenrichtung zusammen, wenn sie von einer entsprechenden Reizflüssigkeit umspült wird, sie weitet sich wieder aus, wenn diese Reizflüssigkeit beseitigt, wenn wieder ihre ursprüngliche Flüssigkeit da ist. Daher haben wir hier eine Wirkung vor uns, wie sie zb. von den Muskelfibrillen ausgeübt wird.

Aus diesen Darlegungen ist ersichtlich, daß den Fistellen in der Tat die Fundamentaleigenschaften vieler Substanzen zukommen, die für den Aufbau der Lebewesen unerläßlich sind, nämlich die Eigenschaften der Durchlässigkeit, der Quellbarkeit und der Kontraktilität. Daher müssen die Fistellen als die fundamentalen Bausteine der Lebewesen, als die wichtigsten Lebenselemente derselben bezeichnet werden. Ohne die außerordentliche Durchlässigkeit aller Membranen der Lebewesen würde schon ihr lebhafter Stoffwechsel unverständlich erscheinen.

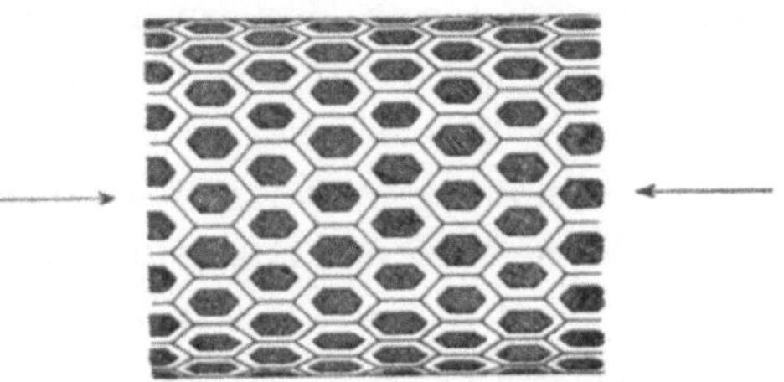

Fig. 208. Zylindrische Membran aus kontraktilen Fistellen.

Wir dürfen jedoch nicht annehmen, die Substanzen der Lebewesen wachsen aus Flüssigkeitsgemischen, in denen die Molekeln dieser Substanzen bereits vorhanden, bereits vorgebildet seien, so daß nur noch die kristallinische Aneinanderlagerung der Molekeln fehle; sobald diese beginne, entstehen auch die organischen Gebilde unserer Lebewesen, genau wie ein Kristall in seiner Mutterlauge wachse. Es ist vielmehr längst bekannt, daß die Lebewesen ihre eigenen, ihre Leibessubstanzen durch Assimilation aus ganz anderen Substanzen, aus ihren Nahrungssubstanzen aufbauen. Bei diesem Aufbau werden dann andere Substanzen ausgeschieden, die Stoffwechselprodukte, die für das Lebewesen keine Verwendung mehr finden können. Es herrscht bei vielen Biologen neuerdings wieder die Anschauung vor, ohne eine besondere Lebenskraft, die mit physikalischen und chemischen Vorgängen in keiner Weise verwandt sei, könne eine solche Assimilation niemals zustande kommen.

Betrachten wir, um dieser Lebenskraft auf den Grund zu kommen, zuerst eine unorganische Substanz, nämlich etwa ein in bestimmtem Raum vorhandenes Knallgasgemisch! Wasserstoffgas und Sauerstoffgas mögen sich in ihm befinden, so vollkommen gleichmäßig gemischt, daß in jedem kleinsten Raumteil immer gleich viel Wasserstoffatome einerseits und gleich viel Sauerstoffatome andererseits zu finden sind, erstere natürlich der Formel H_2O entsprechend in doppelter Anzahl als letztere. Nun lasse man an irgend einer Stelle dieses Raumes ein Fünkchen entstehen, sei es durch eine elektrische Entladung, sei es durch irgend einen anderen Entzündungsvorgang. Sofort zerlegen sich dort zwei Wasserstoffmolekeln ($2H_2$) und eine Sauerstoffmolekel (O_2), sie verbinden sich gegenseitig, und es entstehen daraus zwei Wassermolekeln ($2\,H_2O$). Die Wärmeenergie, die bei dieser Verbindung entwickelt wird, überträgt sich auf die benachbarten Wasserstoff- und Sauerstoffmolekeln, und in fast unmeßbar kurzer Zeit verbindet sich die ganze Knallgasmasse: unter plötzlicher Explosion entsteht aus dem Knallgasgemisch Wasser bzw. Wasserdampf. Es scheint, daß hier, ähnlich wie bei der Kristallanlagerung (S. 353), eine mit der Lichtstrahlung identische Strahlung, die sich mit Lichtgeschwindigkeit durch das Knallgas hindurch fortpflanzt, von den zuerst gebildeten Molekeln ausgehe. Bei der durch die chemische Affinität bewirkten heftigen Verbindung der Atome H, H und O werden diese, wie man aus der stattfindenden Erhitzung schließen muß, aufs heftigste erschüttert, sie geraten in einen intensiven Schwingungszustand, und entsprechende Wellenbewegungen werden ausgestrahlt wie bei allen Schwingungen. Aber die den zuerst entstandenen Molekeln benachbarten Atome sind durchweg Atome gleicher Art wie ihre eigenen, nämlich Wasserstoffatome und Sauerstoffatome. Daher nehmen diese Atome durch Resonanz alle Schwingungsarten der Wassermolekeln, deren sie selber fähig sind, besonders leicht auf, sie absorbieren dieselben, geraten dadurch selber in den heftigsten Schwingungszustand, dissoziieren sich aus ihren ursprünglichen Wasserstoff- bzw. Sauerstoffmolekeln, worauf ihre Vereinigung zu Wassermolekeln bewirkt wird. Je näher sich diese Atome der Stelle der ersten Vereinigung von Atomen zu einer Wassermolekel befinden, um so heftiger werden sie durch die genannte Strahlung zu ihren Schwingungen angeregt, um so schneller werden sie einerseits dissoziiert, andererseits zu einer Wassermolekel vereinigt. Daher breitet sich von der Stelle des zuerst erzeugten Funkens eine Explosionswelle nach allen Richtungen mit größter Geschwindigkeit aus.

Ähnlich verhält es sich bei einem Gemisch von Chlorgas und Wasserstoffgas, nur daß bei diesem Gemisch schon das helle Sonnenlicht ausreicht, um es zur Entzündung und Explosion zu bringen; eine Flamme ist hier nicht nötig. Von den Wellenbewegungen. die im Sonnenlicht enthalten sind, werden durch die Chlor- und die Wasserstoffatome vermöge der Resonanz die Schwingungsarten besonders stark absorbiert, die ihnen selber eigentümlich sind, die sie selber auszustrahlen vermögen, wenn sie zu Schwingungen angeregt worden sind. Dieser starken Absorption zufolge werden die Atome in solcher Heftigkeit erschüttert, daß sie sich sogleich aus ihren Chlor- bzw. Wasserstoffmolekeln dissoziieren und dann unter plötzlicher Explosion zu Chlorwasserstoffgas verbinden. Wahrscheinlich wird auch hier die Explosion an einer einzigen Stelle eingeleitet; mit Lichtgeschwindigkeit breitet sich dann die dadurch erzeugte Strahlung, mit gleichfalls sehr großer Geschwindigkeit die wirkliche Explosionswelle nach allen Richtungen durch das Gasgemisch aus. Wenn allerdings die beiden Gase, hier Chlor und Wasserstoff, im vorher genannten Beispiel Wasserstoff und Sauerstoff, nicht in absoluter Vollkommenheit gleichmäßig gemischt sind oder wenn ihnen noch ein drittes Gas, zb. Luft beigemischt ist, kann die Fortpflanzungsgeschwindigkeit der Explosionswelle bedeutend herabgesetzt werden, so sehr, daß die Verbindung der beiden Gase schließlich gar nicht mehr als Explosion bezeichnet werden kann. Bei dem Chlor- und dem Wasserstoffgas genügt sogar schon die Herabsetzung der Intensität des Sonnenlichts auf einen gewissen Bruchteil, zb. auf den Teil, den sie beim gewöhnlichen Tageslicht aufnehmen, um die explosionsartige Verbindung in eine ganz allmähliche überzuführen.

Aus der Chemie ließen sich natürlich noch zahlreiche derartige Beispiele anführen. Manche Explosionen sind ja auch noch viel heftiger als die Knallgasexplosion. Ferner können ebensowohl gut gemischte entsprechende Flüssigkeiten oder feste Körper zur Explosion gebracht werden. Man denke an die Plötzlichkeit der Explosionen von Pulver, Nitroglycerin, Dynamit, Pikratpulver!

Bei den genannten mit Explosionen verbundenen chemischen Verbindungen treten wohl ausnahmslos Lichtwirkungen auf, so daß Strahlungen von den zuerst sich verbindenden Atomen bzw. von ihren Molekeln ausgehen. Je weiter die Explosion fortgeschritten ist, um so stärker wird dann diese Strahlung. Es ist dabei nicht immer notwendig, daß das ganze explosionsfähige Substanzengemisch durchweg sich berühre. Vielmehr kann man unter Umständen dies gleichmäßige Gemisch in viele einzelne Teile teilen und davon nur einen Teil zur Explosion bringen. Diese Explosion führt dann die Explosionen aller anderen Teile des gleichen Gemisches herbei, falls sich die anderen Teile nicht in gar zu großen Abständen von dem ersten Teil, wenn auch ganz getrennt von ihm und voneinander befinden. Nur eine Übertragung durch den Raum, wahrscheinlich eine Strahlung, nämlich eben die von dem explodierenden Gemisch ausgegangene Wellenbewegung, die wegen der vollkommenen Resonanz von den anderen Teilen desselben Gemisches sehr stark absorbiert wird, bringt diese scheinbare Fernwirkung zustande.

Nicht nur der Vorgang der chemischen Verbindung von Atomen oder Atomgruppen wird also durch die von den besonders stark erschütterten Molekeln ausgehenden Strahlungen begünstigt, sondern im allgemeinen auch der Vorgang der Dissoziation; sind aber die beiden Vorgänge, Dissoziation und chemische Verbindung, nicht mit großen Energieausgleichen verbunden, so erkennen wir unter Umständen bei ihren Wirkungen einen langsamen aber fortwährenden Wechsel der Molekelarten. Wir wollen diese Vorgänge im einzelnen noch etwas genauer betrachten. Es mögen sich zwei Flüssigkeiten bei einer Temperatur, bei der die Dissoziation ihrer Molekeln besonders leicht möglich ist, in demselben Raum mit einer anderen Flüssigkeit befinden, deren Molekeln aus der chemischen Verbindung der dissoziierten Molekelbestandteile, also der Ionen jener beiden Flüssigkeiten entstehen können. Durch irgend einen Anstoß von außen oder innen sei eine Molekel dieser letzteren Flüssigkeit neu entstanden, und bei dieser chemischen Verbindung sei die entsprechende Strahlung von der Molekel ausgesandt worden. Eine solche Strahlung kann uns völlig unsichtbar sein, entweder weil sie hierzu doch zu schwach ist, oder weil wir

Strahlungen der entsprechenden Wellenlängen überhaupt nicht nachzuweisen vermögen. Dennoch besteht diese Strahlung, die entsprechende vielleicht sehr verwickelte Wellenbewegung breitet sich aus; am intensivsten ist sie in der nächsten Nachbarschaft der neu entstandenen Molekel. In den umgebenden Flüssigkeiten befinden sich nun unter anderen die gleichartigen Atome, wie sie auch in der soeben entstandenen Molekel vorhanden sind. Sonst könnte ja die entsprechende Flüssigkeit nicht aus den beiden anderen Flüssigkeiten durch chemische Verbindung entstehen. Demnach werden nun die der neu entstandenen Molekel möglichst benachbarten gleichartigen Atome der artfremden Molekeln in so starke Schwingungen, in ihre Eigenschwingungen versetzt, daß sie sich aus ihren Molekeln leichter ablösen, daß diese leichter dissoziiert werden, um so leichter, je näher sie sich der stark schwingenden neu entstandenen Molekel befinden. Aber auch diese artfremden Molekeln strahlen ihrerseits, weil sie vermöge der Molekularbewegung immer in heftigsten Schwingungen begriffen sind. Auch sie suchen die ihnen fremden Molekeln zu dissoziieren. Daher entsteht gewissermaßen an der Stelle der stärksten Strahlungen ein besonders heftiger Kampf unter den Molekeln der verschiedenen dieselben Atomarten enthaltenden Substanzen; vermöge der erwähnten Strahlung sucht sich stets die eine Substanz auf Kosten der anderen Substanzen zu vermehren. Der genannte Kampf unter den Molekeln wird dabei zu einem regelrechten Kampf ums Dasein, in welchem diejenige Molekelart Sieger bleibt, welche unter den vorliegenden gegebenen Bedingungen (Temperatur usf.) eine besonders große Stabilität besitzt. Alle anderen labiler gebauten Molekeln zerfallen bei der so außerordentlich heftigen Molekularbewegung, bei den unzähligen molekularen Stößen immer wieder; sie dissoziieren sich, und nur die eine besonders stabile Molekelart bleibt bestehen, oder unter Umständen eine etwas weniger stabile Molekelart, deren Molekeln aber am häufigsten neu gebildet werden; eine von diesen beiden Molekelarten bleibt Sieger im Kampf ums Dasein; durch Selektion im Kampf ums Dasein wird gerade sie gebildet. Gerade an der der neu entstandenen strahlenden Molekel möglichst benachbarten Stelle entstehen nicht nur neue Molekeln der neuen Substanz, sondern sie lagern sich auch hier kristallinisch, dh. in vollkommen gleicher Orientierung an die schon gebildeten Molekeln derselben Substanz an (S. 353).

Wir erkennen daraus, daß ganz allgemein alle Substanzen, die in der Entstehung aus anderen Substanzen, die also im Wachstum begriffen sind, vermöge einer bei der Entstehung ihrer Molekeln von diesen ausgehenden Strahlung darauf hinwirken, immer neue gleichartige Molekeln derselben Substanz zu bilden. Daher hat jede Substanz das Bestreben, sich zu vermehren, wenn sich andere Substanzen in unmittelbarer Umgebung befinden, welche entsprechend leicht dissoziierbar sind, welche für sie die Atome oder Atomgruppen liefern können, welche also mit anderen Worten Nahrung für die sich vermehrende Substanz sind. Dabei wird im allgemeinen die Nahrung aus um so komplizierteren Molekeln bestehen, je komplizierter die Art der aufzubauenden Molekeln selber ist.

Dieses Bestreben, sich zu vermehren, finden wir da und dort schon im unorganischen Reich, aber seltener, weniger ausgesprochen, weil hier die Substanzen im allgemeinen viel stabiler, viel weniger leicht dissoziierbar sind; wir finden es aber ganz besonders im organischen Reich, namentlich bei den Lebewesen, weil in diesem Reich der hochkomplizierten Molekelarten die Gleichgewichtszustände umgekehrt zum großen Teil ziemlich labil sind. Das Bestreben der Substanz, immer gleichartige Substanz zu bilden, habe ich wegen seiner Bedeutung für die Lebewesen als den ersten biologischen Fundamentalsatz bezeichnet und folgendermaßen ausgesprochen: „Die Substanz hat das Bestreben, sich zu vermehren.“ Es ist dies die bekannte Assimilation der lebenden Substanz.

Wir verfolgen weiterhin eine im Wachstum begriffene kristallinisch aufgebaute, zb. aus Fistellen bestehende Substanz, die sich in ihrer Nahrungsflüssigkeit befinde. Es fehle aber von nun an die ausgiebige bisherige Nahrung; dafür mögen sich zahlreiche andere ähnlich gebaute Flüssigkeitsmolekeln in der Umgebung der im Wachstum begriffenen Substanz befinden, welche auch leicht dissoziierbar sind, welche also auch einzelne Atome oder Atomgruppen abzugeben vermögen. Unter diesen Umständen werden von der schon vorhandenen im Wachstum begriffenen Substanz neue Molekeln etwas anders aufgebaut als bisher. Die schon vorhandenen gleichartigen und gleichorientierten Molekeln suchen allerdings auch jetzt durchweg nur Atome der gleichen Art, wie sie selber besitzen, in gleicher Orientierung aneinander zu reihen. Wenn aber die bisherige Nahrung gar zu spärlich zu werden beginnt, wenn dagegen eine neue ähnliche Nahrung mit etwas anderen Atomen, zb. mit chemisch verwandten Atomen, etwa Schwefel statt Sauerstoff usf., sehr reichlich da ist, wird nunmehr eine neu entstehende Molekel dieses andere Atom (Schwefel) statt des bisherigen Atoms (Sauerstoff) in ihren Molekelverband aufnehmen. Denn im Kampf ums Dasein unter den Molekeln gehört doch zu den Bedingungen des Daseins auch das „Dasein" der betreffenden Atomart selber, die assimiliert werden soll. Fehlt sie, oder ist sie doch gar zu spärlich vorhanden, so wird schließlich die andere verwandte Atomart aushelfen. Es muß nämlich bei der Assimilation und Anlagerung neuer Molekeln der Gesamtschwingungszustand der assimilierenden Molekeln den maßgebendsten Einfluß haben [1]). Eine aus beispielsweise tausend Atomen bestehende Molekel sendet offenbar, wenn sie erschüttert ist, eine ungeheure Zahl von Eigenschwingungen aus. Doch nur ein Teil dieser Schwingungen ist besonders stark und somit besonders wirksam. Wenn also eine neue wenig geänderte Molekelart in diesen besonders intensiven Hauptschwingungen mit der alten Molekelart verhältnismäßig gut übereinstimmt, so kann sie statt der genau gleichen Molekelart assimiliert werden, und sie wird tatsächlich assimiliert und angelagert, wenn die Nahrung für die alte Molekelart ganz ausgeht, für die neue dagegen reichlich vorhanden ist. Der Gesamtschwingungszustand der betrachteten tausendatomigen Molekel wird dann eben durch das Vorhandensein etwa eines einzigen anders gearteten Atoms kaum wesentlich geändert. Von nun an assimiliert aber die neue etwas anders geartete Molekel stärker als alle älteren Molekeln, weil ja gerade für ihre Molekelart Nahrung reichlich vorhanden ist. Entstehen Fistellen aus dieser Molekel, so müssen sich nunmehr aus der etwas anders gearteten Molekel auch etwas andere Fistellen bilden; unter Umständen kann schon durch ein einziges Atom anderer Art die fistellenbildende Molekel in ihrer Form derart abgeändert werden, daß eine von der älteren wesentlich verschiedene neue Fistellenart zustande kommt.

Nach dem beschriebenen Vorgang ist nun eine neuartige Fistelle entstanden, wenn sie sich auch nur um ein einziges Atom in jeder Molekel oder vielleicht sogar nur um ein oder zwei Atome in der ganzen Fistelle von der alten Fistelle unterscheidet. Bleiben ferner-

[1]) Dieser Einfluß ist auch maßgebend bei der Assimilation der Molekeln *a* und *b* bzw. *b* und *c* zu Fistellen, vgl. Fig. 207, S. 365.

hin die Nahrungsbedingungen dieselben wie in dem Augenblick, als diese etwas andere neue Fistelle gebildet wurde, so sucht nun die neue Fistelle fortwährend ihr gleichartige neue Fistellen zu assimilieren. Für jede andere hochkomplizierte Molekelart und für jede entsprechende Fistellenart muß dasselbe gelten: sie können nur soweit assimilieren, als genügend Nahrung vorhanden ist. Bei anders gearteter passender Nahrung wird aber jede Molekel von beispielsweise 1000 Atomen oder jede Fistelle von vielleicht 10000 oder gar 100000 Atomen (welche Gebilde noch lange nicht in den Bereich der Sichtbarkeit gelangen) ein oder einige anders geartete Atome in ihren Assimilationsprozeß aufnehmen, wenn einmal das letzte oder die letzten gleichartigen Atome nicht mehr zu assimilieren sind. Die neue Molekelart hat dann eben im Kampf ums Dasein mehr Aussicht als die alte, Sieger zu bleiben. In entsprechend schwächerem Grade haben auch viele ganz einfach gebaute Molekeln die Fähigkeit, unter geeigneten Umständen Molekeln ganz anderer Art aufzubauen. Man denke zb. an die Wirkung der Katalysatoren!

Wir erkennen also, daß viele Substanzen, namentlich die Substanzen der Lebewesen mit ihren hochkomplizierten Molekeln, die Eigenschaft haben, sich veränderten Nahrungsbedingungen anzupassen. Ganz ähnlich paßt sich das ganze Lebewesen nicht nur seinen Nahrungs-, sondern seinen gesamten Lebensbedingungen an. Denn überall, wo assimiliert wird, kommen außer den Bedingungen des Vorhandenseins der geeigneten Nahrungssubstanzen auch alle anderen äußeren gegebenen Bedingungen in Betracht. Die neu entstehenden, neu assimilierten Molekeln und Fistellen müssen im Kampf ums Dasein, den sie mit anderen möglichen Molekel- bzw. Fistellenarten führen, auch allen Außenbedingungen, zb. der Temperatur, des Druckes, der Feuchtigkeit, der chemischen, der elektrischen Einwirkungen usf. gerecht werden, sie müssen allen äußeren Beeinflussungen Widerstand leisten können; durch Selektion, durch natürliche Auslese im Kampf ums Dasein entstehen sie gerade so, daß sie allen diesen gegebenen Bedingungen genügen. Wird aber zb. die Temperatur zu hoch, so kann schließlich, obwohl dann Dissoziation und Assimilation gesteigert werden, die erstere überwiegen; die Substanz wird wieder abgebaut.

Bei jeder Anpassung jeder Substanz an äußere Bedingungen aller Art entstehen aber chemisch etwas verschiedene Molekeln, auch dann, wenn unter Tausenden von Atomen nur ein einziges Atom anders geartet ist. Ein Lebewesen also, das vermöge der geänderten Nahrungs- bzw. allgemein der geänderten Lebensbedingungen eine derart chemisch anders zu definierende Substanz assimiliert, muß in der Regel, wenn wir nur genügend fein beobachten können, sprungweise andere Eigentümlichkeiten zeigen, wie es de Vries durch seine Mutationstheorie und durch entsprechende experimentelle Untersuchungen dargetan hat. Um die Bedeutung der wichtigen Eigenschaft der Anpassung der Substanzen für das organische Reich, für die Lebewesen hervorzuheben, habe ich den entsprechenden Satz als den zweiten biologischen Fundamentalsatz bezeichnet und folgendermaßen ausgesprochen: „Die Substanz hat das Bestreben, sich ihren Daseinsbedingungen anzupassen." Es ist also dies die Anpassung der lebenden Substanz.

Schon vor langer Zeit hat Traube die sogenannte „künstliche Zelle" experimentell dargestellt: Ein vorsichtig in eine Gerbstofflösung fallen gelassener gelatinierender Leimtropfen überzieht sich sogleich mit einer Niederschlagsmembran aus gerbsaurem Leim infolge chemischer Verbindung beider Lösungen an ihren Berührungsstellen. Weil aber der Leim Wasser anzieht, tritt immer mehr Gerbstofflösung durch die durchlässige Niederschlagsmembran hindurch. Dadurch wird der Leimtropfen größer, er zersprengt, zerreißt seine eben entstandene Hülle, die Niederschlagsmembran; aber sogleich entsteht an der Rißstelle eine neue Membran. So wächst die Zelle immer weiter, wird größer und größer, und ihre Membran wird dicker, ganz ähnlich wie bei einer natürlichen Zelle. Später hat Quincke mit anderen Substanzen zahlreiche andere Gebilde künstlich hervorgebracht, die ein ähnliches Wachstum, ferner Abschnürungen und dergleichen zeigten, wie wenn sie Lebewesen wären. Sodann hat Lehmann bei seinen flüssigen und fließenden Kristallen Formen hervorbringen können, die er als „scheinbar lebende Kristalle" bezeichnete, weil er bei ihnen nicht nur Wachstum, sondern auch eine Teilung eines größeren Individuums dieser Kristallgebilde in zwei ähnliche kleinere, also eine Art Fortpflanzung nachweisen konnte; ferner ließen seine Gebilde scheinbar willkürliche Bewegungen erkennen und dergleichen mehr. Vielleicht haben Manche zuerst geglaubt, hier wirklich ganz gleiche Erscheinungen vor sich zu haben, wie sie bei den Lebewesen selber, wenigstens bei einigen derselben vorkommen. Ohne Zweifel handelt es sich aber bei diesen Beobachtungen nur um den Lebensvorgängen ähnliche Vorgänge; denn alle Lebewesen, die nicht so klein sind, daß wir sie auch mit unseren besten Mikroskopen nicht mehr sehen können, sind denn doch ungeheuer viel komplizierter gebaut als die oben genannten künstlich erzeugten Zellen und Zellengebilde.

Wir wollen uns nochmals der Größenordnungen der kleinsten Teilchen erinnern, die hier in Betracht kommen. Ein Atom ist durchschnittlich etwa 10millionenmal kleiner als ein Millimeter (S. 329). Eine Molekel aus dem organischen Reich der Lebewesen, die beispielsweise aus tausend Atomen dreidimensional aufgebaut ist, bleibt hierbei immer noch etwa millionenmal kleiner als ein Millimeter. Von dieser Molekelart mögen sich 10 oder 20, auch mehr oder weniger, zu einer Fistelle zusammensetzen; eine Fistelle könnte auch schon aus jenen tausend Atomen allein aufgebaut sein. Daher ist die Fistelle der Größenordnung

Fig. 209. Einfachstes zylindrisches Fistellengebilde.

nach kaum zwei- bis dreimal größer als ein milliontel Millimeter, also ungeheuer viel kleiner, als daß sie mit dem besten Mikroskop noch gesehen werden könnte.

Nun denken wir uns, eines der einfachsten Fistellengebilde sei das folgende: Eine zylindrische Fistellenmembran, etwa tausend Fistellen lang, in der Zylinderachse gemessen, und etwa hundert Fistellen breit, im Zylinderdurchmesser gemessen, sei beiderseits durch je eine halbkugelförmige Fistellenmembran abgeschlossen (vgl. Fig. 209); diese beiden etwas verschiedenartigen Fistellenarten sind natürlich aus entsprechend verwandten Molekelarten, aber doch aus verschiedenartigen Fistellen hervorgegangen (vgl. S. 373), sonst hätten sie sich einander nicht in der genannten Weise angelagert. Das betrachtete Fistellengebilde befinde sich in einer Flüssigkeit, die Nahrung für dasselbe ist, oder die doch Nahrungsflüssigkeit gelöst enthält; dann wird es also wachsen in die Länge oder in die Dicke oder beides zugleich, es wird sich allmählich vergrößern. Neue Fistellen legen sich namentlich an den Stellen an, wo unmittelbar vorher schon neue Fistellen gebildet worden sind, vermöge der Strahlungswirkung, die von diesen ausgeht, vermöge der Resonanz. Innerhalb der Fistellenmembran, die sich in ihrer Nahrungsflüssigkeit befindet, innerhalb ihres Zylinderhohlraumes also, wird gleichfalls eine Flüssigkeit sein. Wenn aber auch diese Flüssigkeit ursprünglich, im Augenblick, als sich die Membran zuerst zu einem abgerundeten Ganzen abschloß, gleich der Außenflüssigkeit gewesen wäre, so wird sie nun doch allmählich anders. Denn wenn die Molekeln der Außenflüssigkeit in den Innenraum dieses Fistellengebildes eindringen wollen, bei seinem Wachstum, so zeigt sich jetzt, daß die Fistellenmembran in Anbetracht ihrer Fistellenweite nicht für alle Molekeln gleich durchlässig ist (S. 361). Außerdem beeinflussen ihre Fistellen namentlich die Molekeln der außen befindlichen Nahrungsflüssigkeit, die, veranlaßt durch die allgemeine Molekularbewegung, gelegentlich durch eine dieser Fistellen hindurchschlüpfen möchten. Sogar sehr stark ist der genannte Einfluß, weil im Inneren einer Fistelle die eben hindurchtretende Nahrungsmolekel von allen Seiten her, von allen einzelnen zb. unter sich gleichen Molekeln derselben Fistelle, einer gleichartigen Strahlung ausgesetzt ist, ähnlich wie wenn sie im Brennpunkt eines Hohlspiegels von einer Lichtstrahlung getroffen würde. Daher ist der Fistellenhohlraum wie eine chemische Werkstätte aufzufassen, in der die chemischen Umsetzungen ganz besonders leicht zustande kommen. Also muß sich im Fistellenhohlraum, solchen chemischen Umsetzungen zufolge, jede Nahrungsmolekel dissoziieren und zum Teil in Molekeln der Fistellenmembran selber umwandeln; zum Teil kann sie ins Innere des Gebildes eintreten, das also seine Beschaffenheit dementsprechend verändert. Von nun an enthält somit unser Fistellengebilde in seinem Innenraum eine andere Flüssigkeit als die, von der es umspült wird.

Immer weiter wächst jetzt das betrachtete Fistellengebilde. Es ist zu vermuten, daß von den beiden Fistellenarten, die zum Aufbau der zylindrischen Membran des Gebildes einerseits und seiner halbkugelförmigen Endmembranen andererseits dienen, die eine Art leichter neue Molekeln aus der außen befindlichen Nahrungsflüssigkeit assimiliert als die andere. Geschieht nun das Wachstum unseres Gebildes nicht in ganz bestimmter Weise, so nämlich, daß die Fistellenmembran immer ein stabiles Gebilde bleibt, so wird sein Bestand unter Umständen immer mehr gefährdet. Beispielsweise gehört zu einer bestimmten Kegelstumpf-Fistelle ein bestimmter Radius der Kugelmembran, die sich aus solchen Fistellen aufbaut (Fig. 210); ebenso gehört zu einer bestimmten die Zylindermembran bildenden Fistelle ein bestimmter Radius der Zylindermembran. Für dasselbe betrachtete einfache Gebilde müssen also diese beiden Radien auch während seines Wachstums, dh. wenn sie sich vielleicht ändern, doch untereinander immer gleich bleiben; die Fistellen selber müssen sich daher während des Wachstums entsprechend verändern, und die Fistellenarten für die halbkugelförmigen Endmembranen und für die Zylindermembran müssen fortdauernd im entsprechenden günstigsten Verhältnis (S. 373) zueinander stehen. Nur dann könnten allerdings jene Fistellenarten trotz des Wachstums des Gebildes sich immer ganz gleich bleiben, wenn unser Gebilde nur in die Länge wüchse, nicht in die Breite, so daß dann auch jene Radien überhaupt keine Änderungen erfahren würden. Daß ein solches bestimmtes günstigstes Verhältnis zwischen dem Wachstum der Endhalbkugeln und der Zylinderfläche hergestellt werde, dafür kann nun die Innenflüssigkeit des Gebildes die Vermittlerrolle übernehmen. Sie kann die von der einen Fistellenart der Membranhülle assimilierten Molekeln aufnehmen. Diese Molekeln brauchen nicht notwendig Molekeln der Fistellenart zu sein, durch die sie aufgebaut wurden; sie können vielmehr in den betreffenden Membranfistellen nur teilweise aufgebaut werden, also etwa die Molekeln einer neuen günstigeren reineren Nahrungsflüssigkeit bilden, aus denen sich die verschiedenartigen Fistellen der Membranhülle des Gebildes leichter aufbauen, wenn Bedarf da ist. Damit die Assimilation solcher wesentlich verschiedenartiger Molekeln möglich sei, ist nur nötig, daß die Hauptschwingungsverhältnisse beiderlei Molekelarten miteinander genügend übereinstimmen. Ohne solche Übereinstimmung wäre ja auch der gleichzeitige Bestand verschiedenartiger Molekeln bei denselben Lebewesen stets gefährdet, da sich diese verschiedenartigen Molekeln gar zu leicht beeinflussen und gegenseitig umwandeln würden. Die Innenflüssigkeit nun, die solche reinere Nahrungsmolekeln für das ganze Fistellengebilde enthält, bildet also gewissermaßen eine transportierende Substanz, die unser Fistellengebilde von innen heraus ernährt und weiter wachsen

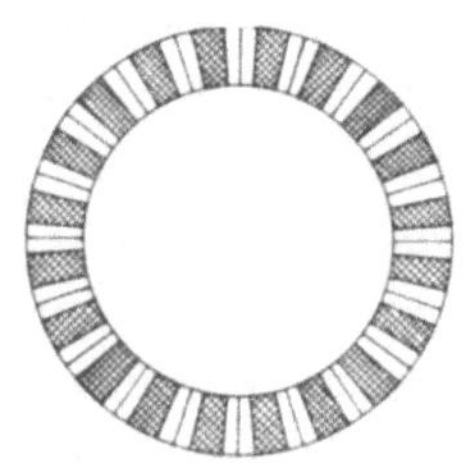

Fig. 210. Kugelförmige Fistellengebilde.

läßt. Sie entspricht dem Blut unserer höher entwickelten Lebewesen.

Ferner können zb. die beiden Halbkugelendflächen unseres Fistellengebildes aus etwas verschiedenartigen Fistellen aufgebaut sein. Denn unendlich viele verschiedene kegelstumpfförmige Fistellen können Kugelflächen von demselben Radius bilden. Dann wird aber eine von beiden Fistellenarten leichter die Molekeln der außen befindlichen Nahrungsflüssigkeit in Molekeln der transportierenden Substanz mit ihren reineren Nahrungsmolekeln umzuwandeln vermögen, sie wird die Innenflüssigkeit stärker vermehren als die andere. Daher können wir nun diese wirksamere Fistellenart als die besondere verdauende Substanz unseres Fistellengebildes bezeichnen.

Nimmt infolge der Wirkung der verdauenden Substanz die Innenflüssigkeit, die transportierende Substanz mit ihren reineren Nahrungsmolekeln, immer mehr zu, so muß auch die ganze sie umhüllende Membran wachsen, entweder in die Länge oder in die Dicke, oder nach beiden Richtungen zugleich. Aber bei der Umwandlung der reineren Nahrungsmolekeln der transportierenden Substanz in Molekeln der Fistellenwandungen werden nicht alle Atome dieser Molekeln Verwendung finden. Es werden sich demnach die übrigbleibenden Atome bzw. Atomgruppen in irgend einer Weise im status nascens zu anderen Molekeln verbinden, die für den weiteren Bestand des Fistellengebildes vielleicht gar keine Verwendung mehr finden; wir bezeichnen sie als die Stoffwechselprodukte. Wenn dann eine der beiden Fistellenarten unseres Gebildes, die außer den verdauenden Fistellen noch vorhanden sind, also die Fistellen der anderen Halbkugelendfläche oder die der zylindrischen Membran, diese unbrauchbaren Molekeln der Stoffwechselprodukte bzw. die ihnen zugehörige Flüssigkeit genügend hindurchlassen, also ausscheiden, sezernieren, so ist es von Vorteil für den Bestand des ganzen Fistellengebildes. Diese Funktion möge zb. von den Fistellen der anderen Halbkugelendfläche leichter und wirkungsvoller übernommen werden als von den Fistellen der zylindrischen Membran. Dann bezeichnen wir die Gesamtheit der Fistellen dieser anderen Halbkugelendfläche als die sezernierende Substanz unseres Fistellengebildes.

Wenn durch Zufall zahlreiche etwas verschiedene aber doch ähnlich gebaute solche Fistellengebilde in unserer Nahrung enthaltenden

Außenflüssigkeit entstanden sind, so werden doch diejenigen Gebilde besser Bestand haben, sich leichter weiter entwickeln, welche besser verdauende Fistellenarten und besser ausscheidende Fistellenarten haben. Daher differenzieren sich unsere Fistellengebilde, sie passen sich ihren Daseinsbedingungen im Kampf ums Dasein mit anderen sonst ähnlich gebauten Fistellengebilden an (vgl. S. 371); eine Arbeitsteilung kommt zustande; verdauende Fistellen entwickeln sich zb. besonders am einen, ausscheidende Fistellen besonders am anderen Ende des zylindrischen Fistellengebildes, und die Molekeln der Innenflüssigkeit bilden eine besonders differenzierte nahrungleitende, transportierende Substanz. Ein Gebilde, das in solcher Weise differenziert ist, kann seine Funktionen besser erfüllen als andere nicht differenzierte Gebilde; es bleibt also länger bestehen, siegt durch Selektion im Kampf ums Dasein über alle anderen Gebilde ähnlicher Art, die weniger gut funktionieren.

Schon früher haben wir gesehen, daß die Fistellenmembran als gewissermaßen kristallinisches Gebilde eine beträchtliche Stabilität und Festigkeit besitzt, also ähnlich wie ein fester Körper eine bestimmte Gestalt hat, daß sie aber allerdings, eben wegen der großen Fistellendeformierbarkeit (S. 364), weit größerer Dehnungen, Biegungen usf. fähig ist als eine feste nicht aus Fistellen aufgebaute Substanz. Wegen der genannten Festigkeit der Fistellenmembran ist diese als die Stützsubstanz unseres ganzen Fistellengebildes aufzufassen. Sie gibt eben dem ganzen Gebilde einen bestimmten Halt und erhält es in seiner Gestalt. Wenn dann durch Differenzierung nach und nach kompliziertere Teile solcher Fistellengebilde entstehen, wenn die letzteren die Größe und die wunderbare innere Einrichtung unserer Lebewesen annehmen, so sind doch immer die Stützsubstanzen, so hart und fest sie auch werden mögen, wahrscheinlich aus Fistellen aufgebaut. Denn nur die Fistellengebilde bewahren stets eine genügende Durchlässigkeit vermöge ihrer unzähligen Hohlräume; nur sie bleiben porös genug, um jederzeit der notwendigen Nahrungsflüssigkeit, ohne die keine lebende Substanz auskommen kann, den Durchtritt zu gestatten.

Wäre die nahrunghaltige Außenflüssigkeit, in der sich unser Fistellengebilde befindet, vollkommen homogen, und hätte dieses Gebilde genau dieselbe Dichte wie die Flüssigkeit, so würde es in ihr an irgend einer Stelle schweben. Daß dieser Zufall eintreten werde, ist aber äußerst unwahrscheinlich. Denn die Substanzen der Fistellenmembranen und der Innenflüssigkeit sind ja andere Substanzen als die Außenflüssigkeit. Außerdem kann die Außenflüssigkeit nicht homogen sein. Wäre sie dies einen Augenblick, so würde sie doch bald wieder unhomogen werden. Denn Temperaturdifferenzen und andere äußere Einflüsse bringen Konvektionsströme in ihr hervor. Da ferner die Außenflüssigkeit zugleich Nahrungsmolekeln enthalten soll, ist sie eine Lösung von Substanzen, die offenbar andere Dichte haben werden als das Lösungsmittel. Dann aber kommt zb. eine ungleiche Konzentration dieser gelösten Substanz mit der Tiefe zustande, wie Perrin bei Suspensionskolloiden experimentell nachgewiesen hat. Endlich verschwinden ja auch Nahrungsmolekeln in ihr dadurch, daß sie eben vom wachsenden Fistellengebilde aufgenommen werden. Demnach ist die Außenflüssigkeit mit ihrer gelösten Nahrung an verschiedenen Stellen ungleich konzentriert.

Nun haben unsere Fistellenmembranen die Eigenschaft, stark deformierbar zu sein. Gewisse Fistellenarten sind sogar ganz besonders als kontraktile Substanzteile aufzufassen (S. 365). Ferner müssen alle Wachstumsvorgänge der Substanzen unseres Fistellengebildes im Grunde auf chemische Vorgänge zurückgeführt werden. Ohne chemische Einwirkung der Nahrungsflüssigkeit auf schon bestehende Substanzen unseres Gebildes und umgekehrt, nur unter chemisch indifferenten Stoffen, würde der Wachstumsvorgang nicht zustande kommen können. Schon die erste Molekel (S. 368) würde nicht entstehen, also auch keine von ihr ausgehende Strahlung. Daher wird von den Nahrungsmolekeln der Außenflüssigkeit auf die nahrungaufnehmende Substanz vermöge ihrer chemischen Affinität ein chemischer Reiz ausgeübt. Hat nun unser Fistellengebilde außer seinen verdauenden und ausscheidenden Fistellen noch andere Fistellen in seiner Gesamtmembran, zb. im zylindrischen Teil derselben, welche Fistellen auf einen chemischen Reiz sich besonders stark kontrahieren und dadurch eine Biegung des ganzen Fistellengebildes, eine Krümmung desselben zustande kommen lassen, so ist die solchen Fistellen zukommende Substanz als die besondere kontraktile Substanz unseres Gebildes aufzufassen. Sie kontrahiert sich, und unser ganzes Fistellengebilde wird gekrümmt, zb. etwa in der Ebene der stärksten Konzentrationsunterschiede (Fig. 211). Dadurch kommt unser Gebilde mit seinen verdauenden Fistellen seines einen Endes zu anderer Nahrungsflüssigkeit als zuvor. Denn die Nahrung in seiner früheren unmittelbarsten Umgebung ist ja natürlich inzwischen verdaut worden.

Demnach differenzieren sich die Fistellen unseres Gebildes weiter, und besonders wirksame kontraktile Fistellen, kontraktile Substanzen entstehen, wenn das ganze Fistellengebilde durch seine Kontraktionsbewegungen an eine andere Stelle reichlicherer Nahrungsflüssigkeit gebracht wird. Denn von zahlreichen sonst unter sich ähnlichen Fistellengebilden bleibt dasjenige am längsten bestehen, bleibt Sieger im Kampf ums Dasein, welches kontraktile Substanzen herausdifferenziert hat, durch deren Kontraktionsbewegungen es stets zu nahrungsreicheren, nicht zu nahrungsärmeren Stellen der Außenflüssigkeit hingeführt wird. Da in der Regel die Krümmungen des unseren Betrachtungen zugrunde liegenden einfachen Fistellengebildes am ehesten geeignet sein werden, das Gebilde zu reichlicherer Nahrung hinzuführen, so wird sich ein Teil der zylindrischen Membran durch die genannte Differenzierung zu kontraktiler Substanz gestalten, etwa zu besonderen Muskelbahnen längs der Zylinderachse, welche Muskelbahnen eben durch ihre Kontraktionen das Gebilde krümmen. Geschehen dann zb. die Krümmungen des Gebildes (etwa der Aufnahme neuer Atome entsprechend) schneller als die Streckungen (etwa die Abgabe der neuen Atome), so muß eine Fortbewegung desselben in der Ebene der Krümmungen und senkrecht zu seiner Längsausdehnung zustande kommen.

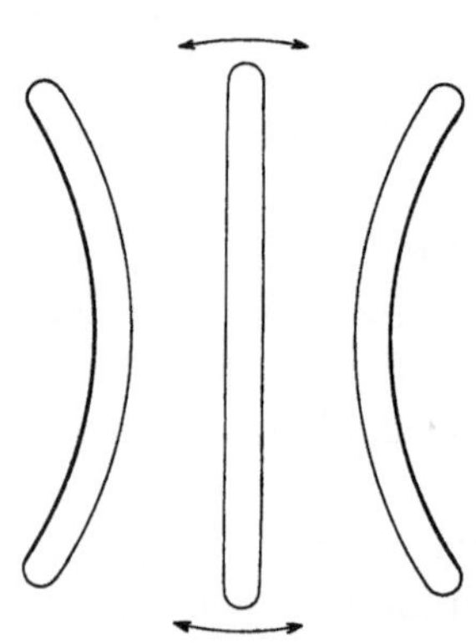

Fig. 211. Kontraktionsbewegungen eines langen zylindrischen Fistellengebildes.

Durch Differenzierung entstehen ferner besondere reizaufnehmende und reizfortleitende Substanzen. Die Reizaufnahme von Fistellen der ganzen Fistellenmembran habe ich im Vorhergehenden bereits erwähnt. Die kontraktilen Fistellen können selber schon chemisch beeinflußt werden, zb. durch die Nahrungsflüssigkeit, sie können also einen Reiz aufnehmen und durch ihre Kontraktionen darauf reagieren. Indessen werden einzelne von diesen Fistellen Reize leichter und schneller aufnehmen als andere. Daher werden sich nun die benachbarten Fistellen in die Arbeit teilen, sie werden sich so differenzieren, daß von ihnen die eine kontraktilere Fistellenart die Funktion der Kontraktion, die andere reizbarere Fistellenart die Funktion der Reizaufnahme übernimmt.

Sind zwei solche verschieden differenzierte Fistellen einander unmittelbar benachbart, so ist leicht verständlich, wie die reizaufnehmende Fistelle durch Berührung auf die kontraktile Fistelle einwirken und sie — wiederum durch einen chemischen Reiz zwischen ihnen — zu ihrer Funktion der Kontraktion veranlassen kann. Je größer aber das Fistellengebilde wird, um so unwahrscheinlicher ist es, daß sich immer unmittelbar neben einer kontraktilen Fistelle auch eine reizaufnehmende Fistelle befinde. Vielmehr werden sich wie die kontraktilen, so auch die reizaufnehmenden Fistellen zueinander gesellen, um so mehr, als sie ja bei ihrer Assimilation ihnen gleiche Fistellen zu erzeugen suchen. Dann aber müssen sich andere Substanzen — vielleicht hier nicht ausschließlich Fistellen, sondern auch Flüssigkeitsmolekeln, ähnlich wie bei den transportierenden Substanzen — durch weitere Differenzierung ausbilden, die besser als alle anderen Substanzen imstande sind, die von den reizaufnehmenden Fistellen wirklich aufgenommenen Reize in gewisser Form, natürlich wiederum als chemische Reize, weiter zu leiten. Es entstehen also reizleitende Substanzen, wie sie bei den unserer Wahrnehmung zugänglichen Lebewesen als Nervensubstanzen bezeichnet werden.

Ich halte es für möglich, daß in unseren Nervenbahnen, vielleicht ihrer ganzen Länge nach, Substanzen vorhanden sind, deren Molekeln infolge des an den Nervenenden auf sie ausgeübten Reizes einfache Atomumlagerungen erfahren (vgl. Ortho-, Meta-, Parastellungen). Der Reiz würde dann nicht mittels Aufnahme oder Abgabe einzelner Atome durch die Molekeln der reizleitenden Substanz weitergeleitet, sondern eben durch diese genannte Umlagerung. Eine solche Umlagerung kann sich nämlich in nahezu linearen Bahnen, wie mir scheint, eher mit der bekanntlich sehr großen Geschwindigkeit der Nervenleitung fortpflanzen als eine Neuanlagerung von Atomen, die etwa durch eine besondere Substanz zu den Anlagerungsstellen hin transportiert werden müßten. Eine andere Möglichkeit sehr rascher Reizleitung besteht darin, daß die zuerst gereizte Molekel ein Atom verliert oder angelagert erhält, daß sie dadurch stark erschüttert, also gewissermaßen auf einen höheren Temperaturzustand gebracht wird, in dem sie stärker strahlt und ihrer nächst benachbarten Molekel dasselbe Atom wieder zu entreißen bzw. anzulagern vermag, das ihr selber vorher entrissen bzw. angelagert wurde; hierbei brauchen gleichfalls keine transportierenden Substanzen in Funktion zu treten, um längs der ganzen Reizleitungsbahn neue Atome herbeizuschaffen.

Wenn durch Differenzierung reizleitende Substanzen in unserem betrachteten Fistellengebilde entstehen, so erscheint es besonders zweckmäßig, daß sich diese Substanzen längs der im Vorhergehenden besprochenen kontraktilen Bahnen entwickeln, also gleichfalls als besondere Bahnen, zb. als aus Fistellen aufgebaute Röhrchen, in deren Inneren sich eine reizleitende Flüssigkeit befindet, wobei dann die Fistellen des Röhrchens von dieser Flüssigkeit, die kontraktilen Fistellen dagegen von den ihnen unmittelbar angelagerten Fistellen des Röhrchens gereizt werden. Auch der Fall wird vorkommen, daß eine reizleitende Flüssigkeit die kontraktilen Fistellen unmittelbar bespült und so den Reiz auf dieselben überträgt.

Die reizaufnehmenden Fistellen unseres einfachen Gebildes werden hingegen seinen verdauenden Fistellen wahrscheinlich mehr oder weniger benachbart bleiben. Von ihnen werden dann eben die Reize zu den kontraktilen Bahnen fortgeleitet. Diejenigen Fistellengebilde, die diese Reizaufnahme und Reizleitung am zweckmäßigsten besorgen, gewinnen die reichlichste Nahrung, entwickeln sich am besten, haben am längsten Bestand. Sie bleiben durch Selektion Sieger im Kampf ums Dasein über alle anderen sonst ähnlichen Fistellengebilde, die eine solche Reizaufnahme und Reizleitung weniger gut zustande kommen lassen.

Man wird vielleicht denken, die hier beschriebenen Differenzierungen seien allerdings möglich, für ihr Zustandekommen sei aber doch eine sehr geringe Wahrscheinlichkeit vorhanden, weil der Zufall eine gar zu große Rolle dabei spiele, und weil also verhältnismäßig viel Zeit verstreichen müsse, bis jedesmal eine solche zweckmäßigste Fistelle entstanden sei. Daher sei die Annahme einer gewissen Zielstrebigkeit, einer Teleologie, unvermeidlich. Dagegen muß nochmals betont werden, wie zahlreiche Molekeln und Fistellen in der Sekunde bei den nach Milliarden zählenden sekundlichen Zusammenstößen aller benachbarten Molekeln immer wieder entstehen und vergehen können (S. 337). Außerdem muß aber bemerkt werden, daß von so kleinen

Gebilden, wie wir sie hier betrachten, doch schon im kleinsten Raum ungeheure Mengen vorhanden sind. So befinden sich zb. in einem Kubikmillimeter flüssiger Luft etwa 20 Trillionen Luftmolekeln. In demselben Raum hätten also etwa 20000 Billionen Fistellen Platz, wenn solche beispielsweise aus je 1000 Atomen von gleicher Größe wie die Stickstoff- und Sauerstoffatome beständen. Fistellengebilde also, wie die oben unseren Betrachtungen zugrunde gelegten, die etwa die Länge von 1000 und die Dicke von 100 Fistellen hätten, würden immer noch mehr als eine Milliarde im Kubikmillimeter Platz haben. Bei solchen ungeheuren Zahlen erscheint denn doch das Vorkommen zweckmäßiger Fistellen und Fistellengebilde nicht mehr so ganz zu den zufälligen Seltenheiten zu gehören.

Indessen werden die zweckmäßig aufgebauten Fistellengebilde ohne jede Zielstrebigkeit noch viel mehr von der Natur bevorzugt, als es nach den bisherigen Darlegungen den Anschein hat. Außer den beiden früher genannten biologischen Fundamentalsätzen der Assimilation und der Anpassung habe ich nämlich noch einen dritten biologischen Fundamentalsatz begründet: „Die Funktion erhöht das Bestreben der Substanz, sich zu vermehren.“ Dieser Satz erscheint nunmehr nach den bisherigen Auseinandersetzungen selbstverständlich, er bedarf keines weiteren Beweises mehr. Denn ich habe gezeigt, daß von jeder Molekel, die sich neu bildet, eine ihr eigentümliche Strahlung ausgeht; es ist aber klar, daß diese Strahlung auch schon von ihr ausgesandt wird, wenn sie vermöge der Molekularbewegung durch Zusammenstöße mit anderen Molekeln erschüttert wird. Hat nun die Substanz, der diese Molekel angehört, die ihr zukommende Funktion zu erfüllen — um diese Funktion handelt es sich bei unserem Fundamentalsatz natürlich ausschließlich, also um Verdauung oder Ausscheidung oder Kontraktion usf. —, so wird eben dadurch ihre Molekular- bzw. ihre Atombewegung verstärkt. Eine Stützsubstanz zb., die häufig gedehnt, gestreckt, zusammengedrückt wird, eine kontraktile Substanz, die ihre Kontraktionsbewegungen häufig auszuführen hat, eine reizleitende Substanz, die durch ihre chemischen Veränderungen ihre Reizleitung häufig zu besorgen hat, ferner verdauende, transportierende, sezernierende, reizaufnehmende Substanzen, die gleichfalls ihre bezüglichen Funktionen oft zu besorgen haben, sie alle erhalten dadurch stärkere Bewegungen in ihren Atomen, ihren

Molekeln. Diese stärkere Bewegung hat aber selbstverständlich eine verstärkte Assimilation zur Folge, nach unserem ersten biologischen Fundamentalsatz. Daher muß auch unser dritter biologischer Fundamentalsatz richtig sein. In diesem Sinne wird das ganze Leben im organischen Reich in die Bahnen der Zweckmäßigkeit geleitet. Demnach kommt von selber, durch die Natur begründet, eine Zielstrebigkeit zustande.

In einem Fistellengebilde, in dem etwa die kontraktilen Substanzen sehr oft in Funktion gesetzt werden, entwickeln sich also mit der Zeit besondere Muskelbahnen. Ist die Reizleitung sehr häufig zu besorgen, so bilden sich besondere reizleitende Bahnen aus. Durch Differenzierung werden sich für die reizaufnehmenden und für die den Reiz an die kontraktilen Fistellen abgebenden Substanzen zwei besondere reizleitende Bahnen ausbilden, die „sensiblen" und die „motorischen" Bahnen. Wenn es für das ganze Gebilde, für seinen Bestand zweckmäßiger ist, entstehen dann für zahlreiche reizleitende Bahnen schließlich nervöse Zentren, in denen die sensiblen Bahnen ihre Reize auf die motorischen Bahnen übertragen. Die verdauenden Substanzen vereinigen sich und nehmen eine bestimmte Oberflächenstelle des Fistellengebildes ein, ebenso die sezernierenden Substanzen. In den Stützsubstanzen kommen Kalk- oder Kieselsäureablagerungen zustande, wenn eine größere Festigkeit dieser Substanzen für das Gebilde zweckmäßiger ist usf. Unser Fistellengebilde entwickelt sich demnach immer weiter, wenn der Kampf ums Dasein durch Nahrungsabnahme oder durch andere Erschwerung der Lebensbedingungen immer heftiger wird; immer komplizierter wird der Gesamtorganismus unseres Fistellengebildes, in dem man nun schon einzelne Teile als seine Organe auffassen kann. Das Fistellengebilde wird also zur Zelle.

Auf die Zellen sind alle meine bisherigen Entwickelungen so anzuwenden, wie ich sie auf die Fistellen angewandt habe. Auf alle diese weiteren Darlegungen hier einzugehen, würde aber den Rahmen meiner Vorlesungen bedeutend überschreiten. Eine solche Ausbildung meiner Hypothese ist ja auch schon früher in meiner oben erwähnten „Entstehung des Lebens" eingehend durchgeführt worden. Es mag nur zum Schluß noch darauf hingewiesen werden, daß die Fortpflanzung unserer einfachsten Fistellengebilde ähnlich zustande kommt, wie sie auch bei den „künstlichen Zellen" (S. 375) experimentell gefunden worden ist, nämlich durch Teilung oder durch Knospung. Aus Zweckmäßigkeitsgründen, deren tiefere Ursache schon mehrfach dargelegt worden ist, teilt sich zb. ein zylindrisches Fistellengebilde, wie wir es im Vorhergehenden betrachtet haben, bei seinem Wachstum entweder, wenn es besonders leicht in seiner Längsrichtung wächst, durch Halbierung seiner Länge in zwei gleiche Gebilde (Fig. 212); oder wenn es leichter in die Dicke wächst und wenn dabei der Radius der zylindrischen Membran über die Massen gewachsen

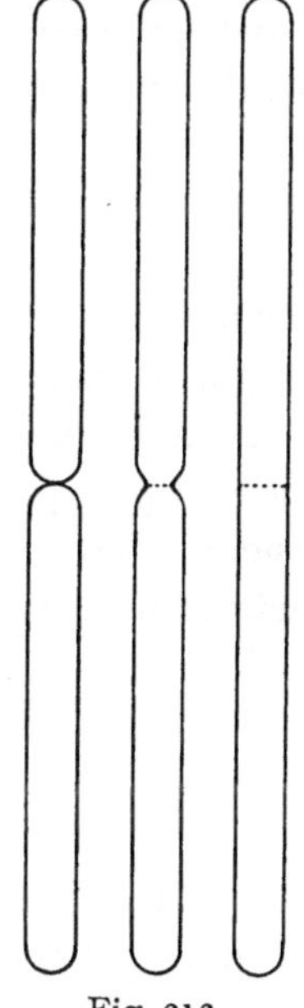

Fig. 212. Längsteilung eines Fistellengebildes.

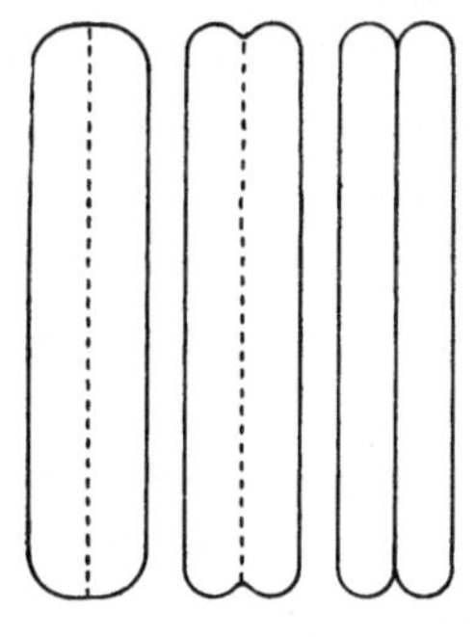

Fig. 213. Querteilung eines Fistellengebildes.

Fig. 214. Abschnürung eines Eies von einem Fistellengebilde.

ist, durch Einschnürung der ganzen Länge nach, so daß in letzterem Falle beide Gebilde wieder den normalen günstigsten Radius ihrer zylindrischen Membran erhalten (Fig. 213); oder es schnürt sich zb. am einen Ende des Gebildes ein weit kleinerer Teil desselben durch Knospung ab — welcher Teil als der Uranfang eines Eies betrachtet werden kann (Fig. 214) —, sofern nämlich der Radius dieser Knospe oder dieses Eies für die dort vorhandene Fistellenart günstigere Stabilitätsbedingungen bietet als die Krümmung des elterlichen Gebildes.

Wenn sich, wie ich hier gezeigt habe, unser ganzes Fistellengebilde bzw. eine ganze Zelle durch fortwährende Differenzierungen aus einer einzigen Fistelle bzw. sogar aus einem Fistellenmolekelpaar oder aus einer Fistellenmolekel entwickelt hat, so kann man, wenn man will, schon eine Fistelle oder sogar schon eine Fistellenmolekel als ein Ei des Fistellengebildes bezeichnen. Dementsprechend hat man sich natürlich vorzustellen, daß jedes Lebewesen anderer Art auch andere solche Molekeln habe, aus denen es sich entwickeln kann, daß zb. jede Eiweißmolekel einer anderen Art von Lebewesen auch eine andere Molekelart sei, und wenn sich auch solche verschiedene Molekelarten nur um ein einziges Atom oder sogar nur in der verschiedenen Anlagerung derselben Atome voneinander unterscheiden. Daher wird es zb. Millionen, vielleicht sogar Billionen verschiedener Eiweißmolekeln geben, vielleicht noch mehr. Nun sind aber der Bedingungen, die alle zusammen erfüllt sein müssen, damit schließlich, vielleicht im Laufe unermeßlicher Zeiträume, aus einer solchen Molekel das fertige Fistellengebilde entstehe, so ungeheuer viele, daß wir nicht erwarten dürfen, eine „Urzeugung" jemals vor unseren Augen sich abwickeln zu sehen oder gar eine Urzeugung eines Lebewesens selber hervorzurufen. Wenn wir dagegen imstande wären, noch viel kleinere Gebilde als bisher mit dem Mikroskop nicht nur nachzuweisen, wie dies mit dem Ultramikroskop möglich ist, sondern sogar genau in allen Einzelheiten zu unterscheiden, wenn wir etwa schon die Fistellen selber sehen könnten, dann würde es uns sicher mit der Zeit gelingen, jeden Teil eines solchen Gebildes chemisch zu analysieren und umgekehrt zur Synthese desselben zu gelangen. Dann würde uns auch eine Urzeugung möglich sein. Die früher erwähnten Versuche von Lehmann, Quincke (S. 375) und anderen geben uns also gewissermaßen Bilder von einer Urzeugung im Großen, wie sie im unsichtbar Kleinen immer noch vorkommen muß.

Daß das Ei von keinem Lebewesen der kleinste Teil ist, aus dem sich das entsprechende Lebewesen zu entwickeln vermag, haben die neueren biologischen Untersuchungen von Driesch und anderen gezeigt. Denn kleine, wenn nur nicht gar zu kleine Teile eines Eies können sich regenerieren, wenn sie unter gewissen Vorsichtsmaßregeln vom Ei abgelöst werden, und schließlich, falls man diese Teile unter günstige Lebensbedingungen versetzt, entstehen aus ihnen die fertigen Lebewesen, wie aus den vollständig unversehrten Eiern. Daher sind denn die kleinsten Teilchen, aus denen das Lebewesen noch entstehen kann, als seine „Biogene" bezeichnet worden, oder man hat ihnen auch andere Namen gegeben, je nachdem man mehr oder weniger Zielstrebigkeit schon in diese kleinsten Teilchen hineinzulegen bemüht war. Ich glaube aber durch meine Darlegungen gezeigt zu haben, daß solche Biogene auf immer noch kleinere Teilchen und schließlich sogar auf Molekeln zurückgeführt werden können, aus denen sich das Lebewesen vollständig entwickelt, wenn nur alle notwendigen Lebensbedingungen für das entstehende Lebewesen beständig erfüllt sind. Aber Millionen von Jahren waren erforderlich, um diese Bedingungen allmählich so zu gestalten, daß aus unorganischer Materie der Mensch entstand. Dagegen sind im menschlichen Körper selber schon alle diese Bedingungen derart erfüllt, daß in kaum einem Jahre der Mensch durch Anreihung von Molekel an Molekel aus dem Menschen entsteht.

Die Bewohnbarkeit der Weltkörper.

Wir haben gesehen, daß aus den Atomen eine unermeßliche Zahl von Molekeln entstehen kann, durch alle möglichen Kombinationen derselben, wie sie den Affinitätskräften zufolge sich einander anzulagern imstande sind. Dabei können die kompliziertesten Molekeln über tausend, vielleicht sogar viele Tausende von Atomen enthalten. Aus solchen Molekeln, die ihrer äußeren Begrenzungsform und ihren molekularen Kräften, der Affinität und der Kohäsion zufolge, dazu befähigt sind, kleinste, auch mikroskopisch bei weitem noch nicht sichtbare Röhrchen, nämlich die Fistellen zu bilden, entstehen dem vorhergehenden Abschnitt zufolge die Lebewesen. Wir fragen uns, ob denn die Entstehung von Lebewesen an die Verhältnisse gebunden sei, die nur auf unserer Erde gegeben sind, oder ob auf anderen Weltkörpern auch lebende Wesen möglich sind?

Wir wollen die beiden extremen Fälle zuerst besprechen. Ist es nicht möglich, daß auf glühenden Weltkörpern, auf Sonnen, Fistellen sich bilden, die sich aneinander lagern zu Fistellengebilden, wie ich sie im Vorhergehenden beschrieben habe, daß sie also wachsen, sich den gegebenen Bedingungen anpassen, sich differenzieren, daß wirkliche Lebewesen aus ihnen hervorgehen? Lange Zeit hat man angenommen, auf der Sonne seien die Temperaturen so hoch, daß dort alle Molekeln dissoziiert seien. Aber in neuerer Zeit ist experimentell bewiesen worden, daß manche chemische Verbindungen sich vorzugsweise bei außerordentlich hohen Temperaturen bilden. Unter solchen Substanzen befinden sich auch Kohlenstoffverbindungen. Erinnern wir uns der asymmetrischen Tetraedereigenschaften des Kohlenstoffatoms, so müssen wir es durchaus für möglich halten, daß auch auf der Sonne, wenigstens auf ihrer Oberfläche, Molekelformen entstehen, die sich zu Fistellen zusammensetzen, daß sich aus ihnen sogar Fistellengebilde aufbauen, die wir als einfachste Lebewesen ansprechen könnten. Indessen kennen wir doch nur wenige Substanzen, die bei den hohen Sonnentemperaturen möglicherweise noch Bestand haben. Am ehesten wären wohl solche Substanzen in der äußeren Sonnenatmosphäre zu erwarten. Bedenken wir aber, daß von einer unermeßlichen Zahl möglicher Substanzen, die sich aus allen denkbaren Kombinationen aller vorhandenen verschiedenartigen Atome ergäben, doch immerhin nur ein relativ kleiner Teil zum Aufbau von Lebewesen Verwendung finden kann, so müssen wir die Existenz von Lebewesen auf der Sonne, und wäre es auch nur die tiefste Stufe derselben, doch für recht unwahrscheinlich halten. Vielmehr ist nach unseren Begriffen zum Leben noch notwendig, daß zahlreiche Substanzen bei Temperaturen, die ihnen die Dissoziation und Wiedervereinigung der Atome, die ihnen also chemische Umsetzungen gestatten, zugleich aufeinander einwirken; daß feste, flüssige und gasförmige Substanzen gleichzeitig nebeneinander bestehen, und daß die ersteren dieser Substanzen für die letzteren in gewissem Grade durchlässig sind. Zwar mögen auch diese Bedingungen auf den Sonnen vorhanden sein; denn es gibt manche Substanzen, die sehr schwer zu verflüssigen sind, wie zb. einige Metalle, die man ja deshalb als Glühlampenfäden verwendet, und einige mit unseren gewöhnlichen Mitteln unschmelzbare chemische Verbindungen; auch den reinen Kohlenstoff zu schmelzen ist uns bisher nicht sicher gelungen. Sollten sich aber aus solchen glühenden Substanzen wirkliche Lebewesen entwickeln, so hätten wir doch jedenfalls für ihre Lebensfunktionen im glühenden Zustande nicht das mindeste Verständnis.

Fast unmöglich erscheint das Bestehen irgendwelcher Lebensvorgänge auf den absolut kalten Weltkörpern, zb. auf den Meteoriten, die bis zur absoluten Nulltemperatur abgekühlt sind. Denn bei dieser tiefsten Temperatur gibt es ja keine chemischen Umsetzungen mehr. Aber sogar bei etwa um 100° höheren Temperaturen, also zb. bei — 170° C, sind die chemischen Reaktionen nach experimentellen Ergebnissen noch so spärlich, daß dabei an Lebenserscheinungen kaum gedacht werden kann, wenn auch manche einfachste lebende Gebilde, wie Samen, Bakterien usf., so niedrige Temperaturen längere Zeit auszuhalten vermögen, ohne ihre Lebensfähigkeit einzubüßen, ohne abzusterben. Beständen dennoch bei so tiefen Temperaturen wirkliche Lebensvorgänge, so müßte doch ihr Verlauf, der geringen Molekularbewegung entsprechend, ein so außerordentlich langsamer sein, daß wir wohl auch für diese Lebensfunktionen im Zustande größter Kälte nicht das mindeste Verständnis hätten. Gehen wir aber noch etwa 100° höher hinauf, so gelangen wir zu den Temperaturen, die an den kältesten Stellen der Erdoberfläche, insbesondere an den Polen bestehen. Daß dort in gewissen Grenzen noch Leben möglich ist und tatsächlich besteht, haben die Polarexpeditionen bewiesen.

Unter unseren irdischen Bedingungen findet wohl das regste Leben bei Temperaturen von etwa 10° bis 40° C statt, weil hier die Stoffwechselvorgänge am leichtesten zustande kommen. Unterhalb dieser Temperaturen nehmen die Lebensfunktionen in der Regel ab, namentlich bei Pflanzen und kaltblütigen Tieren, während Warmblüter noch Temperaturen unter — 50° dauernd auszuhalten vermögen, wegen ihrer inneren konstant bleibenden Körpertemperatur. Niedere Organismen also, die vermöge der in ihrem Inneren stattfindenden chemischen Umsetzungen dauernd eine entsprechend erhöhte Innentemperatur erzeugen, können gleichfalls bei sehr tiefen, sogar bei allertiefsten Kältegraden fortleben, wenn nur diese Innentemperatur hinreicht, um die für ihren Stoffwechsel notwendigen chemischen Umsetzungen dauernd zu gewährleisten. Über 40° C dagegen nehmen die Lebensfunktionen in der Regel ab, weil hier die Dissoziationen der meisten uns bekannten Lebenssubstanzen ihre Assoziationen überwiegen; wenn aber die Zersetzungen die Oberhand gewinnen, so stirbt eben das Lebewesen ab. Die Warmblüter vermögen jedoch Temperaturen bis weit über 100° C dauernd zu ertragen, gleichfalls wegen ihrer inneren konstant bleibenden Körpertemperatur. So wissen wir, daß Arbeiter in Räumen von 140° C verhältnismäßig lange Zeit arbeiten können[1]). Demnach dürfen wir zum mindesten auf allen Weltkörpern Lebewesen vermuten, deren Mitteltemperaturen in der Nähe des Gefrierpunktes des Wassers liegen, oder deren Temperaturgrenzwerte höchstens um etwa ± 100° von 0° C abweichen. Liegen aber die Mitteltemperaturen der

[1]) Ich selber habe mich vor 30 Jahren in dem geschlossenen Trockenraum einer chemischen Fabrik bei 120° C fast eine halbe Stunde lang betätigt. In solchen Räumen kocht natürlich das Wasser ohne Feuer!

Weltkörper selber schon einem dieser Grenzwerte nahe, so wird wahrscheinlich ihr organisches Leben auf einer sehr niedrigen Stufe stehen. Am höchsten wird nach unseren Erfahrungen die Entwickelung der Lebewelt fortgeschritten sein, wenn Mitteltemperatur und Grenztemperaturen ungefähr die Werte haben wie auf unserer Erde. Indessen gründen sich diese unsere Vorstellungen eben nur auf unsere hier gewonnenen Kenntnisse und Erfahrungen. Wir dürfen es also nicht als unmöglich bezeichnen, daß unter gänzlich veränderten Bedingungen des Atmosphärendruckes, der Zusammensetzung der Atmosphäre aus Stickstoff, Sauerstoff, Kohlensäure usf., der Lufttemperaturen, der Luftfeuchtigkeit, des Sonnenscheins usw. noch höher entwickelte Lebewesen, als wir es sind, entstehen können oder schon entstanden sind.

Von den unserem Sonnensystem angehörenden Weltkörpern haben wohl die Sonne, der Mond, die Planetoiden, die Kometen und die Meteoriten keine Lebewesen aufzuweisen, wenigstens keine, die wir nach unseren eben besprochenen Anschauungen als Lebewesen gelten lassen möchten. Dagegen können alle übrigen Planeten von Lebewesen einer höheren oder niederen Stufe bevölkert sein.

Betrachten wir zuerst die Venus! Nach unserem Wissen hat sie einen dichten Wolkenschleier, so daß wir ihre Oberfläche nie sehen. Von der Sonne würde ihr fast doppelt soviel Wärme zugestrahlt als unserer Erde, wenn eben nicht dieser Wolkenschleier (mit seiner Albedo von 0,76) etwa $^3/_4$ alles Sonnenlichts wieder zurückstrahlte. Da auch die Größe der Venus und ihre Dichte den entsprechenden Werten unserer Erde nahe kommen, ist das Vorhandensein organischen Lebens auf der Venus sehr wahrscheinlich. Weil aber wohl kein direkter Sonnenstrahl die Venusoberfläche zu treffen vermag, wegen ihres Wolkenschleiers, und weil nie nachts eine direkte Ausstrahlung der Venusoberfläche nach dem kalten Weltraum hin stattfindet, sind die möglichen Temperaturunterschiede auf der Venus kleiner als bei uns. Wahrscheinlich herrscht also dort eine mittlere schwüle Temperatur vor, vielleicht noch höher als in unseren Tropen auf der Sonnenseite der Venus, aber unseren Temperaturen ähnlicher auf der Nachtseite. Wegen der einfacheren dortigen Lebensbedingungen ist daher anzunehmen, daß das Leben auf der Venus noch nicht so weit differenziert ist wie auf unserer Erde: das Entstehen von Warmblütern ist noch nicht zweckmäßig geworden, das Tierreich und das Pflanzenreich werden Erzeugnisse hervorbringen, die unseren ältesten Generationen entsprechen. Vielleicht hausen dort noch gewaltige Saurier, ähnlich denen, die unsere Erde vor langen Zeiten bevölkert haben. Denn wir müssen doch vermuten, daß auch auf unserer Erde, als sie in früheren Perioden noch beträchtlich wärmer war, ein großer Teil der Weltmeere dampfförmig in der Atmosphäre schwebte und als zusammenhängende Wolken den Himmel beständig verschleierte. Daher waren damals auch auf der Erde die Temperaturen und alle anderen Lebensbedingungen noch viel gleichmäßiger als jetzt. Dementsprechend war die Differenzierung der Lebewesen weniger weit vorgeschritten; die Saurier zb. konnten die höchst entwickelten Lebewesen der Erde in der damaligen Periode sein, und auch die höchst entwickelten Pflanzen waren damals viel einfacher gebaut als jetzt.

Für den Merkur ist es wahrscheinlich, daß er keine belangreiche Atmosphäre hat. Besäße er allerdings keine selbständige Rotation um eine eigene Achse, so würden sich die auf seiner Sonnenseite vergasten Dämpfe zum Teil auf seiner Nachtseite niederschlagen; eine entsprechende atmosphärische Hülle mit starken Strömungen wäre also denkbar, und demnach könnte sich hauptsächlich auf der von der Sonne gar nicht oder doch nur wenig beschienenen Merkuroberfläche ein organisches Leben bis zu einer gewissen wenn auch sehr niedrigen Stufe entwickelt haben.

Auf dem Mars sind die Lebensbedingungen in anderer Weise viel ungünstiger als auf unserer Erde. Eine weit weniger dichte Atmosphäre als die unserige läßt zwar die Zahl der sonnigen Tage wesentlich größer werden als bei uns, aber die zugestrahlte Sonnenwärme beträgt nur etwa $^3/_7$ des Betrages, der die Erde erreicht; freilich strahlt die dünnere Marsatmosphäre die zugestrahlte Sonnenwärme noch weniger zurück als unsere irdische Atmosphäre. Nun ist aber auch die Eigentemperatur des weit kleineren Mars aller Wahrscheinlichkeit nach bedeutend niedriger als die mittlere Temperatur unserer Erde. Daher muß die Marsoberflächentemperatur sehr tief sein, sie muß jedenfalls weit unterhalb des Gefrierpunktes des Wassers liegen. Wenn also auch wegen der dünneren Atmosphäre die Temperaturdifferenzen zwischen Tag und Nacht, zwischen Sommer und Winter dort wesentlich größer sein werden als hier, was eine weiter gehende Differenzierung und Anpassung der Lebewesen zur Folge hat, so ist doch wohl die

Vermutung gerechtfertigt, die Lebensvorgänge seien gegenwärtig auf dem Mars weniger vorgeschritten als auf der Erde. Denn flüssiges Wasser und Wasserdampf sind wahrscheinlich auf dem Mars nur sehr spärlich vorhanden, die dort befindlichen atmosphärischen Wolken mögen eher aus Tröpfchen flüssiger Kohlensäure oder sogar flüssiger Luft bestehen. Unter solchen Umständen wäre aber ein irgendwie erhebliches Vorkommen höherer Lebewesen mit Wachstum und Fortpflanzung kaum anzunehmen.

Dagegen könnte auf den großen äußeren Planeten Jupiter, Saturn, Uranus, Neptun vermöge ihrer eigenen höheren Innentemperatur eine kräftige Entwickelung von Lebewesen aller Art eingesetzt haben. Da aber alle diese Planeten von der Sonne nur noch sehr wenig Wärme zugestrahlt erhalten, da sie überdies wohl alle von dichten Wolkenhüllen umgeben sind, bleiben ihre Oberflächentemperaturen fast immer annähernd konstant. Damit fällt eine wesentliche Ursache der Differenzierungen dahin, und eine Entwickelung bis zu den höchsten Lebewesen, bis zu den Warmblütern, ist also dort wohl nicht anzunehmen; kaum wird die Entwickelung der Lebewesen weiter fortgeschritten sein als auf der Venus. Die Bedingung, durch Differenzierung Organe zu schaffen, die beständig im Körperinneren eine gleichbleibende Körpertemperatur gewährleisten, ist eben dort nie nötig gewesen. Sollten aber die äußeren Planeten ihre Innentemperaturen allmählich verlieren, würden sie im Lauf der Jahrmillionen näher an die Sonne heranrücken, würde vielleicht auch die Sonne in entsprechenden Zeiten stärker strahlen als jetzt, so könnte sich auf diesen Planeten ein ebenso reiches oder ein noch reicheres Leben entfalten als auf unserer Erde. Ich glaube aber, daß das Öffnen des Wolkenschleiers eines Weltkörpers, daß die dadurch hervorgerufenen größeren Temperaturdifferenzen und auch sonst in weiteren Grenzen veränderten Lebensbedingungen, daß nicht zum mindesten der Anblick von Sonne, Mond und Sternen notwendig sind, um den Blick der Lebewesen zu weiten, um ihre Intelligenz auf die höchste Stufe zu heben. Daher ist es wohl wenig wahrscheinlich, daß auf einem der anderen Planeten unseres Sonnensystems Lebewesen zur Entwickelung gelangt sind, die eine höhere der menschlichen nahekommende Intelligenz besitzen.

Lassen wir unseren Blick hinausschweifen ins Weltall, so können wir Milliarden von Sonnen sehen; vielleicht würden wir deren Billionen sehen, wenn wir alle scheinbaren aber doch aus einzelnen Sternen bestehenden Nebel auflösen könnten. Das ganze Weltall hat sich nun offenbar in gewissem Sinne gleichzeitig entwickelt. Wenn unser Planetensystem zwei ineinander gestürzten Sonnen seine Entstehung verdankt, so sind von Milliarden Sonnen zweifellos eine übergroße Zahl auch zusammengestürzt, haben auch Planetensysteme gebildet; wir können nur die Planeten nicht sehen, weil sie zu lichtschwach sind. Vielleicht gibt es aber im Weltall Millionen Planetensysteme mit leuchtenden Sonnen, und auf den meisten dieser Planeten kann auch das organische Leben eingesetzt haben. Weil nun, soweit wir es überschauen können, das ganze Weltall aus denselben Substanzen in ungefähr derselben Verteilung aufgebaut ist, weil auch die Temperaturen und die atmosphärischen Verhältnisse in gewissen Abständen von den strahlenden Sonnen ähnlich sein werden wie bei uns, dürfen wir es wohl für möglich halten, daß es unter den Millionen bevölkerter Planeten auch solche gibt, die Wesen von der menschlichen oder sogar von höherer Intelligenz beherbergen. Vielleicht gibt es deren sogar sehr viele. Wenn aber auch die Intelligenz solcher Lebewesen der menschlichen Intelligenz entspräche, so wäre damit doch noch lange nicht gesagt, daß auch ihre äußere Gestalt der unserigen gleich wäre. Denn wesentlich andere Lebensbedingungen, zb. wesentlich größere oder geringere Schwerkraft, wesentlich anderer Kohlensäuregehalt oder Feuchtigkeitsgehalt der Luft usf., müßten doch die Körpergestalt der Lebewesen erheblich beeinflussen. Beispielsweise würde eine wesentlich geringere Schwerkraft oder eine viel größere Luftdichte den Menschen schon das Fliegen mit künstlichen Flügeln leicht ermöglichen.

Auf unserer Erde finden wir zb. in Sedimenten, Gletscherschliffen, Versteinerungen usf. zahlreiche Zeichen von Veränderungen, die schon vor langen Zeiten stattgefunden haben müssen. Manche Veränderungen der Erdoberfläche können wir auch jetzt noch beständig nachweisen. So hat man durch genaue Messungen festgestellt, daß sich Teile der Kontinente langsam aber stetig heben, wodurch in Jahrtausenden Gebirge von einigen tausend Meter Höhe entstehen können; andere Teile der Kontinente senken sich, sie versinken ins Meer. Aber die organischen Wesen verändern sich deshalb noch nicht, sie verschieben nur ihre Wohnsitze, sie wandern. Ferner ändert sich ganz allmählich die mittlere Temperatur, die Wasserzirkulation auf der Erde; Eiszeiten einerseits, Hitzeperioden andererseits sind die Folge davon gewesen. Es ändern sich im Lauf der Jahrtausende der Druck, die Feuchtigkeit, der Kohlensäuregehalt, der Sauerstoffgehalt, die Luftelektrizität in den Atmosphären der Planeten, es ändern sich zweifellos die Schwerkraft, die Tageslänge, die Jahreslänge auf den Planeten, wenn auch nur äußerst langsam. Wenn aber eben solche Änderungen langsam genug eintreten, so können gleichfalls zahlreiche Arten von Lebewesen durch Wandern wieder die ihnen am besten zusagenden Lebensbedingungen finden; auch die Pflanzen wandern ja in gewissem Sinne, durch Wurzelkeime, oder indem sie Samen auswerfen, oder indem ihre Samen vom Wind, vom Wasser, von beweglichen Lebewesen, von Tieren da und dorthin verschleppt werden usf. Aber manche Arten können sich zb. den veränderten Temperatur- und Feuchtigkeitsverhältnissen der Planeten nicht mehr anpassen, sie gehen zugrunde; für sie entstehen neue lebenskräftigere Arten, wo genügend Nahrung für sie vorhanden ist.

Plötzliche Veränderungen der Erdoberfläche müßten dagegen entstehen, wenn eine große Masse kosmischen fein verteilten Staubes oder ein großer Meteoritenhaufen (der Kopf eines Kometen) oder ein noch größerer Weltkörper (ein Satellit oder gar ein fremder Planet) auf unsere Erde fiele. An der Stelle des Aufstürzens würde je nach der Größe der aufgestürzten Masse ein größerer oder kleinerer Teil der ganzen Vegetation vernichtet. Aber diese würde an weiter entfernten Stellen doch erhalten bleiben, und sie würde sich dann allmählich wieder über die Zerstörungsgebiete ausbreiten, so daß eine vollständige dauernde Vernichtung aller Lebewesen durch solche Ereignisse auch wenig wahrscheinlich ist.

Wenn weiterhin unser Sonnensystem auf seiner Bahn durch das Weltall einmal vorübergehend in den Anziehungsbereich einer fremden Sonne gelangt (S. 308), oder wenn es durch eine dichte Wolke kosmischen Staubes, durch eine Meteoritenwolke von großer Ausdehnung hindurchzieht, so können gewaltige Veränderungen die Folge sein. Denken wir an einen der unzähligen Nebel des Weltalls, die wohl zweifellos solche Meteoritenwolken sind! Die Ausdehnung auch der kleinsten uns noch sichtbaren Nebel ist so groß, daß unser Sonnensystem Jahrhunderte oder Jahrtausende nötig hätte, um mit der ihm eigentümlichen Geschwindigkeit durch die ganze Wolke hindurchzufliegen. In diesem Zeitraum werden aber ungeheure Meteoritenmassen auf die Sonne stürzen; die Masse und der Energieinhalt der Sonne werden dabei entsprechend gesteigert; während des heftigsten Einstürzens kosmischer Massen wird die Sonne entweder verdunkelt, ihre Strahlung also vorübergehend herabgesetzt, oder sie strahlt umgekehrt der verstärkten Energiezufuhr zufolge sogleich stärker als zuvor. Welcher von diesen beiden Einflüssen stärker sein wird, hängt bei gleicher einstürzender Gesamtmasse namentlich von den Volumen der einstürzenden einzelnen Massenteilchen ab; wären es ausschließlich feinste Stäubchen, so würde die Sonne durch sie erheblich verdunkelt, wären es dagegen beispielsweise metergroße Meteorite, so würde doch die Verdunkelung trotz sehr großer einströmender Massen unmerklich sein. Aber nach der Beendigung dieses Einstürzens, nach dem Verlassen der kosmischen Wolke hat die Sonne eine wesentlich größere Masse, eine größere Energiemenge, sie wird eine verstärkte Strahlung besitzen, die mittleren Temperaturen der Planeten, insbesondere der ihr zunächst befindlichen, werden erhöht, die Vegetationen jedes Planeten haben sich entweder den höheren Temperaturen anzupassen oder, wenn möglich, in Gebiete auszuwandern, in denen die mittleren Temperaturen noch dieselben geblieben sind; für die nicht mehr anpassungsfähigen Arten, die bei diesen Vorgängen ausgestorben sind, werden neue Arten entstehen, wenn genügend Nahrung für sie da ist. Solche Anpassungen an gänzlich veränderte Daseinsbedingungen kommen sehr rasch zustande, fast sprungweise, wie die Mutationen von de Vries.

Die gewaltigen und verhältnismäßig rasch — nämlich in einigen Jahren bei einem Umlauf unserer Sonne um eine fremde Sonne, aber vielleicht in Jahrhunderten oder Jahrtausenden beim Hindurchfliegen durch eine kosmische Wolke — erfolgenden Veränderungen auf der Sonne bedeuten auch für unsere Erde Epochen. Ungeheuer vermehrte Mengen von Wasser verdampfen in den Tropen, fallen herab als unermeßliche Wolkenbrüche in den kälteren, als mächtige Schneemassen in den kältesten Gebieten. Bäche und Flüsse schwellen an, überschwemmen die größten Niederungen und lagern ihre Schlammschichten ab in einer Mächtigkeit, wie sie sonst bei den gegenwärtigen langsamen Veränderungen unseres Sonnensystems erst in Jahrtausenden entstehen können. Ganze Generationen von Pflanzen und Tieren werden in solchen Ablagerungen begraben und bleiben als Zeugen der einstigen Organismen erhalten. Hüllt sich die Sonne längere Zeit in die dichten kälteren Dämpfe der einströmenden Massen kosmischen Staubes ein, läßt also die Sonnenstrahlung vorübergehend in erheblichem Maße nach, so entstehen auf der Erde Eiszeiten, in denen ein großer Teil ihrer Oberfläche wieder vergletschert wird. Aber nach solchen Vorgängen strahlt die Sonne stärker als zuvor.

Doch nicht nur indirekt, in der veränderten Sonnenstrahlung, kommt der Einfluß des Hindurchtretens unseres Sonnensystems durch eine kosmische Wolke auf unsere irdische Lebewelt zustande, sondern auch direkt: kosmischer Staub und zahlreiche größere Meteorite stürzen auf die Erde selber herab, sie erhellen die Nacht, verpuffen, verdampfen größtenteils noch in der Atmosphäre, nur ein kleinerer Teil fällt auf die Erdoberfläche selber. Aber diese Meteorite verwandeln ihre kinetische Energie in Wärme, bei einer genügenden Zahl einstürzender Meteorite kann dadurch die Temperatur der Erdoberfläche ganz beträchtlich erhöht werden. Die irdische Vegetation könnte sogar nur aus diesem Grunde allein auf der ganzen von der Meteoritenwolke getroffenen Oberfläche der Erde vernichtet werden, wenn diese Wolke dicht genug wäre. Der vollständig verpuffte kosmische Staub lagert sich, durch Winde getragen, in Masse an geeigneten Stellen der Erdoberfläche ab. Dauert das Hindurchtreten des Sonnensystems durch die kosmische Wolke hindurch Jahrtausende, so müssen dadurch ungeheure Schichten auf der Erdoberfläche unmittelbar abgelagerten kosmischen Staubes entstehen. Die in den Meteoriten enthaltene Kohle verbrennt dabei und wird der Atmosphäre in Form von Kohlensäure zugeführt.

In der Gegenwart ändern sich die Organismen auf unserer Erde nur wenig, weil die mittleren Lebensbedingungen in historischen Zeiten ungefähr dieselben geblieben sind. Dennoch sehen wir, daß sich Lebewesen dauernd verändern können, daß sich allmählich neue Arten ausbilden. Neuartige kleinste Bazillen entstehen und erzeugen neuartige Krankheiten, vielleicht nach Maßgabe der Ausschaltung bisheriger Krankheiten mittels entsprechender Sera, weil durch diese Ausschaltung neue Nährböden für sie erreichbar werden. Höher entwickelte Lebewesen verändern sich gelegentlich sprungweise, wie de Vries in seiner Mutationstheorie gezeigt hat, wenn die Lebensbedingungen und insbesondere die Nahrungsbedingungen andere werden (S. 375). Auch das Menschengeschlecht verändert sich zusehends; wir erkennen dies namentlich an den Änderungen seiner Kultur. Indessen sind alle diese Veränderungen nur geringfügig, verglichen mit denen, die ganz neue Arten entstehen ließen.

Es kann aber nicht bezweifelt werden, daß die großen Epochen, die unser Sonnensystem durchgemacht hat, — Zeiträume von vielleicht Hunderten oder Tausenden von Jahren, in denen die mittleren Erdtemperaturen dauernd viele Grade höher oder tiefer waren als jetzt; Zeiträume, in denen vielleicht der Zustand der Atmosphäre, ihr Gehalt an Stickstoff, Sauerstoff, Kohlensäure, ganz beträchtlich verändert war; Zeiträume, in denen durch Zerstörung ganzer Generationen die Überlebenden gezwungen waren, gänzlich veränderte Nahrung aufzunehmen, — daß diese großen Epochen es im wesentlichen gewesen sind, welche die neuen Arten gebildet haben. Alle Lebewesen, die sich während derselben den veränderten Lebensbedingungen nicht anpassen konnten, kamen um im Kampf ums Dasein mit anderen Lebewesen, denen diese Anpassung gelang. Insbesondere kamen alle die Lebewesen um, die sich den bisherigen Lebensbedingungen schon so sehr angepaßt hatten, daß eine weitere Differenzierung für sie nicht mehr möglich war. Durch Selektion, durch natürliche Auswahl im Kampf ums Dasein entstanden also die neuen Arten, die den neuen Lebensbedingungen aufs beste angepaßt waren.

Immer weiter muß sich auch das Menschengeschlecht entwickeln. Wenn einmal alle Kohle aufgebraucht ist, wird sich der Mensch nicht untätig in das Unabänderliche fügen, er wird nicht die Kultur ersterben und das ganze Menschengeschlecht untergehen lassen. Vielmehr wird er auf neue Energie- und Wärmequellen sinnen. Schon jetzt geht man daran, die Wasserkräfte der Erde, auch diejenigen des Meeres, der Flut und Ebbe, in vermehrter Weise auszunutzen. Die Chemiker werden sich bemühen, Umsetzungen irdischer Substanzen, die mit Wärmeentwickelung verbunden sind, nutzbar zu machen. Vielleicht gelingt in dieser Weise einmal die unmittelbare Überführung chemischer in elektrische Energie. Zuletzt bleibt den Menschen immer noch das Mittel übrig, mächtige Schächte gegen das Erdinnere vorzustoßen, in deren Tiefe die Siedetemperatur des Wassers erreicht ist, und hierdurch dem heißen Erdkern die nötige Wärme zu entnehmen. Würde man zb. durch Dampfmaschinen oder ähnliche Maschinen (unter Benutzung von Wasserdampf oder Alkoholdampf oder Benzindampf usf.) dem heißen Erdinneren dauernd Wärme entnehmen, Arbeit mit diesen Dämpfen leisten und dabei eine entsprechende Wärmemenge an die kältere Erdoberfläche abgeben, so gewänne man damit noch für ungeheure Zeiten die nötige Energie. Rechnen wir, um nicht zu große Ergebnisse zu erhalten, beispielsweise nur mit der spezifischen Wärme des Eisens, das ja doch vermutlich einen Hauptbestandteil des Erdinneren ausmacht, so finden wir, daß die ganze Erdmasse um 1^0 abgekühlt einen äquivalenten Arbeitswert von fast 300 Quadrillionen Meterkilogramm ergäbe. Damit würden aber Dampfmaschinen bei etwa 20 Proz. Wirkungsgrad durch einen Zeitraum von über Milliarden Jahren 20 Millionen Pferdestärken leisten können.

Wenn aber große Epochen herankommen, wenn durch gewaltige Katastrophen ganze Völker, Tier- und Pflanzengeschlechter zugrunde gehen, wird doch das höchst entwickelte Wesen, der Mensch, vermöge seiner Intelligenz mehr als alle anderen Wesen imstande sein, Mittel und Wege zu finden, um der vollständigen Vernichtung zu entgehen. Wenn bei solchen Katastrophen die Lebensbedingungen vollständig geändert werden, so vermögen sich diejenigen Menschen den neuen Bedingungen am besten anzupassen, die sich noch nicht zu sehr differenziert haben. Aussterben werden also die bereits vollständig Differenzierten, die Alten, ferner die Verweichlichten, die sich bemüht haben, alle Unbilden des Lebens zu vermeiden, alle schwierigeren Lebensbedingungen zu umgehen. Überleben werden dagegen die Starken, die Abgehärteten, ganz besonders die Jungen, die sich noch nach den neu gebotenen Lebensbedingungen zu differenzieren vermögen. Überleben werden namentlich auch alle diejenigen, welche sich zufällig schon vor der Katastrophe nach der Richtung der neuen Lebensbedingungen hin differenziert hatten, welche beispielsweise auch schon bei weniger guter, etwa bei sehr kohlensäurehaltiger Luft existieren konnten. Alle diese Überlebenden werden die Stammhalter sein für ein neues den neu gebotenen Daseinsbedingungen aufs beste angepaßtes Menschengeschlecht.

Namen- und Sachregister.